高氨氮低碳氮比干清粪养猪场废水生物处理技术研发

李建政　孟　佳　王　立　著

科学出版社

北京

内 容 简 介

本书针对我国养猪场废水处理技术存在的主要问题，尤其是生物脱氮的难题，以规模化生猪养殖场干清粪废水处理技术的创新研发历程为主线，系统总结了笔者课题组十余年的研究成果。在对国内外相关研究及工程实践进行充分调研的基础上，以养猪场废水碳氮磷同步高效去除为目标，分析了生物滴滤池、微氧活性污泥法和生物膜法、A/O 与 Anammox 耦合工艺等技术的优势及将其用于干清粪养猪场废水处理的可行性，明确了拟解决的关键技术问题。在此基础上，重点介绍了土壤-木片生物滤池、枯木填料床和 PVC 填料床 A/O 系统、升流式微氧活性污泥和生物膜系统、好氧-微氧两级 SBR 系统等技术的研发成果，并提供了养猪场废水处理工程技术方案案例。

本书兼具理论性、技术性和实用性，可供资源与环境、环境科学与工程、市政工程、生态农业等领域的科技工作者、管理者以及研究生等参考。

图书在版编目（CIP）数据

高氨氮低碳氮比干清粪养猪场废水生物处理技术研发/李建政，孟佳，王立著. —北京：科学出版社，2022.11

ISBN 978-7-03-073396-2

Ⅰ.①高⋯ Ⅱ.①李⋯ ②孟⋯ ③王⋯ Ⅲ.①养猪废水–生物处理–研究 Ⅳ.①X703

中国版本图书馆 CIP 数据核字（2022）第 188572 号

责任编辑：杨新改 /责任校对：王萌萌
责任印制：吴兆东 /封面设计：东方人华

科学出版社 出版
北京东黄城根北街 16 号
邮政编码：100717
http://www.sciencep.com

北京建宏印刷有限公司 印刷
科学出版社发行 各地新华书店经销
*

2022 年 11 月第 一 版 开本：720 × 1000 1/16
2022 年 11 月第一次印刷 印张：25 1/2
字数：510 000
定价：150.00 元
（如有印装质量问题，我社负责调换）

自　序

自 20 世纪 90 年代以来，我国生猪养殖业发展迅速，是农村经济最具活力的增长点之一。规模化养猪场的迅速发展，造成了养猪场粪污的大量集中排放，成为我国许多地区的主要污染源之一。富含氮磷植物营养元素的养猪场废水，是良好的作物肥料，回用于土地是比较理想的处理处置途径之一。然而，我国环境容量和土地资源趋紧，还田利用的处理处置途径面临"无地可用"的局面，必须对"过量"的废水进行必要处理，达到国家要求的排放标准，以确保生态安全和人体健康。

2009 年，黑龙江省被列入全国生猪优势区域布局规划省，成为全国重要的生猪生产基地。随着生猪产业迅速发展，养猪场粪污治理问题日益突出，成为"全国生态省建设"亟待解决的重大课题。在这样的背景下，笔者课题组开启了规模化养猪场废水处理技术研究，并于 2010 年与加拿大魁北克工业研究院开展了为期 4 年的合作研究，学习到了一些先进技术和经验。然而，魁北克省土地资源充足，水系发达，环境容量大，对废水排放标准并不严苛，魁北克工业研究院研发的养猪场废水处理技术不能满足我国养猪场废水处理及达标排放要求，因此针对我国国情开发具有自主知识产权的先进技术，成为笔者课题组的重要研究任务。

规模化养猪场的猪舍清粪方式主要有四种，即发酵床工艺、水冲粪工艺、水泡粪工艺和干清粪工艺。其中，干清粪工艺在我国规模化养猪场的猪舍管理中得到了越来越广泛的应用。由于猪舍猪粪清理程度的不同，导致干清粪养猪场废水中的污染物浓度差异较大，但都具有 NH_4^+-N 浓度高和 C/N 值低的特征，采用传统的全程硝化反硝化或短程硝化反硝化工艺，不仅动力消耗高，而且很难达到有效生物脱氮的目的，是养猪场废水处理的难点问题之一。我国现行的养猪场废水排放标准是《畜禽养殖业污染物排放标准》（GB 18596—2001），该标准对 COD 和 NH_4^+-N 的排放浓度有明确规定，即分别不大于 400 mg/L 和 80 mg/L，但未对排放废水的 TN 浓度做出明确规定。众所周知，大量的氮素排放会造成严重的水体富营养化等突出环境问题，并危及人体健康。因此，对于养猪场废水的处理，不仅要严格遵循 COD 和 NH_4^+-N 的排放标准，还应考虑 TN 的有效去除。针对干清粪养猪场废水的水质特点，研发更加经济高效的废水处理及生物脱氮技术，是保障生猪养殖产业健康持续发展亟待解决的共性问题。

笔者课题组在对国内外相关研究及应用实践进行充分调研的基础上，分析了养猪场废水处理的难点问题，评估了生物滴滤池、微氧活性污泥法、A/O 与 Anammox 耦合工艺等技术的优势和可行性，明确了拟解决的关键技术问题，并先后开展了土壤-木片生物滤池、枯木填料床及 PVC 填料床 A/O 工艺、升流式微氧活性污泥及生物膜系统、好氧-微氧两级 SBR 处理工艺等技术研发工作，取得了系列创新性成果。在研发过程中，不断有环保公司和养猪企业前来咨询，就研究成果的工程应用展开了广泛合作。以经济高效去除干清粪养猪场废水常规污染物（COD、NH_4^+-N、TN 和 TP）为主要目标，本书以技术创新研发历程为主线，系统总结了笔者课题组十余年的研究成果，兼具理论性、技术性和实用性，可供资源与环境、环境科学与工程、市政工程、生态农业等领域的科技工作者、管理者以及研究生等参考。有关养猪场废水中存在的抗生素和抗性基因，及其在废水生物处理系统中的归趋和消减规律，还在持续研究中，也希望广大读者关注笔者课题组的研究进展，相互学习，共同推动环境生态工程技术进步，为国家生态文明建设贡献一份力量。

本书呈现给读者的系列成果，是在黑龙江省应用技术研究与开发计划（GC13C303）、国家水体污染控制与治理科技重大专项（2013ZX07201007）和城市水资源与水环境国家重点实验室（哈尔滨工业大学）的大力支持下开展与获得的，也得到了多家养猪企业的积极配合，在此一并致谢。

在本书出版之际，对参与笔者课题组相关研究的赵博玮博士、邓凯文博士、谢荣硕士、汪聪硕士、王成硕士、何佳敏硕士、张永硕士、范鑫帝硕士、张布云硕士、刘敏硕士，以及博士生孙振举、田雅婕、徐翩翩、唐良港等表示感谢，谢谢他们对课题研究所付出的辛苦努力和创新工作。

李建政

2022 年 10 月于哈尔滨

前　言

受市场需求驱动，我国生猪养殖产业发展迅速，养殖规模不断扩大。伴随规模化养殖的发展，由养猪场排放的粪污不断增加，成为许多地区的主要污染源之一，是我国生态文明建设亟待解决的重大问题。作为养猪场粪污的一种传统处理处置模式，还田利用一直沿用至今。然而，受环境容量和土地资源趋紧的限制，还田利用的处理处置途径面临"无地可用"的局面，必须对"过量"的废水进行有效处理，以确保生态环境和人体健康。

养猪场废水主要由生猪的粪便、尿液以及饲料残渣和猪舍冲洗水等组成，其水质会因猪舍清粪方式的不同而产生较大差别。目前，规模化养猪场的猪舍清粪方式主要有水冲粪、水泡粪和干清粪工艺。其中，干清粪工艺可以大幅减少用水量，降低废水污染物浓度，收集的粪便还可通过堆肥生产优良的有机肥料，因此在规模化养猪场猪舍管理中得到广泛应用。干清粪工艺产生的养猪场废水，其 COD 一般在 3210～5100 mg/L 范围，而 NH_4^+-N 浓度相对较高，一般都在 300 mg/L以上，是一种典型的高 NH_4^+-N、低 C/N 有机废水。由于有机碳源的不足，采用传统的好氧硝化-厌氧反硝化（本书称之为全程硝化反硝化）技术对其进行处理，很难获得良好的生物脱氮效果。为使废水中的 NH_4^+-N 尽可能地氧化为硝酸盐或亚硝酸盐，好氧工艺段要求有充足的曝气，大量的动力消耗，使废水处理成本居高不下。废水中的大部分 COD，也会在好氧工艺段得到去除，造成厌氧工艺段异养反硝化的电子供体（有机碳源）严重匮乏，极大限制了生物脱氮效能。为满足异养反硝化对电子供体的需求，工程实践中常采用外加有机碳源（如甲醇等）的方式调节废水的 C/N 值，这无疑会进一步提升废水处理成本。针对干清粪养猪场废水的高 NH_4^+-N 和低 C/N 特性，研发更加经济高效的废水处理及生物脱氮技术，成为规模化养猪产业健康发展亟待解决的共性问题。

本书以技术创新研发历程为主线，分 7 章总结了笔者课题组十余年的研究成果。其中，第 1 章为绪论，主要介绍了规模化养猪场的清粪方式及废水特征，综述了规模化养猪场废水处理技术，尤其是低碳氮比废水生物脱氮技术的研究现状，并就现有技术面临的主要问题提出了解决思路；第 2 章主要从土壤-木片生物滤池构建、处理效能及污染物去除机制等方面，介绍了土壤-木片生物滤池的研发过程和研究成果；第 3 章主要从枯木填料床 A/O 处理系统的构建、启动运行、HRT 调控、运行模式改良等方面介绍了枯木填料床 A/O 系统处理干清粪养猪场废水的效能，并就其生物脱氮机制进行了讨论；第 4 章重点介绍了以第 3 章的研究为基础所研发的 PVC 填料床 A/O（HAOBR）系统，及其处理干清粪养猪场废水的效能与机制等研究成果，主要包括 HAOBR 系统的设计与构建、启动与调控运行、处理效能，以及去除污染物的微生物学机理和碳氮同步去除机制等；第 5 章以升流式微氧活性污泥反应器（UMSR）废水处理系统的研发为基础，重点介绍了接种污泥对 UMSR 启动进程与处理效能的影响、出水回流比和废水碳氮比对 UMSR 处理效能的影响及控制策略，并就 UMSR 处理系统的碳氮同步去除机制进行了分析；第 6 章介绍了有关干清粪养猪场废水处理技术扩展研究的一些成果，主要包括填料床 A/O 系统在常温下的运行特征与效能、升流式微氧生物膜反应器（UMBR）的运行特征和污染物去除效能、UMSR 与 UMBR 系统在较低温度下的运行特征与效能、升流式微氧生物处理系统的改良及处理效能、好氧-微氧两级 SBR 系统处理干清粪养猪场废水的效能等；第 7 章根据笔者课题组的工程实践，列举了三个养猪场废水处理工程技术方案案例。

本书由哈尔滨工业大学李建政教授、孟佳副教授和王立教授联合主笔撰写。其中，李建政教授负责了第 1 章、第 2 章、第 3 章和第 4 章的材料收集和撰写，孟佳副教授负责了第 5 章、第 6 章的材料收集和撰写，王立教授负责了第 7 章的材料收集和撰写，最后由李建政教授负责并完成全书的统稿和校稿工作。在本书撰写过程中，作者对笔者课题组十余年积累下的实验数据进行了重新梳理，并进行了核查和校对。如有与发表论文不一致的现象，请以本书为准。

由于技术发展的日新月异，以及作者研究水平和著作水平的局限，书中难免有疏漏或不足之处，如不吝赐教，不胜感激。

李建政 孟 佳 王 立

2022 年 10 月于哈尔滨工业大学环境学院

目　录

第 1 章

绪　论

生猪养殖的规模化发展，造成了养猪场废水的大量集中排放，给环境生态安全和人体健康带来了不容忽视的潜在威胁，如何经济有效地对其进行处理，以满足日益严格的排放标准，成为养猪业可持续发展的迫切需求。目前，我国养猪场常用的猪舍清粪方式包括发酵床(不直接产生废水)、水冲粪、水泡粪及干清粪等，由其产生的废水在水质水量上相差很大。尽管厌氧生物处理技术、好氧生物处理技术及其组合工艺在养猪场废水处理中都有应用，但因缺乏针对性设计，大多设施的运行效果欠佳，且存在管理复杂、运行成本高等不足，给企业带来沉重经济负担的同时，也加大了环境污染风险。无论是干清粪废水，还是经固液分离后的水泡粪或水冲粪养猪场废水，均具有高氨氮、低碳氮比的特征，采用传统的硝化反硝化工艺很难实现有效的生物脱氮，是养猪场废水处理的重点和难点。本章主要介绍了养猪场废水处理技术研发的背景及意义、猪舍清粪方式及废水特征、养猪场废水处理技术研究进展、低碳氮比废水生物脱氮技术研究现状，以及现有技术面临的问题与解决思路等，为后续研发养猪场废水处理新技术提供指导。

1.1　技术研发背景及意义

生猪养殖业是我国农业生产的重要组成部分，对国家经济的发展和人民生活水平的提高均有不可替代的作用[1, 2]。随着猪肉市场需求的持续增加，养猪业得到迅速发展。我国在 2011 年的生猪产量已占到全球产量的一半以上，是世界公认的养猪大国[3]。受市场需求的刺激，散养的传统养殖方式已逐步被现代化的规模化养殖所替代[4]。20 世纪 80 年代后期，规模化养猪业开始迅速发展，至 2009 年，规模化养猪场的比例已超过了 60%[5]。农业部《全国生猪生产发展规划（2016—2020 年）》显示，未来 10 年我国猪肉消费仍然占肉类消费的 60%，养猪业仍会以 1%～2%的年增长速率发展[6]。据国家统计局统计，2020 年我国生猪出栏数虽然比 2019 年下降了 3.2%，但仍然多达 52704 万头[7]。规模化养猪场的迅速发展，造成了养猪场废水的大量集中排放，成为我国许多地区的重要污染源之一。

2020 年 6 月，生态环境部、国家统计局、农业农村部联合发布的《第二次全国污染源普查公报》显示，我国畜禽养殖业所排放的化学需氧量（chemical oxygen demand，COD）、氨氮（ammonium nitrogen，NH_4^+-N）、总氮（total nitrogen，TN）和总磷（total phosphorus，TP）分别达到了 1000.53 万吨、11.09 万吨、59.63 万吨和 11.97 万吨。其中，规模养殖场因污水排放的 COD、NH_4^+-N、TN 和 TP 分别为 604.83 万吨、7.50 万吨、37.00 万吨和 8.04 万吨。富含氮磷植物营养元素的养猪场废水，是良好的作物肥料，农田回用是理想的处理处置途径之一。然而，我国土地资源趋紧，规模化养猪场产生的大量废水，面临"无地可用"的局面，必须对"过量"的废水进行必要处理，并达到国家要求的排放标准[《畜禽养殖业污染物排放标准》（GB 18596—2001）][8]，以确保生态环境健康。

养猪场废水的成分复杂，污染物浓度高，不经有效处理而排放，不仅会对大气、水体和土壤等自然环境造成污染，还可能导致疫情发生[9-12]。目前，我国的养猪场废水处理，一般采用以厌氧消化和好氧生物处理为核心的联合工艺[13, 14]。这些废水处理技术，均可做到 COD 的达标排放，但对 NH_4^+-N、TN 和 TP 的去除效能并不理想[15]。由于养猪场废水都具有高氨氮、低碳氮比（carbon-nitrogen ratio，C/N）的特征，通过传统的全程硝化反硝化或短程硝化反硝化工艺对其进行生物脱氮处理非常困难，而且工程占地多，处理费用高，严重制约了规模化养猪业的持续健康发展[16]。以先进科学思想为指导，通过多学科交叉研究，创新研发更加经济高效的养猪场废水处理技术，对于环境保护和养猪业的可持续发展具有重要意义。

1.2　规模化养猪场的清粪方式及废水特征

目前，规模化养猪场采用的猪舍清粪方式主要有以下四种工艺：发酵床工艺、水冲粪工艺、水泡粪工艺和干清粪工艺[17, 18]。规模化养猪场废水的水质特征，因清粪工艺不同而差异显著[19]。

1.2.1　发酵床工艺

发酵床工艺最初由日本鹿儿岛大学研发，其技术思想是：利用自然农业理论和微生物处理技术实现猪舍粪尿的"自动"清除和发酵，以控制粪便排放量和养猪场废水的过度排放[20]。该技术是在普通猪舍内铺设有机垫料（主要为谷壳、米糠、锯末和秸秆粉等），猪的粪便和尿液等被有机垫料吸收混合，并由其中的微生物迅速分解和消化，养殖过程中无废水排放[21]。发酵床养猪工艺因无须人力清粪和猪舍冲洗,养殖成本大幅降低,也无须配套废水处理设施,经济效益显著。但是,这一生猪养殖模式存在的问题也比较显著,如:生猪饲养密度较低,要求更多的用地和猪舍建设成本;发酵床的温度和湿度易受季节变化的影响,有机污染物的矿化水平很难控制;为保证发酵床内微生物的代谢活性,猪舍不能使用消毒剂和抗菌药,极大增加了牲畜疫情隐患;垫料需要定期更新,且需求量和工程量都比较大,从另一个方面增加了猪舍管理成本[21, 22]。正是由于发酵床技术存在如上突出问题,其在规模化养猪场的应用受到了很大限制。

1.2.2 水冲粪工艺

水冲粪这一猪舍清粪方式,是用水冲洗猪舍,使混有粪便、尿液和饲料残渣等污染物的粪污流入猪舍内的粪沟,粪沟由冲水器每天定时多次冲洗,将粪水混合物冲入排污主干沟,最终储存于储粪池内[17, 18]。这种清粪方式能够及时有效地清除猪舍内的粪便、尿液以及饲料残渣等污染物,以保证猪舍的环境卫生,有利于人畜健康;而且不需要人工清粪,劳动强度小,效率高,人工成本低,更适用于劳动力缺乏的地区。但是,该清粪方式也存在耗水量大,易造成水资源严重浪费等不足。而且,这种猪舍管理模式形成的水冲粪废水,其有机物和悬浮固体浓度高,处理难度大。据统计,水冲粪养猪场废水中的 COD、五日生化需氧量(biochemical oxygen demand within 5 days,BOD_5)、NH_4^+-N、TN 和 TP 含量分别为 6500~15000 mg/L、3300~10000 mg/L、600~1200 mg/L、800~1500 mg/L 和204~600 mg/L,属于典型的高有机物高氨氮废水[18]。

1.2.3 水泡粪工艺

水泡粪这一清粪方式是对水冲粪工艺的改进,其工艺设计特点是猪舍地面通常采用漏缝结构,漏缝板下设置蓄粪池,蓄粪池内始终保持一定的水深,猪的粪便、尿液、饲料残渣以及猪舍冲洗水均通过漏缝流入蓄粪池内进行储存和发酵后,定期排放并进一步处理处置[23]。漏缝板地面使猪舍更加通风、清洁和干爽,有利于猪群的健康生长,而且运行维护费用较低。与水冲粪相比,该清粪方式能够减少饲养及冲洗用水量,粪便中的可溶性有机物在蓄粪池内经长时间的浸泡后,更易于被微生物转化,便于后续处理[23, 24]。然而,猪粪及尿液等废物长时间储存于漏缝板下的蓄粪池内,容易发生厌氧发酵,产生硫化氢(H_2S)、氨(NH_3)、二氧化碳(CO_2)和甲烷(CH_4)等有害气体,进而对饲养人员以及猪群的健康造成威胁。蓄粪池中的废水较水冲粪废水的污染物含量略高,其 COD、BOD_5、NH_4^+-N、TN 和 TP 含量分别为 5340~20000 mg/L、3312~12000 mg/L、516~1500 mg/L、805~1800 mg/L 和 59~130 mg/L,也是典型的高有机物高氨氮废水[18]。

1.2.4 干清粪工艺

干清粪这一猪舍管理模式,是指先由机械或人工收集并清除猪舍中的粪便后,再冲洗猪舍,尿液和冲洗水从下水道流出,因而大幅减少了冲洗用水量。干清粪过程收集的猪粪便,具有较高的肥料价值,可以用于农田施肥和土壤改良[17]。而猪舍冲洗形成的干清粪废水主要由尿液和冲洗水组成,有机物浓度较水冲粪废水和水泡粪废水均有大幅降低,利于后续处理。干清粪工艺更适用于规模化养猪场,调查显示,养猪场规模越大,采用干清粪猪舍管理模式的比例越高[18]。但是干清粪工艺所需劳动强度较大,人工成本较高,在劳动力资源匮乏的地区,其推广受到一定限制[17]。由于干清粪的清理程度不同,导致干清粪养猪场废水中的污染物浓度波动较大。一般而言,干清粪管理模式下所产生的废水,其 COD、BOD$_5$、TP、NH$_4^+$-N 和 TN 分别为 1000~7600 mg/L、700~4100 mg/L、43~220 mg/L、434~610 mg/L 和 481~730 mg/L[18]。相对于水冲粪和水泡粪废水,干清粪废水的 C/N 值更低,进一步增加了生物脱氮处理的难度。

尽管近些年国家大力提倡环保型养猪技术,发酵床工艺受到重视和推广,但干清粪工艺在规模化养猪场仍然被广泛采用。鉴于其高氨氮低 C/N 的特征,开发更为经济高效的生物处理技术,尤其是生物脱氮技术和设备的研发,可为我国生猪养殖业的健康发展提供技术保障。

1.3 规模化养猪场废水处理技术研究现状

鉴于养猪场废水的环境和健康危害,其处理技术在国内外都得到了广泛研究和应用。就现有技术来看,尽管工艺形式多变,但基本方法可概括为还田模式、自然处理模式和工程化处理模式等三种[25]。

1.3.1 还田处理模式

还田模式是将从猪舍清理出的粪污,直接施用于农田,通过土壤和作物生态系统的作用,将污染物转化并得到稳定,起到肥沃土壤、促进作物生长的作用[10]。限于土壤生态系统的环境容量,这种处理模式需要足够的土地来消纳粪便污水,因此仅适用于远离城市、土地资源充足的地区。该处理方法不需要复杂的设备,基建投资少,耗能低,不但可以减少化肥用量,还能维持并提高土地肥力,提高作物产量和品质。但其不足也是显著的,如[26]:①对于规模化养猪场,其粪水排放量大,需要大量土地用于消纳(万头猪场粪水消纳所需的耕地面积至少为 1000 亩),使其适用范围受到很大局限;②养猪场废水直接还田,增加了疾病传播风险;

③污染物降解过程产生的 H_2S 等有害气体，直接进入大气，形成二次污染并很难控制；④连续过量的施用，很可能导致重金属、硝酸盐以及一些持久性有机污染物在土壤中累积，不仅对作物品质和食品安全造成威胁，还可能污染地表水和地下水；⑤在雨季以及非用肥季节，还需另外考虑养猪场废水的处理处置。

1.3.2　自然处理模式

自然处理模式是利用自然生态系统或半人工生态系统对养猪场废水进行处理，主要包括稳定塘和人工湿地等技术，在气候温和、闲置土地资源相对充裕的地区，其应用较为广泛，常用于中等养殖规模（年出栏在 5 万头以下）养猪场的废水处理[10, 26]。在经济相对发达、土地资源丰富的北美国家，还田和自然处理得到了更为广泛的应用。对美国四个人工湿地处理养猪场废水的效果比较研究表明，在氮负荷不大于 16 kg N/（$hm^2 \cdot d$）的情况下，人工湿地对养猪场废水中氮的去除比较理想，去除率能够达到 51%左右，在温度较高的季节（平均水温 25℃），湿地对氮的去除率能达到 70%左右，同时也能去除 30%～45%的磷[27]。对墨西哥湾 68 处共 135 个中试和生产规模的湿地系统的调查结果表明，湿地对畜禽养殖废水的 BOD_5、NH_4^+-N、TN、TP 和悬浮固体（suspended solid，SS）的去除率分别在 65%、48%、42%、42%和 53%左右[28]。总体而言，自然处理方法具有投资少、运行管理方便、对周围环境影响小等优点[29]。然而，这种处理模式的土地占用面积大，对地下水具有较大威胁，处理效果容易受季节温度影响而不稳定，因此，即便是在闲置土地资源较为充足的我国北方地区，其应用也受到了很大限制。

1.3.3　工程化处理模式

工程化处理模式是指采用人工控制的物理、化学和生物过程对养猪场废水进行处理的方法，具有占地面积少、受环境因素影响小、适应范围广等优点[30]。由于我国土地资源紧缺，还田方式和自然处理方式的应用受到了很大的限制，也因此工程化处理模式成为我国处理规模化猪场废水的首选技术[31]。

1.3.3.1　物理化学处理法

物理化学处理方法具有反应迅速、操作方便简单等优点，因而受到广泛研究和应用[31-34]。例如，以稻草-沸石双层滤料为过滤介质对养猪场废水进行处理，对 NH_4^+-N、TP 和 COD 的最大去除率分别可达 72.9%、50.1%和 47.9%左右[34]。作为一级过滤介质的稻草，因吸附了大量氨氮、磷以及固体有机物，经处理后可作为肥料回用，使农业废物得到了循环利用。鸟粪石沉淀法也是研究较多的物理化学处理技术之一，由于可以同时去除并回收废水中 NH_4^+-N 和磷酸盐而受到了广泛关注，反应产生的磷酸铵镁（俗称鸟粪石）可作为农用缓释化肥或磷酸盐工业原料而被利用。研究表明，采用投加硫酸镁的方式，可以通过鸟粪石沉淀去除养猪场废水中的大部分氮磷，之后再利用沸石对废水中的 NH_4^+-N 做进一步的吸附，在初始 pH 8~9 时，可获得 72.5%~76.2% 和 88.7%~92.1% 的 NH_4^+-N 和磷酸盐去除率[33]。物理化学处理方法虽然快速便捷，但须大量使用化学药剂，处理费用昂贵，使其推广应用受到了极大限制。比较而言，生物处理法更为经济，得到了更为广泛的关注和青睐[35]。

1.3.3.2 生物处理法

生物处理法主要包括好氧处理、厌氧处理以及好氧-厌氧处理组合工艺，具有能耗少、操作简单、运行及维护费用低和无二次污染等优点，在我国得到广泛研究与应用[36, 37]。研究表明，利用序批式反应器（sequencing batch reactor，SBR）工艺处理养猪场废水，其 COD、总凯氏氮（total Kjeldahl nitrogen，TKN）和 TP 的去除率分别可达 96.37%、99.38% 和 94.14% 左右[38]；静态厌氧发酵对养猪场废水中的 COD 有较高的去除效果，去除率最高可达 76.78% 左右，但对 NH_4^+-N 和 TN 的去除效果很差[39]。采用厌氧-好氧（anaerobic/aerobic，A/O）组合工艺，不仅可以有效去除养猪场废水中的 COD，也可获得较好的 NH_4^+-N 和 TN 去除率[13]。针对养猪场废水 COD 和 NH_4^+-N 浓度高、冲击负荷大等特点，由多个反应单元构成的生物处理组合工艺可能会获得更好的综合处理效果。例如，由膨胀颗粒污泥床（expanded granular sludge blanket，EGSB）、A/O、膜生物反应器（membrane bioreactor，MBR）构成的 EGSB-A/O-MBR 组合工艺，对养猪场废水的 COD、BOD_5、NH_4^+-N 和 SS 去除率分别可达 85.6%、83.3%、88.5% 和 71.9%，出水水质满足《禽畜养殖业污染物排放标准》（GB 18596—2001）的要求，但其工程投资和管理运行费用之高也是显而易见的[14]。

1.3.3.3 物理化学与生物处理组合工艺

养猪场废水的成分复杂，NH_4^+-N、TP 和 COD 的浓度都较高，采用单一物理化学或生物方法进行处理，都很难同时满足出水水质和处理成本的双重要求。将物理化学方法与生物处理方法进行有机结合，构建具有物理、化学和生物等多种污染物去除机制的组合工艺，可更加有效地处理养猪场废水。例如，在 A/O-MBR 生物处理系统之前，增设化学絮凝处理单元，不仅可将出水 COD 从 292 mg/L 降为 191 mg/L，MBR 的膜污染程度也有所降低[15]。将物理化学方法用于生物处理系统出水的后续处理，同样可以获得良好的处理效果。例如，在由升流式厌氧污泥床（upflow anaerobic sludge bed，UASB）和 SBR 串联组成的生物处理系统之后，设置化学混凝处理单元，由此组合而成的 UASB-SBR-化学絮凝组合工艺，对养猪场废水中的 COD、BOD_5、NH_4^+-N、TP 和 SS 去除率分别达到了 91.7%、

91.6%、89.4%、31.1%和98.1%，出水各项指标均能满足《畜禽养殖业污染物排放标准》（GB 18596—2001）的要求[40]。

综上所述，为满足《畜禽养殖业污染物排放标准》（GB 18596—2001）的要求，并兼顾处理成本，大多数规模化养猪场主要采用以厌氧-好氧为主体的废水处理系统，同时辅以物理化学法作为一级或深度处理以提高排放废水的水质。这些处理系统，不仅工艺流程长，管理操作复杂，而且运行维护管理也不够经济[41]。而对于 C/N 较低的养猪场废水，还要向生物处理系统添加足量的有机碳源以满足生物脱氮的要求，进一步提高了废水处理成本[16, 42]。因此，开发更为经济高效的处理工艺，仍然是目前养猪场废水处理技术发展和推广应用的关键。

1.4　低碳氮比废水生物脱氮技术研究现状

1.4.1　全程硝化反硝化生物脱氮理论与工艺

如 1.2 节所述，养猪场粪水厌氧消化液和干清粪猪舍排放废水都具有高氨氮和低 C/N 的特性，通过传统全程硝化反硝化以及短程硝化反硝化工艺对其进行生物脱氮处理，很难收到理想效果，而且工程占地多，处理费用高[16]。目前，我国的养猪场废水处理，一般采用传统的厌氧消化和好氧生物处理的联合工艺[13, 14]。这些废水处理技术，可以做到 COD 的有效去除，但对 NH_4^+-N 和 TN 的去除并不理想，仍然需要增加物理化学处理单元以提升排放废水的水质[15]。对于高氨氮低C/N 养猪场废水的处理，其生物脱氮是最富挑战的课题之一。

如图 1-1 所示，传统生物脱氮过程需要先后经历硝化反应和反硝化反应两个阶段。硝化反应是指在有氧条件下，氨氧化细菌（ammonia-oxidizing bacteria，AOB）和亚硝酸盐氧化菌（nitrite-oxidizing bacteria，NOB）把 NH_4^+-N 依次转化为亚硝态氮（nitrite nitrogen，NO_2^--N）和硝态氮（nitrate nitrogen，NO_3^--N）的过程，在硝化细菌的这一硝化反应中，无须有机碳源的参与。反硝化反应是指在无氧或缺氧条件下，反硝化细菌以 NO_2^--N 或 NO_3^--N 为电子受体，以有机物作为碳源和电子供体进行无氧呼吸，并将它们还原为 N_2 或 N_2O 的过程[43]。理论上，传统硝化反硝化脱氮反应所需 C/N 为 2.86[44]。研究表明，C/N 在 6～8 之间更有利于反硝化过程的进行，当生物脱氮系统的废水 C/N 低于 3.4 时，反硝化细菌的生长就会因缺乏碳源而受到抑制[45, 46]。而采用干清粪工艺的养猪场排放的废水，其 C/N 一般都小于 1.8，远不能满足硝化反硝化脱氮过程对碳源的需求[47]。通过物理化学方法（如氨氮吹脱或化学沉淀等），或外加有机碳源都能够在一定程度上调节废水的 C/N 值，但无疑会增加设备和设施的数量以及系统的复杂性，处理成本也会随之增加[42]。

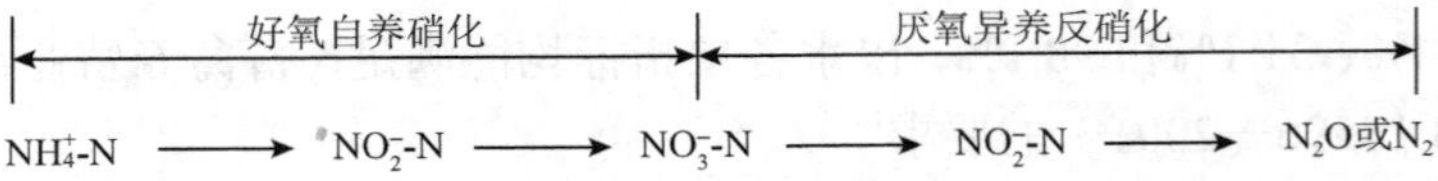

好氧自养硝化   厌氧异养反硝化

$$NH_4^+\text{-}N \longrightarrow {}^{*}NO_2^-\text{-}N \longrightarrow NO_3^-\text{-}N \longrightarrow NO_2^-\text{-}N \longrightarrow N_2O或N_2$$

图 1-1 传统生物脱氮过程示意图

为了实现好氧硝化和厌氧反硝化两个过程，目前开发的生物脱氮技术主要为 A/O 工艺及其衍生工艺，一般情况下，要求将好氧段出水（硝化液）回流至厌氧段以提高系统的脱氮效率。Canals 等[48]利用 A/O 工艺对高氨氮废水进行处理，在进水 NH_4^+-N 平均高达 588 mg/L 时，系统出水的 NH_4^+-N 在 74 mg/L 左右，TN 去除率平均达到了 66.4%。尽管 A/O 及其衍生工艺能够达到较好的脱氮效果，其较长的工艺流程和复杂的操作管理，使其基建费用和处理成本都比较高。为了缩短工艺流程，减少工程占地面积，具有好氧环境和厌氧环境更迭特性的 SBR，在生物脱氮处理方向上备受关注[49, 50]。Kishida 等[50]利用配备了自控系统的 SBR 对低 C/N 废水进行脱氮处理，外碳源由自控系统检测和补加。其研究结果表明，此 SBR 对 COD 的去除效率可达 98%以上，氮的去除途径主要是全程硝化反硝化，TN 去除率能够维持在 95%以上。尽管 SBR 工艺的占地面积小，但污染物去除负荷较低，而外加碳源的 C/N 值调控操作，增加了处理成本。

针对全程硝化反硝化生物脱氮工艺占地面积大、处理成本高、污染物去除效能较低等问题，生物脱氮技术随着生物脱氮理论的发展而不断推陈出新，短程硝化反硝化、同步硝化反硝化和厌氧氨氧化等工艺相继问世。

1.4.2 短程硝化反硝化理论与工艺

如图 1-1 所示，NO_2^--N 是 NH_4^+-N 氧化和 NO_3^--N 还原（反硝化）的中间反应产物。鉴于 NO_2^--N 和 NO_3^--N 都可作为反硝化细菌无氧呼吸的电子受体，将 NH_4^+-N 氧化控制在 NO_2^--N 生成阶段，既可减少生物脱氮过程的供氧量，又可减少反硝化作用对有机碳源的需求，理论上可取得更为高效的脱氮效率，经济性也更加显著，由此产生了短程硝化反硝化生物脱氮技术。

短程硝化反硝化是指把 NH_4^+-N 的氧化控制在 NO_2^--N 生成阶段，并以有机物为电子供体将其进一步还原为气态氮（N_2 或 N_2O）的过程，整个脱氮过程没有明显的 NO_3^--N 积累[51]。短程硝化反硝化生物脱氮过程所需 C/N 的理论值是 1.71，远低于全程硝化反硝化过程所需要的 2.86[44]。相对于全程硝化反硝化脱氮技术，短程硝化反硝化脱氮工艺具有以下优点：①可节省 25%的氧和 40%的碳源，可显著降低处理能耗和运行成本；②由于反应路径短，脱氮过程更加迅速，因而可以减小处理构筑物的容积，降低工程基建费用；③剩余污泥产量较低[52]。因此，短程硝化反硝化生物脱氮技术受到了广泛关注和研究。

研究表明，短程硝化反硝化生物脱氮技术的核心，是通过调控温度、pH 以及溶解氧（dissolved oxygen，DO）等参数实现 AOB 的富集，并逐步淘汰 NOB，以控制 NH_4^+-N 的氧化程度。荷兰代尔夫特理工大学开发的 SHARON（single reactor for high activity ammonia removal over nitrite）工艺，利用 AOB 和 NOB 对温度适应性的差异，将处理系统的温度控制为 30～40℃，以促进 AOB 的生长，并抑制 NOB 的增殖，辅以污泥龄控制，使反应系统中的 NOB 逐步被淘汰，而 AOB 则逐渐成为活性污泥的优势菌群，成功地将 NH_4^+-N 氧化控制在了 NO_2^--N 生成阶段，进而实现了短程硝化反硝化生物脱氮[53, 54]。

郑淑玲等[55]构建了水解-生物接触氧化-厌氧生物膜-生物接触氧化组合工艺，并利用短程硝化反硝化原理处理低 C/N 养猪场废水厌氧消化液，在水力负荷约为 0.45 m³/（m²·d）的条件下，COD 和 NH_4^+-N 的去除率分别能够达到 78%～85% 和 79%～87%。尽管该工艺相对复杂，但也为短程硝化反硝化技术的应用提供了一个典型范例。Wang 等[56]构建了由 2 个厌氧池和 2 个好氧池组成的 A/O 系统，并在每个反应池内布设了弹性填料，用于处理养猪场废水。研究发现，即便在进水 NH_4^+-N 浓度高于 900 mg/L 的条件下，该 A/O 系统对 NH_4^+-N 和 TN 的去除率也能分别保持在 90% 和 80% 以上，其中约有 70% 的 TN 是在厌氧池通过短程反硝化去除。如何进一步缩短短程硝化反硝化的工艺流程、提高系统的脱氮效能，至今仍是废水生物脱氮研究方向的热门课题。

1.4.3 同步硝化反硝化技术

由于硝化细菌（AOB 和 NOB）对 DO 有高度依赖性，而反硝化细菌的反硝化作用则是无氧呼吸，DO 对其有显著抑制作用。所以，传统的生物脱氮理论认为，硝化细菌和反硝化细菌必须分开培养才能实现 NH_4^+-N 的氧化及其产物 NO_x^--N（包括 NO_3^--N 和 NO_2^--N）的还原。研究表明，通过条件控制，可以在一个反应器内形成好氧和厌氧微环境，允许好氧的硝化细菌和厌氧的反硝化细菌共处于同一污泥相中，使硝化反应和反硝化反应能够同步进行，进而达到生物脱氮的目的，这就是同步硝化反硝化技术[57]。同步硝化反硝化理论认为，在废水有氧生物处理系统中，由于传质限制，在生物膜、活性污泥絮体或颗粒内，存在 DO 浓度梯度，表面的 DO 最高，底层或中心的 DO 最低甚至完全无氧。通过一定的控制，这一DO 梯度可以得到明显强化，并使好氧的硝化细菌在生物膜或活性污泥表层得到富集，而底层或中心的无氧或缺氧环境则可以促进厌氧的反硝化细菌的增殖。硝化细菌和反硝化细菌的作用底物及代谢产物则可借助于浓度梯度发生内外传递，从而在同一污泥相中实现了 NH_4^+-N 的氧化和 NO_x^--N 的反硝化[58]。

与全程硝化反硝化生物脱氮工艺相比，同步硝化反硝化工艺具有流程短、反应器容积负荷高、处理时间短、能耗低等优点[59]。Waki 等[60]利用好氧活性污泥反应器处理养猪场废水时发现，在较低 DO（0.03～0.07 mg/L）条件下，BOD_5 的去除率达到 94.8%以上，通过同步硝化反硝化途径去除的 TN 超过 85%，同时节省能源超过 30%。Li 等[61]在利用同步硝化反硝化技术处理养猪废水的实验研究中发现，在温度 10℃和 COD/TN 为 6 的条件下，SBR 对 TN 和 TP 的去除率分别高达 89.6%和 97.5%，其微生物群落结构研究表明，具有反硝化功能的聚磷菌，在代谢亚硝酸盐的同时可以过量地吸收磷，保障了系统的高效同步脱氮除磷。通过 DO 和（或）pH 等的控制，还可将同步硝化反硝化系统中的硝化反应控制在亚硝化阶段，进而形成了同步短程硝化反硝化（simultaneous nitrification and denitrification via nitrite）工艺，可进一步提高系统的脱氮效能，并减少反硝化作用对有机碳源的需求，更有利于处理低 C/N 有机废水[62]。Yang 等[63]用间歇曝气移动床膜生物反应器（intermittently aerated moving bed membrane bioreactor）处理 COD/TN 比为 5 的废水时，通过短程同步硝化反硝化脱氮，TN 去除率达到了 87.8%。

好氧反硝化菌的发现，为同步硝化反硝化提供了直接的微生物学证据。好氧反硝化细菌不仅具有以氧为最终电子受体的好氧呼吸和以硝酸盐为最终电子受体无氧呼吸能力，而且具有异养硝化功能[64]。Chen 等[65]成功分离了一株具有异养硝化和好氧反硝化功能的菌株 *Pseudomonas stutzeri* SDU_{10}，在初始 C/N 为 10 的条件下，该菌株对养猪场废水中的 NH_4^+-N 和 COD 的去除率分别高达 97.6%和 94.2%，展现出了较大应用潜力。然而，同步硝化反硝化系统的生物脱氮效率，与硝化细菌和反硝化细菌的种类密切相关，同时还会受到 DO 浓度、C/N、微生物絮体结构、pH、水力停留时间（hydraulic retention time，HRT）、水力负荷、温度、污泥停留时间（sludge retention time，SRT）等多种因素的影响[64,66]。因此，筛选高效的硝化、反硝化细菌及严格控制进水水质和工艺参数，是保证同步硝化反硝化顺利进行的保障。

1.4.4 厌氧氨氧化理论与工艺

1.4.4.1 厌氧氨氧化理论

厌氧氨氧化（anaerobic ammonium oxidation，Anammox）是 1998 年才被证实的一种新的生物脱氮机制，即在厌氧条件下，以 NO_2^- 和 NH_4^+ 分别作为电子受体和电子供体发生反应，生成 N_2 和少量 NO_3^- 的过程，其化学计量方程可近似表达为式（1-1）[67]：

$$NH_4^+ + 1.32NO_2^- + 0.066HCO_3^- + 0.13H^+ \longrightarrow$$
$$1.02N_2 + 0.26NO_3^- + 0.066CH_2O_{0.5}N_{0.15} + 2.03H_2O \tag{1-1}$$

这一生化反应是在厌氧氨氧化细菌（anaerobic ammonium oxidation bacteria，

AnAOB）的催化下完成的，这类细菌以 CO_2 为唯一碳源，是完全自养微生物[68]。AnAOB 的氮代谢途径如图 1-2 所示。首先，一部分 NO_2^- 在硝酸盐还原酶（nitrate reductase，NAR）的催化下被氧化成 NO_3^-，同时有另一部分 NO_2^- 在亚硝酸盐还原酶（nitrite reductase，NIR）的作用下被还原为 NO；在肼水解酶（hydrazine hydrolase，HH）的作用下，NO 与 NH_4^+ 反应生成肼；肼在肼脱氢酶（hydrazine dehydrogenase，HD）的作用下最终被还原成 N_2。

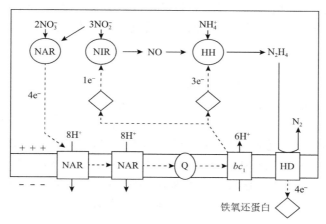

图 1-2　AnAOB 的氮代谢途径

Q 为电子传递体醌（quinone）；bc_1 为铬 bc_1 复合物（chrome bc_1 complex）

Anammox 无须有机碳源，反应迅速，是一种高效率的废水生物脱氮途径[69, 70]。研究表明，相对于传统的硝化反硝化生物脱氮工艺，Anammox 工艺还能够降低污泥产量 90%左右、减少温室气体排放量 90%以上、节省 62.5%的曝气能耗，因此被认为是最为经济高效的废水生物脱氮技术[71]。然而，大多数高氨氮有机废水，其 NO_2^- 含量一般很低，欲通过 Anammox 途径实现生物脱氮，须首先将废水中的部分 NH_4^+ 氧化为 NO_2^-。而 NH_4^+ 的部分亚硝化和 Anammox 可以在不同的生物相（不同的反应器或同一反应器的不同功能区的活性污泥相）中依次进行，也可以在同一生物相（如完全混合的悬浮污泥系统）中同步发生，由此诞生了不同的 Anammox 生物脱氮工艺，最具代表性的工艺包括 SHARON-Anammox 工艺、CANON 工艺和 OLAND 工艺[72-74]。

1.4.4.2　SHARON-Anammox 工艺

该工艺由 SHARON 和 Anammox 两个处理单元串联而成，由荷兰代尔夫特理工大学研发[72]。在好氧的 SHARON 工艺单元，通过温度和 SRT 的控制，逐步将 NOB 淘汰，实现 NH_4^+ 的部分亚硝化，使其出水中 NH_4^+-N 与 NO_2^--N 的比例接近 1 : 1.32。在后续厌氧的 Anammox 单元，通过 Anammox 反应实现高效生物脱氮。荷兰鹿特丹的 DOKHAVEN 污水处理厂，首次将 SHARON-Anammox 工艺应用于高氨氮污泥消化液的处理工程中，得到了较好的处理效果，NH_4^+-N 去除率超过 80%，去除负荷达到 1.2 kg/(m^3·d)。

van Dongen 等[72]的研究表明，与全程硝化反硝化生物脱氮工艺相比，SHARON-Anammox 工艺在硝化阶段可以节省 25% 的供氧量，在 Anammox 单元的生物脱氮也无须有机碳源，经济高效。该工艺实现了亚硝化和 Anammox 生物相的分离，可分别进行调控，有效保证了系统的高效稳定运行。

1.4.4.3　CANON 工艺

为解决 SHARON-Anammox 两段式处理工艺存在的占地面积大、运行管理复杂等问题，Sliekers 等[75]提出了一段式 Anammox 脱氮技术，即 CANON（completely autotrophic nitrogen removal over nitrite）工艺。在 CANON 工艺中，AOB 和 AnAOB 作为优势菌群共存于同一生物相中，其中，AOB 主要分布于污泥絮体的外层，利用废水中的 DO 将部分 NH_4^+-N 氧化为 NO_2^--N；而 AnAOB 则位于缺氧的污泥絮体中心区域，它们利用 AOB 产生并传递而来的 NO_2^--N 作为电子受体，将剩余的 NH_4^+-N 氧化为 N_2 和少量的 NO_3^--N，进而实现了废水的生物脱氮[75, 76]。

与 SHARON-Anammox 工艺的脱氮原理相似，CANON 工艺同样是基于部分亚硝化和 Anammox 过程的偶联实现废水的脱氮处理，具有耗氧量低、无须外加碳源和剩余污泥产量低等优点。由于实现了亚硝化和 Anammox 在同一反应器中同步完成，CANON 工艺具有流程短、工程占地面积少和基建投资低等优势[77]。为了使 AOB 和 AnAOB 能够在反应系统活性污泥中并存，CANON 工艺一般采用 SBR 操作模式并通过间歇曝气的控制方法运行，其污染物去除负荷因此受到了很大限制[75, 78]。而且，当 NO_2^--N 高于 30 mg/L 时，AnAOB 的活性会受到显著抑制[79]。因此，SBR 用于高氨氮有机废水的生物脱氮仍有待进一步探讨。

1.4.4.4　OLAND 工艺

为了进一步提高 Anammox 生物脱氮系统的效能，简化操作管理，比利时根特大学微生物生态实验室开发了 OLAND（oxygen limited autotrophic nitrification-denitrification）工艺[80]。该工艺是通过曝气调控，限制反应系统的 DO，将 NH_4^+ 的硝化反应控制在 NO_2^- 生成阶段，而 AnAOB 就可以利用剩余的 NH_4^+ 和所生产的 NO_2^- 进行 Anammox 反应，进而达到生物脱氮的目的。与全程硝化反硝化脱氮工艺相比，该工艺不仅无须有机碳源，而且可减少 63% 的耗氧量，经济性更加显著[81]。

目前，OLAND 工艺还不够完善，仍有一些问题有待深入研究[82, 83]。例如：①AOB 和 AnAOB 菌群不仅作用底物完全不同，而且对 DO 和 pH 的需求或适应范围也有显著差异，在同一生物相中实现两者的均衡生长和代谢并不容易，而不同来源的废水水质差异悬殊，进一步加大了 DO 和 pH 的调控难度。②由于生物膜从外到内分布着好氧、缺氧和无氧等微环境，允许对 DO 依赖性不同的微生物共处其中。分布于生物膜底层的包括 AnAOB 在内的厌氧微生物，受废水 DO 的影响较小。而悬浮活性污泥絮体，结构相对松散，其核心区域的 DO 状况更容易受到曝气量的影响，分布其中的厌氧微生物代谢活性因此也难以稳定。③有机废水的成分复杂，可滋养种类繁多的微生物，即便是在限氧或缺氧条件下，要想使 AOB 和 AnAOB 成为污泥絮体中的优势菌群也极富挑战性。

1.5　现有技术面临的问题与解决思路

1.5.1　存在问题分析

1.5.1.1　养猪粪污回田利用面临的问题

资源化利用是最为理想的养猪粪水处理处置模式。长久以来，零星散养的农户养猪模式一直以粪水作为肥料进行还田利用。这种方式不仅解决了养猪场粪水排放问题，而且实现了粪污养分的循环利用。然而，随着现代养猪业的规模化发展，粪水作为肥料进行还田利用遇到了以下几个难点[10, 84, 85]。

（1）受纳土地资源不足。生猪养殖粪污的农田回用，要求一定的用地面积和土地承载能力。据计算，每公顷土地仅可受纳 10 头猪的粪污排放量。在土地资源趋紧的城镇周边，生猪养殖的规模化发展，使用于受纳养猪粪水的土地及其承载力出现了严重不足的局面。

（2）远距离运输成本过高。生猪的规模化养殖，势必会造成粪污在局部地区的集中大量排放，而在养猪场周围找到足够的受纳土地是很困难的，此时就需要将粪污转运到更远的土地中施用。有研究表明，养猪场粪污的经济运输距离为 13.3 km，更远的运输是一种不切实际的处理处置方法。

（3）粪污不能及时回田。由于农业耕作的周期性，其对肥料的需求也有一定的时间限制。而规模化养猪场的粪污排放受季节性影响较小，在不适宜农田施用的季节，不得不对粪污进行较长时间的储存。在储存过程中，要求有行之有效的管理措施，以避免泄漏而造成环境污染和疾病传播。对于规模化养猪场而言，这一粪污储存过程，不仅会占据大量的土地资源，也会显著增加生猪养殖成本。

鉴于以上问题，工程化处理设施成为现代养猪企业处理粪污的必备措施。

1.5.1.2　养猪场废水工程化处理的难点问题

我国现行的养猪场废水排放标准是《畜禽养殖业污染物排放标准》(GB 18596—2001),该标准对 COD 和 NH_4^+-N 的排放浓度有明确规定,即分别为 400 mg/L 以下和 80 mg/L 以下,但未对排放废水的 TN 浓度做出明确要求。众所周知,大量的氮素排放会造成严重的水体富营养化,进而会引发环境和人体健康问题。因此,对于养猪场废水的处理,不仅要满足 COD 和 NH_4^+-N 的排放要求,同时必须要兼顾脱氮处理。然而,包括干清粪废水在内的各种养猪场废水,均具有 NH_4^+-N 高和 C/N 低的特征,采用传统的全程硝化反硝化或短程硝化反硝化工艺,很难达到有效生物脱氮的目的,是养猪场废水处理的难点问题之一。

我国大部分规模化养猪场均采用了工业化处理模式对粪污和废水进行处理处置。对于废水的处理,好氧生物处理工艺、厌氧生物处理工艺以及二者联合处理工艺等技术最为常见。在传统的好氧硝化-厌氧反硝化生物脱氮处理工艺中,生物脱氮是通过好氧氨氧化和异养反硝化的联合作用实现的。已有研究表明,对于全程硝化反硝化生物脱氮过程,C/N 至少大于 4 时才能满足反硝化反应对碳源的需求[58, 86]。为使废水中的 NH_4^+ 尽可能地氧化为 NO_3^- 或 NO_2^-,好氧处理单元要求有充足的曝气量、大量的动力消耗,使废水处理成本居高不下。在好氧处理过程中,大部分 COD 得到去除,会造成后续异养反硝化处理缺少足够的电子供体(有机碳源)以还原 NO_3^- 和 NO_2^-,严重制约了生物脱氮效能。对于具有高 NH_4^+-N、低 C/N 特性的干清粪废水处理,这一矛盾更加突出。对于低 C/N 有机废水的生物脱氮,目前大都采用外加有机碳源(如甲醇等)的方式,满足异养反硝化对电子供体的需求,从而达到高效脱氮的目的,但同时也进一步提升了废水处理成本[13-16, 87, 88]。因此,针对干清粪养猪场废水所具有的高 NH_4^+-N 低 C/N 特性,研发更加经济高效的废水处理及生物脱氮技术,成为规模化养猪业健康可持续发展亟待解决的共性问题。

1.5.1.3　干清粪养猪场废水的处理难点

干清粪养猪场废水主要由猪尿、未清理干净的粪便及饲料残渣和猪舍冲洗水等组成[84]。养猪场通常在一天中的某一时段集中冲洗猪舍,在冲洗时间段内,大量废水集中产生并排放,而在其他时间的废水产生与排放量较小。废水的集中排放会对废水生化处理系统造成较大冲击,影响系统的处理效能和稳定运行。因此,在工程化处理模式中,一般都会在处理工艺前端设置调节池,用以调节水量、稳定水质。对于干清粪养猪场废水的处理,尤其是生物脱氮,存在以下几个难点问题[16, 58, 86, 89]。

(1) NH_4^+-N 浓度高。研究资料表明,干清粪养猪场废水中的 NH_4^+-N 浓度在

600～2000 mg/L 之间。高浓度的 NH_4^+-N 势必会使废水中的游离氨（free ammonia，FA）浓度也处于较高水平，其生物毒性会对生化处理系统中的微生物产生抑制作用，甚至导致处理系统的崩溃。

（2）C/N 值低。干清粪养猪场在源头上实现了猪舍类污的固液分离，使废水中的有机污染物浓度大幅降低。经过混凝沉淀等预处理后，废水中的 COD 浓度进一步降低，C/N 一般小于 4，难以满足异养反硝化对有机碳源的需求，给传统的 A/O 生物脱氮工艺带来了巨大挑战。

（3）水质变化大。受养殖周期和市场需求影响，养猪场育肥猪舍、保育猪舍和母猪舍中猪的数量和比例不断变化，导致养猪场废水的水质水量波动较大。即便有调节池的设置，进入处理系统的水质仍然会随着养殖周期的更迭而出现较大波动，这无疑会给生化处理系统的稳定运行和管理带来更多的困难。

1.5.1.4 厌氧氨氧化的技术瓶颈

如 1.4.4 节所述，虽然 Anammox 工艺在处理低 C/N 废水方面具有反应迅速、脱氮效果佳、经济性好等突出优点，已走向工程应用，但也面临一些技术瓶颈问题亟待解决。

同其他化能自养微生物一样，AnAOB 获取能量的能力有限，生长缓慢，世代时间长达 11～14 d[90, 91]。而化能异养微生物可在有机物降解过程中获得更多能量，生长和繁殖非常迅速。因此，在营养成分复杂的有机废水生物处理系统中，化能异养微生物总是处于优势生长地位。而其优势生长，必然对同一系统的自养微生物产生竞争抑制[92, 93]。即便是 AOB 和 NOB，它们的世代时间也显著短于 AnAOB。所以，现有的有关 Anammox 技术研究，大都是基于 AnAOB 富集培养物以及以 NH_4^+-N 和 NO_2^--N 为主的人工配水而开展[94]。在成分复杂的废水或污水生物处理系统中，如何驯化和富集 AnAOB 菌群，并使之达到一定的优势度，是一项极富挑战的工作，也是 Anammox 技术是否能够成功应用于实际有机废水处理的关键。欲在活性污泥中富集到足够丰度的 AnAOB 菌群，必须要有有效的措施降以低废水的有机物含量。SHARON-Anammox 工艺展示的生物相分离技术，为解决这一问题提供了有益借鉴[72]。

有效控制 NH_4^+ 的氧化量和氧化程度，是在有机废水生物处理系统中实现 Anammox 脱氮的关键，NH_4^+ 氧化的不足或过量氧化，都会显著影响 Anammox 反应的进行和系统的脱氮效能[72]。对于高氨氮低 C/N 废水生物处理系统，如果 NO_2^- 积累浓度过高，还会对 AnAOB 产生毒害作用[79]。如何协调化能异养菌群、AOB 菌群、NOB 菌群和 AnAOB 菌群之间的生长和代谢平衡，是 Anammox 技术应用必须解决的关键问题[82, 83]。如式（1-1）所示，Anammox 反应会有一定量的 NO_3^--N 生成，因此，其理论 TN 去除率只能达到 89%。然而，由于 NOB 对底物 NO_2^--N

的竞争作用，实际的 TN 去除率往往低于理论值[95, 96]。若废水中有适量有机物的存在，使异养反硝化得以进行，会显著提高系统的 TN 去除率。研究表明，在 COD/TN 处于 0.3～1.0 范围时，Anammox 系统对 TN 的去除效能明显升高[97, 98]。

1.5.2 生物滤池处理养猪场废水的应用潜力

1.5.2.1 生物滴滤池

生物滴滤池（biological trickling filter）是在废水处理构筑物中填充天然的或人工合成的填料构成滤床，废水由滤池顶部布洒，空气与布水混合进入滤床，由着生在填料表面的生物膜吸附和降解污染物，具有能耗低、污泥产量少、耐冲击负荷等优点[99]。早在 1893 年，英国就开展了将污水喷洒在粗滤料上进行净化的试验，取得了良好的效果，BOD_5 的去除率可达 90%～95%，但也存在处理负荷低、占地面积大、滤床易堵塞等突出问题。直到 20 世纪 50 年代以后，通过出水回流、滤床冲刷等措施，在很大程度上解决了滤床严重堵塞问题，并提高了滤池的处理负荷，逐步形成了现代滴滤池的基本运行模式[100, 101]。研究表明，采用水解酸化-生物滴滤池工艺处理城镇污水，其基建投资仅为 SBR 及氧化沟等常用工艺的 60%～70%，运行成本可节约 50%[102]。采用 A/O 模式运行的生物滴滤池工艺处理城镇污水，可节能 50%[103]。在节能减排的新时代背景下，具有低能耗、低处理成本优势的生物滴滤池技术再次受到了人们的关注[104]。

填料类型及其表面生物膜的微生物群落状况是影响生物滴滤池效能的主要因素。早期的滤料主要有碎石、钢渣、焦炭等，其空隙率一般为 45%～50%，比表面积在 65～100 m^2/m^3 之间。目前普遍采用的填料，多为列管式或蜂窝式塑料等新型滤料，比表面积可达 200 m^2/m^3，孔隙率更是高达 95%[105]。在生物滴滤池的滤床中，水质和内环境沿着水流方向是逐渐变化的，微生物群落也呈现出规律性变化。由于水力负荷较低，生物滴滤池中的生物膜较厚，而 DO 通过扩散作用通常只能渗入到生物膜 100～200 μm 的深度，因此在生物膜中就形成了好氧区、缺氧区和厌氧区，为各类微生物的生长代谢提供了丰富的微环境。微环境的多样化和微生物群落的多样性，为污染物的有效去除奠定了基础。

已有的研究和工程实践证明，生物滴滤池是一种运行成本低且有效的同步除碳脱氮工艺。对自然通风沸石生物滴滤池的研究表明，滤床中存在显著的同步硝化反硝化现象，其中，NH_4^+-N 的去除自上而下逐渐降低，硝化速率中下层高于上层，而反硝化主要发生在滤床的上层，影响氮去除效果的首要因素是传质速率，而非单位体积滤料的细菌活性[106]。新型生物滴滤池处理生活污水的中试研究表明，在保证出水 COD 不大于 50 mg/L 的条件下，自然通风的运行模式，可使污水处理的吨水电耗降低到 0.058 kW·h/t[107]。

生物滴滤池的应用多见于生活污水和工业废水的处理，用于养猪场废水处理的实践比较少见[108-110]。加拿大魁北克工业研究中心，将木片和泥炭按照一定比例混合，构建了一种新型生物滴滤池，用于水泡粪废水的处理并取得了良好的运行效果，其 BOD_5 负荷和 NH_4^+-N 负荷分别达到了 269.5 g/(m²·d) 和 61.4 g/(m²·d)，去除率分别为 95% 和 75%[111]。该研究成果展示了生物滴滤池用于高氨氮养猪场废水处理的可行性，但其所承受的水力负荷只有 0.02 m³/(m²·d)，这无疑加大了滤池的占地面积和基建成本。

以上分析表明，生物滴滤池是较为适合于养猪场废水处理的一种工艺，但要用于高氨氮低 C/N 养猪场废水的处理，尚须更为深入的研究，以进一步提高处理负荷，并对其 NH_4^+-N 和 TN 去除效能做出客观评估。

1.5.2.2 土壤渗滤处理

土壤渗滤处理（soil infiltration treatment）也称土壤含水层处理（soil aquifer treatment），污染物在随水流渗透土壤层过程中，通过非生物的和生物的作用得以去除[112-114]。在一个土壤渗滤系统中，污染物由于过滤吸附和沉淀而被截流在土壤中，微生物利用土壤颗粒截留的悬浮物质、胶体和溶解状态物质等进行生长繁殖并逐渐形成生物膜。生物膜主要由菌胶团和大量真菌组成，其微生物群落因水质、气候和土壤深度变化而不同。土壤颗粒表面的生物膜由于新陈代谢而不断更新，因此能长期保持对污染物质的去除作用。合理的滤床高度在 1 m 左右，多采用间歇喷水的方式进水。土壤生物滤池不仅对易降解有机物的去除十分有效，而且在适当的滤料和温度条件下还可降解一些难降解有机物[115, 116]。

土壤生物滤池多用于地下水回灌和污水深度处理等方面，在养猪场废水处理方面少见报道。复旦大学雷中方等[117]以土壤、粉煤灰和稻壳（体积比为 7∶2∶1）的混合物为填料，构建了两段式土壤渗滤系统，用于处理具有高氨氮低 C/N 特征的养猪场废水厌氧消化液。经调试运行，在进水（稀释 5 倍的厌氧消化液）TN 不低于 100 mg/L 的条件下，系统对 TN 的去除率最终稳定在了 90% 以上，展现出了优异的脱氮效果。不足的是，该系统中串联的两个土壤滤柱，其水力负荷分别仅为 0.06 m³/(m²·d) 和 0.02 m³/(m²·d)，TN 去除负荷也只有 3 g/(m²·d)。

以上分析表明，将土壤渗滤技术用于养猪场废水的处理是可行的。但是，与生物滴滤池一样，土壤渗滤处理也存在水力负荷过低、污染物去除负荷不高等不足，如何进一步提高其处理效能仍然是制约其工程应用的关键。

1.5.3 养猪场废水微氧生物处理的可行性

1.5.3.1 高氨氮低 C/N 废水微氧生物脱氮的可行性

如 1.2 节所述，无论是水冲粪或水泡粪养猪场废水，还是干清粪养猪场废水，都具有高氨氮、低 C/N 的特征[17, 18]。依据图 1-1 所示的传统生物脱氮理论，NO_x^--N 的反硝化脱氮均需要有充足的有机碳源供给，这对于高氨氮低 C/N 废水的生物脱氮极富挑战性[16]。对于养猪场废水处理，目前大多采用 A/O 组合工艺[13, 14]。这些废水处理技术，对 COD 的去除是非常有效的，但对 NH_4^+-N 和 TN 的去除效果并不理想，一般需要增加物理化学处理单元以提升排放废水的水质[15]。通过氨氮吹脱或化学沉淀等物理化学方法，以及外加有机碳源的措施，都能够在一定程度上调节废水的 C/N 值，提高生物脱氮的效率，但无疑也增加了系统的复杂性和废水处理成本[42]。

利用全程硝化反硝化或短程硝化反硝化均可实现有机废水的生物脱氮，但在工艺流程中都要求有好氧单元和厌氧（或缺氧）单元的更迭，工艺流程长，占地多、基建费用高、处理成本大[43, 51, 67]。如果能够在同一处理单元或反应器内营造出好氧环境和缺氧环境，理论上也可以实现有效的生物脱氮，这样不仅可以显著缩短工艺流程，减低工程建设费用，还可显著提高脱氮效率，降低处理成本，这就是所谓的同步硝化反硝化技术。其中的短程硝化反硝化技术，更加经济高效[59, 62, 63]。实现短程硝化反硝化的主要工程手段，就是通过曝气量的调控，将系统中的 DO 控制在较低水平，以保证 NH_4^+-N 的部分氧化并将其氧化控制在 NO_2^--N 生成阶段[62]。而这一生物脱氮机制对工艺的要求和相关的工程控制措施，与微氧生物处理技术非常相近。

微氧又称限氧或微需氧，是一种介于好氧和厌氧之间的一种状态，生物处理系统中的 DO 一般为 0.3～1.0 mg/L[97, 98]。微氧生物处理技术，是一种新型废水生物处理技术，它兼有好氧生物处理技术和厌氧生物处理的特点，具有如下明显优势。①耗氧量低：在微氧生物处理系统中，厌氧微生物、好氧微生物和兼性微生物能够共存，系统中既存在以分子氧（O_2）为最终电子受体进行好氧呼吸的微生物，又存在以亚硝酸盐、硝酸盐、硫酸盐等无机盐为最终电子受体进行无氧呼吸的微生物。有氧呼吸和无氧呼吸均以有机物作为电子供体，在 DO 充足时，活性污泥微生物可通过有氧代谢矿化有机物，而在 DO 不足时，NO_2^-、NO_3^- 和 SO_4^{2-} 等则可取代 O_2 作为电子受体，仍能保证有机物的降解。因此，微氧生物处理系统在限制曝气量的情况下，可有效提高 DO 的利用效率，并能借助于无氧呼吸保证有机污染物的去除。曝气量的下降，显著减少了污水处理成本。②DO 利用率高：根据双膜理论，氧气溶于水是液膜控制过程。若水中的 DO 水平越低，那么氧气溶于水的速率越快，所以在微氧条件下的氧气利用率必然大于好氧条件下的氧气利用率[74, 118]。③剩余污泥产量低：研究表明，在好氧处理系统中，60%左右的有机物被用于生物合成，剩余污泥产量很大[119]。而 Zitomer[120]的研究表明，在处理负荷相同时，微氧处理系统去除单位 COD 的污泥产量[以混合液挥发性悬浮固体（mixed liquor volatile suspended solid，MLVSS）计]为 0.06～0.11 g MLVSS/g COD，而好氧处理系统的污泥产量则高达 0.42～0.45 g MLVSS/g COD。④可同步去除有机物和氮磷等植物性营养物质：在微氧条件下，DO 向污泥絮体内部或生物膜深层的渗透受到了极大限制，在污泥絮体或生物膜内可形成更大的缺氧和厌氧区域，因而为产甲烷菌群、反硝化菌群和 AnAOB 菌群等厌氧微生物提供了更为充足的空间生态位。正是由于微氧条件可在处理系统中创造适宜于不同微生物类群生长代谢的多种微环境，使得有氧呼吸、无氧呼吸和甲烷发酵等众多生物化学过程可以在同一生物相中发生，进而使处理系统表现出碳氮磷同步去除的效能。Chu 等[121]在利用 MBR 处理生活污水的研究中，通过控制曝气量，将系统控制在微氧状态，获得了高达 93%以上的 COD 去除率和 87%左右的 TN 去除率，且很少受到进水 COD 和 HRT 的影响。此外，微氧生物处理在难降解有机物的降解和去除方面也表现出了很好的应用前景[122, 123]。鉴于上述诸多优势，微氧生物处理技术得到了广泛研究和发展。

微氧生物脱氮是微氧生物处理技术的最新研究方向。传统生物脱氮理论认为，废水中氮的去除需要经过好氧硝化和厌氧反硝化两个过程。传统的脱氮工艺不仅处理流程长，还存在占地面积大、设备设施管理复杂等不足。应运而生的短程硝化反硝化、同步硝化反硝化和 Anammox 等新兴生物脱氮工艺（参见 1.4 节），其所包含的生物脱氮机制，似乎都可以在微氧生物处理系统中发生。研究表明，通过曝气量的调控，将系统中的 DO 控制在 1.0 mg/L 以下，不仅可以很好地控制 NH_4^+-N 的氧化程度，同时也可在系统中营造数量众多的无氧微环境，为 NO_2^--N 的反硝化提供了环境保障[43]。也正是微氧条件营造的多种多样的微环境，可以使众多的具有不同环境适应特点和代谢功能的微生物共处于同一生物相中，微氧生物处理系统也表现出了同步硝化反硝化脱氮的功能。

微氧条件在生物处理系统中营造的厌氧微环境，同样也适宜于 AnAOB 菌群的生长和代谢。已有的研究表明，AnAOB 是较为严格的厌氧微生物[70, 73, 77, 124]。欲在废水生物处理系统中大量富集 AnAOB 菌群，就必须在系统中构建厌氧功能单元或营造厌氧微环境。另一方面，Anammox 还需要有充足的电子供体（NH_4^+-N）和电子受体（NO_2^--N），这就需要处理系统中有相应的好氧处理单元或好氧环境将 NH_4^+-N 氧化，并相对严格地将其氧化控制在 NO_2^--N 生成阶段。而微氧条件，不仅能在系统中营造适合 AnAOB 滋生的厌氧微环境，同时也可有效地将 NH_4^+-N 氧化控制在 NO_2^--N 生成阶段。可见，在微氧生物处理系统中，有可能富集更为丰富的 AnAOB。

微氧生物处理系统存在的多种生物脱氮机制，对于提高系统的脱氮效能起到了重要作用。1996 年，Kuba 等[45]首先报道了反硝化除磷菌（denitrifying phosphorus removal bacteria，DPB）在缺氧或微氧条件下，呈现出反硝化和除磷的双重功能。在厌氧-好氧交替培养条件下，DPB 能够表现出与聚磷微生物（polyphosphate accumulating organism，PAO）类似的代谢特征，区别在于 PAO 在氧化细胞内储存的聚 β-羟丁酸（poly-β-hydroxybutyrate，PHB）时，以 O_2 作为电子受体，而 DPB 则是利用 NO_3^- 作为电子受体[125]。DPB 在反硝化聚磷过程中，同一来源的有机碳源可同时参与反硝化和聚磷反应，因而降低了反硝化对有机碳源需求。与传统的生物脱氮除磷工艺相比，反硝化脱氮除磷过程能够节省 50%的碳源和 30%的耗氧量，同时剩余污泥产量也降低了 50%[126]。可见，微氧生物处理系统中反硝化聚磷菌的存在，不仅有利于提高生物脱氮的效能，也使系统表现出一定的除磷功能。

以上分析表明，微氧生物处理系统具有多样化的微环境，允许众多生理生态特性不同的功能菌群在同一生境（反应系统）中滋生繁衍，通过化能异养菌群的代谢作用，可以有效去除 COD，而其中共存的硝化反硝化、短程硝化反硝化、Anammox 以及反硝化聚磷等多种脱氮机制，反映出其在生物脱氮效能方面的潜力。值得关注的是，微氧环境下的生物脱氮，对有机碳源的需求显著低于全程硝化反硝化和短程硝化反硝化，用于高氨氮低 C/N 废水的处理，应该可以收到良好的生物脱氮效果。

1.5.3.2 高氨氮低 C/N 废水微氧生物脱氮技术的关键问题

尽管微氧生物处理技术具有能耗低、剩余污泥产量少、可实现碳氮磷同步去除等优点，并在处理低 C/N 有机废水方面展现出了较大发展潜力，但将其应用于高氨氮低 C/N 养猪场废水处理的研究并不深入。针对干清粪养猪场废水的处理，需要解决的关键问题主要包括如下几点：

（1）微氧生物处理反应器的研发。与其他生物处理技术一样，微氧生物处理反应器的研制是其得以工程化应用的必要基础。研究表明，无论是悬浮活性污泥系统还是生物膜系统，也无论是序批式或连续流运行模式，都能通过一定的控制措施将其调控为微氧状态[120-122, 127]。然而，针对养猪场废水所具有的高氨氮低 C/N 特征及其生物脱氮的难题，采用何种反应器构型以及怎样的运行模式更为适宜，至今未能得到很好解决。

（2）高氨氮低 C/N 养猪场废水微氧生物处理系统的启动，即污泥驯化技术。诸如 AOB、NOB、AnAOB 等与生物脱氮紧密相关的微生物，均具有增殖缓慢，且易受到代谢生长快的化能异养营养型菌群的限制。如何在废水生物处理系统中富集到足够的硝化细菌（AOB 和 NOB）和反硝化细菌或 AnAOB，是微氧生物脱氮系统启动和成功运行的生物学基础。然而，参与生物脱氮的功能菌群不一而足，它们在生理生态特性上相差悬殊[43, 68]。如何在同一反应器内，甚至在同一活性污泥生物相中使它们都能得到富集并充分发挥代谢活性，是一项极富挑战的任务[45-47]。

（3）微氧生物处理系统的调控策略与技术。如上所述，微氧生物处理系统能够高效稳定运行的关键，是维持生理生态特性各异的众多功能菌群之间的代谢平衡，使碳氮磷在系统中的转化能够有序进行。由于微氧系统中的众多微生物类群的生理生态特性迥异，水力负荷、有机负荷、C/N、温度、pH 和生物量等工程控制参数的改变，都可能改变各种功能菌群业已建立的代谢平衡，进而影响系统对目标污染物的去除效能。因此，针对养猪场废水的高氨氮低 C/N 特性，研究工程控制参数改变引起的微氧活性污泥微生物群落演替规律，探讨保证系统高效稳定运行的调控策略和技术，对于技术进步和推广应用至关重要。

（4）微氧生物处理系统的污染物去除机制。对于微氧生物处理系统中微生物群落演替规律的揭示，以及对碳氮磷等污染物去除的生物机制解析，不仅可为设备和调控运行技术研发提供理论指导，而且可为进一步强化微氧生物处理系统的效能寻找到突破口，推动微氧生物处理理论与技术的进步和推广应用。

1.5.4　A/O 与 Anammox 耦合工艺的技术可行性

1.5.4.1　A/O 工艺的发展

A/O 工艺由 Ludzack 和 Ettinger 于 1962 年首次提出，具有良好的碳氮磷去除效果，在城镇污水和工业有机废水处理领域得到广泛应用[128]。该工艺由缺氧（或厌氧）池与好氧池串联而成，好氧池出水（硝化液）回流至前端缺氧池并与原水混合，以期为反硝化脱氮提供充足的有机碳源。然而，厌氧池内共存的 PAO 会与反硝化细菌竞争碳源，生物脱氮效果往往不尽人意。在废水 C/N 较低时，碳源不足进一步限制了 A/O 系统的生物脱氮效能[44-46]。由 A/O 工艺衍生而来的多段 A/O 工艺，通过按比例分段进水的方式，在一定程度上缓解了厌氧处理单元反硝化脱氮的碳源不足问题，提升了系统的脱氮效能，但并未突破低 C/N 对生物脱氮效率的限制[129]。

为强化 A/O 系统的处理效能，在缺氧池和好氧池中布设填料的工程措施得到了普遍应用。填料的布设，有效增加了系统内的生物持有量，使系统的抗冲击负荷能力和处理效能有了显著提高[130-132]。此外，由生物膜创造的好氧区、缺氧区和无氧区，为各类微生物的生长代谢提供了丰富的微环境，使得硝化细菌（AOB 和 NOB）和反硝化细菌甚至 AnAOB 可以共栖于同一生物处理系统甚至同一生物相（活性污泥或生物膜）中，使生物脱氮效能的进一步提高成为可能[58]。

1.5.4.2　A/O 工艺处理高氨氮低 C/N 养猪场废水的可行性

如 1.5.4.1 节所述，A/O 工艺是目前应用最为广泛的废水生物脱氮技术之一。图 1-1 所示的传统硝化反硝化生物脱氮理论说明，$NO_2^- \text{-N}$ 和 $NO_3^- \text{-N}$ 的反硝化脱氮，均需要有足够的有机碳源作为电子供体，而干清粪养猪场废水是一种典型的高 $NH_4^+ \text{-N}$、低 C/N 废水（参见 1.2.4 节），采用反硝化脱氮存在碳源严重不足的问题，如何实现干清粪废水的高效生物脱氮，是传统 A/O 工艺面临的新问题和严峻挑战[13, 14, 16]。然而，目前采用的 A/O 工艺对 COD 的去除是高效的，但对 NH_4^+-N 和 TN 的去除效果并不理想，一般需要在工艺流程的前端或后端增加物理化学处理单元，来提高排放废水的水质[15]。向厌氧池投加有机碳源，也是目前较为常见的一种调节废水 C/N 值的工程措施，对提高反硝化脱氮效率非常有效，但无疑增加了系统的管理难度，提高了废水处理成本[133]。与全程硝化反硝化相比，短程硝化反硝化对碳源需求低，生物脱氮效率也更高[59, 62]。尽管短程硝化反硝化生物脱氮过程所需 C/N 的理论值只有 1.71[44]，但干清粪养猪场废水的 C/N 值仍难满足这一要求（参见 1.2.4 节）。

对于高 NH_4^+-N、低 C/N 废水的生物脱氮，Anammox 技术无疑是最佳选择。如式（1-1）所示，AnAOB 是以碳酸盐（或 CO_2）为唯一碳源的自养型微生物，从 NH_4^+ 与 NO_2^- 的氧化还原反应中获取生长代谢所需的能量，并有少量 NO_3^- 的生成。Anammox 不需要 DO 且反应迅速，生物脱氮效率高，理论上更适用于高 NH_4^+-N、低 C/N 有机废水的生物脱氮[70, 73, 77]。AnAOB 是一类较为严格的厌氧细菌，欲在废水生物处理系统中对其富集，不仅需要营造厌氧环境，还需要为其提供一定比例的 NH_4^+-N 和 NO_2^--N。A/O 工艺中的厌氧池可以为 AnAOB 提供生长所需的厌氧环境，而好氧池可将 NH_4^+-N 氧化为 NO_2^--N，通过硝化液回流即可在厌氧池中营造出适宜 AnAOB 生长代谢的环境条件和营养条件。因此，理论上，Anammox 是可以在 A/O 系统中实现的。而且，A/O 工艺本身具备的硝化反硝化功能，还可进一步提高系统的生物脱氮效能。

由于 AnAOB 生长速率缓慢，导致 Anammox 系统的启动需要数月之久，成为工程应用的限制因素[90, 91, 134]。例如，位于荷兰鹿特丹的一个污水处理厂，其 Anammox 反应器的第一次启动耗时长达 2 年[135]。在生物反应器中布设填料，对于促进 Anammox 系统的启动和长期稳定运行具有重要作用[136]。填料可为 AnAOB 的着生提供大量界面，避免了因水力冲刷而流失的问题，而较高的生物持有量，为 Anammox 系统的高效稳定运行奠定了基础[137]。因此，将多孔聚酯非织造布、竹炭、聚乙烯醇-水杨酸、沸石、聚乙烯海绵和聚乙二醇凝胶等不同填料用于 Anammox 工艺的研究多有报道[138]。生物膜法在处理成分复杂的养猪场废水时，其优势主要有如下几点[139, 140]：①有助于生长繁殖速度缓慢的微生物富集，如 AOB、NOB 和 AnAOB 等，利于生物脱氮；②生物膜的微生物群落更富多样性，在去除污染物方面具有广谱性；③使反应系统具有较高的生物持有量，显著提高系统的处理负荷和运行稳定性；④生物膜系统无需污泥回流，操作维护简便，能耗低；等等。研究表明，在 A/O 系统中恰当地布设填料，在控制条件得当时，可富集到大量 AnAOB，使其成为微生物群落的优势菌群之一[137]。

综上所述，A/O 系统存在厌氧-好氧的环境交替，使具有不同生理生态特性的功能菌群得以共栖共生。在厌氧处理单元，化能异养菌在有效去除 COD 的同时，还可以通过反硝化去除 NO_2^--N 和 NO_3^--N；在好氧处理单元，通过 DO 等参数的调控，可以将部分 NH_4^+-N 的氧化控制在 NO_2^--N 生成阶段，为 Anammox 的发生提供了物质基础。而填料的布设与生物膜的形成，则为 AnAOB 的着生和富集提供了适宜微环境。理论上，全程硝化反硝化、短程硝化反硝化以及 Anammox 等多种脱氮途径均可在 A/O 系统中发生，为开发经济高效的干清粪养猪场废水生物脱氮处理技术奠定了理论基础。

参 考 文 献

[1] 黄微, 徐顺来. 中国养猪业现状与发展方向. 畜禽业, 2011, 9: 4-8.

[2] 熊远著. 中国养猪业发展道路. 中国猪业, 2006, 4: 4-7.

[3] Lim S J, Park W, Kim T H, et al. Swine wastewater treatment using a unique sequence of ion exchange membranes and bioelectrochemical system. Bioresource Technology, 2012, 118: 163-169.

[4] 靳西安. 对规模化养猪的分析研究. 科教文汇(下旬刊), 2012, 7: 127-128.

[5] 黄微, 徐顺来. 我国养猪业现状及发展趋势. 新农业, 2012, 11: 4-7.

[6] 中华人民共和国农业部. 全国生猪生产发展规划(2016—2020 年). 北京: 2016.4.18. http://www. moa.gov.cn/nybgb/2016/diwuqi/201711/t20171127_5920859.htm.

[7] 中华人民共和国国家统计局. 中华人民共和国 2020 年国民经济和社会发展统计公报. 北京, 2015. 02. 26. http://www.stats.gov.cn/tjsj/zxfb/202102/t20210227_1814154.html.

[8] 国家环境保护总局, 国家质量监督检验检疫总局. 畜禽养殖业污染物排放标准(GB 18596—2001). 2001. 12. 28. http://www.mee.gov.cn/ywgz/fgbz/bz/bzwb/shjbh/swrwpfbz/200301/W020061027519473982116.pdf.

[9] 钱靖华, 田宁宁, 任远. 规模化猪场粪污治理存在的问题及对策. 中国畜牧杂志, 2006, 20: 57-59.

[10] 段妮娜, 董滨, 何群彪, 等. 规模化养猪废水处理模式现状和发展趋势. 净水技术, 2008, 27(4): 9-15, 39.

[11] 张兆伯, 刘刚, 于国霞, 等. 畜禽废水处理技术探讨. 山东环境, 2001, 6: 35.

[12] 李远. 我国规模化畜禽养殖业存在的环境问题与防治对策. 上海环境科学, 2002, 10: 597-599.

[13] 施云芬, 战祥轩, 刘景明. 交替 A/O 工艺处理养猪废水脱氮研究. 东北电力大学学报, 2011, 31(2): 32-35.

[14] 陈威, 施武斌, 龚松, 等. EGSB-A/O-MBR 工艺处理规模化猪场废水. 给水排水, 2014, 40(3): 45-47.

[15] 冯亮, 赵明, 周礼杰, 等. 化学絮凝预处理对 A/O-MBR 处理养猪沼液的影响. 工业水处理, 2013, 33(2): 16-19, 82.

[16] Cervantes F J, De La Rosa D A, Gómez J. Nitrogen removal from wastewaters at low C/N ratios with ammonium and acetate as electron donors. Bioresource Technology, 2001, 79(2): 165-170.

[17] 张庆东, 耿如林, 戴晔. 规模化猪场清粪工艺比选分析. 中国畜牧兽医, 2013, 2: 232-235.

[18] 祝其丽, 李清, 胡启春, 等. 猪场清粪方式调查与沼气工程适用性分析. 中国沼气, 2011, 1: 26-28, 47.

[19] Wang L, Guo Z. The biological fermentation bed raises pigs technical the application present situation. Livestock and Poultry Industry, 2009, 3(239): 8-10.

[20] 王远孝, 李雁, 钟翔, 等. 猪用发酵床的研究与应用. 家畜生态学报, 2008, 28(6): 139-142.

[21] 王增敏. 浅谈发酵床养猪工艺特点及与传统集约化养猪工艺比较. 中国畜牧兽医, 2011, 38(4): 243-245.

[22] 王露, 郭宗义. 生物发酵床养猪的利与弊. 畜禽业, 2009, 3: 8-10.

[23] 陈定敢, 李焕烈. 猪场水泡粪工艺设计探讨. 养猪, 2013, 1: 73-78.

[24] 韩华, 陈冲, 彭英霞, 等. 猪场尿泡粪工艺设计. 今日养猪业, 2014, 8: 10-14.

[25] 邓良伟. 规模化猪场粪污处理模式. 中国沼气, 2001, 1: 29-33.

[26] 邓良伟, 陈子爱, 袁心飞, 等. 规模化猪场粪污处理工程模式与技术定位. 养猪, 2008, 6: 21-24.

[27] Reddy G, Hunt P G, Phillips R, et al. Treatment of swine wastewater in marsh-pond-marsh constructed wetlands. Water Science and Technology, 2001, 44(11-12): 545-550.

[28] Knight R L, Payne V W E, Borer R E, et al. Constructed wetlands for livestock wastewater management. Ecological Engineering, 2000, 15(1-2): 41-55.

[29] Hunt P, Szogi A, Humenik F, et al. Constructed wetlands for treatment of swine wastewater from an anaerobic lagoon. Transactions of the Asae, 2002, 45(3): 639-647.

[30] Cheng J, Liu B. Nitrification/denitrification in intermittent aeration process for swine wastewater treatment. Journal of Environmental Engineering, 2001, 127(8): 705-711.

[31] 邓良伟, 李中轩, 陈子爱. 规模化猪场废水处理模式选择. 猪业科学, 2007, 147(9): 23-26.

[32] 尚晓, 杨宇栋, 李晓婷, 等. 电解脱氮除磷整合工艺处理养猪废水的研究. 中国给水排水, 2010, 23: 101-104.

[33] 段金明, 方宏达, 林锦美, 等. 沸石吸附氨氮辅助鸟粪石法去除养猪废水营养物质. 环境科学与技术, 2011, 12: 181-184.

[34] 钱锋, 曾萍, 宋晨, 等. 养猪废水的吸附-过滤法初级处理试验研究. 安全与环境学报, 2008, 6: 60-64.

[35] Deng L, Zheng P, Chen Z. Anaerobic digestion and post-treatment of swine wastewater using IC-SBR process with bypass of raw wastewater. Process Biochemistry, 2006, 41(4): 965-969.

[36] 金明兰, 赖密玲, 李杭, 等. 废水生物处理技术及其研究进展. 吉林建筑工程学院学报, 2013, 2: 36-39.

[37] 彭英霞, 林聪, 王金花, 等. 猪场废水生物处理技术研究进展. 家畜生态学报, 2006, 2: 106-108.

[38] 赵君楠, 孟昭福, 孟祥至, 等. SBR处理高浓度养猪废水工艺条件. 环境工程学报, 2013, 12: 4854-4860.

[39] 刘良栋, 董俊, 田登高, 等. 猪场废水厌氧处理控制条件研究. 能源与环境, 2011, 2: 94-95.

[40] 颜智勇, 吴根义, 刘宇赜, 等. UASB/SBR/化学混凝工艺处理养猪废水. 中国给水排水, 2007, 14: 66-68.

[41] Shin J H, Lee S M, Jung J Y, et al. Enhanced COD and nitrogen removals for the treatment of swine wastewater by combining submerged membrane bioreactor(MBR)and anaerobic upflow bed filter(AUBF)reactor. Process Biochemistry, 2005, 40(12): 3769-3776.

[42] Guštin S, Marinšek-Logar R. Effect of pH, temperature and air flow rate on the continuous ammonia stripping of the anaerobic digestion effluent. Process Safety and Environmental

Protection, 2011, 89(1): 61-66.

[43] 吴昌永. SBR 法短程硝化反硝化实时控制的基础研究. 哈尔滨: 哈尔滨工业大学博士学位论文, 2006.

[44] Płaza E, Trela J, Gut L, et al. Deammonification process for treatment of ammonium rich wastewater. Integration and optimisation of urban sanitation systems, Joint Polish-Swedish Reports, 2003, 10: 77-87.

[45] Kuba T, van Loosdrecht M, Heijnen J. Phosphorus and nitrogen removal with minimal COD requirement by integration of denitrifying dephosphatation and nitrification in a two-sludge system. Water Research, 1996, 30(7): 1702-1710.

[46] Obaja D, Macé S, Costa J, et al. Nitrification, denitrification and biological phosphorus removal in piggery wastewater using a sequencing batch reactor. Bioresource Technology, 2003, 87(1): 103-111.

[47] 蒋昕. 广州市规模化养猪场废水污染调查与防治对策探讨. 环境研究与监测, 2011, 1: 69-72.

[48] Canals O, Salvadó H, Auset M, et al. Microfauna communities as performance indicators for an A/O shortcut biological nitrogen removal moving-bed biofilm reactor. Water Research, 2013, 47(9): 3141-3150.

[49] Yang S F, Tay J H, Liu Y. A novel granular sludge sequencing batch reactor for removal of organic and nitrogen from wastewater. Journal of Biotechnology, 2003, 106(1): 77-86.

[50] Kishida N, Kim J H, Chen M, et al. Automatic control strategy for biological nitrogen removal of low C/N wastewater in a sequencing batch reactor. Water Science and Technology, 2004, 50(10): 45-50.

[51] Abeling U, Seyfried C. Anaerobic-aerobic treatment of high-strength ammonium wastewater-nitrogen removal via nitrite. Water Quality International, 1992, 26(1): 1007-1015.

[52] Chen Y, Wang Y, Fan M, et al. Preliminary study of shortcut nitrification and denitrification using immobilized of mixed activated sludge and denitrifying sludge. Procedia Environmental Sciences, 2011, 11, Part C: 1171-1176.

[53] Hellinga C, Schellen A A J C, Mulder J W, et al. The SHARON process: An innovative method for nitrogen removal from ammonium-rich waste water. Water Science and Technology, 1998, 37(9): 135, 142.

[54] Mulder J W, van Kempen R. N-removal by SHARON. Water Quality International, 1997, (3): 30-31.

[55] 郑淑玲, 袁世斌, 王安, 等. 短程硝化反硝化工艺处理养猪场废水的厌氧消化液. 中国给水排水, 2010, 7: 96-98, 102.

[56] Wang L, Xu J-M, Ma S-S, et al. Biological nitrogen removal in a modified anoxic/oxic process for piggery wastewater treatment. Desalination and Water Treatment, 2016, 57(24): 11266-11274.

[57] Helmer C, Kunst S. Simultaneous nitrification/denitrification in an aerobic biofilm system. Water Science and Technology, 1998, 37(4): 183-187.

[58] Virdis B, Rabaey K, Rozendal R A, et al. Simultaneous nitrification, denitrification and carbon removal in microbial fuel cells. Water Research, 2010, 44(9): 2970-2980.

[59] Münch E V, Lant P, Keller J. Simultaneous nitrification and denitrification in bench-scale

sequencing batch reactors. Water Research, 1996, 30(2): 277-284.

[60] Waki M, Yasuda T, Fukumoto Y, et al. Treatment of swine wastewater in continuous activated sludge systems under different dissolved oxygen conditions: Reactor operation and evaluation using modelling. Bioresource Technology, 2018, 250: 574-582.

[61] Li C, Liu S, Ma T, et al. Simultaneous nitrification, denitrification and phosphorus removal in a sequencing batch reactor(SBR) under low temperature. Chemosphere, 2019, 229: 132-141.

[62] Yoo H, Ahn K H, Lee H J, et al. Nitrogen removal from synthetic wastewater by simultaneous nitrification and denitrification(SND) via nitrite in an intermittently-aerated reactor. Water Research, 1999, 33(1): 145-154.

[63] Yang S, Yang F. Nitrogen removal via short-cut simultaneous nitrification and denitrification in an intermittently aerated moving bed membrane bioreactor. Journal of Hazardous Materials, 2011, 195: 318-323.

[64] Lei X, Jia Y, Chen Y, et al. Simultaneous nitrification and denitrification without nitrite accumulation by a novel isolated *Ochrobactrum anthropic* LJ81. Bioresource Technology, 2019, 272: 442-450.

[65] Chen L, Lin J, Pan D, et al. Ammonium removal by a newly isolated heterotrophic nitrification-aerobic denitrification bacteria *Pseudomonas stutzeri* SDU$_{10}$ and its potential in treatment of piggery wastewater. Current Microbiology, 2020, 77(10): 2792-2801.

[66] Pochana K, Keller J. Study of factors affecting simultaneous nitrification and denitrification(SND). Water Science and Technology, 1999, 39(6): 61-68.

[67] Jetten M S, Strous M, Pas-Schoonen K T, et al. The anaerobic oxidation of ammonium. FEMS Microbiology Reviews, 1998, 22(5): 421-437.

[68] Strous M, Fuerst J A, Kramer E H, et al. Missing lithotroph identified as new planctomycete. Nature, 1999, 400(6743): 446-449.

[69] Yamamoto T, Takaki K, Koyama T, et al. Novel partial nitritation treatment for anaerobic digestion liquor of swine wastewater using swim-bed technology. Journal of Bioscience and Bioengineering, 2006, 102(6): 497-503.

[70] Molinuevo B, García M C, Karakashev D, et al. Anammox for ammonia removal from pig manure effluents: Effect of organic matter content on process performance. Bioresource Technology, 2009, 100(7): 2171-2175.

[71] Miao L, Zhang Q, Wang S, et al. Characterization of EPS compositions and microbial community in an Anammox SBBR system treating landfill leachate. Bioresource Technology, 2018, 249: 108-116.

[72] van Dongen U, Jetten M S, van Loosdrecht M. The SHARON®-Anammox® process for treatment of ammonium rich wastewater. Water Science and Technology, 2001, 44(1): 153-160.

[73] Figueroa M, Vázquez-Padín J R, Mosquera-Corral A, et al. Is the CANON reactor an alternative for nitrogen removal from pre-treated swine slurry? Biochemical Engineering Journal, 2012, 65: 23-29.

[74] Windey K, Bo I D, Verstraete W. Oxygen-limited autotrophic nitrification-denitrification

(OLAND) in a rotating biological contactor treating high-salinity wastewater. Water Research, 2005, 39(18): 4512-4520.

[75] Sliekers A O, Derwort N, Gomez J L C, et al. Completely autotrophic nitrogen removal over nitrite in one single reactor. Water Research, 2002, 36(10): 2475-2482.

[76] Third K, Sliekers A O, Kuenen J, et al. The CANON system(completely autotrophic nitrogen-removal over nitrite) under ammonium limitation: Interaction and competition between three groups of bacteria. Systematic and Applied Microbiology, 2001, 24(4): 588-596.

[77] 胡石, 甘一萍, 张树军, 等. 一体化全程自养脱氮(CANON)工艺的效能及污泥特性. 中国环境科学, 2014, 1: 111-117.

[78] Vázquez-Padín J R, Pozo M J, Jarpa M, et al. Treatment of anaerobic sludge digester effluents by the CANON process in an air pulsing SBR. Journal of Hazardous Materials, 2009, 166(1): 336-341.

[79] Fernández I, Dosta J, Fajardo C, et al. Short- and long-term effects of ammonium and nitrite on the Anammox process. Journal of Environmental Management, 2012, 95: S170-S174.

[80] Kuai L, Verstraete W. Ammonium removal by the oxygen-limited autotrophic nitrification-denitrification system. Applied and Environmental Microbiology, 1998, 64(11): 4500-4506.

[81] Verstraete W, Philips S. Nitrification-denitrification processes and technologies in new contexts. Environmental Pollution, 1998, 102(1): 717-726.

[82] 叶建锋, 徐祖信, 薄国柱. 新型生物脱氮工艺——OLAND 工艺. 中国给水排水, 2006, 22(4): 6-8.

[83] Zeng W, Li B, Wang X, et al. Integration of denitrifying phosphorus removal via nitrite pathway, simultaneous nitritation-denitritation and anammox treating carbon-limited municipal sewage. Bioresource Technology, 2014, 172: 356-364.

[84] 马彦涛, 薛金凤. 养猪废水处理技术进展. 环境与可持续发展, 2009, 5: 29-31.

[85] 万风, 王海燕, 周岳溪, 等. 养猪废水处理技术研究进展. 农业灾害研究, 2012, 2(1): 25-29.

[86] Jun B-H, Miyanaga K, Tanji Y, et al. Removal of nitrogenous and carbonaceous substances by a porous carrier-membrane hybrid process for wastewater treatment. Biochemical Engineering Journal, 2003, 14(1): 37-44.

[87] Huang H, Chen Y, Jiang Y, et al. Treatment of swine wastewater combined with MgO-saponification wastewater by struvite precipitation technology. Chemical Engineering Journal, 2014, 254: 418-425.

[88] Othman I, Anuar A N, Ujang Z, et al. Livestock wastewater treatment using aerobic granular sludge. Bioresource Technology, 2013, 133: 630-634.

[89] 欧阳婷, 王涛, 樊华. 养猪废水深度治理技术研究进展. 安徽农业科学, 2016, 44(35): 81-83, 112.

[90] Strous M, Heijnen J, Kuenen J, et al. The sequencing batch reactor as a powerful tool for the study of slowly growing anaerobic ammonium-oxidizing microorganisms. Applied Microbiology and Biotechnology, 1998, 50(5): 589-596.

[91] Kuenen J G. Anammox bacteria: From discovery to application. Nature Reviews Microbiology, 2008, 6(4): 320.

[92] Ling J, Chen S. Impact of organic carbon on nitrification performance of different biofilters. Aquacultural Engineering, 2005, 33 (2) : 150-162.

[93] Ni S Q, Ni J Y, Hu D L, et al. Effect of organic matter on the performance of granular anammox process. Bioresource Technology, 2012, 110: 701-705.

[94] Chu Z R, Wang K, Li X K, et al. Microbial characterization of aggregates within a one-stage nitritation-anammox system using high-throughput amplicon sequencing. Chemical Engineering Journal, 2015, 262: 41-48.

[95] Lackner S, Gilbert E M, Vlaeminck S E, et al. Full-scale partial nitritation/anammox experiences: An application survey. Water Research, 2014, 55: 292-303.

[96] Winkler M K, Kleerebezem R, Kuenen J G, et al. Segregation of biomass in cyclic anaerobic/aerobic granular sludge allows the enrichment of anaerobic ammonium oxidizing bacteria at low temperatures. Environmental Science & Technology, 2011, 45 (17) : 7330-7337.

[97] Mccarty P L. What is the best biological process for nitrogen removal: When and why? Environmental Science & Technology, 2018, 52 (7) : 3835-3841.

[98] Daigger G T, Littleton H X. Simultaneous biological nutrient removal: A state-of-the-art review. Water Environment Research, 2014, 86: 245-257.

[99] Chris E. Odor and air emissions control using biotechnology for both collection and wastewater treatment systems. Chemical Engineering Journal, 2005, (113) : 93-104.

[100] Sperling M. Comparison among the most frequently used systems for wastewater treatment in developing countries. Water Science and Technology, 1996, 33 (3) : 59-72.

[101] 李桂荣, 方虎, 周荣敏, 等. 生物滴滤池处理污水与臭气的研究进展. 中国给水排水, 2009, 25 (20) : 18-21.

[102] 马金, 刘斌, 张晓健. 复合水解池-生物滤池在处理小城镇污水中的应用. 给水排水, 2004, 30 (3) : 19-21.

[103] 杜文华, 吴一蘩, 杨健. A-O 生物滤池工艺处理城镇污水. 福建环境, 2001, 18 (2) : 24-26.

[104] Koutinas M, Peeva L G, Livingston A G. An attempt to compare the performance of bioscrubbers and biotrickling filters for degradation of ethyl acetate in gas streams. Journal of Chemical Technology and Biotechnology, 2005, 80: 1252-1260.

[105] 张自杰. 排水工程 (下册) . 第四版. 北京: 中国建筑工业出版社, 2000: 206-216.

[106] 童君, 吴志超, 张新颖, 等. 自然通风沸石生物滴滤池脱氮机理. 环境科学研究, 2010 23 (11) : 1433-1440.

[107] 陈蒙亮, 王鹤立, 陈晓强. 新型生物滴滤池处理生活污水的中试研究水. 处理技术, 2012, 38 (8) : 84-87.

[108] Saminathan S K M, Galvez-Cloutier R, Kamal N. Performance and microbial diversity of aerated trickling biofilter used for treating cheese industry wastewater. Applied Biochemical Biotechnology, 2013, 170: 149-163.

[109] Jing Z Q, Li Y Y, Cao S W, et al. Performance of double-layer biofilter packed with coal fly ash ceramic granules in treating highly polluted river water. Bioresource Technology, 2012, 120: 212-217.

[110] Kim D, Sorial G A. Nitrogen utilization and biomass yield in trickle bed air biofilters. Journal

of Hazardous Materials, 2010, 182: 358-362.

[111] Buelna G, Dubé R, Turgeon N. Pig manure treatment by organic bed biofiltration. Desalination, 2008, 231: 297-304.

[112] 吴婷. 壤渗滤法处理高浓度氨氮废水的可行性及工艺优化研究. 上海: 复旦大学硕士学位论文, 2011.

[113] 项爱枝, 鲁昭. 慢速渗滤土地处理技术在处理某养猪场废水中的应用. 吉林农业, 2011, 252(2): 155-157.

[114] 王振, 刘超翔, 董健, 等. 分流比对土壤渗滤系统脱氮效果的影响研究. 环境科学学报, 2013, 33(7): 1927-1931.

[115] Cha W, Kim J, Choi H. Evaluation of steel slag for organic and inorganic removals in soil aquifer treatment. Water Research, 2006(40): 1034-1042.

[116] 成徐洲, 吴天宝, 陈天柱, 等. 土壤渗滤处理技术研究现状与进展. 环境科学研究, 1999, 12(4): 34-36.

[117] Lei Z F, Wu T, Zhang Y, et al. Two-stage soil infiltration treatment system for treating ammonium wastewaters of low COD/TN ratios. Bioresource Technology, 2013, 128: 774-778.

[118] Tallec G, Garnier J, Billen G, et al. Nitrous oxide emissions from denitrifying activated sludge of urban wastewater treatment plants, under anoxia and low oxygenation. Bioresource Technology, 2008, 99(7): 2200-2209.

[119] 李亚新, 连瑛秀. 限氧产甲烷系统废水处理新技术. 中国沼气, 2001, 19(4): 7-10.

[120] Zitomer D H. Stoichiometry of combined aerobic and methanogenic COD transformation. Water Research, 1998, 32(3): 669-676.

[121] Chu L, Zhang X, Yang F, et al. Treatment of domestic wastewater by using a microaerobic membrane bioreactor. Desalination, 2006, 189(1): 181-192.

[122] Lan H, Chen Y, Chen Z, et al. Cultivation and characters of aerobic granules for pentachlorophenol(PCP) degradation under microaerobic condition. Journal of Environmental Sciences, 2005, 17(3): 506-510.

[123] 楼静, 金泥沙. 五氯酚废水生化处理技术研究进展. 环境科学与管理, 2008, 32(12): 113-115.

[124] 郑平, 张蕾. 厌氧氨氧化菌的特性与分类. 浙江大学学报(农业与生命科学版), 2009, 5: 473-481.

[125] 高廷耀, 顾国维, 周琪. 水污染控制工程(下册). 北京: 高等教育出版社, 2007: 86-87.

[126] 刘洪波, 孙力平, 夏四清. 生物膜中反硝化除磷作用的研究. 工业用水与废水, 2006, 37(1): 40-43.

[127] 胡颖华, 孙丰霞, 高廷耀, 等. 活性污泥法污水厂剩余污泥微氧消化的试验研究. 中国沼气, 2005, 23(1): 3-6.

[128] Ludzack F J, Ettinger M B. Controlling operation to minimize activated sludge effluent nitrogen. Journal Water Pollution Control Federation, 1962, 34(9): 920-931.

[129] 李常留. 阶段流入式多级 A/O 生物脱氮工艺研究与应用. 大连: 大连理工大学硕士学位论文, 2009.

[130] 赵帅, 倪慧成, 李俊波, 等. 玄武岩纤维填料强化 A/O 工艺处理生活污水. 环境工程,

2019, 37(9): 18-23.

[131] Favaro S L, Pereira A, Fernandes J R, et al. Outstanding impact resistance of post-consumer HDPE/multilayer packaging composites. Materials Sciences Applications, 2017, 08(1): 15-25.

[132] Wang J Y. Study on treatment of college wastewater based on hydrolysis acidification bio-contact oxidation process. Applied Mechanics Materials, 2014, 651-653: 1482-1487.

[133] Cao S, Wang S, Peng Y, et al. Achieving partial denitrification with sludge fermentation liquid as carbon source: The effect of seeding sludge. Bioresource Technology, 2013, 149: 570-574.

[134] Ibrahim M, Yusof N, Yusoff M M, et al. Enrichment of anaerobic ammonium oxidation (Anammox) bacteria for short start-up of the anammox process: A review. Desalination Water Treatment, 2016, 57(30): 13958-13978.

[135] van der Star W R L, Abma W R, Blommers D, et al. Startup of reactors for anoxic ammonium oxidation: Experiences from the first full-scale anammox reactor in Rotterdam. Water Research, 2007, 41(18): 4149-4163.

[136] Wang T, Zhang H, Yang F, et al. Start-up and long-term operation of the Anammox process in a fixed bed reactor(FBR) filled with novel non-woven ring carriers. Chemosphere, 2013, 91(5): 669-675.

[137] Chen C, Zhu W, Huang X, et al. Effects of HRT and loading rate on performance of carriers-amended anammox UASB reactors. Water Environment Research, 2017, 89(1): 43-50.

[138] Miodoński S, Muszyński-Huhajło M, Zięba B, et al. Fast start-up of anammox process with hydrazine addition. SN Applied Sciences, 2019, 1: 523.

[139] 吕盘龙, 李子言, 赵和平. 膜生物膜法在水污染控制及资源回收中的研究进展. 微生物学通报, 2020, 47(10): 3287-3304.

[140] 陈瑶. 生物膜法在污水处理中的有效应用. 环境与发展, 2020, 32(5): 70-71.

第2章

土壤-木片生物滤池处理养猪场
废水的效能与机制

如 1.5.2 节所述，生物滴滤池和土壤渗滤工艺均具有能耗低、污泥产量少、抗冲击负荷能力强等优点，但也存在处理负荷低、占地面积大、滤床易堵塞等突出问题。针对干清粪养猪场废水的高氨氮与低 C/N 特征及其生物脱氮的难题，笔者课题组融合生物滴滤池和土壤渗滤工艺的优点，提出了土壤-木片生物滤池（soil-wood chip biofilter，SWBF）工艺。其主要技术思想是：①以土壤包裹木片的方式构建滤床，其中的土壤颗粒及其着生的生物膜，发挥了污染物截留吸附和生物降解作用，而木片是构成滤床的骨架，其腐解还可成为一种缓释碳源，从而提高废水 C/N 值，增强滤床的反硝化脱氮性能；②以木片为骨架，可以支撑和"蓬松"滤床，改善通气，有利于土壤颗粒、空气和废水的三相传质，强化污染物去除效能；③木片填料表面的土壤是良好的微生物栖居场所，可有效提高滤床的生物量和微生物群落丰度，有助于污染物去除效能的进一步提升；④土壤的持水能力可延长废水在滤床中的滞留时间，为各种物理化学和生物化学过程提供充足的反应时间，使污染物去除更加有效。本章从填料与生物滤池的比选、处理系统的启动与调控运行和效能评估等方面介绍了干清粪养猪场废水 SWBF 处理技术的研发成果，并从污染物与微生物群落沿滤床深度变化规律及其相互关系等角度，解析了包括生物脱氮在内的有机污染物去除机制。

2.1 填料与生物滤池的比选

Buelna 等以木片混合泥炭的方式构建了一种生物滴滤池，用于水泡粪养猪场废水的处理，研究结果证明了其可行性，但存在表面水力负荷（surface hydraulic load，SHL）低[0.02～0.06 m³/（m²·d）]、高氨氮负荷条件下 NH_4^+-N 和 TN 去除效果不佳等不足[1]。笔者课题组针对养猪场废水 NH_4^+-N 高、C/N 低的水质特点，提出了以木片与土壤混合构建生物滤池的技术思路，以期进一步提高生物滤池对干清粪养猪场废水的处理效能。为验证这一技术思路的可行性，笔者课题组分别以木片、砾石和土壤-木片为填料，构建了木片填料滤池（wood chip biofilter，WBF）、砾石填料滤池（gravel-packed biofilter，GBF）和 SWBF 三种小型生物滤池，同步进行了干清粪养猪场废水处理实验，通过启动和调控运行，比较了它们的处理效能，并就填料表面特征、生物膜状况和微生物群落结构等进行了比较分析。

2.1.1 填料

2.1.1.1 填料的准备

研究中用到的基础填料包括砾石、松木和腐殖土。其中，砾石为 2～3 cm 的粗砾，密度为 2.8 g/cm³，自然堆积空隙率约为 50%；松木取自黑龙江省某林场，干密度约为 0.9 g/cm³；腐殖土取自哈尔滨市市郊某苗圃，土质细腻，密度约为 2.7 g/cm³。

用于小型 SWBF 构建的土壤-木片填料，其制备方法如下：①将木材加工厂的松木边角料加工成长 3～5 cm、宽 2～3 cm、厚约 0.5 cm 的松木片，其自然堆积后空隙率约为 50%；②将松木片在水中浸泡一个月，去除松油；③将取自苗圃的新鲜腐殖土晒干并碾碎成细沙状，160 目筛筛分，收集筛出的粉状物，其表观灰黑色，空隙率为 40%左右；④取出浸泡后的松木片，将其在粉末状土壤上翻滚，至木片表面完全被土壤包裹。

2.1.1.2 填料的表观特征

以扫描电子显微镜（scanning electron microscope，SEM）对木片、砾石、土壤颗粒和土层包裹的木片进行表面特征观察。如图 2-1 所示，木片表面布满了宽度为几十微米不等的纹理，并呈层叠状[图 2-1（a）]；砾石表面凸凹不平，并有细小孔洞分布[图 2-1（b）]；经过筛分的土壤颗粒尺寸较为均匀，在 100 μm 左右[图 2-1（c）]；被土壤包裹的木片表面[图 2-1（d）]，附着着一层紧密的土壤颗粒，木片纹理几不可见。与木片、砾石和土壤颗粒比较，土壤包裹的木片表面最为粗糙，更有利于微生物的附着生长。

2.1.2 生物滤池的构建与运行控制

2.1.2.1 生物滤池的构建

如图 2-2 所示，WBF（1#）、GBF（2#）和 SWBF（3#）三个滤池均由同等规格的有机玻璃制成，直径 10 cm，高 20 cm，有效容积为 1.5 L，下方设有锥形收集斗。废水由滤池上方均匀喷洒至滤料表面，经过滤后由下方的收集斗收集并排出。各滤柱在滤床下端侧壁对称开设有直径为 1 cm 的通气口 2 个，自然通风。1#和 2#滤池分别填装新鲜松木片和砾石，3#滤池采用土壤-木片填料填装，其木片与土壤的堆积体积比为 3 : 1。

（a）木片（×100）　　　　　　　　　　（b）砾石（×100）

（c）土壤颗粒（×100）　　　　　　　（d）附着土壤颗粒的木片（×100）

图 2-1　木片、砾石以及附着土壤木片的电镜观察

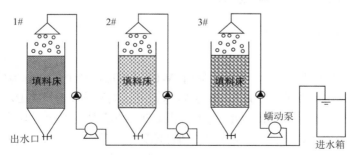

图 2-2　WBF、GBF 和 SWBF 三种生物滤池对比实验装置示意图

2.1.2.2 生物滤池的启动与运行控制

实验使用的干清粪养猪场废水，取自哈尔滨市市郊某一养猪场，其水质随着季节和生猪养殖周期的变化而有较大波动，但均具有高 NH_4^+-N、低 C/N 的特点，且其 TKN 和 TN 均主要由 NH_4^+-N 贡献。如图 2-2 所示的三套生物滤池在相同的条件下启动和运行。其中，SHL 均恒定控制为 0.2 $m^3/(m^2 \cdot d)$，运行温度均为室温（20℃左右）。三套生物滤池的启动和运行共分为 4 个阶段，即启动期、阶段 I、阶段 II 和阶段 III，各运行阶段的水质及表面负荷分别如表 2-1 和表 2-2 所示。

表 2-1　三种填料滤池的运行阶段和水质

运行天数（d）	阶段	COD（mg/L）	NH_4^+-N（mg/L）	TKN（mg/L）	TN（mg/L）	pH
46	启动期	295±13	489.7±21.1	492.8±21.1	494.1±11.5	8.3±0.0
90	I	181±10	192.9±9.4	194.5±10.2	198.1±10.3	8.0±0.1
96	II	293±13	500.2±8.8	502.2±11.5	503.8±9.1	8.3±0.1
90	III	509±12	802.1±13.8	804.5±15.3	807.3±14.4	8.5±0.1

表 2-2　三种填料滤池的运行负荷

运行天数（d）	阶段	SHL [$m^3/(m^2 \cdot d)$]	COD 表面负荷 [$g/(m^2 \cdot d)$]	NH_4^+-N 表面负荷 [$g/(m^2 \cdot d)$]	TN 表面负荷 [$g/(m^2 \cdot d)$]
46	启动期	0.2	59.0±2.7	97.9±2.4	98.8±42.3
90	I	0.2	36.2±2.1	38.6±1.9	39.6±2.1
96	II	0.2	58.6±2.7	100.0±1.8	100.8±1.8
90	III	0.2	101.8±2.3	160.4±2.8	161.5±2.9

2.1.3　生物滤池的污染物去除特征

2.1.3.1　启动期的污染物去除特征

1）COD 去除

如图 2-3 所示，随着系统的启动运行，WBF 和 GBF 两个生物滤池的出水 COD 均呈现出逐渐下降的规律，并在 30 d 后达到了相对稳定。而 SWBF 系统的出水 COD，在前 5 d 出现了出水 COD 高于进水 COD 的情况，说明木片表面的土壤所夹带的某些有机物发生了水溶和流失。但自第 5 天后，其出水 COD 也呈现出逐渐下降的趋势，并最终在 30 d 后达到相对稳定。在 30 d 后的运行时期，WBF、GBF 和 SWBF 的出水 COD 分别稳定在 160 mg/L、129 mg/L 和 184 mg/L 左右，平均去除率分别为 46.3%、56.7% 和 38.1%。可见，在启动期，SWBF 在 COD 去除方面并未表现出优势。

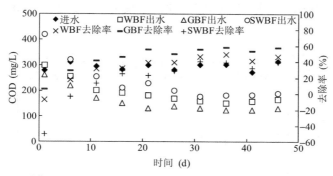

图 2-3　WBF、GBF 和 SWBF 在启动期的 COD 去除

2）NH_4^+-N 去除及 NO_x^--N 的积累

在启动期，WBF、GBF 和 SWBF 在 NH_4^+-N 去除方面的表现并不一致。如图 2-4 所示，WBF 在前 15 d 对 NH_4^+-N 的去除率较低，但随着运行的继续，出水浓度逐渐降低并在 30 d 后稳定在了 167.9 mg/L 左右，平均去除率 65.8%。GBF 的出水 NH_4^+-N 浓度，自启动开始即呈现出快速下降趋势，并在第 30 天后保持了相对稳定，平均为 196.8 mg/L，去除率平均为 60.9%。SWBF 出水 NH_4^+-N 浓度则表现出先升高后降低的特征，直到第 40 天后才保持了相对稳定，平均为 136.2 mg/L，去除率平均为 72.3%。尽管 SWBF 的启动较慢，但在 NH_4^+-N 去除能力方面表现出了一定优势。

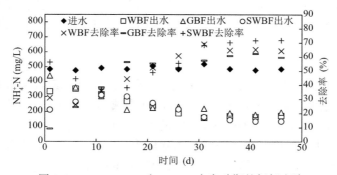

图 2-4　WBF、GBF 和 SWBF 在启动期的氨氮去除

WBF、GBF 和 SWBF 的出水 NO_x^--N（NO_3^--N 和 NO_2^--N），在启动期的变化趋势相似。如图 2-5 所示，WBF、GBF 和 SWBF 的出水 NO_2^--N，均从启动开始即表现出逐步上升的趋势，并在第 25 天前后达到峰值后逐渐下降。至第 46 天启动期

结束时，WBF、GBF 和 SWBF 的出水 NO_2^--N 分别降低到了 200.9 mg/L、200.5 mg/L 和 155.6 mg/L。随着 NO_2^--N 的积累，NO_3^--N 自第 20 天后开始明显产生，至启动期结束时，其在 WBF、GBF 和 SWBF 出水的浓度分别达到了 52.6 mg/L、45.6 mg/L 和 70.5 mg/L。

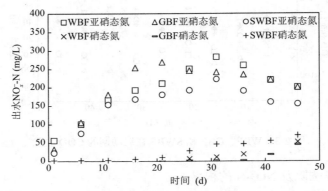

图 2-5　WBF、GBF 和 SWBF 在启动期的出水 NO_x^--N 变化规律

　　分析认为，在启动期，WBF、GBF 和 SWBF 对 NH_4^+-N 的去除存在两种主要机制，即物理化学作用和微生物代谢作用。在启动运行的初期，滤池尚处于微生物富集阶段，微生物群体丰度低且活性较弱，NH_4^+-N 的去除主要依靠填料的吸附作用。当吸附达到饱和后，滤池对 NH_4^+-N 的去除能力即表现为下降趋势（图 2-4）。随着运行的持续进行，有越来越多的微生物在滤床中得以富集，尤其是 AOB 和 NOB 的丰度提高，使系统表现出越来越强的 NH_4^+-N 氧化能力，NO_x^--N 在出水中大量检出（图 2-5）。当吸附作用和生物氧化作用达到平衡状态时，滤池的 NH_4^+-N 去除率及出水浓度就保持了相对稳定（图 2-4）。滤池中 NO_x^--N 的不断积累，为实现反硝化脱氮奠定了基础。

　　3）TN 去除

　　由图 2-6 所示的结果可见，在启动运行的前 15 天，WBF 和 SWBF 的出水 TN 浓度明显低于进水，但进水和出水浓度差值逐步减小。自第 21 天起，两个滤池的出水 TN 呈现出下降趋势。GBF 对于 TN 的去除，在启动运行的前 20 天并不显著，直到第 25 天后才表现出了越来越强的去除能力。至第 46 天启动期结束时，WBF、GBF 和 SWBF 出水 TN 浓度分别降低到了 426.6 mg/L、442.1 mg/L 和 363.0 mg/L，TN 去除率分别仅为 12.2%、9.1%和 25.3%。如表 2-2 所示，干清粪养猪场废水的 TN 主要由 NH_4^+-N 组成。在 WBF 和 SWBF 启动初期，由于木片和土壤颗粒对 NH_4^+ 的吸附作用，使其出水 TN 浓度明显低于进水。而在第 21 天后出现的 TN 去除，说明系统中发生了反硝化生物脱氮作用[2]。与 WBF 和 GBF 相比，在启动期结束时，SWBF 的 TN 去除率最高，出水浓度最低，具有更好的脱氮效果。

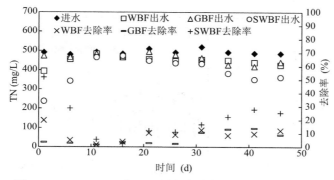

图 2-6　WBF、GBF 和 SWBF 在启动期的出水 TN 变化规律

2.1.3.2　生物滤池的长期运行及负荷影响

2.1.3.1 节的研究表明，经过 46 天的启动运行，WBF、GBF 和 SWBF 三种生物滤池对 COD、NH_4^+-N 和 TN 均表现出了一定的生物去除效能，但去除效果并不够理想，这可能与滤床未能富集到足够的功能菌群有关。为此，在启动运行的基础上，对这三种生物滤池进行了为期 276 天的连续运行，以考察其对废水主要污染物的去除效果。这一长期运行，依据原水水质分为Ⅰ、Ⅱ、Ⅲ三个阶段，各阶段的进水水质及负荷分别如表 2-1 和表 2-2 所示。

1）COD 去除

如表 2-1 所示，在 WBF、GBF 和 SWBF 三种生物滤池启动期后的 276 天运行中，其进水水质随着生猪养殖周期的变化而呈现出明显的阶段性变化。尽管进水平均 COD 从阶段Ⅰ（90 d）的 181 mg/L 分别大幅提高到了阶段Ⅱ（96 d）的 293 mg/L 和阶段Ⅲ（90 d）的 509 mg/L，WBF、GBF 和 SWBF 三个系统的出水 COD 均能较快地再次达到相对稳定（图 2-7）。这一现象说明，生物滤池具有较强的抗冲击负荷能力[3, 4]。如图 2-7 所示，在阶段Ⅰ的稳定运行时期（第 31～90 天），进水 COD 平均仅为 177 mg/L，WBF、GBF 和 SWBF 三个系统对 COD 的去除率分别平均仅为 10.2%、34.0% 和 3.4%，出水浓度分别为 159 mg/L、117 mg/L 和 171 mg/L。在阶段Ⅱ的稳定运行时期（第 141～186 天），三个系统进水 COD 平均为 293 mg/L，出水 COD 分别为 162 mg/L、169 mg/L 和 228 mg/L，平均去除率分别提高到了 44.7%、42.5% 和 22.2%。当 WBF、GBF 和 SWBF 的运行在阶段Ⅲ再次达到相对稳定后（第 251～276 天），在进水 COD 平均为 507 mg/L 的条件下，其 COD 去除率有了进一步提高，分别达到 59.2%、59.3% 和 50.9%，但出水平均浓度也相应增加到了 207 mg/L、206 mg/L 和 249 mg/L。与 WBF 和 GBF 相比，SWBF 在 COD 去除方面并未表现出优势。

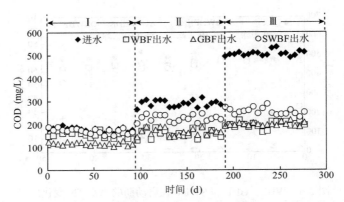

图 2-7　WBF、GBF 和 SWBF 的进水和出水 COD 变化规律

2）NH_4^+-N 去除及 NO_x^--N 的积累

WBF、GBF 和 SWBF 在阶段Ⅰ、阶段Ⅱ和阶段Ⅲ的进出水 NH_4^+-N 及出水 NO_x^--N 的变化规律分别如图 2-8 和图 2-9 所示。在进水 NH_4^+-N 平均为 192.9 mg/L 的阶段Ⅰ，WBF、GBF 和 SWBF 对 NH_4^+-N 的去除没有显著变化，在出水 COD 相对稳定的第 31～90 天，平均去除率分别为 79.4%、70.1% 和 85.0%，出水浓度分别为 39.9 mg/L、58.2 mg/L 和 29.2 mg/L（图 2-8）。三个系统的出水 NO_2^--N 和 NO_3^--N 呈现出相同的变化趋势，即各系统在前 25 天的出水 NO_2^--N 迅速降低，而 NO_3^--N 随之快速升高，但在之后的运行中保持了相对稳定（图 2-9）。在第 31～90 天的相对稳定时期，WBF、GBF 和 SWBF 的出水 NO_2^--N 分别平均仅为 2.1 mg/L、11.7 mg/L 和 2.5 mg/L，而 NO_3^--N 分别平均高达 90.6 mg/L、90.0 mg/L 和 88.4 mg/L。这一结果说明，各系统在阶段Ⅰ的运行中，AOB 和 NOB 得到快速富集，发生了显著的硝化作用[5, 6]。

在阶段Ⅱ，养猪场废水的 NH_4^+-N 大幅升高到了 500.2 mg/L 左右（表 2-1），WBF、GBF 和 SWBF 的出水 NH_4^+-N 也随之显著增加，但均呈现出逐渐下降的趋势，并在第 140 天后保持了相对稳定（图 2-8）。在第 141～186 天的相对稳定时期，WBF、GBF 和 SWBF 对 NH_4^+-N 的去除率分别平均为 79.2%、67.1% 和 83.8%，出水浓度分别平均为 103.8 mg/L、164.1 mg/L 和 80.9 mg/L。WBF、GBF 和 SWBF 在阶段Ⅱ的出水 NO_2^--N 均呈现先升高后降低的变化规律（图 2-9）。三个生物滤池的出水 NO_2^--N 均在第 140 天后达到相对稳定，平均浓度分别为 14.1 mg/L、21.1 mg/L 和 31.0 mg/L。随着 NO_2^--N 浓度的降低，WBF、GBF 和 SWBF 的出水 NO_3^--N 同步升高，并在第 140 天后分别稳定在 241.4mg/L、207.3mg/L 和 181.0 mg/L 左右。这一结果说明，废水 NH_4^+-N 浓度的升高，进一步强化了各生物滤池的硝化功能。

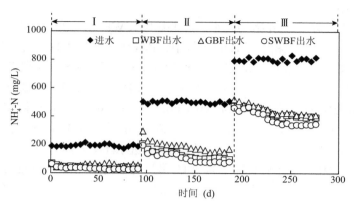

图 2-8 WBF、GBF 和 SWBF 的进水和出水 NH_4^+-N 变化规律

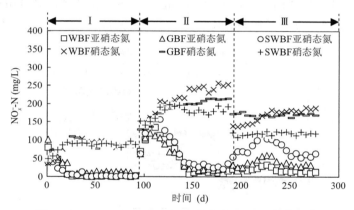

图 2-9 WBF、GBF 和 SWBF 的出水 NO_x^--N 变化规律

进入运行阶段Ⅲ后，废水中的 NH_4^+-N 再一次大幅升高，平均为 802.1 mg/L（表 2-1），但 WBF、GBF 和 SWBF 三个系统的出水 NH_4^+-N 表现出与阶段Ⅱ相似的变化趋势（图 2-8）。在第 250 天后的稳定时期，WBF、GBF 和 SWBF 的出水 NH_4^+-N 分别平均为 400.0 mg/L、413.6 mg/L 和 342.3 mg/L，去除率分别为 50.5%、48.8% 和 57.6% 左右。进水 NH_4^+-N 的大幅增加，导致生物滤池有更多的 NO_x^--N 产生。如图 2-9 所示，在运行阶段Ⅲ，WBF、GBF 和 SWBF 的出水 NO_2^--N 自第 250 天达到相对稳定，分别平均为 13.0 mg/L、32.3 mg/L 和 58.6 mg/L，显著高于阶段Ⅱ；而其出水 NO_3^--N 的平均值分别为 184.0 mg/L、169.3 mg/L 和 116.9 mg/L，显著低于阶段Ⅱ。在高 NH_4^+-N 条件下（阶段Ⅲ）出现的出水 NO_2^--N 升高和 NO_3^--N 下降，说明 WBF、GBF 和 SWBF 三个生物滤池均存在通风量不足的问题，这可能会影响到它们的硝化反硝化脱氮效率。

3）TN 去除

如图 2-10 所示，受养猪场废水水质的影响，WBF、GBF 和 SWBF 三个生物滤池在阶段 I、阶段 II 和阶段 III 的运行中，其 TN 去除均表现为先下降后稳定的规律。以出水 TN 为标准，WBF、GBF 和 SWBF 在阶段 I、阶段 II 和阶段 III 的相对稳定时期均分别发生在第 31～90 天、第 141～186 天和第 251～276 天。在运行阶段 I 的稳定期，进水 TN 为 199.4 mg/L 左右，WBF、GBF 和 SWBF 三个系统的出水浓度分别平均为 132.6 mg/L、160.0 mg/L 和 120.1 mg/L，去除率分别为 33.4%、19.8% 和 39.7% 左右。在阶段 II 的稳定期，进水 TN 大幅增加到了 500.8 mg/L，三个系统的出水 TN 均有不同程度的增加，最后分别稳定在 359.3 mg/L、392.6 mg/L 和 292.9 mg/L 左右，平均去除率分别为 28.2%、21.6% 和 41.5%。在进水 TN 平均高达 814.3 mg/L 的阶段 III 稳定期，WBF、GBF 和 SWBF 三个系统在稳定运行时期的出水 TN 进一步分别升高到了 597.0 mg/L、615.1 mg/L 和 517.8 mg/L，去除率分别平均为 26.7%、24.4% 和 36.4%。

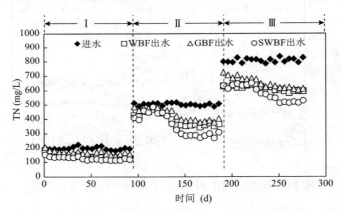

图 2-10　WBF、GBF 和 SWBF 的进水和出水 TN 变化规律

图 2-7 至图 2-10 所示的结果表明，与 WBF 和 GBF 相比，SWBF 在 NH_4^+-N 和 TN 去除能力方面的表现更佳，用于高 NH_4^+-N、低 C/N 干清粪养猪场废水的处理具有一定可行性。

2.1.4　生物膜的观察与功能菌群解析

在 WBF、GBF 和 SWBF 三个生物滤池启动和连续运行结束时，分别采集填料，观察其生物膜着生情况，并对其功能菌群进行了解析。

2.1.4.1　生物膜观察

SEM 观察发现，在滤池长期运行后，WBF 木片填料的表面呈现破碎状态

[图 2-11（a）]，其上着生有大量微生物与木质纤维束交织[图 2-11（d）]。GBF
的填料砾石，其表面附着有一层较为致密且平整的生物膜[图 2-11（b）]，原本
凹凸不平的表面因生物膜着生而变得相对光滑[图 2-11（e）]。SWBF 中的原本
由土壤颗粒包裹的木片，其表面也着生了一层生物膜[图 2-11（c）]，但其形态
[图 2-11（f）]明显有别于木片和砾石表面的生物膜，说明土壤颗粒的掺杂，改
变了单一滤料表面生物膜的形态特征，更有利于微生物的富集和生物多样性的
提高。

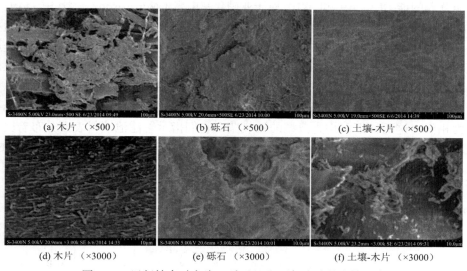

(a) 木片 （×500）	(b) 砾石 （×500）	(c) 土壤-木片 （×500）
(d) 木片 （×3000）	(e) 砾石 （×3000）	(f) 土壤-木片 （×3000）

图 2-11　运行结束时木片、砾石以及土壤-木片的电镜观察

2.1.4.2　AOB 群落的对比分析

图 2-8 至图 2-10 所示的结果显示,分别由木片、砾石和土壤-木片填装的 WBF、
GBF 和 SWBF，在较低进水浓度下（阶段 I），对干清粪养猪场废水 NH_4^+-N 的平
均去除率最低也可达 70.1%左右(GBF),进水浓度较高时(阶段 III)也能达到 48.8%
左右（GBF），但对 TN 的去除率最高也不过 39.7%（阶段 I 的 SWBF）。可见，在
有效容积仅为 1.5 L 的小规格生物滤池中（参见 2.1.2.1 节），发生了较强的氨氧化
作用，但生物脱氮效果较差。为探究生物滤池中发生的 NH_4^+-N 生物转化现象，采
用聚合酶链反应-变性梯度凝胶电泳（polymerase chain reaction-denaturing gradient
gel electrophoresis，PCR-DGGE）技术，对 WBF、GBF 和 SWBF 三个系统中的
AOB 菌群进行了重点分析。其中，PCR 采用的特异引物包括 CTO 189f A/B、
CTO 189f C 和 CTO 654r,其碱基序列分别为 5′-GGAGRAAAGCAGGGGATCG-3′、
5′-GGAGGAAAGCAGGGGATCG-3′和 5′-CTAGCYTTGTAGTTTCAAACGC-3′。

采用 PCR-DGGE 技术，从 DGGE 胶片上共辨识出 13 个条带，分别标记为
A1～A13。将各条带进行碱基测序并提交 Genbank 进行比对，构建了如图 2-12 所
示的系统发育树。结果显示，A1、A2、A4、A8 和 A11 均属于亚硝化单胞菌属
（*Nitrosomonas*）。其中，A1、A2、A4 和 A8 与 *Nitrosomonas* sp.的近似度分别达到
98%、98%、98%和 97%，而 A11 与富养亚硝化单胞菌（*N. eutropha*）近似度达
到 99%。*Nitrosomonas* 是一类专性氨氧化细菌，其中的许多菌种都有完全自养反
硝化的能力，即在缺氧条件下以 NH_4^+-N 为电子供体、以 NO_2^--N 为电子受体进行
化能营养的能力[7]。A9 和 A10 属于亚硝化螺菌属（*Nitrosospira*），其中，A9 与
Nitrosospira spp.的相似度为 99%，A10 与多形亚硝化叶菌（*N. multiformis*）的相
似度达到 100%。*Nitrosospira* 也是较为常见的 AOB，它们可以合成亚硝酸盐还
原酶和一氧化氮还原酶（nitric oxide reductase），这些酶可以催化 NO_2^--N 还原成
N_2O[8, 9]。A3 和 A13 分别属于梭菌目（Clostridiales）和链球菌属（*Streptococcus*），
分别与梭状芽孢杆菌（*Clostridiales bacterium*）和澳大利亚链球菌（*S. australis*）
最为相似。这两种细菌均为典型的厌氧菌，它们指示着滤池填料表面分布着厌氧
微环境。菌群的相对丰度分析结果表明，*Nitrosomonas* 和 *Nitrosospira* 在 SWBF
滤池中的丰度显著高于其在 WBF 和 GBF 滤池中的丰度，因此使 SWBF 滤池表现
出了更好的 NH_4^+-N 氧化能力（参见图 2-8、图 2-9）。

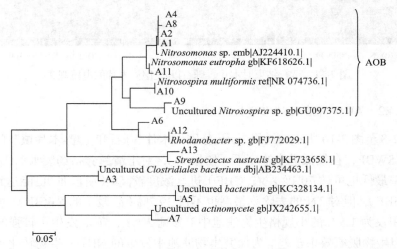

图 2-12　AOB 菌群系统发育树

2.1.5　生物滤池处理效果的对比分析

为对比分析不同生物滤池对干清粪养猪场废水的处理效果，依据图 2-7 至
图 2-10 所示的数据，计算 WBF、GBF 和 SWBF 在阶段Ⅰ、阶段Ⅱ和阶段Ⅲ稳定

期对主要污染物 COD、NH_4^+-N 和 TN 的去除率与去除负荷。如表 2-3 所示的结果表明，在 SHL[0.2 m^3/（m^2·d）]、温度（20℃左右）和水质均相同的情况下，随着进水浓度的升高，WBF、GBF 和 SWBF 对 COD、NH_4^+-N 和 TN 的去除负荷均有大幅增加。比较而言，SWBF 对 COD 的去除能力显著低于 WBF 和 GBF，但在 NH_4^+-N 和 TN 去除方面显示出了明显优势。

表 2-3　WBF、GBF 和 SWBF 在阶段 Ⅰ、阶段 Ⅱ 和阶段 Ⅲ 稳定期的处理效果（平均值）

		阶段 Ⅰ			阶段 Ⅱ			阶段 Ⅲ		
		WBF	GBF	SWBF	WBF	GBF	SWBF	WBF	GBF	SWBF
NH_4^+-N	进水浓度（mg/L）	194.5	194.5	194.5	498.1	498.1	498.1	808.6	808.6	808.6
	表面负荷[g/（m^2·d）]	38.9	38.9	38.9	99.6	99.6	99.6	161.7	161.7	161.7
	去除率（%）	79.4	70.1	85.0	79.2	67.1	83.8	50.5	48.8	57.6
	去除负荷[g/（m^3·d）]	161.8	142.6	173.0	412.6	349.5	436.6	427.6	413.4	488.0
TN	进水浓度（mg/L）	199.4	199.4	199.4	500.8	500.8	500.8	814.3	814.3	814.3
	表面负荷[g/（m^2·d）]	39.9	39.9	39.9	100.2	100.2	100.2	162.9	162.9	162.9
	去除率（%）	33.4	19.8	39.7	28.2	21.6	41.5	26.7	24.4	36.4
	去除负荷[g/（m^3·d）]	69.9	41.3	83.0	148.1	113.3	217.6	227.4	208.4	310.2
COD	进水浓度（mg/L）	177	177	177	293.2	293.2	293.2	506.7	506.7	506.7
	表面负荷[g/（m^2·d）]	35.4	35.4	35.4	58.6	58.6	58.6	101.3	101.3	101.3
	去除率（%）	10.2	34.0	3.4	44.7	42.5	22.2	59.2	59.3	50.9
	去除负荷[g/（m^3·d）]	18.8	63.0	6.2	136.9	130.1	68.0	314.1	314.9	270.0
pH	进水	8.0	8.0	8.0	8.3	8.3	8.3	8.5	8.5	8.5
	出水	6.3	6.7	5.8	6.1	7.2	6.4	4.9	7.5	6.0
NO_x-N	出水 NO_2^--N（mg/L）	2.1	11.7	2.5	14.1	21.1	31.0	13.0	32.3	58.6
	出水 NO_3^--N（mg/L）	90.6	90.0	88.4	241.4	207.3	181.0	184.0	169.3	116.9
C/N 值	进水 COD/TN	0.89	0.89	0.89	0.59	0.59	0.59	0.62	0.62	0.62
	COD去除/TN去除	0.28	0.47	0.05	0.93	1.15	0.31	1.39	1.52	0.87

　　分析认为，在 SHL 仅为 0.2 m^3/（m^2·d）的条件下，易降解有机物在生物滤池中的生物转化应该是较为彻底的，而出水 COD 主要由难降解有机物贡献。在长期运行过程中，SWBF 中掺杂的土壤微生物会加速木片的腐解（参见 2.1.4.1 节），释放出更多的木质素等难生物降解物质，使其 COD 去除率和去除负荷均明显

低于 WBF 和 GBF。对于稳定运行的生物滤池，其脱氮途径主要是硝化反硝化、Anammox 和生物同化等作用[10, 11]。理论上，1 mg 的 NO_2^--N 或 NO_3^--N 由反硝化反应生成 N_2 所需要的有机碳源（以 COD 计）分别为 1.71 mg/L 和 2.86 mg/L，即 COD/TN 分别为 1.71 和 2.86[2]。由表 2-3 可见，WBF、GBF 和 SWBF 在阶段 I、阶段 II 和阶段 III 的稳定期，其 $COD_{去除}$/$TN_{去除}$ 最高也只有 1.52 左右（阶段 III 的 GBF），用于异养反硝化脱氮的有机碳源严重不足，极大地制约了其生物脱氮效能。与 WBF 和 GBF 相比，SWBF 的 COD 去除率较低，而 TN 去除率更高，说明其滤床木片的腐解为反硝化脱氮贡献了额外碳源，在一定程度上发挥了缓释碳源作用。

除异养反硝化以外，在 WBF、GBF 和 SWBF 中也可能存在 Anammox 和生物同化作用，为其 TN 去除做出了贡献[10, 11]。功能菌群解析（参见 2.1.4.2 节）结果表明，在 SWBF 中，*Nitrosomonas* 更为丰富，其中就包括了以 NH_4^+-N 为电子供体、以 NO_2^--N 为电子受体的 AnAOB[7]。有研究表明，NOB 比 AOB 更容易受到 DO 不足的影响[12, 13]。因此，在通风效率受限的小规格 SWBF 生物滤池中，AOB 比 NOB 更易获得生长优势而被大量富集，其代谢产生的 NO_2^--N（参见图 2-9），不仅使短程硝化反硝化成为可能，也为 Anammox 的发生提供了电子受体，使其出水 NO_3^--N 更低，而 TN 去除负荷更高。计算结果（表 2-3）表明，在阶段 I、阶段 II 和阶段 III，SWBF 的 NH_4^+-N 去除负荷较 GBF 分别高出了 17.6%、19.9% 和 15.3%；其 TN 去除负荷比 WBF 分别高出了 15.8%、31.9% 和 26.7%，比 GBF 分别高出了 50.2%、47.9% 和 32.8%。可见，木片-土壤填料可以显著强化生物滤池的氨氮氧化和生物脱氮效能。

2.2 土壤-木片生物滤池的处理效能

如 2.1 节所述的初步研究表明，在分别由木片、砾石和土壤-木片为填料构建的生物滤池 WBF、GBF 和 SWBF 中，SWBF 在 NH_4^+-N 和 TN 去除方面具有明显优势，有望解决干清粪养猪场废水处理的生物脱氮难题。由于生物滤池规格较小（有效容积为 1.5 L），高度仅有 20 cm，其处理效果并不理想（参见表 2-3）。进水水质和 SHL 是影响生物滤池去除负荷的最为重要的两个因素[3, 14]。已有研究表明，用于养猪场废水处理的生物滤池的 COD 和 NH_4^+-N 表面负荷可以达到 200 g/(m²·d) 和 40 g/(m²·d) 左右，但 SHL 只有 0.02~0.06 m³/(m²·d)，处理效率很低[1, 15]。为进一步考察 SWBF 处理效能，笔者课题组重新构建了一个有效体积为 21.1 L 的 SWBF，并随着养猪场废水水质的周期性变化，在室温（20℃左右）条件下研究了水质和 SHL 对其处理效能的影响。

2.2.1　实验装置及运行控制

2.2.1.1　实验装置

　　放大的 SWBF 由有机玻璃制成，直径 15 cm，填料床高 1.2 m，有效容积 21.1 L。如图 2-13 所示，在填料床下端，设置有一个容积为 1.0 L 的锥形收集斗；在承托层周壁上，对称开设了 2 个直径为 2 cm 的通气口，自然通风。填料的准备如 2.1.1.1 节所述，填装完成后，木片与土壤的堆积体积比为 3∶1。SWBF 的运行方式如 2.1.2.2 节所述。

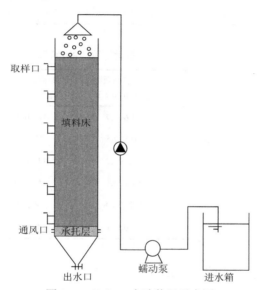

图 2-13　SWBF 实验装置示意图

2.2.1.2　SWBF 的启动与运行

　　SWBF 的启动及其后续的控制运行均在室温（20℃左右）下进行。其中，启动期共计 68 d，SHL 为 0.2 $m^3/(m^2 \cdot d)$，进水 COD、NH_4^+-N 和 TN 分别平均为 323 mg/L、534.9 mg/L 和 544.2 mg/L。启动期后，SWBF 的运行依照原水水质和 SHL 分为 5 个阶段，各阶段进水水质和表面负荷分别如表 2-4 和表 2-5 所示。为监测水质沿填料床深度变化情况，分别在 5 个阶段的稳定运行期，从滤床不同深度（10 cm、30 cm、50 cm、70 cm、90 cm 和 110 cm）采集土壤和废水样品，对 COD、NH_4^+-N、TN、NO_2^--N、NO_3^--N 和 pH 等水质指标和土壤含水率进行检测。每个阶段的每个深度的样品采集次数为 3～7 次，结果以其平均值计。含水率为不同批次样品含水率的平均值。

表 2-4　SWBF 的运行阶段和水质

运行天数（d）	阶段	COD（mg/L）	NH₄⁺-N（mg/L）	TKN（mg/L）	TN（mg/L）	pH
68	启动期	323±28	534.9±31.2	541.5±30.8	544.2±30.8	8.3±0.1
48	I	152±13	175.5±20.3	192.0±20.3	194.9±13.5	7.9±0.1
92	II	327±26	568.7±30.3	575.5±29.6	578.7±30.1	8.3±0.1
96	III	421±26	788.7±23.5	796.5±23.4	799.1±23.8	8.5±0.1
40	IV	272±23	475.9±30.0	483.4±31.6	485.4±31.8	8.3±0.1
37	V	260±13	459.5±24.8	466.2±27.1	468.8±27.4	8.3±0.1

表 2-5　SWBF 在各运行阶段的负荷率

运行天数（d）	阶段	SHL[m³/（m²·d）]	COD 表面负荷[g/（m²·d）]	NH₄⁺-N 表面负荷[g/（m²·d）]	TN 表面负荷[g/（m²·d）]
68	启动期	0.2	64.6±5.7	107.0±6.2	108.9±6.2
48	I	0.2	30.5±2.5	35.1±4.1	39.0±2.7
92	II	0.2	65.3±5.2	113.8±6.1	115.8±6.0
96	III	0.2	84.2±5.1	157.8±4.7	159.9±2.9
40	IV	0.08	212.7±1.8	38.1±2.4	38.8±2.5
37	V	0.32	83.0±4.1	147.0±7.9	150.0±8.8

2.2.2　SWBF 的启动与连续运行

2.2.2.1　SWBF 的启动运行

SWBF 在如表 2-4 和表 2-5 所示的条件下启动，经 57 d 运行，其出水 COD（图 2-14）、NH₄⁺-N（图 2-15）、pH（图 2-16）和 TN（图 2-17）均达到了相对稳定。如图 2-14 所示，在 SWBF 启动的前 5 天，由于填料床土壤中的有机物溶出，使其出水 COD 高于进水。第 5 天后，出水 COD 逐渐下降，并在第 33 天后达到相对稳定。在第 57～68 天的稳定运行中，SWBF 的进水 COD 平均为 307 mg/L，出水浓度平均为 125 mg/L，去除率维持在 59.4% 左右。

SWBF 的出水 NH₄⁺-N（图 2-15），在启动运行初期持续上升，直至第 9 天后才逐渐降低。自第 49 天后，出水 NH₄⁺-N 保持了相对稳定。在第 57～68 天的运行中，SWBF 的进水 NH₄⁺-N 平均为 529.0 mg/L，出水为 107.5 mg/L 左右，平均去除率达到了 79.9%。SWBF 的出水 NO₂⁻-N，在启动阶段的前期也呈现出不断升高的趋势，直到第 17 天达到峰值 220.5 mg/L 后才逐渐下降，并在第 57 天后趋于稳定。

伴随 NO_2^--N 的下降，出水 NO_3^--N 表现为同步升高，但在启动阶段的后期呈现出了逐渐下降的趋势。在第 57~68 天的运行中，SWBF 表现出了良好的硝化能力，出水 NO_2^--N 和 NO_3^--N 分别平均为 3.8 mg/L 和 187.9 mg/L。随着硝化作用的加强以及出水 NO_x^--N 的提高，SWBF 的出水 pH 迅速下降（图 2-16），并最终稳定在 5.8 左右。

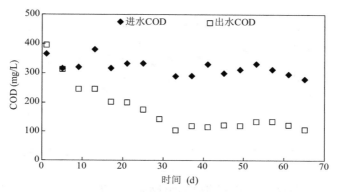

图 2-14　SWBF 在启动期的进水和出水 COD 变化规律

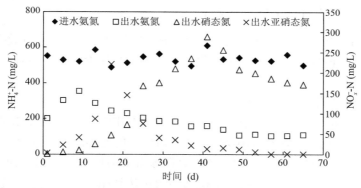

图 2-15　SWBF 在启动期的 NH_4^+-N 和 NO_x^--N 变化规律

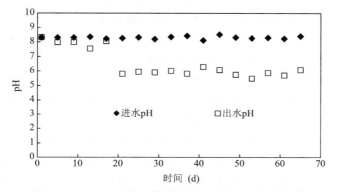

图 2-16　SWBF 在启动期的进水和出水 pH 变化规律

随着 NH_4^+-N 和 NO_x^--N 的变化（图 2-15），SWBF 的出水 TN 在第 17 天达到峰值后开始缓慢下降，第 57 天后趋于稳定（图 2-17）。在第 57~68 天的稳定运行期，SWBF 的进水 TN 平均为 540.4 mg/L，出水浓度为 299.2 mg/L，平均去除率达到了 44.9%。

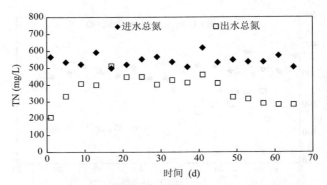

图 2-17　SWBF 在启动期的进水和出水 TN 变化规律

2.2.2.2　随水质变化的连续运行

维持 SHL 0.2 $m^3/(m^2 \cdot d)$ 不变，对 SWBF 在启动后的长期运行效果进行考察。考察分为 3 个阶段，即表 2-5 所示阶段 I 、阶段 II 和阶段 III ，各阶段进水水质如表 2-4 所示。

1）COD 去除

图 2-18 所示的是 SWBF 在启动后的连续运行中的进水和出水 COD 变化规律。由于进水水质变化，SWBF 的出水 COD 在阶段 I 的初期出现了波动，但在第 10 天后重新达到了相对稳定。当进水 COD 在阶段 II 和阶段 III 分别提高到 327 mg/L 和 421 mg/L 左右后，SWBF 出水 COD 均能很快达到相对稳定，并表现出越来越高的去除率。在阶段 I 、阶段 II 和阶段 III 的出水水质相对稳定时期，SWBF 的进水 COD 分别平均为 155 mg/L、335 mg/L 和 411 mg/L，其去除率分别为 53.2%、56.0% 和 60.0%左右，出水浓度分别平均为 72 mg/L、147 mg/L 和 164 mg/L，均足以满足《畜禽养殖业污染物排放标准》（GB 18596—2001）的要求[16]。

2）NH_4^+-N 去除及 NO_x^--N 的积累

在阶段 I 、阶段 II 和阶段 III 的连续运行中，SWBF 进水和出水的 NH_4^+-N、NO_2^--N 和 NO_3^--N 变化情况如图 2-19 所示。在进水 NH_4^+-N 平均仅为 175.5 mg/L 的阶段 I （表 2-4），SWBF 的出水 NH_4^+-N 保持了相对稳定。在第 10~48 天的运行中，SWBF 的进水和出水 NH_4^+-N 分别平均为 180.7 mg/L 和 31.5 mg/L，去除率为 83.8%左右。NH_4^+-N 的氧化使出水 NO_3^--N 显著增加，达到了 112.3 mg/L 左右，而出水 NO_2^--N 平均仅为 0.4 mg/L，说明 SWBF 系统对 NH_4^+-N 的氧化比较彻底。

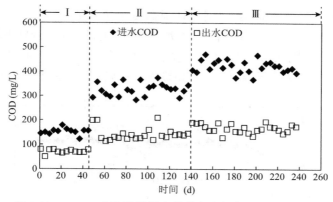

图 2-18 SWBF 在连续运行中的进水和出水 COD 变化规律

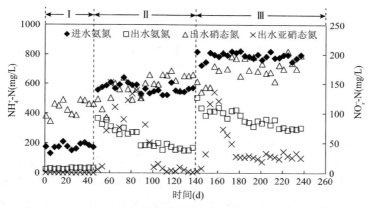

图 2-19 SWBF 在连续运行中的 NH_4^+-N 和 NO_x^--N 变化规律

当进水 NH_4^+-N 于第 49 天增加到 568.7 mg/L 左右后（阶段Ⅱ），SWBF 出水 NH_4^+-N 随之提高，但在随后的 36 天运行中逐渐下降，并在第 89 天后稳定。在出水水质相对稳定的第 100~140 天，SWBF 进水和出水 NH_4^+-N 分别平均为 553.4 mg/L 和 170.0 mg/L 左右，平均去除率为 69.7%，较阶段Ⅰ有明显下降。在此运行阶段，出水 NO_2^--N 经历了先升高后降低的变化，峰值 138.5 mg/L 出现在第 85 天。自第 100 天后，出水 NO_2^--N 降低并稳定在了 6.1 mg/L 左右。随着 NH_4^+-N 和 NO_2^--N 的变化，出水 NO_3^--N 呈现持续升高趋势，并在第 100 天后与出水 NO_2^--N 同步达到了相对稳定，平均为 158.7 mg/L。

在进水 NH_4^+-N 高达 788.7 mg/L 左右的阶段Ⅲ，SWBF 的出水 NH_4^+-N、NO_2^--N 和 NO_3^--N 的变化趋势与阶段Ⅱ相似。在第 215~237 天出水水质相对稳定的运行阶段，SWBF 的出水 NH_4^+-N、NO_2^--N 和 NO_3^--N 分别平均为 295.2 mg/L、28.4 mg/L 和 187.0mg/L，NH_4^+-N 平均去除率为 62.6%，较阶段Ⅱ略有降低。随着 NH_4^+-N 的

氧化和 NO_x^--N 的生成, SWBF 出水 pH 显著低于进水 pH (图 2-20)。在阶段Ⅰ、阶段Ⅱ和阶段Ⅲ的出水水质相对稳定时期, SWBF 的进水 pH 分别平均为 7.9、8.3 和 8.5, 出水 pH 分别在 4.7、5.8 和 6.0 左右。中性偏酸的环境, 有利于降解木质纤维素的真菌的滋生, 可为异养反硝化提供碳源, 这将有利于系统脱氮效能的提高[17]。

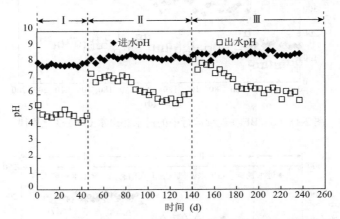

图 2-20　SWBF 在连续运行中的进水和出水 pH 变化规律

3）TN 去除

如图 2-21 所示, 在进水 TN 平均为 194.9 mg/L 的阶段Ⅰ, SWBF 的出水 TN 与出水 NH_4^+-N 一样呈现出相对稳定状态。在第 10~48 天的运行中, SWBF 的进水和出水 TN 分别平均为 198.8 mg/L 和 144.1 mg/L, 平均去除率为 27.8%。当进水 TN 在阶段Ⅱ提高到 578.7 mg/L 左右后, SWBF 系统的脱氮效能受到了一定影响, 但随着运行的持续, 又重新达到了相对稳定。在第 100~140 天的稳定阶段,

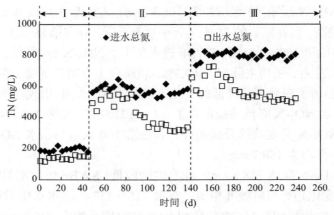

图 2-21　SWBF 在连续运行中的进水和出水 TN 变化规律

进水和出水 TN 分别平均为 564.6 mg/L 和 334.8 mg/L，平均去除率达到 40.8%，较阶段 I 有大幅提升。当进水 TN 在阶段 III 进一步提高到 799.1 mg/L 左右后，SWBF 出水 TN 再一次发生了波动，在第 215 天重新达到相对稳定后，出水浓度平均为 510.6 mg/L，去除率下降为 35.6%。

图 2-18 至图 2-21 所示的结果表明，SWBF 对进水水质变化具有良好的适应能力，尽管进水浓度的每次提高均会给系统的处理效能造成一定影响，但均能在较短时期内重新达到稳定状态。在长期连续运行中，SWBF 不仅具有良好的 COD 和 NH_4^+-N 去除效能，同时也表现出了一定的 TN 去除能力。

2.2.2.3　SHL 对 SWBF 处理效果的影响

SHL 是生物滤池最重要的运行控制参数之一[1, 3, 14, 15]。笔者课题组通过分阶段调控的方法，进一步研究了 SHL 对 SWBF 处理干清粪养猪场废水效果的影响。如表 2-5 所示，继 SWBF 随水质变化的连续运行之后的这一调控运行包括两个阶段，即阶段IV（40 d）和阶段 V（36 d），其 SHL 分别为 0.08 m³/（m²·d）和 0.32 m³/（m²·d），进水水质如表 2-4 之阶段IV和阶段 V 所示。

1）COD 去除

如图 2-22 所示的运行结果表明，在 SHL 为 0.08 m³/（m²·d）运行阶段（阶段IV），SWBF 对 COD 的去除自第 5 天后即达到了相对稳定，进水和出水 COD 分别平均为 274 mg/L 和 107 mg/L，平均去除率为 60.7%。在 SHL 较高[0.32 m³/（m²·d）]的阶段 V，SWBF 对 COD 的去除率保持了相对稳定。在出水水质相对稳定的第 65～77 天，进水和出水 COD 分别平均为 264 mg/L 和 113 mg/L，COD 去除率平均为 56.9%。可见，在较高的 SHL 条件下，SWBF 对 COD 的去除效率会有明显下降。

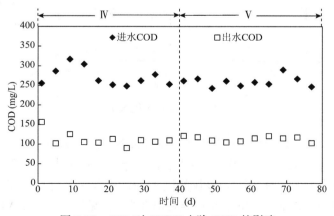

图 2-22　SHL 对 SWBF 去除 COD 的影响

2）NH_4^+-N 去除及 NO_x^--N 的积累

如图 2-23 所示，在 SHL 为 0.08 $m^3/(m^2 \cdot d)$ 的阶段Ⅳ，SWBF 进水 NH_4^+-N 平均为 475.9 mg/L，出水浓度始终比较稳定。在第 5 天以后的运行中，SWBF 的进水和出水 NH_4^+-N 分别平均为 475.6 mg/L 和 64.6 mg/L，平均去除率高达 86.6%。进入 SHL 为 0.32 $m^3/(m^2 \cdot d)$ 的阶段Ⅴ后，系统的平均 NH_4^+-N 表面负荷从阶段Ⅳ的 38.1 g/$(m^2 \cdot d)$ 大幅增加至 147.0 g/$(m^2 \cdot d)$（表 2-5），导致出水 NH_4^+-N 陡增。随着系统的继续运行，出水 NH_4^+-N 缓慢下降并在第 53 天后趋于稳定。在第 65～77 天的运行中，SWBF 的进水和出水 NH_4^+-N 分别平均为 468.0 mg/L 和 207.1 mg/L，NH_4^+-N 去除率为 56.1%左右，显著低于阶段Ⅳ。在 SHL 仅为 0.08 $m^3/(m^2 \cdot d)$ 的阶段Ⅳ，NH_4^+-N 在 SWBF 中的氧化比较彻底，在出水中检测到了大量的 NO_3^--N，平均高达 249.7 mg/L，而 NO_2^--N 很少，平均仅有 4.1 mg/L。而在 SHL 为 0.32 $m^3/(m^2 \cdot d)$ 的阶段Ⅴ，高达 147.0 g/$(m^2 \cdot d)$ 的 NH_4^+-N 表面负荷，使 NH_4^+-N 氧化率显著下降，出水 NO_3^--N 在第 65 天后稳定在 134.6 mg/L 左右，而 NO_2^--N 平均为 13.4 mg/L，明显高于阶段Ⅳ的 4.1 mg/L。分析认为，SHL 的大幅提高会显著提高滤床的渗流速率，出现更多的短流，导致污染物与滤床生物膜的接触概率和接触时间下降，进而从总体上降低了 SWBF 的 NH_4^+-N 氧化能力。

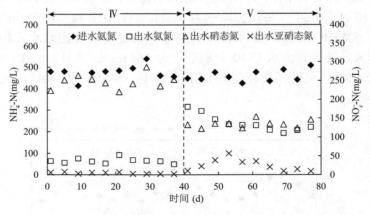

图 2-23　SHL 对 SWBF 氧化 NH_4^+-N 的影响

SWBF 出水 pH 与系统的 NH_4^+-N 氧化和 NO_x^--N 积累呈现正相关关系。如图 2-24 所示，在阶段Ⅳ的运行中，SWBF 进水和出水 pH 变化不大，在第 5～37 天的运行中，分别平均为 8.3 和 4.5。阶段Ⅳ的进水 pH（平均 8.3）虽然与阶段Ⅳ的相当，但由于 NH_4^+-N 的氧化率和 NO_x^--N 积累相对较低（参见图 2-23），SWBF 的出水 pH 较高，最终稳定在 6.5 左右。

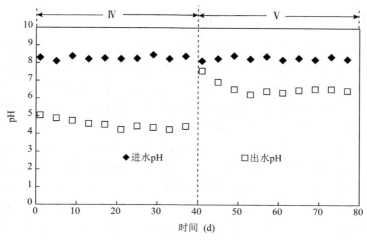

图 2-24　SHL 对 SWBF 出水 pH 的影响

3）TN 去除

由于 NH_4^+-N 的氧化以及 NO_2^--N 和 NO_3^--N 的积累在阶段Ⅳ和阶段Ⅴ有明显不同（图 2-23），使 SWBF 在这两个运行阶段的 TN 去除能力也有显著差别。如图 2-25 所示，在 SHL 为 0.08 $m^3/(m^2 \cdot d)$ 的阶段Ⅳ，在第 5 天出水水质达到相对稳定后，SWBF 的进水和出水 TN 分别平均为 485.3 mg/L 和 318.4 mg/L，平均去除率为 34.3%。在 SHL 为 0.32 $m^3/(m^2 \cdot d)$ 的阶段Ⅴ，自第 65 天后的进水和出水 TN 分别平均为 474.9 mg/L 和 355.1 mg/L，平均去除率仅为 25.0%。图 2-23 至图 2-25 所示的结果表明，过高的 SHL，不仅会导致 SWBF 对 COD 和 NH_4^+-N 去除能力的下降，也会对其生物脱氮效能产生显著的负面影响。

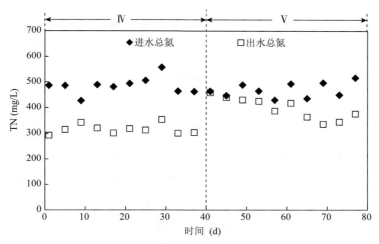

图 2-25　SHL 对 SWBF 去除 TN 的影响

2.2.3 SWBF 处理效果的综合分析

如表 2-4 和表 2-5 所示，在 SWBF 启动成功以后，分为 5 个阶段考察了进水水质（参见 2.2.2.2 节）和 SHL（参见 2.2.2.3 节）对其处理效果的影响。依据如图 2-18 至图 2-25 所示的检测结果，对每个阶段稳定运行期，即出水 COD、NH_4^+-N、NO_x^--N、TN 和 pH 等均保持相对稳定运行时期的数据进行归纳总结，得到如表 2-6 所示的 SWBF 在连续调控运行过程的运行效果。

如表 2-6 所示，在 SWBF 启动后的为期 314 d 的连续运行中，干清粪养猪场废水水质呈现阶段性变化。在 SHL 同为 0.20 $m^3/(m^2 \cdot d)$ 的前 3 个阶段，进水浓度逐步大幅升高，SWBF 的 COD 表面负荷从阶段 I 的 30.9 $m^3/(m^2 \cdot d)$ 增加到了阶段 II 的 66.9 $m^3/(m^2 \cdot d)$ 和阶段 III 的 82.3 $m^3/(m^2 \cdot d)$。SWBF 对 COD 的去除负荷也随着进水浓度及其表面负荷的提高而从阶段 I 的 13.9 $g/(m^3 \cdot d)$ 增加到了阶段 II 的 31.3 $g/(m^3 \cdot d)$ 和阶段 III 的 41.3 $g/(m^3 \cdot d)$。即便在 SHL 高达 0.32 $m^3/(m^2 \cdot d)$ 的阶段 V，SWBF 的 COD 去除负荷也达到了 40.4 $g/(m^3 \cdot d)$。在 5 个阶段的稳定期，SWBF 对干清粪养猪场废水的 COD 平均去除率依次为 53.2%、56.0%、60.0%、60.7% 和 56.9%，出水浓度分别为 72 mg/L、147 mg/L、164 mg/L、107 mg/L 和 113 mg/L 左右，均优于《畜禽养殖业污染物排放标准》要求的 400 mg/L。

表 2-6 SWBF 在各运行阶段稳定期的处理效果

		阶段（稳定期）				
		I	II	III	IV	V
运行参数	运行时间（d）	39	41	23	32	13
	SHL[$m^3/(m^2 \cdot d)$]	0.20	0.20	0.20	0.08	0.32
	COD 负荷[$g/(m^2 \cdot d)$]	30.9±2.8	66.9±4.0	82.3±2.3	21.9±1.9	84.5±5.2
	NH_4^+-N 负荷[$g/(m^2 \cdot d)$]	36.2±3.5	110.7±4.7	156.3±3.3	38.0±2.5	149.8±9.8
	TN 负荷[$g/(m^2 \cdot d)$]	39.8±2.6	112.9±4.8	158.4±2.9	38.8±2.7	152.0±10.6
COD	进水（mg/L）	155±14	335±20	411±11	274±23	264±16
	出水（mg/L）	72±5	147±23	164±13	107±9	113±6.8
	去除率（%）	53.2±5.2	56.0±5.7	60.0±3.1	60.7±3.4	56.9±3.0
	去除负荷[$g/(m^3 \cdot d)$]	13.9±1.5	31.3±3.6	41.3±2.5	11.2±1.4	40.4±4.1
NH_4^+-N	进水（mg/L）	180.7±17.6	553.4±23.6	781.4±16.6	475.6±31.6	468.0±30.7
	出水（mg/L）	31.5±4.2	170.0±16.3	295.2±5.9	64.6±12.3	207.1±10.0
	去除率（%）	83.8±2.4	69.7±3.1	62.6±0.9	86.6±2.7	56.1±3.3
	去除负荷[$g/(m^3 \cdot d)$]	25.0±2.3	64.2±4.8	81.4±2.8	27.5±2.3	69.9±8.1

续表

		阶段（稳定期）				
		I	II	III	IV	V
TN	进水（mg/L）	198.8±13.1	564.6±24.2	792.0±14.5	485.3±33.5	474.9±33.0
	出水（mg/L）	144.1±9.5	334.8±18.0	510.6±9.0	318.4±17.2	355.1±15.8
	去除率（%）	27.8±5.6	40.8±3.7	35.6±1.0	34.3±5.2	25.0±5.8
	去除负荷[g/（m³·d）]	9.2±0.6	38.5±4.5	47.1±1.8	11.2±2.1	32.1±9.1
NO_x^--N	出水 NO_2^--N（mg/L）	0.4±0.1	6.1±4.1	28.4±4.4	4.1±2.0	13.4±4.6
	出水 NO_3^--N（mg/L）	112.3±9.5	158.7±10.0	187.0±11.1	249.7±17.3	134.6±7.9
pH	进水	7.9±0.1	8.3±0.1	8.5±0.1	8.3±0.1	8.3±0.1
	出水	4.7±0.2	5.8±0.2	6.0±0.2	4.5±0.2	6.5±0.0
C/N 值	进水 COD/TN	0.78±0.11	0.59±0.05	0.52±0.02	0.57±0.08	0.56±0.05
	COD 去除/TN 去除	1.63±0.54	0.83±0.17	0.88±0.07	1.08±0.44	1.34±0.32

进水浓度和 HSL 对 SWBF 的 NH_4^+-N 和 TN 去除似乎有更大的影响。在 SHL 同为 0.2 m³/（m²·d）的阶段 I 、阶段 II 和阶段 III，SWBF 的 NH_4^+-N 和 TN 的表面负荷分别平均为 36.2 m³/（m²·d）和 39.8 m³/（m²·d）、110.7 m³/（m²·d）和 112.9 m³/（m²·d）、156.3 m³/（m²·d）和 158.4 m³/（m²·d），其去除负荷随着表面负荷的提高而提高，分别平均 25.0 g/（m³·d）和 9.2 g/（m³·d）、64.2 g/（m³·d）和 38.5 g/（m³·d）、81.4 g/（m³·d）和 47.1 g/（m³·d）。但 SWBF 对 NH_4^+-N 和 TN 的去除率并未呈现逐阶段升高的趋势，最高去除率出现在阶段 II，分别平均为 69.7% 和 40.8%，出水浓度分别平均高达 170.0 mg/L 和 334.8 mg/L，未能达到《畜禽养殖业污染物排放标准》的要求（≤80 mg/L）。在阶段 V，虽然进水浓度远低于阶段 II 和阶段 III，但由于 SHL 高达 0.32 m³/（m²·d），其 NH_4^+-N 和 TN 的表面负荷也分别达到了 149.8 m³/（m²·d）和 152.0 m³/（m²·d）。在这一负荷条件下，SWBF 在阶段 V 对 NH_4^+-N 和 TN 的平均去除率分别为 56.1% 和 25.0%，去除负荷分别平均为 69.9 g/（m³·d）和 32.1 g/（m³·d），均明显低于 SHL 为 0.2 m³/（m²·d）的阶段 III。已有研究表明，当 FA 大于 20 mg/L 时就会对 AOB 产生显著抑制作用，而 NOB 对 FA 的毒性更加敏感[18, 19]。在 SWBF 连续运行的 5 个阶段中，阶段 III 的进水 NH_4^+-N 浓度和表面负荷最高。根据运行的温度、pH 和进水氨氮浓度计算，SWBF 中的 FA 可高达 161.3 mg/L，远高于 AOB 的耐受限度，但系统仍表现出了 81.4 g/（m³·d）的 NH_4^+-N 去除负荷和 47.1 g/（m³·d）的 TN 去除负荷。分析认为，在具有木质框架结构的 SWBF 中，废水沿填料缝隙流动，并在渗流、吸附水层和土壤颗粒层之间形成了 NH_4^+-N 的浓

度梯度,从而使居于土层中的 AOB 和 NOB 免受高 FA 毒性的影响。因此,即便在高 NH_4^+-N 负荷下,SWBF 也能表现出良好的硝化效能。

由表 2-6 可见,在 20℃、SHL 不大于 0.20 $m^3/(m^2 \cdot d)$ 和 NH_4^+-N 负荷不大于 38.0 $m^3/(m^2 \cdot d)$ 的运行条件下,干清粪养猪场废水经 SWBF 的处理,其出水 COD 和 NH_4^+-N 均能满足《畜禽养殖业污染物排放标准》要求。尽管该标准并未对 TN 做出排放要求,鉴于大量氮元素排放会造成严重的水体富营养化,如何进一步提高干清粪废水处理工艺的生物脱氮效能,应得到充分重视和研究。

2.3 土壤-木片生物滤池在纵深方向上的污染物去除规律

干清粪养猪场废水具有高 NH_4^+-N、低 C/N 的特征(表 2-1,表 2-4),而 NH_4^+-N 的有效去除是该废水处理与达标排放的主要问题(表 2-6)。通过土壤-木片生物滤池的处理效能研究(参见 2.2 节),确定了 SWBF 处理干清粪养猪场废水的适宜 SHL 为 0.20 $m^3/(m^2 \cdot d)$,但作为生物滤池关键设计参数之一的滤床高度,仍需进一步探讨。污染物在生物滤池中沿深度方向的浓度变化,反映了其在穿过滤床过程中发生的降解转化过程,也可表征特定污染物在生物滤池中的去除规律。研究包括 NH_4^+-N 在内的主要污染物的沿滤床深度的变化规律,对于阐明 SWBF 的污染物去除机理以及 SWBF 的工程设计、运行与维护均具有重要意义。笔者课题组在 SWBF 启动后连续运行的 5 个阶段稳定期(表 2-6),分别在滤床 10 cm、30 cm、50 cm、70 cm、90 cm、110 cm 深度采集水土混合样品(参见 2.2.1.2 节),对其含水率和水质进行分析,以探讨主要污染物在 SWBF 纵深方向的转化和去除规律;并依据 NH_4^+-N 沿深度的浓度变化,建立出水 NH_4^+-N 与滤床深度的关系函数,为 SWBF 滤床高度的优化设计提供依据。

2.3.1 水质沿滤床深度的变化规律

2.3.1.1 土壤含水率的变化规律

土壤含水率,是微生物在 SWBF 系统中滋生的重要环境因子之一。为了解废水中主要污染物在滤床纵深方向上的变化规律,首先对 SWBF 在 SHL 分别为 0.08 $m^3/(m^2 \cdot d)$、0.20 $m^3/(m^2 \cdot d)$ 和 0.32 $m^3/(m^2 \cdot d)$ 条件下,滤床不同深度土壤的含水率进行了检测。其中,阶段Ⅰ、阶段Ⅱ和阶段Ⅲ的 SHL 均为 0.20 $m^3/(m^2 \cdot d)$(表 2-6),在这一 SHL 下的土壤含水率以三个阶段样品含水率的平均值计。

　　如图 2-26 所示的结果表明,SWBF 滤床不同深度的土壤含水率,均随着 SHL 的提高而增加。在 SHL 0.08 m³/(m²·d) 条件下, 在 SWBF 滤床 10 cm、30 cm、50 cm、70 cm、90 cm 和 110 cm 深处,其土壤含水率分别为186.9%、278.8%、314.7%、349.6%、366.6%和 385.1%。在 SHL 0.20 m³/(m²·d) 条件下, 各层土壤含水率有所提高, 分别为222.6%、295.3%、356.3%、388.6%、411.4%和 429.9%。当 SHL 进一步提高到 0.32 m³/(m²·d)后, 各层土壤含水率有了进一步提高,分别为276.4%、355.4%、407.1%、425.8%、452.3%和 476.2%。

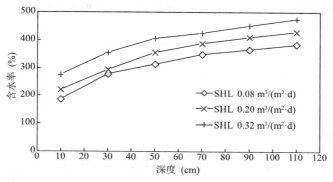

图 2-26　SWBF 土壤含水率沿滤床深度的变化规律

　　分析认为,重力和表面张力是废水在 SWBF 滤床中流动和扩散的两个主要作用力,重力导致废水向下流动,而表面张力是废水流动的主要阻力。土壤含水率越低,土壤颗粒界面的含水层越薄,其表面张力就越小;反之,土壤含水率越高,土壤颗粒界面的含水层越厚,其表面张力就越大。随着 SWBF 滤床深度的增加,其土壤含水率及颗粒表面的含水层厚度随之升高。而含水层厚度,可能会对渗流水、吸附水和土壤颗粒之间的传质过程产生显著影响,进而影响 SWBF 的处理效能。

2.3.1.2　COD 的变化规律

　　如图 2-27 所示的废水中 COD 随 SWBF 滤床深度而变化的规律说明,滤床的 10~50 cm 深度区域,是 SWBF 去除 COD 的主要功能部位。如,在进水 COD 浓度平均为 411 mg/L 的阶段Ⅲ（表 2-6）,滤床 10 cm 深度处的 COD 浓度平均为 383 mg/L, 至 50 cm 深度时降低到了 208 mg/L,而到达 110 cm 深度时仍然有 165 mg/L 的残留。又如, 在进水 COD 浓度平均为 264 mg/L 的阶段Ⅴ, 滤床 10 cm 深度的 COD 浓度平均为 266 mg/L, 至 50 cm 深度时降低到了 131 mg/L, 而在 110 cm 深度处的残留量为 103 mg/L。分析认为, COD 在 10~50 cm 深度区域得到有效去除的原因可能有如下几点:①废水从系统上部进入,易于生物降解的有机物被该区域的微生物优先利用;②由于该区域位于滤床上层,溶解氧条件良好，会有更多的好氧微生物滋生，其高效的生物代谢使废水有机物得到快速矿化；③越来越低的营养和 DO 水平，严重限制了滤床 50 cm 以下区域的微生物生长和代谢，从而表现出较低的 COD 去除能力。显然，进水 COD 浓度越高，其穿透 SWBF 滤床的可能性越大。或者说，SWBF 滤床去除 COD 的主要功能区域是随着进水浓度的降低而上移的。如图 2-27 所示，在进水 COD 浓度（155 mg/L 左右）最低的阶段 I，SWBF 对 COD 的去除主要发生在 30 cm 以上的滤床区域，在以下深度的变化不再明显。而在进水 COD 浓度（411 mg/L 左右）最高的阶段 III，废水中的 COD 直到滤床 70 cm 以下深度后才不再有明显变化。

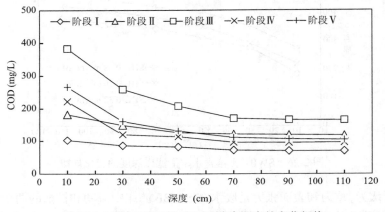

图 2-27　废水 COD 沿 SWBF 滤床深度的变化规律

在进水 COD 浓度平均仅为 155 mg/L 的阶段 I，尽管 SWBF 保持了 53.2% 左右 COD 去除率（表 2-6），但土壤所含的 COD（图 2-28），在 10 cm 以下却表现出沿滤床深度而逐渐缓慢上升的趋势。可见，在贫养条件下，木片表面的土壤层可发挥营养富集的作用，对于微生物的生长繁殖具有重要意义。当然，木片腐解产生的溶解性 COD 也会为土壤中 COD 的增加有所贡献。在 SWBF 运行的阶段 II、阶段 III、阶段 IV 和阶段 V，滤床土壤的 COD 含量在 10～30 cm 深度区域大幅降低，在 30～50 cm 深度区域的变化很小，而在 50～70 cm 深度区域又快速下降，到达 70 cm 以下深度后，土壤中的 COD 浓度表现出了类似阶段 I 的缓慢升高趋势。

如表 2-6 所示，在阶段 I 至阶段 V 的连续运行中，SWBF 的 COD 表面负荷最高为阶段 V 的 84.5 m³/（m²·d）。而无论是废水中的 COD（图 2-27），还是土壤中的 COD（图 2-28），均在滤床 70 cm 以下深度后不在发生明显变化。这一结果说明，在保障出水 COD 满足《畜禽养殖业污染物排放标准》（GB 18596—2001）要求的前提下，SWBF 可以承受更高 COD 表面负荷。

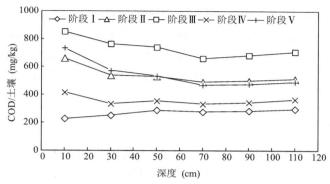

图 2-28 土壤所含 COD 沿 SWBF 滤床深度的变化规律

2.3.1.3 NH₄⁺-N 的变化规律

由于 SWBF 滤床在不同深度的含水率差异较大（图 2-26），在研究 NH_4^+-N、NO_x^--N 和 TN 沿滤床深度变化规律中，均采用其在土壤中的含量进行表征和分析。

在启动后的连续运行中（表 2-6），SWBF 对污染物的去除主要表现为填料吸附与生物转化的综合作用，前者使滤床土壤中的污染物增加，而后者则会导致土壤中污染物的减少。如图 2-29 所示的结果表明，在 SWBF 运行的阶段 I、阶段 II、阶段 III 和阶段 V，滤床土壤中的 NH_4^+-N 峰值均出现在 50 cm 深处，分别为 144.4 mg/kg、1004.0 mg/kg、1703.0 mg/kg 和 919.7 mg/kg。而在阶段 IV，土壤 NH_4^+-N 峰值出现在 30 cm 深处，为 518.8 mg/kg。显然，在滤床 50 cm 以上的深度，土壤对 NH_4^+-N 的吸附作用大于生物氧化作用，而在 50 cm 以下的区域，则表现为生物转化大于吸附作用，是 SWBF 去除 NH_4^+-N 的主要功能区域。

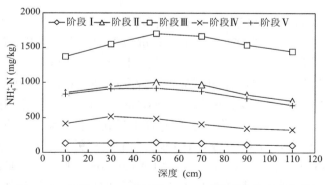

图 2-29 土壤 NH_4^+-N 含量沿 SWBF 滤床深度的变化规律

SWBF 的介质比较复杂，在自然通风的条件下，滤床中会形成多样化的微环境，NH_4^+-N 在其中的转化可能存在多种途径。传统理论认为，氨氧化过程的电子受体主要是分子氧（O_2）[10]。而近些年的研究表明，NO_2^--N 也可作为氨氧化的电子受体，即 Anammox 过程[20, 21]。滤床的木片骨架结构有利于 DO 的传质和氨氧化的发生，过程中产生的 NO_2^--N 和 NO_3^--N 可分别为厌氧微环境中的 Anammox 和反硝化提供电子受体。关于 SWBF 的 NH_4^+-N 氧化与生物脱氮机制，将在 2.4 节和 2.5 节中做进一步探讨。

2.3.1.4　NO_x^--N 的变化规律

如表 2-6 所示，在 SWBF 运行的阶段Ⅰ、阶段Ⅱ、阶段Ⅲ、阶段Ⅳ和阶段Ⅴ，其 NH_4^+-N 表面负荷分别为 36.2 m³/（m²·d）、110.7 m³/（m²·d）、156.3 m³/（m²·d）、38.0 m³/（m²·d）和 149.8 m³/（m²·d），而其土壤中的 NO_2^--N 呈现出随 NH_4^+-N 负荷提高而增加的规律。如图 2-30 所示，在 NH_4^+-N 负荷高达 150.0 m³/（m²·d）左右的阶段Ⅲ和阶段Ⅴ，滤床不同深度土壤中的 NO_2^--N 含量均高于其他 3 个运行阶段。

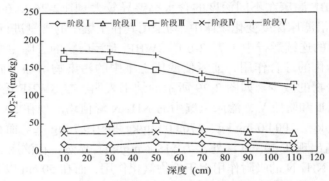

图 2-30　土壤 NO_2^--N 含量沿 SWBF 滤床深度的变化规律

在 NH_4^+-N 表面负荷较低的阶段Ⅰ和阶段Ⅳ，土壤的 NO_2^--N 含量在滤床 10～70 cm 深度范围内基本没有变化，直到 70 cm 以下的深度才逐渐降低（图 2-30）。在 NH_4^+-N 负荷平均为 110.7 m³/（m²·d）的阶段Ⅱ，土壤的 NO_2^--N 含量在达到 50 cm 深度后才开始下降。在 NH_4^+-N 负荷最高的阶段Ⅲ和阶段Ⅴ，土壤的 NO_2^--N 含量从 30 cm 深度即开始降低。以上现象说明，SWBF 系统内的亚硝化作用主要发生在滤床表层（0～10 cm），而下层则发生了 NO_2^--N 的转化，使其浓度沿深度逐渐降低，而 NO_2^--N 的降低程度，随着进水 NH_4^+-N 负荷的提高更加显著。其原因可能有两个，一是 NO_2^--N 被氧化为 NO_3^--N，二是由 Anammox 消耗。究竟是何种作用导致了 NO_2^--N 沿滤床深度而逐渐降低的现象，亦或是两种机制共同作用的结果，除了 NH_4^+-N 浓度外，尚需对系统中的 NO_3^--N 和 TN 变化情况进行分析。

由表 2-6 所示的运行结果可见，在 SHL 相同（阶段Ⅰ、阶段Ⅱ和阶段Ⅲ）的条件下，进水 NH_4^+-N 浓度越低，所形成的 NO_3^--N 越少；而在进水 NH_4^+-N 浓度相似（阶段Ⅳ和阶段Ⅴ）的情况下，SHL 越小，反应时间越充分，NO_3^--N 的积累越多。如图 2-31 所示，SWBF 滤床土壤中的 NO_3^--N 含量，在各运行阶段均呈现随滤床深度而增加的趋势。在进水 NH_4^+-N 浓度只有 180.7 mg/L 左右的阶段Ⅰ（表 2-6），SWBF 滤床土壤中的 NO_3^--N 在 50 cm 以下深度即不再有明显变化，平均为 449.0 mg/kg。在相同 SHL 0.20 $m^3/(m^2·d)$ 条件下，阶段Ⅱ的进水 NH_4^+-N 平均浓度为 553.4 mg/L，滤床土壤中的 NO_3^--N 在 70 cm 深后才基本保持不变。当进水 NH_4^+-N 平均浓度在阶段Ⅲ进一步提高到 781.4 mg/L 以后，滤床土壤 NO_3^--N 含量直到 90 cm 深度以后方不再有明显变化。对于进水 NH_4^+-N 浓度近似的阶段Ⅳ和阶段Ⅴ（分别平均为 475.6 mg/L 和 468.0 mg/L），由于 SHL 的显著差异[分别为 0.08 $m^3/(m^2·d)$ 和 0.32 $m^3/(m^2·d)$]，导致了土壤 NO_3^--N 含量的显著不同。尽管阶段Ⅳ和阶段Ⅴ的土壤 NO_3^--N 含量均在滤床 90 cm 以下深度区域保持相对稳定，当两者之差高达 202.2 mg/kg，是阶段Ⅱ和阶段Ⅲ之差的 2 倍以上。可见，SHL 对 SWBF 系统硝化作用的影响，要大于进水 NH_4^+-N 浓度的影响。

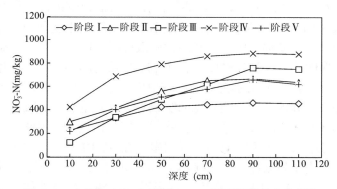

图 2-31　土壤 NO_3^--N 含量沿 SWBF 滤床深度的变化规律

2.3.1.5　TN 的变化规律

如表 2-6 所示，在 SWBF 的连续运行中，始终保持了一定的 TN 去除能力，且去除负荷随着表面负荷的提高而增加。由于干清粪养猪场废水的 TN 主要由 NH_4^+-N 贡献，在 SWBF 运行的各个阶段，土壤的 TN 含量均表现出与 NH_4^+-N 含量（图 2-29）相似的变化规律，即沿滤床深度先升高后降低的变化趋势。如图 2-32 所示，在 SWBF 运行的阶段Ⅰ、阶段Ⅱ、阶段Ⅳ和阶段Ⅴ，滤床土壤中的 TN 峰值均出现在 50 cm 深处，分别为 589.4 mg/kg、1660.9 mg/kg、1316.4 mg/kg 和 1606.6 mg/kg 左右。而在 TN 表面负荷最高[158.4 $m^3/(m^2·d)$]的阶段Ⅲ，滤床土壤 TN 含量直至 90 cm 达到 2439.8 mg/kg 后才呈现下降趋势。以上结果表明，诸如硝化反硝化、短程硝化反硝化和 Anammox 等生物脱氮作用，在 SWBF 滤床下层区域更加活跃，是 SWBF 去除 NH_4^+-N 和 TN 的主要功能区域。

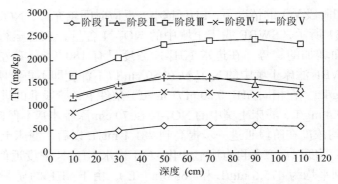

图 2-32　土壤 TN 含量沿 SWBF 滤床深度的变化规律

2.3.1.6　pH 的变化规律

如图 2-33 所示的结果表明，在 SWBF 启动后的 5 个连续运行阶段中，滤床内的 pH 均表现为沿深度逐步下降的趋势，但在 70 cm 以下的深度，其下降程度逐步减缓。导致 SWBF 系统内 pH 沿深度逐渐下降的原因是复杂的，可能包括硝化作用、反硝化作用、氨的吹脱、木片酸化腐败等诸多因素。其中，硝化作用、氨氮吹脱和木片腐败均需要消耗碱度，有使 pH 降低的趋势；而反硝化作用会产生碱度，使系统 pH 呈现升高的趋势。在 SWBF 系统中，硝化作用和木片的酸化腐败能够发生在任意高度层中，但是氨的吹脱一般只发生在气流较强的表面。由于采用了自然通风模式，SWBF 系统的氨吹脱作用是微弱的。因此，硝化作用可能是导致 pH 沿滤床深度逐步降低的主要因素。在 SWBF 滤床的 10～50 cm 深度，由于硝化作用产生了越来越多的 NO_x^--N（图 2-30，图 2-31），导致 pH 沿深度下降速度较快。在滤床 70～110 cm 深度，逐步积累的 NO_x^--N 可能使系统中的反硝化作用和 Anammox 作用沿深度得到了加强，而 NO_x^--N 的消耗在一定程度上减缓了 pH 的下降趋势。

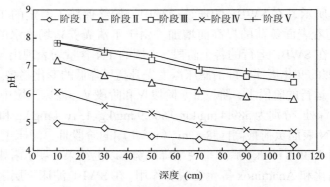

图 2-33　pH 沿 SWBF 滤床深度的变化规律

2.3.2   SWBF 出水氨氮浓度与滤床深度的函数关系

在以木片为骨架的 SWBF 滤床中，废水沿着填料缝隙自上而下流动，并在介质（土壤颗粒）表面形成吸附水层。以浓度梯度为驱动力，NH_4^+-N 由水流向吸附水层扩散，而吸附水层中的 NH_4^+-N 则在 AOB 和 AnAOB 的作用下发生氧化。因此，水流与吸附水层间的扩散作用决定着 SWBF 的 NH_4^+-N 去除效率。如 2.3.1 节所述，SWBF 滤床中的 NH_4^+-N、NO_2^--N 和 NO_3^--N 沿滤床深度呈现规律性变化，对这一变化规律的数学表达可为 SWBF 滤床深度的工程设计提供计算方法。

2.3.2.1   函数的建立

为建立 SWBF 出水 NH_4^+-N 浓度与滤床深度间的函数关系，对滤床中水的流态和 NH_4^+-N 扩散行为做以下假设：

（1）过水通路与吸附水层间存在 NH_4^+-N 浓度过渡层，且不因滤床深度改变而变化；

（2）NH_4^+-N 扩散的驱动力为浓度梯度；

（3）在连续运行状态下，忽略 NH_4^+-N 在过水通路内的纵向扩散作用；

（4）在 SHL 不大于 0.32 $m^3/(m^2 \cdot d)$ 的条件下，特定滤床深度断面的实测 NH_4^+-N 浓度与吸附水层中的氨氮浓度相等；

（5）过水通路横截面近似为圆。

在以上假设基础上，SWBF 滤床中的 NH_4^+-N 扩散为二维扩散，可用图 2-34 所示的模型描述。其中，C 和 C_S 分别为过水通路中的和吸附水层内的 NH_4^+-N 浓度。

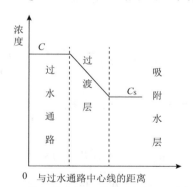

图 2-34   过水通路与吸附水层间的 NH_4^+-N 扩散

由于在 SWBF 滤床中的水流呈层流状态，过水通路与吸附水层之间的 NH_4^+-N 扩散可近似表达为静水扩散，即

$$-dC \times dq = D\frac{C - C_S}{L} \times dS \times dt \qquad （2-1）$$

式中，C 为过水通路中的 NH_4^+-N 浓度，mg/dm^3；C_S 为吸附水层内的 NH_4^+-N 浓度，mg/dm^3；L 为过渡层厚度，dm；S 为过水通路与吸附水层的接触面积，dm^2；q 为过水通路的水量，dm^3；D 为综合扩散系数；t 为时间，d。

设 SWBF 进水流量 Q 恒定，滤床过水通路中的水流速为 V，则有

$$A = \frac{Q}{V} \tag{2-2}$$

式中，Q 为进水流量，dm^3/d；A 为过水通路断面面积，dm^2；V 为过水通路的渗流流速，dm/d。

设过水通路的横截面为圆形，过水通路与吸附水层的接触面积为

$$dS = 2\sqrt{\pi A} \times dh \tag{2-3}$$

式中，h 为深度，dm。

将式（2-2）和式（2-3）代入式（2-1），整理得

$$-dC \times dq = D \times \frac{C - C_S}{L} \times 2\sqrt{\pi A} \times dh \times dt \tag{2-4}$$

由于：

$$dt = \frac{dh}{V} \tag{2-5}$$

所以：

$$-dC \times dq = 2D\sqrt{A^3\pi} \times \frac{C - C_S}{L} \times \frac{(dh)^2}{Q} \tag{2-6}$$

过水通路上的水量 q 与过水通路断面面积 A 成正比，且与土壤含水率 R 有关，其表达式为

$$dq = k \times R \times dW = A \times dh \tag{2-7}$$

式中，R 为土壤含水率；W 为土层体积，dm^3；k 为过水通路上水量的比例系数。

对式（2-7）积分，得

$$k \times R \times w' = A \tag{2-8}$$

式中，w' 为单位高度内的土壤体积，dm^3/dm。

将式（2-7）和式（2-8）代入式（2-6），得

$$-\frac{\mathrm{d}C}{\mathrm{d}h} = 2D\sqrt{kRw'\pi}\,\frac{C-C_\mathrm{s}}{LQ} \tag{2-9}$$

$$-\frac{\mathrm{d}C}{\mathrm{d}h} = \frac{2\sqrt{kRw'\pi}\times D}{L\times Q}C - \frac{2\sqrt{kRw'\pi}\times D}{L\times Q}C_\mathrm{s} \tag{2-10}$$

令：

$$X = \frac{2D\sqrt{kRw'\pi}}{L\times Q} \tag{2-11}$$

$$Y = \frac{2D\sqrt{kRw'\pi}}{L\times Q}C_\mathrm{s} \tag{2-12}$$

将式（2-11）和式（2-12）代入式（2-10），得

$$\frac{\mathrm{d}C}{\mathrm{d}h} + X\times C = Y \tag{2-13}$$

式（2-13）为一阶线性非齐次微分方程，通解为

$$C = U\mathrm{e}^{-\int X\mathrm{d}h} + \mathrm{e}^{-\int X\mathrm{d}h}\times\int Y\mathrm{e}^{\int Y\mathrm{d}h}\,\mathrm{d}h \tag{2-14}$$

式中，U 为常数。

2.3.2.2　土壤含水率函数

如图 2-26 所示的研究表明，在不同 SHL 条件下，R 均表现为随 h 增加而升高的趋势，通过最小二乘拟合发现，R 与 $\sqrt[4]{h}$ 成正比。设：

$$R = F\times\sqrt[4]{h} \tag{2-15}$$

式中，F 为流量函数。

对图 2-26 所示的实测结果以式（2-15）进行拟合，如图 2-35 所示，拟合结果表明，式（2-15）能够很好地表达滤床深度与土壤含水率间的函数关系（表 2-7）。

表 2-7　SWBF 滤床土壤含水率的拟合

SHL[$\mathrm{m}^3/(\mathrm{m}^2\cdot\mathrm{d})$]	Q（L/d）	$F(Q)$（$\mathrm{dm}^{-0.25}$）	R^2
0.08	1.3	212	0.992
0.20	3.3	237	0.992
0.32	5.3	262	0.996

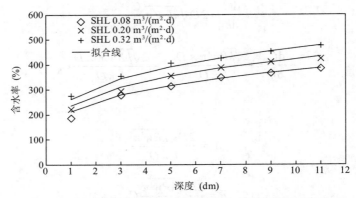

图 2-35　土壤含水率随 SWBF 滤床深度的变化趋势及拟合

2.3.2.3　吸附水层氨氮浓度函数

理论上，$h=0$ 时，吸附水层中 NH_4^+-N 浓度（C_S）与 SWBF 进水浓度（C_0）是一致的；$h=\infty$ 时，$C_S=0$。所以，C_S 应该是 h 的指数函数，而 NH_4^+-N 负荷会影响此函数收敛于极限的速度。为避免微分方程出现不可积分的情况，以 $h^{9/8}$ 替换 h，则 C_S 与 $h^{9/8}$ 有如下指数函数关系：

$$C_S = C_0 \times e^{-G(C_0 \times Q)h^{\frac{9}{8}}} \tag{2-16}$$

式中，C_0 为 SWBF 的进水 NH_4^+-N 浓度，mg/dm^3；G 为 NH_4^+-N 负荷函数。

将图 2-29 的实测数据换为含水层的 NH_4^+-N 浓度，并以式（2-16）对其进行拟合，如图 2-36 所示，拟合结果表明，式（2-16）能够很好地拟合滤床深度和 NH_4^+-N 浓度之间的函数关系（表 2-8）。

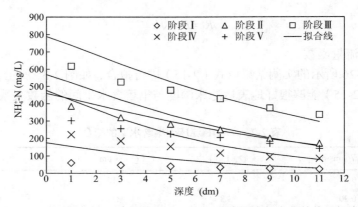

图 2-36　吸附水层 NH_4^+-N 浓度随 SWBF 滤床深度的变化趋势及拟合

表 2-8　SWBF 滤床吸附水层 NH$_4^+$-N 浓度的拟合

Q（L/d）	SHL[m^3/（m^2·d）]	C$_0$（mg/L）	G	R^2
3.3	0.20	175.5	0.123	0.992
3.3	0.20	568.7	0.087	0.990
3.3	0.20	778.7	0.066	0.994
1.3	0.08	475.9	0.122	0.990
5.3	0.32	459.5	0.071	0.990

采用表 2-8 的数据,以 $C_0 \times Q$ 对 G 作图并进行线性拟合（图 2-37）,得到 NH$_4^+$-N 负荷函数:

$$G = \alpha\left(C_0 \times Q\right) + \beta \qquad (2\text{-}17)$$

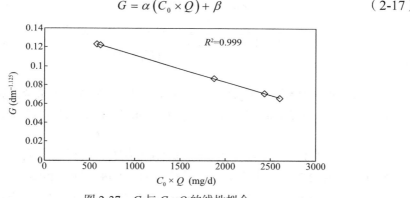

图 2-37　G 与 $C_0 \times Q$ 的线性拟合

2.3.2.4　函数的求解

将式（2-15）和式（2-16）代入公式（2-11）和式（2-12）, 得

$$X = \frac{2D\sqrt{\pi kw'\left(mQ + n\right)}}{LQ} \times h^{\frac{1}{8}} \qquad (2\text{-}18)$$

$$Y = \frac{2D\sqrt{\pi kw'\left(mQ + n\right)}}{LQ} h^{\frac{1}{8}} \times C_0 \times \mathrm{e}^{-G\left(C_0 \times Q\right)h^{\frac{9}{8}}} \qquad (2\text{-}19)$$

将式（2-18）和式（2-19）代入公式（2-14）, 积分得

$$C = U\mathrm{e}^{\frac{-16D\sqrt{\pi kw'\left(mQ+n\right)}}{9LQ}h^{\frac{9}{8}}} + \frac{\dfrac{16D\sqrt{\pi kw'\left(mQ + n\right)}}{9LQ}}{\dfrac{16D\sqrt{\pi kw'\left(mQ + n\right)}}{9LQ} - G\left(C_0 \times Q\right)} \times C_0 \times \mathrm{e}^{-G\left(C_0 \times Q\right)h^{\frac{9}{8}}} \qquad (2\text{-}20)$$

当 $h=0$、$C=C_0$ 时，则

$$U = \frac{G(C_0 \times Q)}{\dfrac{16D\sqrt{\pi kw'(mQ+n)}}{9LQ} - G(C_0 \times Q)} \qquad (2\text{-}21)$$

将式（2-21）代入式（2-20），得到 NH_4^+-N 浓度与滤床深度之间的函数关系：

$$C = \frac{G(C_0 \times Q)}{G(C_0 \times Q) - \dfrac{16D\sqrt{\pi kw'(mQ+n)}}{9LQ}} \times C_0 \mathrm{e}^{\frac{-16D\sqrt{\pi kw'(mQ+n)}}{9LQ}h^{\frac{9}{8}}}$$

$$+ \frac{\dfrac{16D\sqrt{\pi kw'(mQ+n)}}{9LQ}}{\dfrac{16D\sqrt{\pi kw'(mQ+n)}}{9LQ} - G(C_0 \times Q)} \times C_0 \mathrm{e}^{-G(C_0 \times Q)h^{\frac{9}{8}}} \qquad (2\text{-}22)$$

式中，L、D 和 k 为待求常数，而 α、β、m 和 n 可根据实测结果拟合计算得到。其中：$w'=0.177\ \mathrm{dm}^2$，$m=12.5\ \mathrm{dm}^{-3.125} \cdot \mathrm{d}$，$n=197.75\ \mathrm{dm}^{-0.25}$，$\alpha=2.83\times10^{-5}\ \mathrm{dm}^{-1.125} \cdot \mathrm{d} \cdot \mathrm{mg}^{-1}$，$\beta=0.139\ \mathrm{dm}^{-1.125}$。

由于 L、D 和 k 均只与 SWBF 的结构有关，可以将它们合并为一个常数 $D\sqrt{k}/L$。采用 2.2 节所述的实测结果对 $D\sqrt{k}/L$ 进行计算和验证后，由表 2-6 所示的数据计算 SWBF 在启动后的 5 个运行阶段稳定期的 $D\sqrt{k}/L$ 值。表 2-9 所示的结果表明，SWBF 在连续运行的 5 个阶段中，其 $D\sqrt{k}/L$ 值近似相等。这一结果表明，在滤床高度一定的条件下，综合系数 $D\sqrt{k}/L$ 与 SWBF 的流量、SHL、进水浓度等无关。因此，利用式（2-22）可以较为准确地预测某一 SWBF 滤床高度下的出水 NH_4^+-N 浓度。

表 2-9　不同进水 NH_4^+-N 浓度下的 $D\sqrt{k}/L$ 值

C_0（mg/L）	Q（L/d）	SHL[m^3/（$m^2\cdot$d）]	H（dm）	$C_{出水}$（mg/L）	$D\sqrt{k}/L$
175.5	3.3	0.2	12	33.3	0.0676
568.7	3.3	0.2	12	173.9	0.0698
778.7	3.3	0.2	12	315.2	0.0646
475.9	1.3	0.08	12	74.7	0.0638
459.5	5.0	0.32	12	194.3	0.0676

注：C_0 进水氨氮浓度，Q 进水流量，L 过渡层厚度，D 综合扩散系数，k 过水通路上水量的比例系数。

2.4　土壤-木片生物滤池的细菌群落分布特征

研究表明，生物滤池的"滤水"运行方式，形成了微生物群落沿滤床深度的更迭，在污染物去除方面也因此呈现出"区域"差异性，即功能分区特征[15]。而废水生物处理系统中的生物膜，较活性污泥絮体具有更为复杂的微生物群落结构[3, 14]。在常温常压条件下，由通风或曝气进入生物滤池的氧气，通常只能扩散到生物膜 $100\sim200$ μm 深处（表层），更深层则处于缺氧和厌氧状态。生物膜中存在的好氧、缺氧和厌氧微环境，增加了生物滤池的微生物群落多样性和群落结构复杂性[17, 22, 23]。多样化的微环境，有利于具有不同生理生态特征的微生物的生长和协同代谢，为去除废水中各种污染物奠定了微生物学基础。阐明微生物群落结构及功能菌群的时空分布特征，有助于理解生物滤池的污染物去除机理。

如表 2-6 所示的研究结果证明，在室温（20℃左右）和 SHL 0.20 $m^3/(m^2\cdot d)$ 条件下，SWBF（图 2-13）在处理干清粪养猪场废水时，具有很好的 COD 和 NH_4^+-N 去除效果，也表现出了一定的 TN 去除能力。为探究 SWBF 净化干清粪养猪场废水的微生物学机理，尤其是 NH_4^+-N 和 TN 去除的微生物学机理，在 SWBF 第 II 运行阶段的稳定期，从滤床不同深度采集木片表面的土壤样品（参见 2.2.1.2 节），利用 PCR-DGGE 技术和高通量测序技术，对系统中的微生物群落结构及功能菌群的空间分布特征进行了分析。

2.4.1　细菌群落的总体特征

通过基于细菌 16S rDNA 基因的 PCR-DGGE 操作，从 DGGE 凝胶上回收到 16 个特征条带（图 2-38），将获得的目的基因序列用 NCBI（http://www.ncbi.nlm.nih.gov）的 BLASTx 程序进行相似性搜索，采用 MEGA 3.1 软件，以邻近距离法（neighbor-joining）构建系统发育树，结果如图 2-39 所示。

如图 2-38 所示，在 SWBF 滤床不同深度，其土壤中的优势菌群存在较为明显的差异。就优势菌群多样性而言，滤床表层最低，90 cm 深度最为丰富。其中，条带 1、3、6、11、12、13 和 14 所代表的优势细菌在 SWBF 滤床不同深度的土壤中均有分布；条带 2 和条带 10 所代表的细菌，在滤床 90 cm 及以上区域均有优势生长，但在 90 cm 以下深度几乎消失；条带 4、5 和 15 代表的细菌，在滤床 30 cm 及以下深处表现出一定生长优势，但在 110 cm 深处消失；条带 7、8 和 9 代表的细菌，似乎只有在滤床 90 cm 上下的深度区域才能获得优势生长；条带 16 所代表的细菌，其生长在滤床 90 cm 及以下深度最显优势。

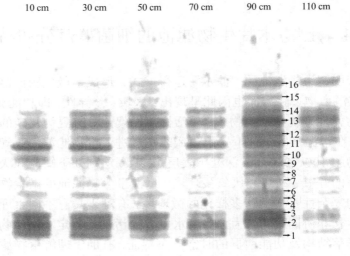

图 2-38　SWBF 中的细菌 DGGE 图谱

对 SWBF 滤床土壤中的细菌系统发育（图 2-39）研究发现，条带 1 的基因序列与硝化杆菌属（*Nitrobacter*）NS5-5 菌株的同源性达 99%，而 *Nitrobacter* 是污水处理系统中常见的一类 NOB，对 DO 有高度依赖性。具有条带 2、6、7 和 16 基因序列的细菌，均属于梭菌属（*Clostridium*），为降解和矿化有机物的化能异养菌群。其中，具有条带 16 基因序列的细菌，属于厌氧的纤维素梭菌（*C. cellulosi*），与菌株 AS 1.1777 的相似度达 98%[24]。具有条带 3 基因序列的细菌属于放线杆菌属（*Actinobacterium*），在自然界的土壤中较为常见。条带 4 基因序列所表征的细菌归属于 δ-变形菌纲（Deltaproteobacteria），其生理生态特征尚不明确。具有条带 5 基因序列的细菌，与矢野口鞘氨醇菌（*Sphingobium yanoikuyae*）LD29 菌株的亲缘关系最为接近，该菌株是从原油污染土壤富集分离到的多环芳烃降解菌，可以菲、蒽、荧蒽、芘等作为生长繁殖的唯一碳源和能源[25]。条带 8 所表征的细菌，属于酸杆菌门（Acidobacteria），该菌门的细菌大多为嗜酸菌，约占土壤细菌类群的 5%～46%，在植物根系周围的土壤中具有更高的丰度[26]。条带 9 所表征的细菌，与哈氏嗜纤维菌（*Cytophaga hutchinsonii*）的相似度达 100%，能够分泌降解纤维素的胞外酶[27]。条带 10 表征的是一种不黏柄菌属（*Asticcacaulis*）细菌，与厌氧的太湖不黏柄杆菌（*A. taihunensis*）菌株 T3-B7 的相似度达 100%。Liu 等[28]从太湖底泥中发现并分离培养了该种细菌，具有分解纤维二糖的能力。具有条带 11 基因序列的细菌，属于分类地位尚不明确 candidate division TM7 类群，是一种嗜糖微生物。具有条带 12 基因序列的细菌，属于好氧的芽单胞菌属（*Gemmatimonas*），与未分离培养的 *Gemmatimonas* sp.的相似度达 99%。有研究证明，*Gemmatimonas* 具有在好氧条件下聚磷、厌氧条件下释磷的特性，对于废水的生物除磷具有重要意义[29]。条带 13 和条带 14 基因序列所表征的细菌，同属于黄单胞菌科（Xanthomonadaceae），代表菌属为黄单胞菌属（*Xanthomonas*），均为严格好氧，有机化能营养，能利用不同的糖和有机酸为唯一碳源[30]。条带 15 所表征的细菌，属于鞘脂单胞菌属（*Sphingomonas*），有利用复杂多环芳烃作为碳源还原 NO_3^--N 的能力[31]。

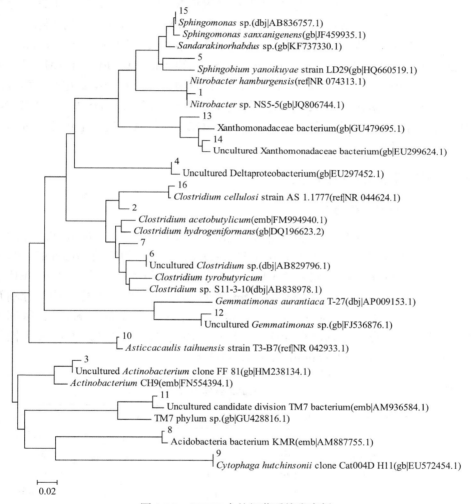

图 2-39　SWBF 中的细菌系统发育树

上述结果表明，SWBF 滤床中生存着种类繁多、功能各异的微生物类群，为去除干清粪养猪场废水的 COD、NH_4^+-N 和 TN 等污染物奠定了微生物学基础。由图 2-38 和图 2-39 所示的结果可知，在 SWBF 滤床中分布着大量的化能异养菌群，如 *Clostridium*、*Actinobacterium*、*Sphingobium*、*Asticcacaulis*、*Xanthomonas*、

Gemmatimonas 和 candidate division TM7 类群等，它们能够利用纤维素、多环芳烃、纤维二糖、有机酸等各类碳源，使得 SWBF 在各运行阶段都表现出了良好的 COD 去除效果（表 2-6）。如图 2-38 所示，*Nitrobacter*（条带 1）以较高的丰度分布于 SWBF 滤床的各个深度区域，在氧化干清粪养猪场废水的 NH_4^+-N 中发挥了重要作用。在运行的阶段 II（表 2-6），虽然进水 COD/TN 仅为 0.59 左右，COD 去除率保持在 56.0% 左右，SWBF 仍然表现出了一定的 TN 去除效能，平均去除负荷达到了 38.5 g/（m^3·d）左右。分析认为，SWBF 中存在的 *C. cellulosi*、*S. yanoikuyae*、*C. hutchinsonii*、*A. taihunensis*、*Sphingomonas* spp. 和 candidate division TM7 等木质纤维素降解和矿化菌群，其对滤床木片的腐解作用，可为异养反硝化脱氮菌群提供有机碳源，而 *Sphingomonas* 甚至能够利用复杂多环芳烃作为碳源还原 NO_3^--N，这些功能菌群的生长代谢，使 SWBF 在进水 COD/TN 较低的情况下仍能表现出一定的 TN 去除效能。

2.4.2　细菌群落的分布特征

2.4.2.1　细菌群落的多样性

为进一步揭示 SWBF 去除干清粪养猪场废水 COD、NH_4^+-N 和 TN 等污染物的微生物学机理，对从滤床不同深度采集的土壤样品的细菌 16S rDNA 基因进行了高通量测序分析。如表 2-10 所示，利用高通量测序技术，从 SWBF 滤床 10 cm、30 cm、50 cm、70 cm、90 cm 和 110 cm 深处的土壤样品中，分别筛选到 23769、22269、22440、18985、25851 和 25377 个条带（reads），依据序列相似性进行分类，分别获得 4027、3926、4191、5216、4053 和 3898 个操作分类单元（operational taxonomic units，OTUs）。

表 2-10　Alpha 多样性分析

深度（cm）	条带数（个）	OUTs（个）	Shannon 指数	ACE 指数	Chao 1 指数
10	23769	4027	6.58	15617.65	10090.26
30	22269	3926	6.44	16659.58	9959.16
50	22440	4191	6.62	18099.73	11204.45
70	18985	5216	6.88	29810.68	16438.57
90	25851	4053	6.23	17131.24	10735.52
110	25377	3898	6.08	14243.09	9363.88

物种丰富度和多样性可以通过基于 OTUs 计算的 Alpha 多样性表征[20]。其中，Chao 1 指数和 ACE 指数用于评估细菌群落的丰富度，指数值越大，丰富度越高。细菌群落的多样性则通过 Shannon 指数表征，指数值越大，表示样品具有更高的

群落多样性。如表 2-10 所示的结果表明,在 SWBF 滤床 50 cm 和 70 cm 深度,其细菌群落的丰富度(Chao 1 指数和 ACE 指数)和多样性(Shannon 指数)均最高。与滤床底层(110 cm 深处)相比,滤床上层(10 cm 深处)具有更高的细菌群落丰富度和多样性。这些结果说明,在 SWBF 滤床的上层、中层和下层,其细菌群落存在明显差异,也意味着这些区域在微环境和去除废水污染物功能等方面存在一定差别。

2.4.2.2　细菌群落的分布特征

从 SWBF 滤床 10 cm、30 cm、50 cm、70 cm、90 cm 和 110 cm 深处的土壤样品中,分别鉴别出 34、34、36、44、36 和 37 个菌纲。如图 2-40 所示,SWBF 滤床不同深度存在的优势细菌类群(菌纲)大体相同,但各类群的相对丰度差异显著。丰度最高的类群是 β-变形菌纲(Betaproteobacteria),在 SWBF 滤床 10 cm、50 cm 和 110 cm 深度的相对丰度分别高达 25.90%、28.16% 和 36.30%,而在 70 cm 和 90 cm 深处的相对丰度分别仅为 5.51% 和 0.15%。作为丰度仅次于 Betaproteobacteria

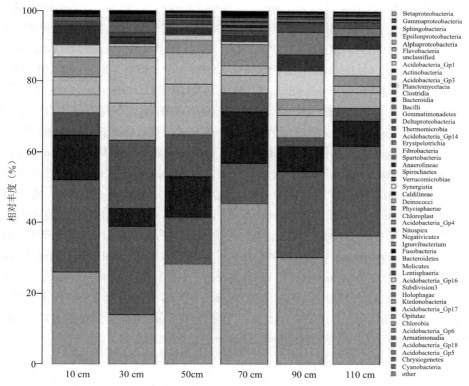

图 2-40　细菌类群(菌纲)在 SWBF 滤床纵深方向上的分布特征

的 γ-变形菌纲（Gammaproteobacteria），主要分布在滤床 30 cm 以上和 70 cm 以下深度区域，其在 10 cm、30 cm、50 cm、70 cm、90 cm 和 110 cm 深处的相对丰度分别为 26.19%、24.89%、13.33%、11.35%、24.38%和 25.50%。总体丰度位居第三的鞘脂杆菌纲(Sphingobacteria)，在滤床各深度区域均有大量分布，在 10 cm、30 cm、50 cm、70 cm、90 cm 和 110 cm 深处的相对丰度分别为 12.56%、5.18%、11.55%、14.46%、7.12%和 7.05%。ε-变形菌纲（Epsilonproteobacteria）的相对丰度，也是在滤床 30 cm 和 50 cm 深处最高，分别为 19.18%和 11.79%，在 10 cm、70 cm、90 cm 和 110 cm 深处的相对丰度分别为 6.21%、5.51%、2.49%和 3.73%。总体丰度位居第五的 α-变形菌纲（Alphaproteobacteria），同样在滤床 30 cm 和 50 cm 深处的分布最为丰富，相对丰度分别为 10.40%和 14.26%，显著高于其他深度区域。黄杆菌纲(Flavobacteria)在滤床 10 cm 深度的相对丰度为 4.88%，到 30 cm 深度时提高到了 12.73%，但在 50 cm、70 cm、90 cm 和 110 cm 深处分别降低到了 8.88%、2.63%、1.61%和 1.82%。在其他生长优势较低（相对丰度小于 5.00%）的菌纲中，梭菌纲（Clostridia）较为突出，在滤床 10 cm、30 cm、50 cm、70 cm、90 cm 和 110 cm 深处的相对丰度分别为 1.30%、3.06%、0.68%、1.01%、0.49%和 0.63%。

优势菌群沿 SWBF 滤床深度发生更迭的现象，在菌属水平上表现得更加明显。如图 2-41 所示，相对丰度大于 2.00%的菌属，在滤床 10 cm、30 cm、50 cm、70 cm、90 cm 和 110 cm 深处的土壤样品中分别有 12 个、8 个、10 个、8 个、11 个和 11 个。其中，假单胞菌属（Pseudomonas）、丛毛单胞菌（Comamonas）、弓形杆菌属（Arcobacter）、不动杆菌属（Acinetobacter），在 SWBF 滤床不同深度均有分布。丝状单胞菌属（Filimonas）、潮湿球菌属（Humicoccus）和 candidate division TM7 只分布于滤床 10 cm 以上的区域。卡斯特兰尼氏菌属（Castellaniella）、Hylemonella[丛毛单胞菌科（Comamonadaceae）的一个菌属]、Acidobacteria 的 Gp1、副极小单胞菌（Parapusillimonas）主要分布在 10 cm 以上和 70 cm 以下的区域。鸟杆菌属（Ornithobacterium）、副球菌属（Paracoccus）、Diaphorobacter（β-变形菌亚纲的一个菌属）分布于 30～50 cm 的深度区域。产黄菌属（Flavobacterium）分布于 50 cm 及以上区域。Terrimonas（鞘脂杆菌纲的一个新菌属）分布于 50 cm 以下的区域。束缚杆菌属（Haliscomenobacter）、Caenimonas（β-变形菌亚纲的一个菌属）只分布于 70 cm 上下的深度区域。大单胞菌属（Macromonas）分布于 70 cm 以下的区域；Acidobacteria Gp3 分布于 90 cm 以下的区域。而 Singulisphaera[浮霉菌门（Planctomycetes）的一个菌属]只分布于 90 cm 上下的区域。

菌纲（图 2-40）和菌属（图 2-41）水平的细菌类群分布特征表明，SWBF 中的微生物群落，沿滤床纵深方向不断发生着更迭，使各深度区域在 COD（图 2-27、图 2-28）、NH$_4^+$-N（图 2-29）和 TN（图 2-32）去除方面表现出明显差异。

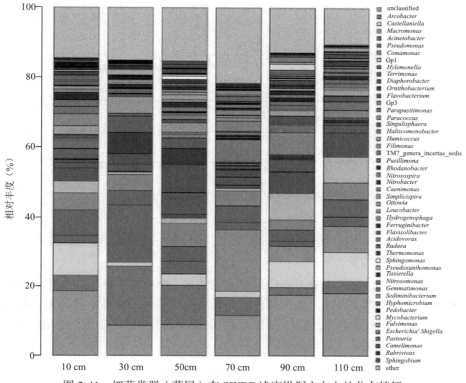

图 2-41　细菌类群（菌属）在 SWBF 滤床纵深方向上的分布特征

2.4.2.3　细菌群落的聚类分析

为进一步明晰细菌群落在 SWBF 滤床不同深度的差异，利用 10 cm、30 cm、50 cm、70 cm、90 cm 和 110 cm 深处土壤样本的 OTUs 及序列间的进化关系和丰度信息，对表 2-10 所示的 6 个样本进行了 Beta 多样性分析，包括热图（heatmap）、聚类和主成分分析（principal component analysis，PCA）。由加权计算获得的结果均表明，SWBF 中的细菌群落在滤床不同深度存在明显差异。图 2-42 为 SWBF 滤床 10 cm、30 cm、50 cm、70 cm、90 cm 和 110 cm 深处土壤样本的细菌群落聚类图。总体而言，110 cm 深处的细菌群落，与其他滤床深度样本的差异最大。在 90 cm 及以上滤床深度的 5 个样本中，10 cm 深处样本的细菌群落明显有别于其他 4 个样本。而 30 cm 和 50 cm 深处的样本间，以及 70 cm 和 90 cm 深处样本间，其细菌群落结构较为相近。依据以上细菌群落聚类信息，可以把 SWBF 滤床沿深度划分为四个区域，即 10 cm 上下区域、30～50 cm 深度区域、70～90 cm 深度区域和 110 cm 上下区域。有关这些区域在净化养猪场废水中的主要功能，将在 2.5 节中予以进一步解析。

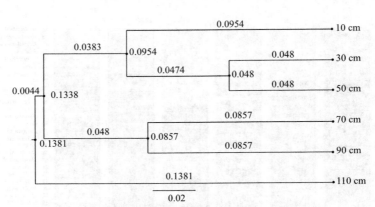

图 2-42 SWBF 滤床细菌群落的加权聚类

2.5 土壤-木片生物滤池的污染物去除机制

在了解 SWBF 处理干清粪养猪场废水的效能（参见 2.2 节），以及主要污染物（参见 2.3 节）和细菌群落沿滤床深度的分布特征（参见 2.4 节）基础上，基于菌群功能解析，从木质腐解、NH_4^+-N 氧化及 NO_x^--N 转化等方面，对 SWBF 的污染物去除机制进行解析。

2.5.1 SWBF 去除难降解有机物的微生物学机制

2.5.1.1 有机物来源与组成分析

如 2.1.1 节所述，SWBF 的滤床由松木木片和介质土壤构成。因此，SWBF 系统内的有机物主要有两个来源，一是所处理的养猪场废水中的有机物，二是滤床木片腐解所释放的有机物。干清粪养猪场废水的污染物，主要由猪尿、残留猪粪和饲料残渣组成。其中，猪尿液是养猪场废水中 NH_4^+-N 的主要来源。猪粪的成分较为复杂，包括蛋白质、脂肪、有机酸、纤维素、半纤维素以及无机盐等，有机质的质量百分比一般为 15% 左右[32]。而饲料残渣中的有机物，主要包括蛋白质和淀粉等。SWBF 滤床中的木片，主要由纤维素、半纤维素和木质素组成，分别占 50%、30% 和 20% 左右，其余还有少量的果胶和以萜烯类化合物为主要成分的松油脂[33-35]。

干清粪养猪场废水的 COD 并不高（表 2-4），其中的易降解有机物在到达 SWBF 滤床 50 cm 深处时就已降解殆尽（图 2-27、图 2-28）。因此，SWBF 在不同进水浓度和 SHL 下运行，均保持了良好的 COD 去除效率（表 2-6）。SWBF 出水中的 COD，可能主要由废水中夹带的和木片腐解过程产生的难降解有机物所贡献，如木片腐解过程所释放的酚类衍生物和萜烯类化合物等[34, 35]。

2.5.1.2　萜类及酚类衍生物的降解菌及其分布特征

1）降解菌的辨析

如 2.4 节所述，为揭示 SWBF 去除干清粪养猪场废水 COD、NH_4^+-N 和 TN 等污染物的微生物机理，对从滤床 10 cm、30 cm、50 cm、70 cm、90 cm 和 110 cm 深处采集的土壤样品，进行了细菌 16S rDNA 基因的高通量测序分析，并解析了优势菌群沿滤床纵深的分布特征。

通过高通量测序分析，从 SWBF 滤床中辨识出能够代谢萜类化合物的优势功能菌群主要有 *Castellaniella*、*Pseudomonas*、罗思河小杆菌属（*Rhodanobacter*）、鞘氨醇杆菌属（*Sphingobacterium*）、金黄杆菌属（*Chryseobacterium*）和索氏菌属（*Thauera*）等。其中，*Castellaniella* 的所有菌种均为革兰氏阴性（G^-），兼性厌氧，可在降解单萜类化合物的同时，将 NO_3^--N 还原为 N_2[36]。*Pseudomonas* 目前有已鉴定的菌种 218 个，在代谢功能上差异较大，有些能够代谢酚类化合物，有些具有代谢单萜的能力[37-50]。*Rhodanobacter* 中的 *R. panaciterrae*、*Sphingobacterium* 中的 *S. ginsenosidimutans* 和 *Chryseobacterium* 中的 *C. ginsenosidimutans*，均是典型的三萜化合物降解菌[51-53]。*Thauera* 中的 *T. linaloolentis* 和 *T. terpenica* 不仅具有催化氧化单萜类化合物的能力，也能够降解酚类衍生物[54]。

在 SWBF 系统中具有优势分布的 *Sphingomonas*、鞘脂菌属（*Sphingobium*）、新鞘脂菌属（*Novosphingobium*）和 *Sphingopyxis*，均属于鞘脂单胞菌科（Sphingomonadaceae），大多数菌种为 G^-，好氧或兼性厌氧[55]。其中，有许多能够降解酚类衍生物的菌种，如：*Sphingomonas* 菌属中的 *S. chungbukensis*、*S. aromaticivorans*、*S. subterranean*、*S. stygia*、*S. cloacae*、*S. haloaromaticamans*、*S. fennica*、*S. subarctica*、*S. formosensis*、*S. polyaromaticivorans*、*S. wittichii*、*S. xenophaga* 和 *S. oligophenolica*[56-64]；*Sphingobium* 菌属的 *S. lucknowense*、*S. quisquiliarum*、*S. ummariense*、*S. amiense*、*S. aromaticiconvertens*、*S. scionense*、*S. fuliginis*、*S. jiangsuense* 和 *S. qiguonii*[65-74]；*Novosphingobium* 的 *N. barchaimii*，*N. lindaniclasticum*、*N. indicum*、*N. tardaugens* 和 *N. taihuense*[75-79]；*Sphingopyxis* 的 *S. chilensis* 等[80]。

作为 SWBF 滤床中的一个优势菌属，节杆菌属（*Arthrobacter*）已列入 84 个菌种，其中有很多菌种能够降解结构复杂的有机物[81-86]。如，*A. nitroguajacolicus* 具有降解 4-硝基愈创木酚的能力，而愈创木酚是一种主要的木质素单体[84]。此外，*A. chlorophenolicus*、*A. crystallopoietes*、*A. defluvii*、*A. nicotinovorans*、*A. nicotianae* 和 *A. phenanthrenivorans* 等菌种也可以降解酚类衍生物。同属红环菌科（Rhodocyclaceae）的固氮弧菌属（*Azoarcus*）和 *Thauera*，与氮代谢密切相关，G^-，大部分好氧或兼性厌氧，少数为严格厌氧[87]。*Thauera* 中的 *T. aromatic*、*T. butanivorans*、*T. phenylacetica* 和 *T. aminoaromatica* 均具有降解酚类衍生物的能力[88-90]，*Azoarcus*

具有与 *Thauera* 相似的功能，其中很多菌种可以通过代谢芳香化合物进行厌氧反硝化，如 *A. anaerobius*，*A. buckelii* 和 *A. evansii* 等[87, 90, 91]。

作为优势菌属之一的 *Sedimentibacter*，归属 Clostridiales 菌目、Chitinophagaceae 菌科，目前仅归列了 2 个菌种，均为革兰氏阳性（G^+），严格厌氧，不能利用碳水化合物，只能在氨基酸丙酮酸培养基内生长，且不具反硝化作用，但有代谢羟基苯系物的能力[92]。

2）特性降解菌的分布特征

图 2-43 所示为酚类衍生物和萜烯类化合物降解菌在 SWBF 滤床中的分布情况，为探讨功能菌群与 COD 去除的关系，同时也给出了土壤介质中的 COD 沿滤床深度的变化。结果显示，酚类衍生物降解菌在滤床 50 cm 上下的深度区域分布最多，而且，在 50 cm 及以上深度区域的丰度，明显高于 70 cm 及以下深度区域，说明木质纤维素的降解主要发生在 SWBF 滤床的中上部。如图 2-26 所示，SWBF 滤床中的土壤含水率，自上而下逐渐升高，与 50 cm 以下深度区域相比，50 cm 以上的区域土壤的含水量较低，易形成气、液、固三相共存的状况，更适于各种降解木质纤维的微生物的生长繁殖。

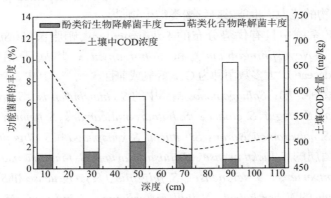

图 2-43　酚类衍生物和萜烯类化合物降解菌在 SWBF 中的分布

相对于酚类衍生物降解菌，萜烯类化合物降解菌在 SWBF 滤床中具有更为明显的生长优势，其相对丰度甚至可以达到 10%左右。如图 2-43 所示，萜烯类化合物降解菌主要分布于滤床 10 cm 上下和 90 cm 及以下深度区域。分析认为，在滤床 10 cm 上下，废水中的 COD 尚未得到有效去除（图 2-27、图 2-28），丰富的易降解有机物和其他营养物质可能是萜烯类化合物降解菌在这一区域大量生长的主要原因。而在 70 cm 及以下深度区域，由进水携带的 COD 已被去除殆尽，此时所呈现的萜烯类化合物降解菌丰度沿滤床深度有不断升高的趋势，说明有更多的萜烯类化合物经木片腐解而释放。

　　大量木质纤维素降解菌的存在及其降解作用，使木片成为 SWBF 内的一种缓释碳源，在低 COD/TN 条件下（表 2-6），可在一定程度上强化 SWBF 的异养反硝化脱氮功能[2]。

2.5.2　SWBF 生物脱氮的微生物学机制

　　SWBF 在长期连续运行中所呈现的污染物沿滤床深度的变化规律（参见 2.3 节），以及微生物群落的多样性及分布特征（参见 2.4 节），均说明在生物滤床中存在复杂多样的微环境，为 AOB、NOB、AnAOB 和异养反硝化细菌（heterotrophic denitrifying bacteria，HDB）等功能菌群的共生与协同代谢提供了可能。由于干清粪养猪场废水具有高 NH_4^+-N 和低 COD/TN 的特性，氨氮氧化和生物脱氮是其处理的重点和难点（参见 1.5.1.3 节）。笔者课题组依据 NH_4^+-N 转化途径（参见 1.4 节），以及微生物群落的高通量分析结果（参见 2.4.2 节），对 SWBF 系统的 NH_4^+-N 生物转化和生物脱氮机制进行了分析。

2.5.2.1　NH_4^+-N 的氧化

　　NH_4^+-N 的氧化，主要有好氧氨氧化（亚硝化）和 Anammox 两种途径[10, 12]。图 2-44 展示的是与上述两种氧化过程有关的功能菌群丰度，以及 NH_4^+-N 和 NO_2^--N 沿 SWBF 滤床深度的变化规律。其中的 NH_4^+-N 和 NO_2^--N 变化速率，为废水流经单位滤床深度后，单位土壤的 NH_4^+-N 和 NO_2^--N 含量变化值[mg/（kg·cm）]。后文所述的 NO_3^--N 沿 SWBF 滤床深度的变化速率，其含义相同。

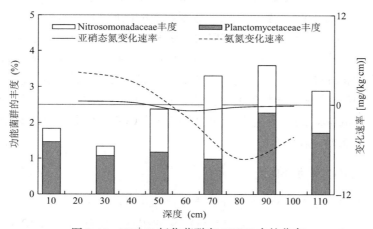

图 2-44　NH_4^+-N 氧化菌群在 SWBF 中的分布

　　催化亚硝化反应的 AOB 菌群，在分类上归属于亚硝化单胞菌科（Nitrosomonadaceae），主要包括 *Nitrosospira* 和 *Nitrosomonas* 菌属，均为 G⁻，好氧，化能自养[93-96]。从图 2-44 所示的结果可知，在 SWBF 滤床纵深方向上，Nitrosomonadaceae 的丰度变化趋势与 NH_4^+-N 变化速率趋势保持一致，在 Nitrosomonadaceae 丰度较高的区域，NH_4^+-N 的变化速率也越快。在滤床 70 cm 上下的深度区域，Nitrosomonadaceae 的丰度最大，是 SWBF 系统去除 NH_4^+-N 的主要功能区域。*Nitrosospira* 和 *Nitrosomonas* 的电子受体具有多样性，除了 O_2 以外，有些菌种还能利用 NO_2^--N 作为电子受体氧化 NH_4^+-N（即 Anammox），如 *N. europaea* 和 *Nitrosospira* spp.[93, 95]。如图 2-44 所示，NH_4^+-N 的变化速率在 SWBF 滤床 50 cm 以上的深度均为正值，说明滤床土壤中的 NH_4^+-N 和 NO_2^--N 含量在这一区域内是逐步升高的，正如图 2-29 和图 2-30 所示。好氧氨氧化的产物是 NO_2^--N，而 Anammox 则会导致 NO_2^--N 的减少。从图 2-44 可以看出，在 50 cm 以上的滤床区域，NO_2^--N 的变化速率与 NH_4^+-N 变化速率一样，亦为正值，说明在滤床的这一区域发生的 NH_4^+-N 生物转化，以 AOB 菌群催化的亚硝化反应为主。在 SWBF 滤床 50 cm 以下深度区域，NH_4^+-N 和 NO_2^--N 的变化速率均为负值，这一现象符合 Anammox 的反应规律[93, 95]。

大量研究表明，AnAOB 菌群在自然界分布广泛，其催化的 Anammox 是生物圈氮素循环的重要环节[97, 98]。如 2.1.4.2 节所述的研究证明，在 SWBF 系统中有较为丰富的 AnAOB 菌群分布，其他研究也发现在土壤生物滤池中存在着较强的 Anammox 反应[98]。在 SWBF 系统中，除了已辨识出的 Nitrosomonadaceae，浮霉菌科（Planctomycetaceae）也可能是系统进行 Anammox 代谢的另一类重要菌群[99]，由高通量测序分析辨识出的 *Singulisphaera* 和 *Gemmata* 均属于 Planctomycetaceae。如图 2-44 所示，在 SWBF 滤床 30 cm 深度以上的区域，Planctomycetaceae 的相对丰度远远高于 Nitrosomonadaceae，但两者之和也未达到 2.00%，说明这一区域的 Anammox 作用较弱。而在滤床 70 cm 及以下深度区域，Planctomycetaceae 和 Nitrosomonadaceae 的相对丰度均有明显提高，两者之和均接近或超过了 3.00%，NH_4^+-N 和 NO_2^--N 含量的变化速率也随之由正变负，说明滤床的这一区域发生了较为显著的 Anammox 反应，进而使 SWBF 在较低 COD/TN 条件下表现出了较为明显的 TN 去除能力（表 2-6）。

2.5.2.2　NO_2^--N 的转化

如表 2-1 和表 2-4 所示，干清粪养猪场废水的 TN 主要由 NH_4^+-N 组成，NO_x^--N 含量很低。因此，在 SWBF 系统中，NO_2^--N 的积累主要归因于 AOB 对 NH_4^+-N 的氧化，而 NOB、HDB 和 AnAOB 对 NO_2^--N 的氧化、还原和 Anammox 则是其得以去除的主要途径。图 2-45 所示的是 NOB 和 NO_2^--N 还原菌群的丰度，以及 NO_x^--N 沿滤床深度的变化速率。

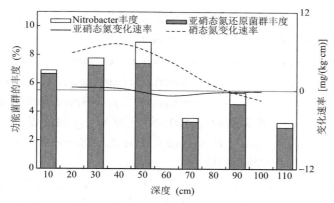

图 2-45　NOB 及 NO_2^--N 还原菌群在 SWBF 中的分布

Nitrobacter 是 SWBF 系统中氧化 NO_2^--N 的优势菌属（图 2-41）。该菌属是一类典型的化能自养型细菌，但在厌氧条件下，也能以 NO_3^--N 等作为电子受体进行无氧呼吸以获得能量[100-103]。如图 2-45 所示，SWBF 系统中的 *Nitrobacter*，其丰度在滤床 10～50 cm 的深度区域是逐渐上升的，而在 50 cm 以下的深度区域，其丰度又有明显的下降。与 *Nitrobacter* 的丰度变化相对应，NO_3^--N 在 50 cm 以上滤床区域，其变化速率为正，且呈现逐步上升趋势，说明在这一深度区域发生着较强的 NO_2^--N 氧化作用，导致了明显的 NO_3^--N 积累。在滤床 90 cm 上下的区域，虽然也有较高的 *Nitrobacter* 丰度，但相应的 NO_2^--N 变化速率趋于 0，同时 NO_3^--N 的变化速率逐渐下降，乃至呈现为负值，这可能与该区域具有较强的 NO_x^--N 还原作用有关。

在 SWBF 滤床中，通过异养反硝化途径将 NO_2^--N 还原的功能菌群，主要包括 *Ornithobacterium*、*Acidovorax*、*Chryseobacterium*、*Denitratisoma*、*Escherichia*、*Flavobacterium*、*Hydrogenophaga*、*Ottowia*、*Pseudomonas*、*Pseudoxanthomonas*、*Pusillimonas*、*Thauera* 和 *Thermomonas* 等菌属。如图 2-27 和图 2-28 所示，滤床 10～50 cm 的深度区域是 SWBF 去除 COD 的主要功能区域，相对丰富的有机碳源可有效刺激 HDB 菌群的生长繁殖，因此在滤床 10～50 cm 的深度区域观察到了越来越多的 NO_2^--N 还原菌群。而在滤床 50 cm 以下深度区域，受有机碳源的限制，NO_2^--N 还原菌群的丰度大幅降低。在滤床 10～50 cm 的深度区域，NO_2^--N 的变化速率为正值，说明该区域的 NH_4^+-N 氧化作用要大于 NO_2^--N 的还原作用。而在滤床 50 cm 以下深度区域，则可能是发生了越来越强的 NO_x^--N 还原作用，致使 NO_x^--N 的变化速率逐渐趋于负值。

2.5.2.3　NO_3^--N 的还原

上多下少的 COD 分布规律（图 2-27 和图 2-28），同样造成了 NO_3^--N 还原菌群在 SWBF 滤床 50 cm 以上深度区域的丰度高、在 50 cm 以下深度区域丰度低的现象。NO_3^--N 的还原,会产生中间产物 NO_2^--N 以及最终产物 N_2 和(或)N_2O[14, 23]。在 SWBF 系统中,有如下菌属可以将 NO_3^--N 还原为 NO_2^--N:*Acidovorax*、*Arcobacter*、*Castellaniella*、*Chryseobacterium*、*Comamonas*、*Flavobacterium*、*Hydrogenophaga*、*Hylemonella*、*Mycobacterium*、*Nitrobacter*、*Ottowia*、*Paracoccus*、*Pseudomonas*、*Pusillimonas*、*Sphingomonas*、*Sporichthya* 和 *Thermomonas* 等。通过高通量测序分析,辨识出的将 NO_3^--N 还原为 N_2 和(或)N_2O 的菌群有 *Denitratisoma*、*Diaphorobacter*、*Paracoccus*、*Pseudoxanthomonas*、*Sphingomonas* 和 *Thauera* 等 6 个菌属,但丰度均很低。

由图 2-46 可见,将 NO_3^--N 还原为 NO_2^--N 的功能菌群,其在 SWBF 滤床 50 cm 以上深度区域的丰度,要远远高于更深区域,尽管在 70 cm 以下深度的丰度逐渐增加。相对于将 NO_3^--N 还原为 NO_2^--N 的功能菌群,将 NO_3^--N 还原为 N_2 和(或)N_2O 的功能菌群,其丰度较低。这一功能菌群的丰度在 10~50 cm 的滤床深度是逐步升高的,但在 70 cm 及以下深度区域的丰度更低,且变化不大。上述功能菌群分布特征说明,SWBF 滤床 50 cm 以上的深度区域,应该是 NO_3^--N 还原并产生 NO_2^--N 的功能区。但在这一区域的 NO_3^--N 变化速率却呈现出明显的积累现象,说明有限的有机碳源严重制约了 NO_3^--N 还原效率。这一碳源的制约作用,在滤床 70 cm 以下深度区域更加明显。

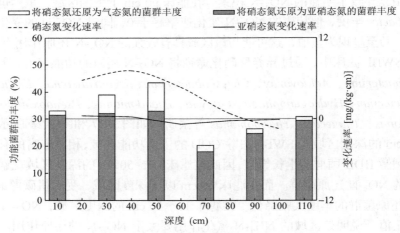

图 2-46　NO_3^--N 还原菌群在 SWBF 中的分布

图 2-44 至图 2-46 所示的结果表明,在处理干清粪养猪场废水的 SWBF 系统中,NH_4^+-N 氧化、NO_2^--N 氧化和异养反硝化作用主要发生在滤床 50 cm 及以上深度区域,而在滤床 70 cm 以下的深度区域,有更加显著的 NO_3^--N 还原和 Anammox 作用,应是 TN 去除的主要功能区域。

参 考 文 献

[1] Buelna G, Dubé R, Turgeon N. Pig manure treatment by organic bed biofiltration. Desalination, 2008, 231: 297-304.

[2] Bernet N, Delgenes N, Akunna J C, et al. Combined anaerobic-aerobic SBR for the treatment of piggery wastewater. Water Research, 2000, 34(2): 611-619.

[3] 陈蒙亮, 王鹤立, 陈晓强. 新型生物滴滤池处理生活污水的中试研究水. 处理技术, 2012, 38(8): 84-87.

[4] Mann A, Mendoza-Espinosa L, Stephenson T. A comparison of floating and sunken media biological aerated filters for nitrification. Journal of Chemical Technology and Biotechnology, 1998, 72: 273-279.

[5] 郭建华, 王淑莹, 郑雅楠, 等. 实时控制实现短程硝化过程中种群结构的演变. 哈尔滨工业大学学报, 2010, 42(8): 1260-1263.

[6] Rajagopal R, Rousseau P, Bernet N, et al. Combined anaerobic and activated sludge anoxic/oxic treatment for piggery wastewater. Bioresource Technology, 2011, 102: 2185-2192.

[7] Poth M, Focht D D. ^{15}N kinetic analysis of N_2O production by *Nitrosomonas europaea*: An examination of nitrifier denitrification. Applied and Environmental Microbiology, 1985, 49(5): 1134-1141.

[8] Angnes G, Nicoloso R S, Silva M L B, et al. Correlating denitrifying catabolic genes with N_2O and N_2 emissions from swine slurry composting. Bioresource Technology, 2013, (140): 368-375.

[9] Miller M N, Zebarth B J, Dandie C E, et al. Crop residue influence on denitrification N_2O emissions and denitrifier community abundance in soil. Soil Biology and Biochemistry, 2008, (40): 2553-2562.

[10] 张蕾. 厌氧氨氧化性能的研究. 杭州: 浙江大学博士学位论文, 2009: 5-10.

[11] Cheng J Y, Liu B. Nitrification/denitrification in intermittent aeration process for swine wastewater treatment. Journal of Environmental Engineering, 2001, 127(8): 705-711.

[12] 侯国风. MBR 和 SBR 厌氧氨氧化工艺研究. 哈尔滨: 哈尔滨工业大学硕士学位论文, 2011: 2-7.

[13] 王淑莹, 黄惠堵, 郭建华, 等. DO 对 SBR 短程硝化系统的短期和长期影响. 北京工业大学学报, 2010, 36(8): 1105-1110.

[14] 童君, 吴志超, 张新颖, 等. 自然通风沸石生物滴滤池脱氮机理. 环境科学研究, 2010, 23(11): 1433-1440.

[15] Lei Z F, Wu T, Zhang Y, et al. Two-stage soil infiltration treatment system for treating ammonium wastewaters of low COD/TN ratios. Bioresource Technology, 2013, (128): 774-778.

[16] 国家环境保护总局, 国家质量监督检验检疫总局. 畜禽养殖业污染物排放标准(GB 18596—2001). 2001.12.28. http://www.mee.gov.cn/ywgz/fgbz/bz/bzwb/shjbh/swrwpfbz/200301/W020061027519473982116.pdf.

[17] Eichorst S A, Kuske C R. Identification of cellulose-responsive bacterial and fungal communities in geographically and edaphically different soils by using stable isotope probing. Applied and Environmental Microbiology, 2012, 78(7): 2316-2327.

[18] Vadivelu vel M, Keller J, Yuan Z G. Effect of free ammonia on the respiration and growth

processes of anenriched *Nitrobacter* culture. Water Research, 2007, 41: 826-834.

[19] Dosta J, Palau-S L P, Lvarez-J M A. Study of the biological N removal over nitrite in a physico-chemical-biological treatment of digested pig manure in a SBR. Water Science & Technology, 2008, 58(1): 119-125.

[20] Meng J, Li J L, He J M, et al. Nutrient removal from high ammonium swine wastewater in upflow microaerobic biofilm reactor suffered high hydraulic load. Journal of Environmental Management, 2019, 233: 69-75.

[21] Sun Z J, Li J Z, Fan Y Y, et al. Efficiency and mechanism of nitrogen removal from piggery wastewater in an improved microaerobic process. Science of the Total Environment, 2021, 774: 144925.

[22] Saminathan S K M, Galvez-Cloutier R, Kamal N. Performance and microbial diversity of aerated trickling biofilter used for treating cheese industry wastewater. Applied Biochemical Biotechnology, 2013, 170: 149-163.

[23] 吴婷. 壤渗滤法处理高浓度氨氮废水的可行性及工艺优化研究. 上海: 复旦大学硕士学位论文, 2011: 5-7.

[24] He Y L, Ding Y F, Long Y Q. Two cellulolytic *Clostridium* species: *Clostridium cellulosi* sp. nov. and *Clostridium cellulofermentan*s sp. nov. Internaitional Journal of Systematic Bacteriology, 1991, 41(2): 306-309.

[25] 刘芳, 梁金松, 孙英, 等. 高分子量多环芳烃降解菌 LD29 的筛选及降解特性研究. 环境科学, 2011, 32(6): 1799-1804.

[26] 王春香, 田宝玉, 吕睿瑞, 等. 西双版纳地区热带雨林土壤酸杆菌(Acidobacteria)群体结构和多样性分析. 微生物学通报, 2010, 37(1): 24-29.

[27] Louime C, Abazinge M, Johnson E, et al. Molecular cloning and biochemical characterization of a family-9 endoglucanase with an unusual structure from the gliding bacteria *Cytophaga hutchinsonii*. Applied Biochemistry and Biotechnology, 2007, 141: 127-138.

[28] Liu Z P, Wang B J, Liu S J, et al. *Asticcacaulis taihuensis* sp. nov., a novel stalked bacterium isolated from Taihu Lake, China. International Journal of Systematic and Evolutionary Microbiology, 2005, 55: 1239-1242.

[29] Zhang H, Sekiguchi Y, Hanada S, et al. *Gemmatimonas aurantiaca* gen. nov., sp. nov., a Gram-negative, aerobic, polyphosphate-accumulating micro-organism, the first cultured representative of the new bacterial phylum *Gemmatimonadetes* phyl. nov. International Journal of Systematic and Evolutionary Microbiology, 2003, 53: 1155-1163.

[30] Jin L, Kim K K, Im W T, et al. *Aspromonas composti* gen. nov., sp. nov., a novel member of the family Xanthomonadaceae. International Journal of Systematic and Evolutionary Microbiology, 2007, 57: 1876-1880.

[31] White D C, Sutton S D, Ringelberg D B, et al. The genus *Sphingomonas*: Physiology and ecology. Current Opinion in Biotechnology, 1996, 7(3): 301-306.

[32] 刘永丰, 许振成, 吴根义, 等. 清粪方式对养猪废水中污染物迁移转化的影响. 江苏农业科学, 2012, 40(6): 318-320.

[33] 钟宇, 罗启高, 张健, 等. 氮磷钾配施对巨按木材纤维素含量的影响. 生物数学学报, 2011,

26(4): 666-674.

[34] 蓝柳凤. 木材的预处理及其纤维素的分离改性研究. 南宁: 广西大学硕士学位论文, 2013: 2-3.

[35] 吴婷, 夏传俊, 赵娟. 森林凋落叶分解过程中单萜烯排放研究进展. 地球科学进展, 2012, 27(7): 718-723.

[36] Kampfer P, Denger K, Cook A M, et al. *Castellaniella* gen. nov., to accommodate the phylogenetic lineage of *Alcaligenes defragrans*, and proposal of *Castellaniella defragrans* gen. nov., comb. nov. and *Castellaniella denitrificans* sp. nov. International Journal of Systematic and Evolutionary Microbiology, 2006, 56: 815-819.

[37] Sáncheza D, Muleta M, Rodríguez a A C, et al. *Pseudomonas aestusnigri* sp. nov., isolated from crudeoil-contaminated intertidal sand samples after the prestige oil spill. Systematic and Applied Microbiology, 2014, 37: 89-94.

[38] Rodríguez a A C, Cleenwerck I, Vosb P D, et al. *Pseudomonas asturiensis* sp. nov., isolated from soybean and weeds. Systematic and Applied Microbiology, 2013, 36: 320-324.

[39] López J R, Diéguez A L, Doce A, et al. *Pseudomonas baetica* sp. nov., a fish pathogen isolated from wedge sole, *Dicologlossa cuneata* (Moreau). International Journal of Systematic and Evolutionary Microbiology, 2012, 62: 874-882.

[40] Zhang D C, Liu H C, Zhou Y G, et al. *Pseudomonas bauzanensis* sp. nov., isolated from soil. International Journal of Systematic and Evolutionary Microbiology, 2011, 61: 2333-2337.

[41] Gibello A, Vela A I, Martín M, et al. *Pseudomonas composti* sp. nov., isolated from compost samples. International Journal of Systematic and Evolutionary Microbiology, 2011, 61: 2962-2966.

[42] Carrión O, Minana-Galbis D, Montes M J, et al. *Pseudomonas deceptionensis* sp. nov., a psychrotolerant bacterium from the antarctic. International Journal of Systematic and Evolutionary Microbiology, 2011, 61: 2401-2405.

[43] Muleta M, Gomilac M, Lemaitred B, et al. Taxonomic characterisation of *Pseudomonas* strain L48 and formal proposal of *Pseudomonas entomophila* sp. nov. Systematic and Applied Microbiology, 2012, 35: 145-149.

[44] Hunter W J, Manter D K. *Pseudomonas kuykendallii* sp. nov. : A novel γ-proteobacteria isolated from a hexazinone degrading bioreactor. Current Microbiology, 2012, 65: 170-175.

[45] Pascual J, Lucena T, Ruvira M A, et al. *Pseudomonas litoralis* sp. nov., isolated from Mediterranean seawater. International Journal of Systematic and Evolutionary Microbiology, 2012, 62: 438-444.

[46] Kosina M, Barták M, Maslanová I, et al. *Pseudomonas prosekii* sp. nov., a novel psychrotrophic bacterium from antarctica. Current Microbiology, 2013, 67: 637-646.

[47] Ramettea A, Frapolli M, Le Saux M F, et al. *Pseudomonas protegens* sp. nov., widespread plant-protecting bacteria producing the biocontrol compounds 2, 4-diacetylphloroglucinol and pyoluteorin. Systematic and Applied Microbiology, 2011, 34: 180-188.

[48] Hunter W J, Manter D K. *Pseudomonas seleniipraecipitatus* sp. nov. : A selenite reducing gamma-proteobacteria isolated from soil. Current Microbiology, 2011, 62: 565-569.

[49] Hirota K, Yamahira K, Nakajima K, et al. *Pseudomonas toyotomiensis* sp. nov., a

psychrotolerant facultative alkaliphile that utilizes hydrocarbons. International Journal of Systematic and Evolutionary Microbiology, 2011, 61: 1842-1848.

[50] Feng Z Z, Zhang J, Huang X, et al. *Pseudomonas zeshuii* sp. nov., isolated fromherbicide-contaminated soil. International Journal of Systematic and Evolutionary Microbiology, 2012, 62: 2608-2612.

[51] Wang L, An D S, Kim S G, et al. *Rhodanobacter panaciterrae* sp. nov., a bacterium with ginsenoside-converting activity isolated from soil of a ginseng field. International Journal of Systematic and Evolutionary Microbiology, 2011, 61: 3028-3032.

[52] Son H M, Yang J E, Kook M C, et al. *Sphingobacterium ginsenosidimutans* sp. nov., a bacterium with ginsenoside-converting activity isolated from the soil of a ginseng field. Journal of General and Applied Microbiology, 2013, 59: 345-352.

[53] Im W T, Yang J E, Kim S Y, et al. *Chryseobacterium ginsenosidimutans* sp. nov., a bacterium with ginsenoside-converting activity isolated from soil of a Rhus vernicifera-cultivated field. International Journal of Systematic and Evolutionary Microbiology, 2011, 62: 1430-1435.

[54] Mikrobiologie A. *Thauera linaloolentis* sp. nov. and *Thauera terpenica* sp. nov., isolated on oxygen-containing monoterpenes(linalool, menthol, and eucalyptol)and nitrate. Systematic and Applied Microbiology, 1998, 21: 365-373.

[55] Takeuchi M, Hamana K, Hiraishi A. Proposal of the genus *Sphingomonas sensu stricto* and three new genera, *Sphingobium*, *Novosphingobium* and *Sphingopyxis*, on the basis of phylogenetic and chemotaxonomic analyses. International Journal of Systematic and Evolutionary Microbiology, 2001, 51: 1405-1417.

[56] Kim S J, Chun J, Bae K S, et al. Polyphasic assignment of an aromatic-degrading *Pseudomonas* sp., strain DJ77, in the genus *Sphingomonas* as *Sphingomonas chungbukensis* sp. nov. International Journal of Systematic and Evolutionary Microbiology, 2000, 50: 1641-1647.

[57] Fujii K, Urano N, Ushio H, et al. *Sphingomonas cloacae* sp. nov., a nonylphenol degrading bacterium isolated from wastewater of a sewage-treatment plant in Tokyo. International Journal of Systematic and Evolutionary Microbiology, 2001, 51: 603-610.

[58] Wittich R M, Busse H J, Kampfer P, et al. *Sphingomonas fennica* sp. nov. and *Sphingomonas haloaromaticamans* sp. nov., outliers of the genus *Sphingomonas*. International Journal of Systematic and Evolutionary Microbiology, 2007, 57, 1740-1746.

[59] Lin S Y, Shen F T, Lai W A, et al. *Sphingomonas formosensis* sp. nov., a polycyclic aromatic hydrocarbon-degrading bacterium isolated from agricultural soil. International Journal of Systematic and Evolutionary Microbiology, 2012, 62: 1581-1586.

[60] Ohta H, Hattori R, Ushiba Y, et al. *Sphingomonas oligophenolica* sp. nov., a halo- and organo-sensitive oligotrophic bacterium from paddy soil that degrades phenolic acids at low concentrations. International Journal of Systematic and Evolutionary Microbiology, 2004, 54: 2185-2190.

[61] Luo Y R, Tian Y, Huang X, et al. *Sphingomonas polyaromaticivorans* sp. nov., a polycyclic aromatic hydrocarbon-degrading bacterium from an oil port water sample. International Journal of Systematic and Evolutionary Microbiology, 2012, 62: 1223-1227.

[62] Nohynek L J, Nurmiaho-Lassila E L, Suhonen E L, et al. Description of chlorophenol-degrading *Pseudomonas* sp. strains KFI^T, KF3, and NKFl as a new species of the genus *Sphingomonas*, *Sphingomonas subarctica* sp. nov. International Journal of Systematic Bacteriology, 1996, 46(4): 1042-1055.

[63] Balkwill D L, Drake G R, Reeves R H, et al. Taxonomic study of aromatic-degrading bacteria from deep-terrestrial-subsurface sediments and description of *Sphingomonas aromaticivorans* sp. nov., *Sphingomonas subterranea* sp. nov., and *Sphingomonas stygia* sp. nov.. International Journal of Systematic Bacteriology, 1997, 47(1): 191-201.

[64] Yabuuchi E, Yamamoto H, Terakubo S, et al. Proposal of *Sphingomonas wittichii* sp. nov. for strain RW1T, known as a dibenzo-*p*-dioxin metabolizer. International Journal of Systematic and Evolutionary Microbiology, 2001, 51: 281-292.

[65] Ushiba Y, Takahara Y, Ohta H. *Sphingobium amiense* sp. nov., a novel nonylphenol-degrading bacterium isolated from a river sediment. International Journal of Systematic and Evolutionary Microbiology, 2003, 53: 2045-2048.

[66] Wittich R M, Busse H J, Kampfer P, et al. *Sphingobium aromaticiconvertens* sp. nov., axenobiotic-compound-degrading bacterium frompolluted river sediment. International Journal of Systematic and Evolutionary Microbiology, 2007, 57: 306-310.

[67] Prakash O, Lal R. Description of *Sphingobium fuliginis* sp. nov., a phenanthrene-degrading bacterium from a fly ash dumping site, and reclassification of *Sphingomonas cloacae* as *Sphingobium cloacae* comb. nov. International Journal of Systematic and Evolutionary Microbiology, 2006, 56: 2147-2152.

[68] Zhang J, Lang Z F, Zheng J W, et al. *Sphingobium jiangsuense* sp. nov., a 3-phenoxybenzoic acid-degrading bacterium isolated from a wastewater treatment system. International Journal of Systematic and Evolutionary Microbiology, 2012, 62: 800-805.

[69] Garg N, Bala K, Lal R. *Sphingobium lucknowense* sp. nov., a hexachlorocyclohexane(HCH)-degrading bacterium isolated from HCH-contaminated soil. International Journal of Systematic and Evolutionary Microbiology, 2012, 62: 618-623.

[70] Yan Q X, Wang Y X, Li S P, et al. *Sphingobium qiguonii* sp. nov., a carbaryldegrading bacterium isolated from a wastewater treatment system. International Journal of Systematic and Evolutionary Microbiology, 2010, 60: 2724-2728.

[71] Bala K, Sharma P, Lal R. *Sphingobium quisquiliarum* sp. nov., a hexachlorocyclohexane (HCH)-degradingvbacterium isolated from an HCH-contaminated soil. International Journal of Systematic and Evolutionary Microbiology, 2010, 60: 429-433.

[72] Liang Q F, Lloyd-Jones G. *Sphingobium scionense* sp. nov., an aromatic hydrocarbon-degrading bacterium isolated from contaminated sawmill soil. International Journal of Systematic and Evolutionary Microbiology, 2010, 60: 413-416.

[73] Singh A, Lal R. *Sphingobium ummariense* sp. nov., a hexachlorocyclohexane(HCH)-degrading bacterium, isolated from HCH-contaminated soil. International Journal of Systematic and Evolutionary Microbiology, 2009, 59: 162-166.

[74] Stolz A, Schmidt-Maag C, Denner E B M, et al. Description of *Sphingomonas xenophaga* sp.

nov. for strains BN6（T）and *N, N* which degrade xenobiotic aromatic compounds. International Journal of Systematic and Evolutionary Microbiology, 2000, 50: 35-41.

[75] Niharika N, Moskalikova H, Kaur J, et al. *Novosphingobium barchaimii* sp. nov., isolated from hexachlorocyclohexane-contaminated soil. International Journal of Systematic and Evolutionary Microbiology, 2013, 63: 667-672.

[76] Yuan J, Lai Q L, Zheng T L, et al. *Novosphingobium indicum* sp. nov., a polycyclic aromatic hydrocarbon-degrading bacterium isolated from a deep sea environment. International Journal of Systematic and Evolutionary Microbiology, 2009, 59: 2084-2088.

[77] Saxena A, Anand S, Dua A, et al. *Novosphingobium lindaniclasticum* sp. nov., a hexachlorocyclohexane（HCH）-degrading bacterium isolated from an HCH dumpsite. International Journal of Systematic and Evolutionary Microbiology, 2013, 63: 2160-2167.

[78] Liu Z P, Wang B J, Liu Y H, et al. *Novosphingobium taihuense* sp. nov., a novel aromatic-compound-degrading bacterium isolated from Taihu Lake, China. International Journal of Systematic and Evolutionary Microbiology, 2005, 55: 1229-1232.

[79] Fujii K, Satomi M, Morita N, et al. *Novosphingobium tardaugens* sp. nov., an oestradiol-degrading bacterium isolated from activated sludge of a sewage treatment plant in Tokyo. International Journal of Systematic and Evolutionary Microbiology, 2003, 53: 47-52.

[80] Godoy F, Vancanneyt M, Martínez M, et al. *Sphingopyxis chilensis* sp. nov., a chlorophenol-degrading bacterium that accumulates polyhydroxyalkanoate, and transfer of *Sphingomonas alaskensis* to *Sphingopyxis alaskensis* comb. nov. . International Journal of Systematic and Evolutionary Microbiology, 2003, 53: 473-477.

[81] Westerberg K, Elvang A M., Stackebrandt E, et al. *Arthrobacter chlorophenolicus* sp. nov., a new species capable of degrading high concentrations of 4-chlorophenol. International Journal of Systematic and Evolutionary Microbiology, 2000, 50: 2083-2092.

[82] Kim K K, Lee K C, Oh H M, et al. *Arthrobacter defluvii* sp. nov., 4-chlorophenoldegrading bacteria isolated from sewage. International Journal of Systematic and Evolutionary Microbiology, 2008, 58: 1916-1921.

[83] Gelsomino R, Vancanneyt M, Swings J. Reclassification of *Brevibacterium liquefaciens* Okabayashi and Masuo 1960 as *Arthrobacter nicotianae* Giovannozzi-Sermanni 1959. International Journal of Systematic and Evolutionary Microbiology, 2004, 54: 615-616.

[84] Kotoucková L, Schumann P, Durnová E, et al. *Arthrobacter nitroguajacolicus* sp. nov., a novel 4-nitroguaiacol-degrading actinobacterium. International Journal of Systematic and Evolutionary Microbiology, 2004, 54: 773-777.

[85] Kodama Y, Yamamoto H, Amano N, et al. Reclassification of two strains of Arthrobacter oxydans and proposal of *Arthrobacter nicotinovorans* sp. nov.. International Journal of Systematic Bacteriology, 1992, 42（2）: 234-239.

[86] Kallimanis A, Kavakiotis K, Perisynakis A, et al. *Arthrobacter phenanthrenivorans* sp. nov., to accommodate the phenanthrene-degrading bacterium *Arthrobacter* sp. strain Sphe3. International Journal of Systematic and Evolutionary Microbiology, 2009, 59: 275-279.

[87] Anders H J, Kaetzke A, Kampfer P, et al. Taxonomic position of aromatic degrading

denitrifying pseudomonad strains K 172 and KB 740 and their description as new members of the genera *Thauera*, as *Thauera aromatica* sp. nov., and *Azoarcus*, as *Azoarcus evansii* sp. nov., respectively, members of the beta subclass of the Proteobacteria. International Journal of Systematic Bacteriology, 1995, 45 (2) : 327-333.

[88] Schühle K, Gescher J, Feil U, et al. Benzoate-coenzyme A ligase from *Thauera aromatica*: An enzyme acting in anaerobic and aerobic pathways. Journal of Bacteriology, 2003, 185 (16) : 4920-4929.

[89] Dubbels B L, Sayavedra-Soto L A, Bottomley P J, et al. *Thauera butanivorans* sp. nov., a C_2-C_9 alkane-oxidizing bacterium previously referred to as 'Pseudomonas butanovora'. International Journal of Systematic and Evolutionary Microbiology, 2009, 59: 1576-1578.

[90] Mechichi T, Stackebrandt E, Gad'on N, et al. Phylogenetic and metabolic diversity of bacteria degrading aromatic compounds under denitrifying conditions, and description of *Thauera phenylacetica* sp. nov., *Thauera aminoaromatica* sp. nov., and *Azoarcus buckelii* sp. nov. Archives of microbiology, 2002, 178: 26-35.

[91] Springer N, Ludwig W, Philipp Bodo, et al. *Azoarcus anaerobius* sp. nov., a resorcinol degrading, strictly anaerobic, denitrifying bacterium. International Journal of Systematic Bacteriology, 1998, 48: 953-956.

[92] Breitenstein A, Wiege J, Haertig C, et al. Reclassification of *Clostridium hydroxybenzoicum* as *Sedimentibacter hydroxybenzoicus* gen. nov., comb. nov., and description of *Sedimentibacter saalensis* sp. nov. . International Journal of Systematic and Evolutionary Microbiology, 2002, 52: 801-807.

[93] Chain P, Lamerdin J, Larimer F, et al. Complete genome sequence of the ammonia-oxidizing bacterium and obligate chemolithoautotroph *Nitrosomonas europaea*. Journal of Bacteriology, 2003, 185 (92) : 2759-2773.

[94] Koops H P, Bottcher B, Moller U C, et al. Classification of eight new species of ammonia-oxidizing bacteria: *Nitrosomonas communis* sp. nov., *Nitrosomonas ureae* sp. nov., *Nitrosomonas aestuarii* sp. nov., *Nitrosomonas marina* sp. nov, *Nitrosomonas nitrosa* sp. nov., *Nitrosomonas eutropha* sp. nov., *Nitrosomonas oligotrophaspa* nov. and *Nitrosomonas halophila* sp. nov. . Journal of General Microbiology, 1991, 137: 1689-1699.

[95] Bollmann A, Schmidt I, Saunders A M, et al. Influence of starvation on potential ammonia-oxidizing activity and amoA mRNA levels of *Nitrosospira briensis*. Applied and Environmental Microbiology, 2005, 71 (3) : 1276-1282.

[96] Shaw L J, Nicol G W, Smith Z, et al. *Nitrosospira* spp. can produce nitrous oxide via a nitrifier denitrification pathway. Environmental Microbiology, 2006, 8 (2) : 214-222.

[97] Yamamoto T, Takaki K, Koyama T, et al. Long-term stability of partial nitritation of swine wastewater digester liquor and its subsequent treatment by Anammox. Bioresource Technology, 2008, 99: 6419-6425.

[98] Zheng D, Deng L W, Fan Z H. Influence of sand layer depth on partial nitritation as pretreatment of anaerobically digested swine wastewater prior to anammox. Bioresource Technology, 2012, 104: 274-279.

[99] 唐崇俭, 郑平. 厌氧氨氧化技术应用的挑战与对策. 中国给水排水, 2010, 26(4): 19-23.

[100] Sorokin D Y, Muyzer G, Brinkhoff T, et al. Isolation and characterization of a novel facultatively alkaliphilic *Nitrobacter* species, *N. alkalicus* sp. nov. Archives of Microbiology, 1998, 170: 345-352.

[101] Starkenburg S R, Larimer F W, Stein L Y, et al. Complete genome sequence of *Nitrobacter hamburgensis* X14 and comparative genomic analysis of species within the genus *Nitrobacter*. Applied and environmental microbiology, 2008, 74(9): 2852-2863.

[102] Bock E, Koops H P, Moiler U C, et al. A new facultatively nitrite oxidizing bacterium, *Nitrobacter vulgaris* sp. nov. . Archives Microbiology, 1990, 153: 105-110.

[103] Starkenburg S R, Chain P S G, Sayavedra-Soto L A, et al. Genome sequence of the chemolithoautotrophic nitrite-oxidizing bacterium *Nitrobacter winogradskyi* Nb-255. Applied and Environmental Microbiology, 2006, 72(3): 2050-2063.

第3章

枯木填料床A/O系统处理干清粪养猪场废水的效能与脱氮机制

如1.3.3节所述，A/O工艺是养猪场废水处理常用工程技术之一。然而，采用A/O工艺处理具有高 NH_4^+-N、低C/N特征的干清粪养猪场废水时，由于有机碳源（电子供体）的严重不足，其硝化反硝化脱氮效能低下，很难获得良好的TN去除效果（参见1.5.1节）。在第2章开展土壤-木片生物滤池处理养猪场废水的效能与机制研究中发现，木片的腐解可作为一种缓释碳源提高废水C/N值，增强生物处理系统的反硝化脱氮效能。受此启发，笔者课题组提出了以枯木为填料构建填料床A/O系统，用于处理干清粪养猪场废水，尤其是强化生物脱氮效能的技术思路。本章从处理系统构建、启动和调控运行等方面，评估了枯木填料床A/O系统处理干清粪养猪场废水的效能，并对其生物脱氮机制进行了分析讨论。

3.1　枯木填料床 A/O 处理系统的构建及调控运行方法

3.1.1　枯木填料床 A/O 系统的构建与运行模式

如图3-1所示，用于处理干清粪养猪场废水的枯木填料床A/O系统，总体采用折流板反应器的设计，4格室，单室规格为 $L×B×H$=12 cm×10 cm×54 cm，总有效容积24 L，刨除填料床占用体积后的纳水量为12.47 L。处理系统的厌氧格室和好氧格室的数量可以根据实验要求进行调整。形成厌氧区与好氧区容积比分别为3：1或1：1的两种运行模式，位于反应器前端的2个或3个格室为厌氧区，在其中部均设有体积为1.71 L的固定填料床，固定填料床由白桦枯木构成，枯木规格为2~3 cm×1~2 cm×1~2 cm，总孔隙率为48.24%；位于反应器后端的1个或2个格室为好氧区，布设有由相同枯木构成的固定填料床，枯木层的高度为31 cm，在枯木床底部的承托板上，铺有高度约2 cm的鹅卵石，鹅卵石粒径为1 cm左右，格室总孔隙率为63.14%。在反应器的好氧格室（后端的1个或2个格室）的底部布设有微孔曝气头，曝气量由转子流量计控制。在末端格室出水口处，设有一个体积约为 2 L 的集水池，用于反应器内的液面控制和出水回流。系统的进水和出水回流，均采用蠕动泵定量控制。各格室底部均设有排泥口。反应器外壁缠绕电热丝，并由温控仪将系统内的温度控制在 32℃左右。

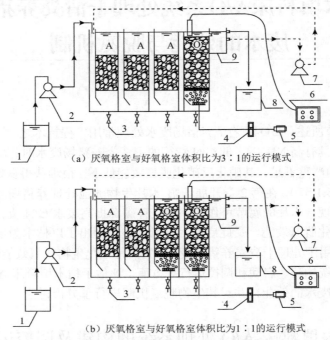

（a）厌氧格室与好氧格室体积比为3：1的运行模式

（b）厌氧格室与好氧格室体积比为1：1的运行模式

图 3-1　枯木填料床 A/O 系统及运行模式

1.进水箱；2.进水泵；3.排泥口；4.转子流量计；5.曝气泵；6.DO 在线监测仪；7.回流泵；8.蓄水箱；9.集水池

3.1.2　枯木填料床 A/O 处理系统的启动与调控运行方法

3.1.2.1　实验用水与污泥接种

在本章相关研究过程中，取自当地某种猪场的干清粪废水，其 COD 平均浓度只有 302 mg/L，但 TN 浓度平均高达 367.9 mg/L，其 COD/TN 仅为 0.82 左右，NH_4^+-N 对 TN 的贡献高达 84.7%左右。

枯木填料床 A/O 处理系统在厌氧格室与好氧格室容积比为 3：1 的模式下启动运行（图 3-1）。用于反应器启动的接种污泥，为取自哈尔滨市某污水处理厂二沉池的活性污泥，其混合液悬浮固体（mixed liquor suspended solid，MLSS）和混合液挥发性悬浮固体（MLVSS）分别为 11.94 g/L 和 6.40 g/L。原种泥的一部分直接用于 A/O 系统厌氧格室（前三格室）的接种，接种量均为 2.13 g/L 左右（以

MLVSS 计）。另取 2 L 原污泥，放入 10 L 的容器中，加入稀释 3 倍的养猪场废水 6 L 进行曝气培养，控制 DO 为 1.5 mg/L 左右；曝气 24 h 后，沉淀，排除上清液，再加入稀释养猪场废水至 6 L 进行下一轮曝气培养；如此连续驯化 3 个周期。培养后获得的好氧活性污泥，其 MLSS 和 MLVSS 分别为 10.94 g/L 和 5.97 g/L，用作第 4 格室的接种污泥，接种量 MLVSS 约为 1.99 g/L。

3.1.2.2　处理系统的启动与调控运行方法

对于枯木填料床 A/O 处理系统的启动和调控运行，共分为启动、HRT 调控和厌氧区与好氧区容积比调控等三个阶段。枯木填料床 A/O 处理系统，首先在厌氧格室与好氧格室容积比为 3∶1 的模式（图 3-1）下启动运行，主要是进行接种污泥的驯化与生物膜培养。在处理系统启动成功后，通过分阶段逐步缩短 HRT 的调控运行方法，探讨枯木填料床 A/O 处理系统在厌氧格室与好氧格室容积比为 3∶1 的模式下的污染物去除效能。在调控运行的最后一个阶段，将枯木填料床 A/O 处理系统调整在厌氧格室与好氧格室容积比为 1∶1 模式下持续运行，探讨 HRT 缩短对污染物去除效能的影响，以最终确定适宜的运行模式和 HRT。各运行阶段的废水水质及控制条件将在相关研究中具体介绍。

3.2　枯木填料床 A/O 处理系统的启动运行

3.2.1　枯木填料床 A/O 处理系统的启动运行控制

枯木填料床 A/O 处理系统的启动，采用厌氧格室与好氧格室容积比为 3∶1 的运行模式。启动运行过程中，采用对原水稀释和添加废糖蜜的方式对进水 COD/TN 进行调节，即分阶段依次降低原水稀释率和糖蜜添加量，直至系统能够处理原废水为止。依据进水 COD/TN，系统的启动运行分为 4 个阶段，共计 90 d，各运行阶段的运行时间、废水稀释倍数及水质指标等，详见表 3-1。

表 3-1　枯木填料床 A/O 处理系统的启动运行阶段及水质

阶段	运行时间（d）	稀释倍数	COD/TN	COD（mg/L）	pH	NH_4^+-N（mg/L）	NO_2^--N（mg/L）	NO_3^--N（mg/L）	TN（mg/L）
1	1～24	3	3.9±0.6	476±83	8.3±0.1	103.1±17.1	0.2±0.1	2.3±1.7	121.4±20.5
2	25～36	2	1.8±0.2	314±53	8.2±0.2	145.5±12.1	0.1±0.0	1.5±0.7	174.9±11.2
3	37～72	1.5	0.9±0.2	189±55	8.3±0.2	179.2±31.5	0.2±0.1	1.0±1.7	213.1±36.7
4	73～90	0	0.6±0.3	237±130	8.4±0.1	312.3±26.3	0.1±0.1	0.1±0.1	378.6±27.5

在为期 90 d 的启动运行期，枯木填料床 A/O 处理系统的进水流量、HRT 和温度分别控制为 16 L/d、18.7 h（HRT 均以反应器实际纳水量 12.47 L 计算）和 32℃，硝化液（出水）回流比设定为 200%，好氧区（第 4 格室）的 DO 控制在 1.5 mg/L 左右。

3.2.2 枯木填料床 A/O 处理系统的 COD 去除及沿程变化规律

3.2.2.1 COD 去除的变化规律

如图 3-2 所示，在进水 COD 和 COD/TN 分别平均为 476 mg/L 和 3.9 的第 1 运行阶段（表 3-1），枯木填料床 A/O 处理系统对 COD 的去除表现出持续上升趋势，出水 COD 浓度逐渐降低。至第 24 天第 1 阶段结束时，系统出水 COD 为 92 mg/L，去除率达到了 80.7%。在第 2 阶段，尽管废水的稀释倍数由第 1 阶段的 3 降低为 2，系统仍然保持了 73.1%左右的 COD 去除率。在停止添加外碳源，废水稀释倍数为 1.5 的第 3 运行阶段，虽然进水 COD 波动较大，但出水 COD 比较稳定，平均浓度为 48 mg/L，平均去除率为 72.9%。经过前三阶段共计 72 d 的运行，系统中的活性污泥得到了良好驯化，因此在处理原水的第 4 阶段，系统依然保持了较高的 COD 去除率，在最后 9 d 的稳定运行期间（第 82～90 天）维持在 65.1%左右，出水 COD 浓度平均为 61 mg/L。

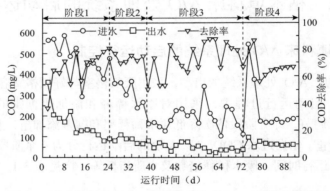

图 3-2　枯木填料床 A/O 系统在启动期的 COD 去除变化规律

3.2.2.2 COD 逐格室去除规律

为了解 COD 在枯木填料床 A/O 处理系统中的变化规律，对启动运行期各格室的进水和出水 COD 进行了跟踪检测。如图 3-3 所示，在启动运行的第 1 阶段（表 3-1），由于进水 COD 较高，各格室出水浓度也较高。在第 1 阶段最后 9 d 里（第 16～24 天），第 1～第 4 格室的平均进水 COD 分别为 211 mg/L、159 mg/L、144 mg/L 和 129 mg/L，系统出水 COD 平均为 116 mg/L。由此可以计算出第 1～

第 4 格室对 COD 去除的贡献率分别为 54.7%、15.8%、15.7%、13.8%（图 3-4）。可见，在该运行时期，进水中的 COD 约有 85.9% 是在厌氧区，即第 1～第 3 格室被去除的。

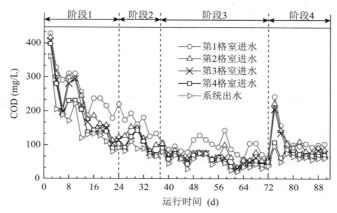

图 3-3　枯木填料床 A/O 系统在启动期的 COD 沿程变化

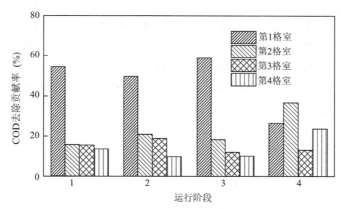

图 3-4　启动期枯木填料床 A/O 系统各格室对 COD 去除的贡献率

在启动运行的第 2 和第 3 阶段，尽管进水的 COD 和 COD/TN 均有显著降低，但 COD 浓度仍然呈现沿格室逐渐降低的变化趋势。在进水 COD 和 COD/TN 分别平均为 189 mg/L 和 0.9 的第 3 阶段（表 3-1），第 1～第 4 格室进水 COD 分别平均为 99 mg/L、70 mg/L、61 mg/L 和 55 mg/L，系统出水 COD 平均为 50 mg/L。第 1～第 4 格室对系统 COD 去除总量的贡献率分别平均为 59.2%、18.3%、12.2% 和 10.3%，其中厌氧区的总贡献率高达 85.9%（图 3-4）。

枯木填料床 A/O 处理系统的启动运行进入第 4 阶段后，对干清粪养猪场废水不再进行调节。在该运行阶段的最后 9 d（第 82～90 天），系统的进水 COD 平均仅为 175 mg/L，出水 COD 保持相对稳定，平均为 61 mg/L。其中，第 1～第 4 格室的进水 COD 分别平均为 99 mg/L、89 mg/L、75 mg/L 和 70 mg/L，对系统 COD 去除总量的贡献率分别平均为 26.5%、36.8%、13.1%和 23.6%（图 3-4）。这一结果表明，厌氧区是枯木填料床 A/O 处理系统去除干清粪废水 COD 的主要功能区，在阶段 4 的贡献稳定在 76.4%左右。分析认为，厌氧区对 COD 的高效去除，可在很大程度上抑制后续好氧区（第 4 格室）中的化能异养菌群的生长代谢，从而为 AOB 和 NOB 等自养菌群的生长富集奠定了生态学基础。

3.2.3 枯木填料床 A/O 处理系统的氨氮去除及沿程变化规律

3.2.3.1 溶解氧控制与 pH 变化

在废水生物处理系统中，NH_4^+-N 的去除主要依靠微生物的生物转化作用，或用于细胞物质的合成，或用于氧化产能。对于在一定条件下达到相对稳定运行状态的废水生物处理系统，由 AOB 与 NOB 菌群催化的硝化作用，是最主要的 NH_4^+-N 去除途径[1]。AOB 和 NOB 氧化 NH_4^+-N 和 NO_2^--N 的氧饱和常数分别为 0.2～0.4 mg/L 和 1.2～1.5 mg/L[2]。为了满足硝化细菌对 O_2 的需求，在枯木填料床 A/O 处理系统的启动运行中，位于末端的好氧区，即第 4 格室中的 DO 始终控制在 1.5 mg/L 左右。

pH 是影响 AOB 和 NOB 活性的另一个重要因子，其最适范围分别位于 7.0～8.5 和 6.0～7.5 区间[3]。如图 3-5 和图 3-6 所示，在枯木填料床 A/O 处理系统启动运行期间，其厌氧区（前三格室）和好氧区（第 4 格室）的进水和出水 pH 始终变化不大而且相近，分别平均为 8.3 和 8.2 左右。适宜的 pH 环境，不仅为好氧区的硝化菌群富集及 NH_4^+-N 氧化提供了有利条件，也为厌氧区的反硝化反应提供了物质基础（硝化液回流）。

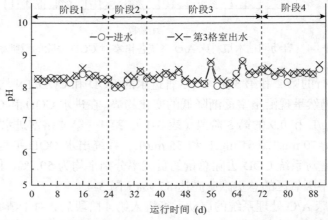

图 3-5　枯木填料床 A/O 系统厌氧区（前三格室）在启动期的进水和出水 pH 变化规律

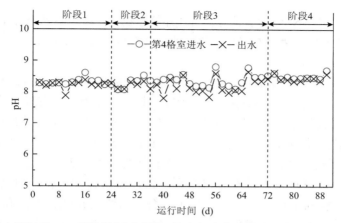

图 3-6　枯木填料床 A/O 系统好氧区（第 4 格室）在启动期的进水和出水 pH 变化规律

3.2.3.2　NH_4^+-N 去除变化规律

如图 3-7 所示，在启动运行的第 1 阶段（表 3-1），枯木填料床 A/O 处理系统对 NH_4^+-N 的去除率，随着运行的持续而呈现出迅速增加的趋势。至第 1 阶段后期（第 18~24 天），在进水 NH_4^+-N 平均为 88.8 mg/L 条件下，出水 NH_4^+-N 平均仅为 6.8 mg/L，平均去除率达到了 92.6%。进入第 2 运行阶段时，进水 NH_4^+-N 提高到 145.5 mg/L 左右（表 3-1），使系统的 NH_4^+-N 去除率发生了短暂下降，之后又迅速回升。在该阶段的最后 7 d，系统在进水 NH_4^+-N 为 140.3 mg/L 左右时，出水 NH_4^+-N 的平均浓度为 6.4 mg/L，平均去除率高达 95.4%。在运行的第 3 阶段，尽管进水 NH_4^+-N 浓度有进一步提高，系统仍然保持了 92.7% 左右的 NH_4^+-N 去除率，出水 NH_4^+-N 浓度平均为 13.8 mg/L。在不对原水进行任何调节的第 4 运行阶段，进水 NH_4^+-N 达到了 312.3 mg/L 左右，给系统造成了较为明显的冲击，但经过约 6 d 的

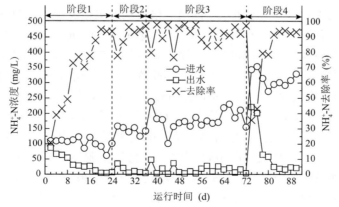

图 3-7　枯木填料床 A/O 系统在启动期的 NH_4^+-N 去除变化规律

适应，系统对 NH_4^+-N 的去除率迅速回升并趋于稳定。在运行状态相对稳定的最后 9 d，系统的进水和出水 NH_4^+-N 平均分别为 305.2 mg/L 和 20.7 mg/L，NH_4^+-N 去除率稳定在 93.2% 左右。

如图 3-7 所示的结果表明，枯木填料床 A/O 系统在处理高 NH_4^+-N、低 C/N 养猪场废水时，具有良好的 NH_4^+-N 去除效能。其主要原因可能有以下几点：①处理系统的厌氧区容积是好氧区的 3 倍，废水中的大部分 COD 在厌氧区被去除（图 3-4），而 200% 的硝化液回流，进一步降低了废水中的有机物浓度。较低的有机物浓度和充足的 DO，为第 4 格室的 NH_4^+-N 氧化提供了保障[2]。②系统运行过程中，无污泥回流，且各格室布设的枯木床也起到了污泥截留作用，使厌氧活性污泥和好氧活性污泥在空间上得以分离，实现了分解有机物的化能异养菌和氧化 NH_4^+-N 的硝化细菌的功能分区，避免了化能异养菌群优势生长对硝化细菌产生的抑制作用[4]。③枯木填料提供了巨大反应界面，使好氧格室中的硝化细菌与 O_2 和 NH_4^+-N 能够充分接触并发生反应，进一步强化了枯木填料床 A/O 系统对 NH_4^+-N 去除效果[5]。④枯木填料表面逐渐形成的生物膜，增加了反应系统中的生物量，使系统的整体生物代谢水平和运行稳定性得到了提高。

3.2.3.3 NH_4^+-N 沿程转化规律

为了解 NH_4^+-N 在枯木填料床 A/O 系统中的变化规律，对各个格室的 NH_4^+-N 去除情况进行了分析。如图 3-8 和图 3-9 所示的结果表明，每当原水稀释率或进水 COD/TN 发生改变时，都会对枯木填料床 A/O 系统各格室的 NH_4^+-N 去除性能造成一定冲击，但很快就能得到恢复并达到相对稳定状态。这种受负荷冲击造成的影响，从第 1 到第 4 格室逐渐变弱，说明前端格室，尤其是第 1 格室对水质变化造成的冲击起到了缓冲作用。

如图 3-8 所示，在系统运行的第 1 阶段（前 24 d），第 1 格室进水 NH_4^+-N 平均浓度为 57.2 mg/L，第 2 格室进水（即第 1 格出水）NH_4^+-N 平均浓度为 65.1 mg/L。在第 2 阶段运行的 12 d 里（第 25～36 天），第 1 格室的进水和出水 NH_4^+-N 平均浓度分别为 57.5 mg/L 和 67.6 mg/L。在第 3（第 37～72 天）和第 4（第 73～90 天）运行阶段，同样出现了第 1 格室出水 NH_4^+-N 浓度高于进水 NH_4^+-N 浓度的现象，其进水浓度分别平均为 68.9 mg/L 和 152.2 mg/L，出水浓度分别平均为 71.3 mg/L 和 152.4 mg/L。由图 3-3 和图 3-4 所示的 COD 沿程去除规律可知，进水中的大部分 COD 是在厌氧区得以去除，尤以第 1 格室的贡献最为突出。其中的含氮有机物，如蛋白质和尿素等，在厌氧降解过程中一定会发生脱氨作用，由此产生了更多的 NH_4^+-N，而在厌氧条件下，NH_4^+-N 的好氧氧化几乎被完全抑制，因此就出现了第 1 格室出水 NH_4^+-N 浓度大于进水浓度的现象。发生在第 1 格室的这一现象，在后续的第 2～第 4 阶段运行中，随着进水 COD/TN 的降低而逐渐消失（图 3-9）。

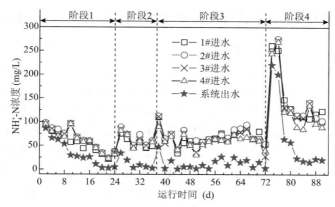

图 3-8 枯木填料床 A/O 系统启动期各格室中的 NH_4^+-N 变化规律

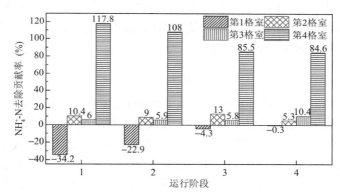

图 3-9 枯木填料床 A/O 系统启动期各格室对系统 NH_4^+-N 去除的贡献率

　　由于含氮有机物的脱氨作用主要发生在第 1 格室,在第 2~第 4 格室并未观察到 NH_4^+-N 出水浓度高于进水浓度的现象。依据图 3-7 和图 3-8 所示的数据,就各格室对系统 NH_4^+-N 去除的贡献率进行计算。如图 3-9 所示的结果表明,在枯木填料床 A/O 处理系统启动运行的四个阶段,NH_4^+-N 的氧化去除几乎均发生在第 4 格室这一好氧区。在属于厌氧区的第 2 和第 3 格室,由于微生物的同化作用,也表现出了一定的 NH_4^+-N 去除率,但对系统总去除量的贡献率仅为 15%左右。第 4 格室对系统去除 NH_4^+-N 的贡献率受进水水质影响显著,随着进水 COD/TN 从第 1 阶段的 3.9 左右逐步降低到第 3 阶段的 0.9 左右(表 3-1),其 NH_4^+-N 去除贡献率也从 117.8%降低到了 85.5%(图 3-9)。即便是在处理原水(COD/TN 仅为 0.6 左右)的第 4 阶段,其 NH_4^+-N 去除贡献率也能保持在 86.4%左右。可见,在厌氧区与好氧区容积比为 3∶1 和 HRT 18.7 h 条件下,枯木填料床 A/O 处理系统可有效去除干清粪养猪场废水的 NH_4^+-N,出水浓度完全可以满足《畜禽养殖业污染物排放标准》(GB 18596—2001)的要求[6]。

3.2.4　枯木填料床 A/O 处理系统的总氮去除及脱氮途径解析

如 1.5 节所述，我国现行的《畜禽养殖业污染物排放标准》（GB 18596—2001），对养猪场废水排放的 COD 和 NH₄⁺-N 都有明确规定，分别为 400 mg/L 以下和 80 mg/L 以下，但未对排放废水的 TN 浓度做出明确要求。众所周知，大量的氮素排放会造成严重的水体富营养化，进而会引发环境和人体健康问题。随着我国生态文明建设的不断推进，对排放养猪场废水进行必要的脱氮处理是大势所趋。然而，包括干清粪废水在内的各种养猪场废水，均具有高 NH₄⁺-N 和低 C/N 的特征，由于有机碳源的不足，采用传统的全程硝化反硝化或短程硝化反硝化工艺，很难达到有效生物脱氮的目的，是养猪场废水处理的难点之一。本研究构建枯木填料床 A/O 处理系统的初衷，就是希望借助枯木的腐解，调节废水的 C/N 值，以增强反硝化脱氮效能，避免因外加有机碳源带来的额外经济负担。在为期 90 d 的枯木填料床 A/O 处理系统启动运行期，笔者课题组跟踪检测了系统对 TN 的去除情况，并就其生物脱氮途径进行了分析。

3.2.4.1　进水 C/N 对 TN 去除的影响

理论上，NO_3^--N 还原为 N_2 所需的 COD去除/TN去除 为 2.86，而从 NO_2^--N 还原为 N_2 时则为 1.71[7]。在枯木填料床 A/O 处理系统启动运行的第 1 阶段，由于原水稀释和添加糖蜜的调节，使进水 COD/TN 始终维持在 3.9 左右，为反硝化脱氮提供了足够的有机碳源，因此在启动伊始即表现出了良好的 TN 去除效能。如图 3-10 所示，枯木填料床 A/O 处理系统的 TN 去除率在第 6 天后开始迅速上升，并在该阶段的最后 7 d（第 18～24 天）保持了相对稳定，平均达到了 72.9%，此时进水和出水的 TN 平均浓度分别为 102.9 mg/L 和 27.8 mg/L。经计算，在枯木填料床 A/O 处理系统启动的第 1 阶段，其 COD去除/TN去除 始终维持在 3.0 以上（图 3-11），理论上可以满足异养反硝化对有机碳源的需求。然而，当进水 COD/TN 在第 2、第 3 和第 4 阶段分别降低到 1.8、0.9 和 0.6 后，枯木填料床 A/O 处理系统仍然保持了良好的 TN 去除效能。

如图 3-10 所示，在启动运行的第 2 阶段，进水的 COD/TN 调整到了 1.8 左右，但系统的 TN 去除率依然保持在较高的水平。在该阶段最后 7 d（第 30～36 天）的相对稳定期，系统的进水和出水 TN 的平均浓度分别为 172.6 mg/L 和 36.0 mg/L，平均去除率为 79.1%。在启动运行的第 3 阶段，仅对原水进行 1.5 倍稀释，因不再有糖蜜的投加，进水中 COD/TN 值仅为 0.9 左右，TN 高达 213.1 mg/L 左右。即便如此，枯木填料床 A/O 处理系统对 TN 的去除率仍然能够维持在 77.5% 的平均水平。在处理干清粪废水的第 4 运行阶段，进水中的 NH₄⁺-N 和 TN 浓度大幅增加，分别平均为 312.3 mg/L 和 378.6 mg/L，COD/TN 仅为 0.6 左右（表 3-1）。氮负荷的突然提高，显著影响了系统的 TN 去除能力。经过 5 d 左右的调整适应，TN 去除效能得到了迅速恢复并在最后 9 d（第 82～90 天）保持了相对稳定，进水和出水 TN 的平均浓度分别为 373.1 mg/L 和 43.6 mg/L，TN 的平均去除率和去除负荷分别达到 88.2% 和 0.22 kg/（$m^3 \cdot d$）。

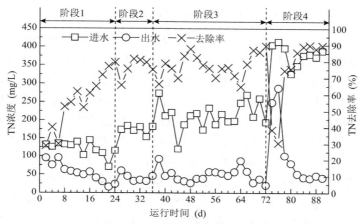

图 3-10　枯木填料床 A/O 系统在启动期的 TN 去除变化规律

在第 2 至第 4 阶段的运行中，系统的 $COD_{去除}/TN_{去除}$ 均低于全程硝化反硝化要求的 2.86，尤其是在第 3 和第 4 阶段，其 $COD_{去除}/TN_{去除}$ 平均值更是低至 0.86 左右（图 3-11），甚至不能满足短程硝化反硝化对 C/N 为 1.71 的要求[7]。但是，枯木填料床 A/O 处理系统依然表现出了良好的 TN 去除效率。分析认为，经过第 1～第 3 阶段为期 72 d 的启动运行，接种污泥已得到了充分驯化，并在系统中富集了

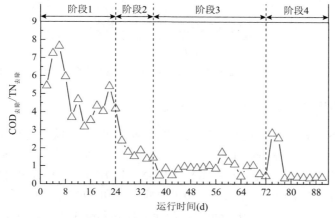

图 3-11　枯木填料床 A/O 系统在启动期的 $COD_{去除}/TN_{去除}$ 变化规律

足够的 AOB、NOB 和异养反硝化菌群。而填料床的枯木腐解，可释放二糖和单糖等简单有机物，为反硝化菌群的反硝化反应补充了有机碳源。因此，即便是在无外加碳源的情况下，枯木填料床 A/O 处理系统仍然表现出了良好的 TN 去除效能。然而，这一分析的合理性有待进一步探讨。

3.2.4.2 系统中的 NO_x^--N 生成与 NO_2^--N 积累

启动运行结果表明，以枯木填料床 A/O 处理系统处理具有高 NH_4^+-N、低 C/N 特征的干清粪养猪场废水，不仅 COD 和 NH_4^+-N 去除效能良好（图 3-2，图 3-7），对 TN 的去除也比较理想（图 3-10）。目前已知的废水生物脱氮途径，除了微生物同化作用外，还包括全程硝化反硝化、短程硝化反硝化、同步硝化反硝化和厌氧氨氧化[8]。为探讨 NH_4^+-N 在枯木填料床 A/O 处理系统的转化规律，笔者课题组在其启动运行的第 4 阶段稳定期（第 82～90 天），对 NO_x^--N（NO_2^--N 和 NO_3^--N）的浓度变化进行了跟踪监测。如图 3-12 所示的结果表明，枯木填料床 A/O 处理系统在处理原水并达到相对稳定状态后，其出水 NO_2^--N 和 NO_3^--N 分别平均为 17.6 mg/L 和 0.9 mg/L，NO_2^--N 积累率（NO_2^--N/NO_x^--N×100%）平均高达 95.1%。这一结果提示，枯木填料床 A/O 处理系统的生物脱氮，似乎主要是通过短程硝化反硝化途径实现的。

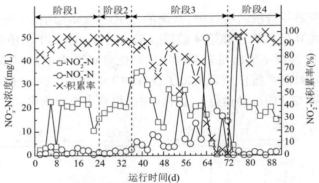

图 3-12　枯木填料床 A/O 系统在启动期的 NO_x^--N 浓度和 NO_2^--N 积累率变化规律

3.2.4.3 各格室对系统 TN 去除的贡献

为辨析枯木填料床 A/O 处理系统的生物脱氮途径，对系统及各格室在最后 9 d 稳定运行期间的相关数据进行了归纳和分析。在处理原水并达到相对稳定状态后，枯木填料床 A/O 处理系统的进水 COD、NH_4^+-N、NO_2^--N、NO_3^--N 和 TN 分别平均为 179 mg/L、307.7 mg/L、0.1 mg/L、0（未检出）和 379.3 mg/L，而检测到的出水浓度分别平均为 60 mg/L、19.8 mg/L、17.6 mg/L、0.9 mg/L 和 41.8 mg/L（表 3-2），其中 NH_4^+-N 和 TN 的平均去除率分别达到了 93.6% 和 89.0%。

表 3-2　枯木填料床 A/O 系统在启动期末期的碳氮逐格室去除

格室		项目				
		COD	NH₄⁺-N	NO₃⁻-N	NO₂⁻-N	TN
1	进水①（mg/L）	100±4	115.8±6.8	0.6±0.4	11.8±1.5	154.3±1.8
	出水（mg/L）	84±6	117.8±16.9	0.0	2.1±1.6	139.08±8.45
	去除量（g/d）	0.76±0.27	−0.10±1.12	0.03±0.0	0.46±0.03	0.73±0.48
2	出水（mg/L）	74±7	110.6±21.6	0.0	0.4±0.3	127.1±15.4
	去除量（g/d）	0.46±0.14	0.35±0.24	0.0	0.08±0.07	0.57±0.34
3	出水（mg/L）	69±1	102.4±22.7	0.0	0.2±0.1	123.9±14.5
	去除量（g/d）	0.26±0.34	0.40±0.51	0.0	0.01±0.01	0.15±0.06
4	出水（mg/L）	60±3	19.8±2.9	0.9±0.6	17.6±2.2	41.8±3.2
	去除量（g/d）	0.41±0.14	3.96±1.19	—	—	3.94±0.80
系统整体	进水（mg/L）	179±7	307.7±16.1	0.0±0.0	0.1±0.1	379.3±7.3
	出水（mg/L）	60±3	19.8±2.9	0.9±0.6	17.6±2.2	41.8±3.2
	去除量（g/d）	1.89±0.08	4.61±0.23	—	—	5.39±0.15

① 第 1 格室的进水浓度，由进水量、回流水量及其污染物浓度折算。

如表 3-2 所示的结果表明，枯木填料床 A/O 处理系统的厌氧区（前三格室）和好氧区（第 4 格室）都具有一定的脱氮效能。在稳定运行的最后 9 d 里，枯木填料床 A/O 处理系统对 TN 的日去除量总计为 5.39 g/d，其中厌氧区和好氧区的日去除量分别为 1.45 g/d 和 3.94 g/d。显然，好氧区是系统脱氮的主要贡献者，其去除量达到了系统总去除量的 73.1%，而厌氧区脱氮的贡献率仅为 26.9% 左右（图 3-13）。

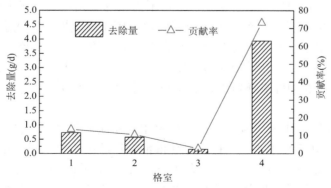

图 3-13　枯木填料床 A/O 系统各格室在启动运行末期的 TN 去除

3.2.4.4 系统中的生物脱氮途径解析

第 4 格室是枯木填料床 A/O 处理系统的唯一好氧区，由表 3-2 的数据计算，其对系统去除 NH_4^+-N 和 TN 的贡献率分别高达 85.9%和 73.1%。由此推测，在好氧的第 4 格室中存在着同步硝化反硝化的生物脱氮机制[9]。基于以下分析，认为第 4 格室的生物脱氮主要是通过短程硝化反硝化实现的。①通常认为，NOB 适宜的 pH 为 6.0～7.5，而 AOB 适宜的 pH 为 7.0～8.5[3]。在第 82～90 天的稳定运行期，第 4 格这一好氧区的 pH 始终维持在 8.2 左右（图 3-6），可以有效抑制 NOB 的生长代谢，使 NO_2^--N 得以积累，为短程硝化反硝化提供了适宜的酸碱环境。②较高浓度的 FA 对 NOB 和 AOB 活性都会产生抑制作用，对两者的抑制浓度分别为 0.1～1.0 mg/L 和 5～40 mg/L[10-12]。根据最后稳定运行期的 pH 和出水 NH_4^+-N 浓度计算，第 4 格室中的 FA 浓度为 4.8 mg/L 左右，远远高于 NOB 的抑制浓度而小于 AOB 的抑制浓度。③枯木填料床 A/O 处理系统内的温度始终控制在 32℃左右，而已有研究报道，在 30～35℃的温度范围内，AOB 的比生长速率要大于 NOB，有利于 NH_4^+-N 氧化和 NO_2^--N 积累[13]。④枯木填料表面着生的生物膜，以及污泥絮体内部，均可为厌氧的反硝化细菌创造适宜生存的厌氧微环境，而适宜的 pH、温度和基质条件，为短程硝化反硝化反应的进行提供了保障[3,14,15]。

然而，NO_2^--N 的反硝化反应需要有机碳源供给，将其还原为 N_2 所需的理论 C/N 值为 1.71[7]。由表 3-2 可见，在枯木填料床 A/O 处理系统的最后稳定运行期，第 4 格室的 COD去除/TN去除仅为 0.10 左右。因此，从传统的全程硝化反硝化和短程硝化反硝化脱氮理论角度分析，在进水 COD/TN 仅为 0.6 左右的情况下（表 3-1），获得了 88.2%的 TN 去除率，其原因似乎只有是异养反硝化菌群获得了足够的可利用有机碳源，而在枯木填料床 A/O 处理系统中，这些额外有机碳源只能来自于填料枯木的腐解。如表 3-2 所示，第 4 格室的 TN 去除量为 3.94 g/d，如果全部是通过短程反硝化途径得以去除，则需要 2.3 g/d 的可利用有机碳源，而同期的 COD 去除量仅为 0.41 g/d。也就是说，枯木为短程反硝化提供了大约 1.89 g/d 的 COD。然而，枯木腐解是否可以为短程硝化反硝化反应提供如此多的有机碳源，还有待考证。由于枯木填料的布设及其表面生物膜的着生，以及悬浮污泥絮体内外存在的 DO 梯度，不排除有 AnAOB 存在并发挥一定作用的可能，但在有较多可降解有机物存在的好氧环境中，Anammox 途径能否实现，也是一个值得深入研究的问题[16,17]。

由表 3-2 可知，作为厌氧区的前三格室也对系统脱氮做出了约 26.9%的贡献。由于进水中的 NO_3^--N 很少，与回流硝化液混合后的第 1 格室进水中的 NO_3^--N 也只有 0.6 mg/L 左右。因此，在枯木填料床 A/O 处理系统的厌氧区，发生全程硝化反硝化脱氮的总量是极其有限的。再者，第 1 格室进水中有大约 11.8 mg/L 的

NO_2^--N，还有大量的 NH_4^+-N 由原水带入，这为 AnAOB 的生长提供了必要的代谢基质。而厌氧、pH 8.3（图 3-8）、32℃以及较低的有机物浓度（第 1 格室进水 COD 约为 100 mg/L）等条件，则为 AnAOB 菌群的生长代谢提供了适宜条件[18,19]。然而，Anammox 与短程反硝化存在着对 NO_2^--N 的竞争作用，其中 AnAOB 菌群的竞争能力要弱于异养反硝化细菌[20]。因此判断，发生在厌氧区的 TN 去除，可能主要是通过短程硝化反硝化途径实现的。

3.3　HRT 对枯木填料床 A/O 系统处理效能的影响

3.3.1　枯木填料床 A/O 处理系统的 HRT 调控运行

如 3.2 节所述，经过 90 d 的启动运行，枯木填料床 A/O 处理系统在进水流量、HRT、温度和硝化液（出水）回流比分别为 16 L/d、18.7 h、32℃和 200% 的条件下，最终达到了相对稳定运行，对干清粪养猪场废水 COD、NH_4^+-N 和 TN 的平均去除率分别达到 76.4%、93.6% 和 89.0%，出水水质完全满足《畜禽养殖业污染物排放标准》的要求[6]。为进一步提高枯木填料床 A/O 系统的处理效能，在维持原有运行模式（厌氧区与好氧区的容积比为 3∶1）和其他控制参数（温度 32℃、好氧区 DO 1.5 mg/L、回流比 200%）不变的情况下，将 HRT 从启动运行期的 18.7 h 分阶段降低为 14.5 h 和 10.4 h，考察了系统在不同处理负荷条件下的运行特征与处理效能。对于枯木填料床 A/O 处理系统的 HRT 调控，分为两个阶段，各阶段的运行时间及进水水质如表 3-3 所示。

表 3-3　枯木填料床 A/O 处理系统在启动成功后的 HRT 调控运行阶段及水质

阶段	运行时间 (d)	HRT（h）	C/N 比[①]	COD （mg/L）	NH_4^+-N （mg/L）	NO_2^--N （mg/L）	NO_3^--N （mg/L）	TN （mg/L）
1	1～26	14.5	0.8±0.2	295±74	320.9±33.7	0.3±0.5	0±0.0	378.7±31.6
2	27～60	10.4	0.9±0.2	327±93	318.2±23.3	0.4±0.5	0.1±0.1	374.7±28.2

① C 以 COD 计，N 以 TN 计。

3.3.2　HRT 影响下的 COD 去除规律及沿程变化

3.3.2.1　HRT 对 COD 去除的影响

在枯木填料床 A/O 处理系统启动运行的最后阶段（表 3-1 所示的第 4 阶段），系统的有机负荷（organic loading rate，OLR）平均为 0.16 kg/（m³·d）。当 HRT 由启动运行阶段的 18.7 h 缩短到 14.5 h 后（表 3-3），系统的 OLR 大幅增加到了

0.25 kg/（m³·d）。如图 3-14 所示，进水流量或 OLR 的大幅提升，并未对系统造成明显冲击。在 HRT 调控运行第 1 阶段的前 16 d，由于进水 COD 浓度波动较大，系统对 COD 的去除率也随之呈现出一定程度的波动，但出水浓度相对稳定，平均为 59 mg/L。在第 1 阶段的最后 10 d（第 17～26 天），系统的进水和出水 COD 分别稳定在 298 mg/L 和 68 mg/L 左右，平均去除率为 77.2%。

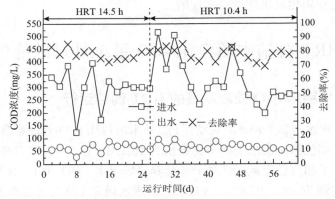

图 3-14　HRT 对枯木填料床 A/O 系统去除 COD 的影响

在调控运行的第 2 阶段（表 3-3），随着 HRT 进一步缩短为 10.4 h，枯木填料床 A/O 处理系统的 OLR 也提升到了 0.39 kg/（m³·d）。在为期 34 d（第 27～60 天）的连续运行中，尽管进水 COD 浓度波动仍然较大，但枯木填料床 A/O 处理系统出水浓度始终保持相对稳定，分别平均为 327 mg/L 和 69 mg/L，去除率稳定在 78.9% 左右。

以上结果表明，在 HRT 为 10.4～18.7 h[OLR 为 0.16～0.39 kg/（m³·d）]的范围内，HRT 的缩短（OLR 提高）不会对枯木填料床 A/O 系统的稳定运行和 COD 去除效率产生显著影响，说明系统在去除 COD 效能方面仍有一定潜力可以发挥。

3.3.2.2　COD 沿程去除规律

为了解 HRT 缩短对枯木填料床 A/O 处理系统去除 COD 效能造成的潜在影响，在 HRT 调控运行期间（表 3-3），对系统的四个格室的 COD 去除情况进行了跟踪检测，结果如图 3-15 和图 3-16 所示。

由图 3-15 可见，在干清粪废水进入枯木填料床 A/O 处理系统后，其中的 COD 浓度沿格室依次降低。在 HRT 为 14.5 h 的第 1 运行阶段（第 1～26 天）（表 3-3），第 1、第 2、第 3 和第 4 格室的进水 COD 分别平均为 140 mg/L、109 mg/L、85 mg/L 和 73 mg/L，系统的出水 COD 平均为 62 mg/L。根据进水流量（20.6 L/d）和出水回流比（200%）计算，第 1 至第 4 格室的 COD 日去除量分别平均为 1.92 g/d、

1.47 g/d、0.72 g/d 和 0.69 g/d，对枯木填料床 A/O 处理系统 COD 总去除量的贡献分别为 40.0%、30.6%、15.0% 和 14.4%（图 3-16）。显然，进水中的绝大部分 COD 是在位于枯木填料床 A/O 系统前端的厌氧区就已得到了去除，尤以第 1 和第 2 格室的贡献最为突出。

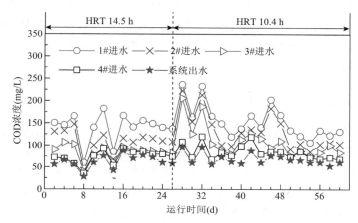

图 3-15　枯木填料床 A/O 系统各格室在 HRT 调控运行期的进水和出水 COD 变化规律

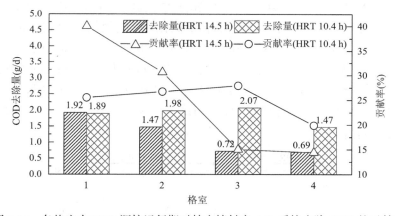

图 3-16　各格室在 HRT 调控运行期对枯木填料床 A/O 系统去除 COD 的贡献率

在 HRT 为 10.4 h 的第 2 运行阶段（表 3-3），COD 沿格室依次被去除的规律没有变化，但各格室对枯木填料床 A/O 系统去除 COD 的贡献率变化显著。如图 3-15 所示，在为期 34 d（第 27~60 天）的运行过程中，第 1~第 4 格室的进水 COD 分别平均为 154 mg/L、132 mg/L、109 mg/L 和 85 mg/L，系统的出水 COD 平均为 68 mg/L，各格室的 COD 日去除量分别平均为 1.89 g/d、1.98 g/d、2.07 g/d 和 1.47 g/d（进水流量和出水回流比分别为 28.8 L/d 和 200%），对处理系统 COD

总去除量的贡献分别为 25.5%、26.7%、27.9% 和 19.9%（图 3-16）。这一结果说明，在 HRT 为 10.4 h[OLR 为 0.39 kg/（m³·d）]的条件下，枯木填料床 A/O 处理系统前端格室的 COD 去除能力已得到充分发挥并达到了某一上限，导致更多的 COD 随水流进入后端格室，并使后端格室表现出较 HRT 为 14.5 h 时更高的 COD 去除率。尽管枯木填料床 A/O 处理系统在整体上仍然保持着优良的 COD 去除效能，但过多的 COD 进入末端好氧格室，有可能会对其中的 AOB、NOB 等硝化菌群的丰度及代谢活性造成不利影响，进而影响到系统对 NH_4^+-N 和 TN 的去除效能[21]。

3.3.3　HRT 对氨氮去除的影响

在枯木填料床 A/O 处理系统启动运行的最后阶段（表 3-1 所示的第 4 阶段），系统的 NH_4^+-N 负荷平均为 0.20 kg/（m³·d）。当 HRT 由启动运行阶段的 18.7 h 先后缩短到 14.5 h 和 10.4 h 后（表 3-3），系统的 NH_4^+-N 负荷分别大幅增加到了 0.28 kg/（m³·d）和 0.39 kg/（m³·d）。每一次 HRT 的缩短（NH_4^+-N 负荷提高），均对枯木填料床 A/O 处理系统的 NH_4^+-N 去除效能造成了显著冲击。如图 3-17 所示，当 HRT 在调控运行的第 1 阶段缩短到 14.5 h 后，枯木填料床 A/O 处理系统的 NH_4^+-N 去除率，从启动运行末期的 93.2% 左右（图 3-7）大幅减低到了 41.3% 左右。但是，这种因一时负荷冲击带来的影响很快就得到了恢复，连续运行 10 d 后，系统的 NH_4^+-N 去除率即达到了 90.5%，并趋于稳定。在稳定运行的第 18～26 天，枯木填料床 A/O 处理系统的进水和出水 NH_4^+-N 分别平均为 319.9 mg/L 和 18.7 mg/L，NH_4^+-N 平均去除率高达 94.2%。以上结果表明，枯木填料床 A/O 处理系统具有很好的抗 NH_4^+-N 负荷冲击能力，并具有处理更高 NH_4^+-N 负荷的潜力。

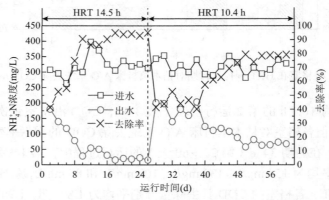

图 3-17　HRT 对枯木填料床 A/O 系统去除 NH_4^+-N 的影响

在 HRT 调控运行的第 2 阶段（表 3-3），将枯木填料床 A/O 处理系统的 HRT 由第 1 阶段的 14.5 h 进一步缩短到了 10.4 h，NH_4^+-N 负荷达到了 0.39 kg/（$m^3 \cdot d$）。如图 3-17 所示，NH_4^+-N 负荷的再次提高，同样对系统的 NH_4^+-N 去除效能造成了明显冲击，NH_4^+-N 去除率在 1 d 内（第 28 天）降低到了 41.5%。经过几天的适应，枯木填料床 A/O 处理系统的 NH_4^+-N 去除率逐渐增加，并在第 50 天后达到了相对稳定状态。在运行相对稳定的第 50～60 天，枯木填料床 A/O 处理系统的进水 NH_4^+-N 平均为 311.4 mg/L，NH_4^+-N 去除率稳定在 78.0%左右，出水浓度平均为 68.4 mg/L，满足《畜禽养殖业污染物排放标准》的要求[6]。然而，在 HRT 10.4 h 的条件下，枯木填料床 A/O 处理系统对 NH_4^+-N 的去除率，较 HRT 14.5 h 时（第 1 阶段）的 94.2%有了大幅下降，进一步缩短了 HRT（NH_4^+-N 负荷提高），将严重危及出水水质，NH_4^+-N 浓度无法满足《畜禽养殖业污染物排放标准》要求的风险很大[6]。

如图 3-9 所示，好氧的第 4 格室，是枯木填料床 A/O 处理系统 NH_4^+-N 氧化的主要功能区域。HRT 越短，留给第 4 格室进行 NH_4^+-N 氧化或硝化作用的时间就越少。在 HRT 为 10.4 h[NH_4^+-N 负荷为 0.39 kg/（$m^3 \cdot d$）]的条件下，第 4 格室的反应时间仅有 2.6 h，极大影响了 NH_4^+-N 的氧化效率。为进一步提高枯木填料床 A/O 处理系统的 NH_4^+-N 去除效能，在不改变系统总容积的条件下，适当扩大枯木填料床 A/O 处理系统的好氧区容积，为 NH_4^+-N 氧化提供更为充足的反应时间，是比较切合实际的解决途径。

3.3.4　HRT 对总氮去除的影响

如图 3-18 所示，在 HRT 由启动运行阶段的 18.7 h 先后缩短到 14.5 h 和 10.4 h 的过程中，枯木填料床 A/O 处理系统对 TN 的去除也发生了明显变化，但其变化规律与 NH_4^+-N（图 3-17）高度一致，即每次 HRT 的缩短，都会给系统 TN 去除效能造成短时间的冲击，导致 TN 去除率明显下降，但都能经过较短时间的调整适应，很快得到恢复。在 HRT 为 14.5 h 的第 1 阶段的稳定期（第 16～26 天），枯木填料床 A/O 处理系统的进水和出水 TN 分别平均为 379.8 mg/L 和 57.2 mg/L，TN 去除率高达 84.9%左右。当枯木填料床 A/O 处理系统在第 2 运行阶段再次达到相对稳定状态后（第 52～60 天），尽管 HRT 只有 10.4 h，系统对 TN 的去除率也能保持在 72.1%左右的水平，期间的进水和出水 TN 浓度分别平均为 381.3 mg/L 和 106.3 mg/L。

如表 3-3 所示，在 HRT 调控运行的两个阶段，枯木填料床 A/O 处理系统进水的 COD/TN 分别平均只有 0.8 和 0.9。在为期 60 d 的 HRT 调控运行期，系统出水的 COD去除/TN去除平均只有 1.08（图 3-19），不仅低于全程硝化反硝化所需的 2.86，甚至低于短程硝化反硝化所需的 1.71[7]。因此推断，在枯木填料床 A/O 处理系统中，一定有内源性可生物降解有机碳源供给或有其他生物脱氮途径存在。

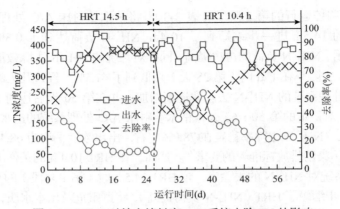

图 3-18　HRT 对枯木填料床 A/O 系统去除 TN 的影响

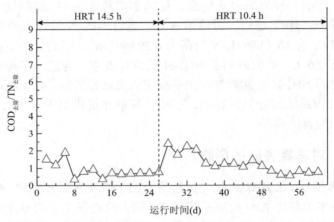

图 3-19　枯木填料床 A/O 系统在 HRT 调控运行期的 COD$_{去除}$/TN$_{去除}$变化规律

3.3.5　枯木填料床 A/O 系统的生物脱氮功能分析

3.3.5.1　NO$_2^-$-N 积累及原因解析

为了解 HRT 缩短对枯木填料床 A/O 处理系统 NH$_4^+$-N 转化和生物脱氮的影响，在为期 60 d 的 HRT 调控运行期（表 3-3），对系统的 NO$_x^-$-N、pH、FA 变化规律，以及各格室的 TN 去除及其对系统去除 TN 的贡献进行了分析。

无论是全程硝化反硝化或是短程硝化反硝化生物脱氮，均以 NH$_4^+$-N 氧化为 NO$_3^-$-N 和（或）NO$_2^-$-N 为基础，而干清粪养猪场废水中的 TN 以 NH$_4^+$-N 为主（表 3-3）。因此，枯木填料床 A/O 处理系统中的 NO$_x^-$-N 积累情况，可从一个侧面反映其 NH$_4^+$-N 氧化及生物脱氮的潜力。如图 3-20 所示，在 HRT 调控运行的 60 d 里，枯木填料床 A/O 处理系统进水的 NO$_x^-$-N 很少，而出水中的浓度则有大幅提高。在

HRT 分别为 14.5 h 和 10.4 h 运行阶段初期，受 NH_4^+-N 负荷冲击（图 3-17）的影响，系统出水中的 NO_x^--N 浓度相对较低，但随着运行时间的延续，逐渐回升并在各阶段末期表现出相对稳定状态。在第 1 阶段（HRT 14.5 h）的稳定期（第 18～26 天），出水 NO_2^--N 和 NO_3^--N 浓度分别平均为 27.8 mg/L 和 1.43 mg/L，NO_2^--N 积累率高达 95.1% 左右。在 HRT 为 10.4 h 的第 2 运行阶段的稳定期（第 52～60 天），出水 NO_2^--N 和 NO_3^--N 浓度均有一定程度的下降，分别平均为 17.7 mg/L 和 1.1 mg/L，NO_2^--N 积累率也随之降低到了 90.1% 左右。

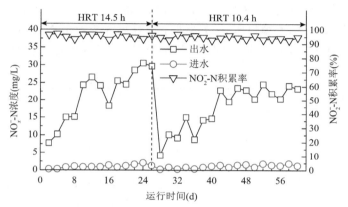

图 3-20　枯木填料床 A/O 系统在 HRT 调控运行期的 NO_x^--N 浓度和 NO_2^--N 积累率变化规律

　　分析认为，枯木填料床 A/O 处理系统所呈现的良好 NO_2^--N 积累特征，可能与处理系统中的 pH 及 FA 直接相关。检测结果表明，在 HRT 调控运行的两个阶段，枯木填料床 A/O 处理系统的进水、厌氧区出水（第 3 格室）和好氧区出水（第 4 格室）的 pH，始终变化不大，分别平均为 8.4、8.5 和 8.4（图 3-21、图 3-22）。

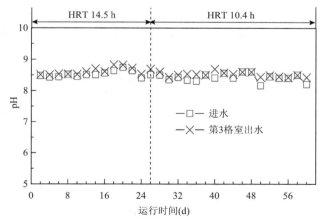

图 3-21　枯木填料床 A/O 系统厌氧区（前三格室）在 HRT 调控运行期的进水与出水 pH 变化规律

而 NOB 和 AOB 的最适 pH 分别为 6.0~7.5 和 7.0~8.5[3]。显然，在好氧的第 4 格室，其 pH 更有利于 AOB 的生长代谢，而对 NOB 的生长代谢会起到明显的抑制作用。如图 3-17 所示，在 HRT 调控运行的第 1 和第 2 阶段，第 4 格室出水 NH$_4^+$-N 浓度分别平均为 59.6 mg/L 和 120.4 mg/L，平均 pH 分别为 8.4 和 8.4（图 3-22），由此可计算出好氧区在这两个运行阶段的 FA 分别为 11.98 mg/L 和 21.65 mg/L 左右（图 3-23）。已有研究表明，FA 对 NOB 和 AOB 的抑制浓度分别为 0.1~1.0 mg/L 和 5.0~40.0 mg/L[10-12]。显然，在 HRT 分别为 14.5 h 和 10.4 h 的两个运行阶段，第 4 格室中的 FA 均大于 NOB 的抑制浓度，而小于 AOB 的抑制浓度。在 pH 和 FA 的联合作用下，枯木填料床 A/O 处理系统好氧区的 NH$_4^+$-N 氧化能够顺利进行，而 NO$_2^-$-N 的氧化则会受到显著抑制，因此导致了 NO$_2^-$-N 的显著积累。

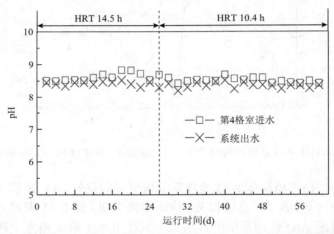

图 3-22　枯木填料床 A/O 系统好氧区（第 4 格室）在 HRT 调控运行期的进水与出水
pH 变化规律

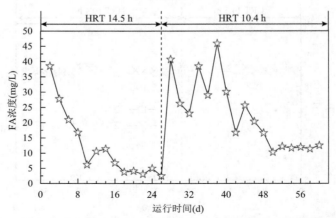

图 3-23　枯木填料床 A/O 系统好氧区（第 4 格室）在 HRT 调控运行期的 FA 变化规律

3.3.5.2　系统的 TN 去除及各格室贡献

为查明枯木填料床 A/O 处理系统去除 TN 的功能区域，对 HRT 分别为 14.5 h 和 10.4 h 运行阶段稳定期的 TN 沿程变化及各格室对系统 TN 去除的贡献率做了进一步分析。如图 3-24 所示，在第 1 阶段最后 9 d 的稳定运行期（第 18～26 天），枯木填料床 A/O 处理系统第 1 至第 4 格室进水 TN 分别平均为 164.3 mg/L、154.6 mg/L、150.2 mg/L 和 145.6 mg/L，系统出水浓度为 56.9 mg/L 左右。而在第 2 运行阶段的最后 9 d，系统的出水 TN 平均为 106.3 mg/L，第 1 至第 4 格室进水 TN 分别平均为 197.2 mg/L、176.1 mg/L、167.8 mg/L 和 163.1 mg/L。依据以上数据，并考虑各阶段的进水流量（分别为 20.6 L/d 和 28.8 L/d）和出水回流比（均为 200%），计算得到各格室对枯木填料床 A/O 处理系统 TN 去除的贡献率。如图 3-25 所示结果表明，枯木填料床 A/O 处理系统进水中的 TN，主要是由

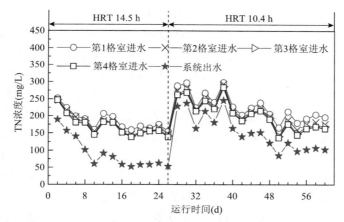

图 3-24　枯木填料床 A/O 系统各格室在 HRT 调控运行期的 TN 变化规律

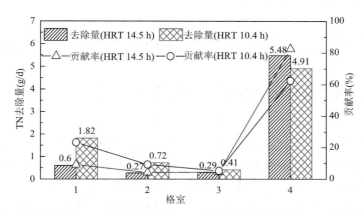

图 3-25　枯木填料床 A/O 系统各格室在 HRT 调控运行期对系统 TN 去除的贡献率

好氧的第 4 格室去除。分析认为，尽管第 4 格室始终处于充分曝气状态，但填料床中的枯木为生物膜的着生提供了丰富的界面，从而营造出厌氧、缺氧和好氧等多种微环境，使得 AOB、NOB 和反硝化菌群等生物脱氮功能微生物能够共栖于第 4 格室，它们对 NH_4^+-N 的协同代谢使得该格室成为枯木填料床 A/O 处理系统生物脱氮的主要功能区。

3.3.5.3　好氧区生物脱氮途径分析

由图 3-24 和图 3-25 可见，干清粪养猪场废水中的 TN，主要是在枯木填料床 A/O 处理系统的好氧区（第 4 格室）去除，这与 A/O 系统生物脱氮主要发生在厌氧或缺氧工艺段或区域的传统认识有着显著不同。如前文所述，以枯木作为填料构建填料床 A/O 系统的初衷，是希望借助枯木的腐解，改善干清粪废水的 C/N，以强化硝化反硝化生物脱氮效能。依据图 3-15 所示的数据计算，在 HRT 分别为 14.5 h 和 10.4 h 运行阶段的稳定期（均取最后 9 d 的数据），枯木填料床 A/O 处理系统第 4 格室去除的 COD 量分别平均为 0.82 g/d 和 1.19 g/d。结合图 3-18 所示的 TN 去除数据，计算得到第 4 格室在 HRT 为 14.5 h 和 10.4 h 条件下的 COD$_{去除}$/TN$_{去除}$ 分别为 0.15 和 0.24。如 3.3.5.1 节所述，依据传统的硝化反硝化生物脱氮理论，第 4 格室的生物脱氮途径以碳源需求较少的短程硝化反硝化为主。假设所有的异养反硝化脱氮均由短程硝化反硝化途径实现，依照 1.71 这一短程硝化反硝化所需的 COD$_{去除}$/TN$_{去除}$ 计算，在第 1 和第 2 阶段稳定期，由填料床枯木腐解提供的可生物利用 COD 至少分别为 8.5 g/d 和 7.2 g/d[7]。这一计算结果表明，枯木腐解对调节干清粪废水 C/N 的作用是很大的，有利于强化硝化反硝化生物脱氮效能。然而，如 3.2.4.4 节所讨论的，枯木腐解是否可以为短程硝化反硝化反应提供如此多的有机碳源还有待考证，枯木填料床 A/O 处理系统中也很有可能存在无须有机碳源的 Anammox 生物脱氮途径[16, 17]。

3.4　改良枯木填料床 A/O 系统的处理效能

3.4.1　改良枯木填料床 A/O 系统的构建与调控运行

在 3.1.1 节中，介绍了枯木填料床 A/O 系统的构建方法，并在厌氧区与好氧区容积比为 3∶1 的运行模式下，探讨了系统的启动运行特征（参见 3.2 节）及 HRT 影响下的处理效能（参见 3.3 节）。在如 3.3 节所述的 HRT 对枯木填料床 A/O 系统处理效能的影响研究中发现，在 HRT 为 14.5 h[OLR 0.25 kg/（m³·d）、NH_4^+-N 负荷 0.28 kg/（m³·d）]时，系统的 COD、NH_4^+-N 和 TN 去除率可分别稳定在 77.2%、94.2% 和 84.9% 左右，出水平均浓度分别为 68 mg/L、18.7 mg/L 和 57.2 mg/L。当

HRT 缩短到 10.4 h 后，亦即在 OLR 和 NH$_4^+$-N 负荷同为 0.39 kg/（m³·d）的运行阶段，枯木填料床 A/O 系统的 COD、NH$_4^+$-N 和 TN 去除率分别稳定在 78.9%、78.0% 和 72.1%左右，出水浓度分别平均为 69 mg/L、68.4 mg/L 和 106.3 mg/L。这些结果表明，当 HRT 由 14.5 h 缩短到 10.4 h 后，枯木填料床 A/O 系统对 COD 的去除效能未受到显著影响，但对 NH$_4^+$-N 和 TN 的去除效能明显下降。进一步地缩短 HRT，可能会因 NH$_4^+$-N 负荷过高造成出水 NH$_4^+$-N 浓度无法满足《畜禽养殖业污染物排放标准》的要求[6]。

为进一步提高枯木填料床 A/O 系统的处理效能，尤其是 NH$_4^+$-N 氧化和 TN 去除效能，笔者课题组对原有枯木填料床 A/O 系统的运行模式进行了改良，即将系统的好氧区与厌氧区的容积比从原来的 3:1 修正为 1:1（图 3-1），以期通过好氧区 HRT 的延长，为 NH$_4^+$-N 氧化提供更充分的时间，使系统能够在更短的 HRT 或更高的 NH$_4^+$-N 负荷下，仍能保持良好的 COD、NH$_4^+$-N 和 TN 去除效能。对枯木填料床 A/O 系统运行模式的具体改良方法是：保持第 1 和第 2 格室的厌氧处理功能，将第 3 格室由厌氧变换为好氧条件下运行，并以原有第 4 格室排出的好氧污泥予以接种；作为改良系统的好氧区，第 3 与第 4 格室的 DO 均控制在 1.5 mg/L 左右；出水（硝化液）回流比（200%）及温度（32℃）保持不变。对于改良枯木填料床 A/O 系统的调控运行，依据 HRT 的不同分为两个阶段，第 1 阶段和第 2 阶段的 HRT 分别为 10.4 h（进水流量 28.8 L/d）和 8.3 h（进水流量 36.0 L/d），各阶段的运行时间及进水水质如表 3-4 所示。

表 3-4　改良枯木填料床 A/O 系统的运行阶段及进水水质

阶段	运行时间（d）	HRT（h）	C/N 比①	COD（mg/L）	NH$_4^+$-N（mg/L）	NO$_2^-$-N（mg/L）	NO$_3^-$-N（mg/L）	TN（mg/L）
1	1~16	10.4	1.0±0.2	346±62	306.4±21.7	0.4±0.2	0±0.0	359.4±24.9
2	17~40	8.3	0.9±0.3	294±39	295.2±36.8	0.3±0.2	0.0±0.0	344.3±37.9

① C 以 COD 计，N 以 TN 计。

3.4.2　改良枯木填料床 A/O 系统的 COD 去除特征

3.4.2.1　改良系统对 COD 去除的变化规律

将厌氧区与好氧区的容积比调整为 1:1 后，枯木填料床 A/O 系统对 COD 的去除效能得到了显著加强。如图 3-26 所示，在 HRT 为 10.4 h 的第 1 运行阶段（表 3-4），尽管进水 COD 在 271~444 mg/L 之间有较大波动，但出水 COD 始终较低且变化不大。在为期 16 d（第 1~16 天）的连续运行中，枯木填料床 A/O 系统的进水和出水 COD 浓度分别平均为 347 mg/L 和 42 mg/L，去除率高达 87.9%

左右。在第 2 运行阶段，枯木填料床 A/O 系统的进水 COD 在 231～354 mg/L 范围仍有较大波动。尽管 HRT 缩短到了 8.3 h，但系统依然保持着较高且稳定的 COD 去除率。在为期 24 d（第 17～40 天）的连续运行中，系统的进水和出水 COD 分别平均为 394 mg/L 和 40 mg/L，去除率稳定在 86.1%左右。

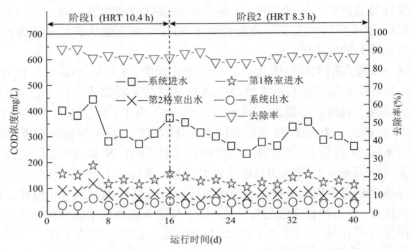

图 3-26　改良枯木填料床 A/O 系统在 HRT 调控运行期的 COD 去除变化规律

在为期 40 d 的 HRT 调控运行过程中（图 3-26），尽管进水 COD 有较大波动，HRT 也由 10.4 h 缩短到了 8.3 h，但改良枯木填料床 A/O 系统的出水 COD 和 COD 去除率始终保持了相对稳定，分别平均为 41 mg/L 和 86.8%。这一结果表明，改良后的枯木填料床 A/O 系统，不仅使 COD 的去除效能得到了进一步提高，系统的运行稳定性也有显著改善。

3.4.2.2　厌氧区和好氧区对系统 COD 去除的贡献率

依据 COD 的进水浓度、厌氧区及好氧区的出水浓度（图 3-26），以及进水流量（28.8 L/d）和出水回流比（200%），可计算得到改良枯木填料床 A/O 系统厌氧区（前两个格室）和好氧区（后两个格室）对系统 COD 总去除量的贡献率。如图 3-27 所示，在 HRT 为 10.4 h 的运行阶段，厌氧区和好氧区对系统总 COD 去除的贡献率分别为 57.1%和 42.9%。而在 HRT 为 8.3 h 的第 2 运行阶段，厌氧区和好氧区对系统总 COD 去除的贡献率分别为 63.7%和 36.3%。可见，尽管好氧区的有效容积较改良前增加了 1 倍，而厌氧区的减少了 1/3，但有 50%以上的进水 COD 仍然是在厌氧区得以去除，这与改良前的枯木填料床 A/O 系统的功能分区现象（图 3-16）保持了一致。可以断定的是，好氧区的增容，势必会提高 NH_4^+-N 的氧化效率，甚至对系统的 TN 去除亦具有积极影响。

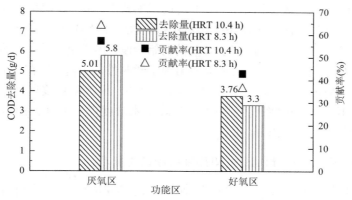

图 3-27　改良枯木填料床 A/O 系统各格室在 HRT 调控运行期对系统 COD 去除的贡献率

3.4.3　改良枯木填料床 A/O 系统对氨氮的去除特征

3.4.3.1　改良系统对 NH_4^+-N 去除的变化规律

如图 3-17 所示，在厌氧区与好氧区容积比为 3∶1、HRT 为 10.4 h 的运行模式下，当枯木填料床 A/O 系统达到相对稳定状态后，其 NH_4^+-N 去除率平均仅为 77.8%。当厌氧区与好氧区容积比改变为 1∶1 后，在相同的 HRT 条件下，枯木填料床 A/O 系统对 NH_4^+-N 的去除率明显上升，并在第 10 天达到了 99.6%，出水 NH_4^+-N 浓度仅为 1.1 mg/L（图 3-28）。如图 3-28 所示，在 HRT 为 10.4 h 运行阶段的相对稳定期（第 8～16 天），改良枯木填料床 A/O 系统的进水和出水 NH_4^+-N 分别平均为 308.8 mg/L 和 13.8 mg/L，平均去除率高达 95.5%，去除负荷平均为 0.35 kg/($m^3 \cdot d$)。可见，好氧区的增容，大幅提高了 NH_4^+-N 的氧化效率，保证了出水 NH_4^+-N 的达标排放。

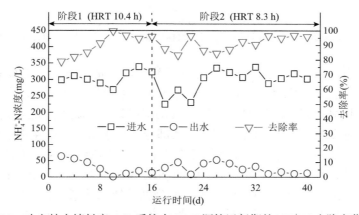

图 3-28　改良枯木填料床 A/O 系统在 HRT 调控运行期的 NH_4^+-N 去除变化规律

在厌氧区与好氧区容积比为 1 : 1 的运行模式下，即便当 HRT 进一步缩短到 8.3 h 后，改良枯木填料床 A/O 系统仍然保持了优良的 NH_4^+-N 去除效能。如图 3-28 所示，尽管在 HRT 进一步缩短到 8.3 h 的初始阶段，由于负荷冲击的影响，改良枯木填料床 A/O 系统对 NH_4^+-N 的去除率出现了暂时性的下降，但在 5 d 后即完全恢复并重新达到稳定。在该运行阶段的稳定期（第 32～40 天），改良枯木填料床 A/O 系统的 NH_4^+-N 平均去除率仍然高达 94.8%，出水浓度仅为 16.1 mg/L 左右，NH_4^+-N 去除负荷达到了 0.44 kg/（m^3·d）。

3.4.3.2 厌氧区和好氧区对 NH_4^+-N 去除的贡献率

依据改良枯木填料床 A/O 系统分别在 HRT 10.4 h 和 8.3 h 运行阶段稳定期的数据，计算得到厌氧区（前两个格室）及好氧区（后两个格室）对整个系统 NH_4^+-N 去除总量的贡献。如图 3-29 所示，在 HRT 为 10.4 h 的第 1 运行阶段相对稳定期（第 8～16 天），第 1～第 4 格室对改良枯木填料床 A/O 系统去除 NH_4^+-N 的贡献率依次为 0.3%、8.5%、30.7% 和 60.5%。依照同样计算法则，得到第 1～第 4 格室在 HRT 为 8.3 h 的第 2 运行阶段稳定期（第 32～40 天）对改良枯木填料床 A/O 系统 NH_4^+-N 去除总量的贡献率依次为 17.7%、10.1%、45.5% 和 26.7%。

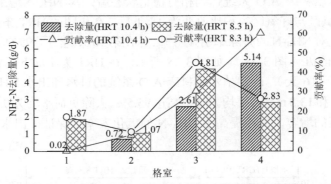

图 3-29　改良枯木填料床 A/O 系统各格室在 HRT 调控运行期对系统 NH_4^+-N 去除的贡献率

分析认为，在 HRT 为 10.4 h 的第 1 运行阶段，枯木填料床 A/O 系统的运行模式，刚刚完成第 3 格室从厌氧到好氧的转变，尽管其接种污泥为第 4 格室的好氧污泥，但其填料床上的生物膜，在 16 d 的运行期内，显然未能达到成熟状态，导致随水流进入好氧区的 NH_4^+-N 氧化，大部分由位于末端的第 4 格室承担。随着运行时间的延续，第 3 格室的生物膜逐渐生长并趋于成熟，因此在 HRT 为 8.3 h 的第 2 运行阶段稳定期，呈现出了更强的 NH_4^+-N 氧化功能，使其 NH_4^+-N 去除效能显著提高，由此导致的 NH_4^+-N 浓度大幅降低，使末端第 4 格室的 NH_4^+-N 去除量及贡献率明显下降。这一结果同时说明，在 HRT 为 8.3 h 的工况下，第 4 格室的 NH$_4^+$-N 氧化功能仍有冗余,使改良枯木填料床 A/O 系统具备了一定的抗 NH$_4^+$-N 负荷冲击能力,能够保障出水 NH$_4^+$-N 的达标。

3.4.4　改良系统的总氮去除及生物脱氮功能分析

3.4.4.1　改良系统对 TN 去除的变化规律

由于干清粪养猪场废水中的 TN 主要由 NH$_4^+$-N 贡献(表 3-4),在 HRT 调控运行过程中,改良枯木填料床 A/O 系统对 TN 的去除(图 3-30),表现出与 NH$_4^+$-N 去除一致的变化规律(图 3-28)。如图 3-30 所示,在 HRT 为 10.4 h 的相对稳定运行期(第 8~16 天),改良枯木填料床 A/O 系统的进水和出水 TN 分别为 359.9 mg/L 和 61.5 mg/L 左右,去除率平均为 82.9%,去除负荷平均为 0.36 kg/(m³·d)。在 HRT 为 8.3 h 的相对稳定运行期(第 32~40 天),改良枯木填料床 A/O 系统的进水和出水 TN 分别平均为 360.4 mg/L 和 47.7 mg/L,TN 平均去除率高达 86.6%,去除负荷达到 0.47 kg/(m³·d)左右。

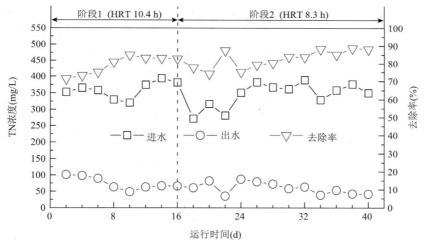

图 3-30　改良枯木填料床 A/O 系统在 HRT 调控运行期的 TN 去除变化规律

如图 3-28 和图 3-30 所示的结果表明,改良枯木填料床 A/O 系统不仅保持了优良的 NH$_4^+$-N 去除效率,也具有很好的生物脱氮效能。计算结果表明,在 HRT 调控运行的两个阶段,改良枯木填料床 A/O 系统的 COD$_{去除}$/TN$_{去除}$最高时也只有 1.50(平均仅为 0.87)(图 3-31),甚至不能满足短程硝化反硝化脱氮对 C/N 至少为 1.71 的要求[7]。这一结果再次说明,改良枯木填料床 A/O 系统具有高效的生物脱氮途径,但是否是以枯木腐解为缓释碳源的异养反硝化途径为主导,有待进一步探讨。

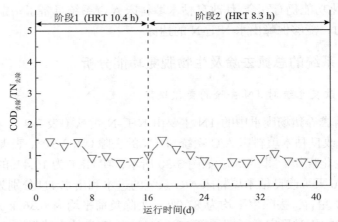

图 3-31 改良枯木填料床 A/O 系统在 HRT 调控运行期的 COD$_{去除}$/TN$_{去除}$变化规律

3.4.4.2 改良系统的 NO$_2^-$-N 积累及其变化

对改良枯木填料床 A/O 系统在 HRT 调控运行过程（表 3-4）中 NO$_x^-$-N 的检测结果表明，系统出水的 NO$_3^-$-N 始终处于 5.0 mg/L 以下的较低水平，而 NO$_2^-$-N 的积累比较显著。如图 3-32 所示，由于进水 NH$_4^+$-N 的波动（图 3-28），改良枯木填料床 A/O 系统出水的 NO$_2^-$-N 亦有显著波动。在 HRT 为 10.4 h 的第 1 阶段，改良枯木填料床 A/O 系统出水中的 NO$_2^-$-N 和 NO$_3^-$-N 平均浓度为 32.8 mg/L 和 2.1 mg/L，NO$_2^-$-N 积累率平均高达 93.6%。在 HRT 为 8.3 h 的第 2 阶段，随着 TN 去除率的提高（图 3-30），改良枯木填料床 A/O 系统出水中的 NO$_2^-$-N 和 NO$_3^-$-N 平均浓度均有所降低，分别为 21.3 mg/L 和 1.4 mg/L，但 NO$_2^-$-N 积累率仍然维持在 93.8%左右的较高水平。

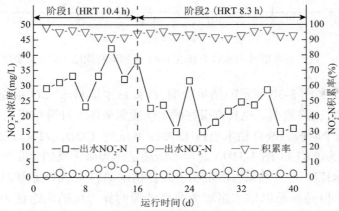

图 3-32 改良枯木填料床 A/O 系统在 HRT 调控运行期的 NO$_x^-$-N 浓度和 NO$_2^-$-N 积累率变化规律

3.4.4.3 改良系统中的 FA 及其生物毒性分析

如 1.4 节所述，参与废水生物脱氮的主要功能菌群包括 AOB、NOB、AnAOB
和异养反硝化菌群。而图 3-28 和图 3-30 所示的结果表明，改良枯木填料床 A/O
系统不仅保持了优良的 NH_4^+-N 去除效率，TN 去除率也高达 86.6% 左右。为了解
参与生物脱氮过程的功能菌群在枯木填料床 A/O 系统中存在的可能性，从 pH 和
FA 两个方面对处理系统的内部环境进行了分析。对改良枯木填料床 A/O 系统在
HRT 调控运行阶段的 pH 检测结果表明，其进水以及厌氧区（前两个格室）和
好氧区（后两个格室）出水的 pH，始终保持相对稳定，且平均值相近，分别为
8.6（±0.1）、8.5（±0.1）和 8.3（±0.1），适宜于 AOB、AnAOB 和异养反硝化菌群
的生长代谢，而对 NOB 具有显著抑制作用[3,18,19]。这一结果从另一个方面解释了
枯木填料床 A/O 系统为何会出现明显的 NO_2^--N 积累，而 NO_3^--N 始终保持在较低
水平（图 3-32）。

较高的 NH_4^+-N 浓度会导致更多的 FA 产生，进而对生物脱氮功能菌群产生毒
性。已有研究表明，FA 对 NOB 和 AOB 的抑制浓度分别为 0.1～1.0 mg/L 和 5～
40 mg/L[10-12]。依据改良枯木填料床 A/O 系统中的 NH_4^+-N 浓度和 pH，可计算得到
系统中的 FA 及其变化情况。如图 3-33 所示，在 HRT 为 10.4 h 的第 1 运行阶段，
即在枯木填料床 A/O 系统的厌氧区与好氧区容积比由 3∶1 转换为 1∶1 之后运行
的第 1 天，厌氧区出水（即第 2 格室出水）和好氧区出水（即第 4 格室出水）的
FA 分别高达 31.8 mg/L 和 10.2 mg/L，但随着 NH_4^+-N 和 TN 去除率的提高（图 3-28、
图 3-30），FA 也随之逐步下降。在 NH_4^+-N 和 TN 去除率相对稳定的第 8～16 天，
厌氧区和好氧区的出水 FA 分别平均为 13.3 mg/L 和 2.7 mg/L，最低值分别为
10.9 mg/L（第 12 天）和 0.2 mg/L（第 10 天）。进入 HRT 为 8.3 h 的第 2 运行阶段
后，厌氧区和好氧区出水的 FA，虽有明显波动，但均表现出逐步降低的趋势。

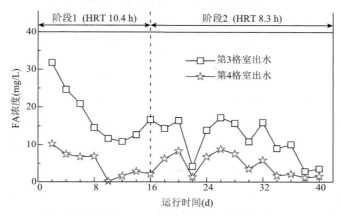

图 3-33　改良枯木填料床 A/O 系统在 HRT 调控运行期的 FA 变化规律

在 NH_4^+-N 和 TN 去除率相对稳定的第 32～40 天，厌氧区和好氧区出水的 FA 分别平均为 8.2 mg/L 和 2.4 mg/L，最低值分别为 2.8 mg/L 和 1.1 mg/L（第 38 天）。以上结果表明，在 HRT 调控运行过程中，在改良枯木填料床 A/O 系统的 NH_4^+-N 氧化功能区，即好氧的第 3 和第 4 格室中的 FA，均低于 AOB 的毒性阈值，而高于 NOB 的毒性阈值。这从另一个方面解释了枯木填料床 A/O 系统出现明显 NO_2^--N 积累和较低出水 NO_3^--N 浓度这一现象（图 3-32）。

3.4.4.4 改良系统的格室功能分析

为了解 NH_4^+-N 和 TN 在改良枯木填料床 A/O 系统中的去除规律，依据其在 HRT 为 8.3 h 运行阶段相对稳定期（第 32～40 天）的数据，对各格室的 COD、NH_4^+-N 和 TN 去除量进行计算，结果如表 3-5 所示。计算结果表明，好氧区，即第 3 和第 4 格室，不仅是改良枯木填料床 A/O 系统去除 NH_4^+-N 的主要功能区，也是去除 TN 的主要功能区。与改良前相比，尽管枯木填料床 A/O 系统的厌氧区有效容积减少了 1/3，但并未改变大部分 COD 在厌氧区得以去除这一规律（图 3-4、图 3-16）。在 HRT 为 8.3 h 的条件下，改良后的厌氧区（前两个格室）对系统去除 COD 的贡献率平均为 59.1%，而好氧区的贡献率为 39.8% 左右。作为 NH_4^+-N 和 TN 去除的主要功能区，好氧区（后两个格室）对系统去除 NH_4^+-N 和 TN 的贡献率分别高达 72.2% 和 73.9%。其中，第 4 格室对 NH_4^+-N 和 TN 的净去除量分别为 2.83 g/d 和 3.73 g/d，显著低于第 3 格室的 4.81 g/d 和 4.59 g/d。这一结果表明，在 HRT 为 8.3 h 的工况下，第 4 格室的 NH_4^+-N 氧化及生物脱氮功能仍有冗余，预示着改良枯木填料床 A/O 系统可耐受更高的 NH_4^+-N 或 TN 负荷，对水质水量变化造成的负荷冲击具有良好的消纳能力，保障系统的高效稳定运行。

表 3-5 改良枯木填料床 A/O 系统的碳氮逐格室去除

格室		项目				
		COD	NH_4^+-N	NO_3^--N	NO_2^--N	TN
1	进水[①]（mg/L）	129±16	114.1±11.8	0.8±0.2	21.6±5.8	151.9±13.7
	出水（mg/L）	108±19	96.7±10.3	0.0	6.0±2.9	136.8±14.3
	去除量（g/d）	2.25±1.2	1.88±0.18	0.09±0.0	1.69±0.61	1.63±0.38
2	出水（mg/L）	76±5	86.8±13.8	0.0	0.6±0.5	124.5±14.5
	去除量（g/d）	3.45±1.33	1.06±0.48	0±0.01	0.58±0.29	1.31±0.35
3	出水（mg/L）	50±3	42.3±21.7	1.5±0.9	19.6±5.4	82.3±11.9
	去除量（g/d）	2.80±0.78	4.81±1.59	—	—	4.59±0.70

续表

格室		项目				
		COD	NH₄⁺-N	NO₃⁻-N	NO₂⁻-N	TN
4	出水（mg/L）	41±4	16.1±7.5	1.3±0.3	21.6±5.2	47.7±8.4
	去除量（g/d）	1.04±0.51	2.83±1.68	—		3.73±0.52
系统	进水（mg/L）	306±31	310.1±15.3	0.0±0.0	0.1±0.1	360.4±19.0
	出水（mg/L）	41±4	16.1±7.5	1.3±0.3	21.6±5.2	47.7±8.4
	去除量（g/d）	9.64±0.98	10.58±0.37	—		11.26±0.51

① 第 1 格室的进水浓度，由进水量、回流水量及其污染物浓度折算。

　　表 3-5 所示的结果还说明，随回流水重新进入改良枯木填料床 A/O 系统的 NO_x^--N，在位于前端的厌氧区均得到了有效去除，说明在厌氧的第 1 和第 2 格室中发生了有效的异养反硝化反应，但对系统 TN 去除的贡献率分别为 14.5% 和 11.6%，两个格室的总贡献率也只有 26.1%。然而，位于后端的好氧区（第 3 和第 4 格室），在 COD$_{去除}$/TN$_{去除}$ 不足 1.5 的情况下（图 3-31），竟然获得了高达 86.6% 的 TN 去除率（图 3-30），其机理尚需进一步探讨。

3.4.5　填料与生物相的观察分析

　　如 3.1.1 节所述，用于干清粪养猪场废水处理的填料床 A/O 系统，其填料为白桦枯木。选择白桦枯木作为构建填料床的材料，是基于如下两点考虑：①白桦具有结构细腻、导管组织比量高、富有弹性、力学强度和吸湿性大等材质特点，是构建废水生物处理填料床的优良天然材料[22]；②白桦木材，其可生物降解的纤维素含量高达 51%，在水湿环境中易于腐解，可发挥缓释碳源功能，强化废水处理系统通过硝化反硝化途径的生物脱氮效能[23]。为了解白桦枯木是否在枯木填料床 A/O 系统的运行过程中发挥了上述功能，在处理系统启动运行 90 d 后（表 3-1），从反应器中采集枯木填料样品，对其表观特征进行了电子扫描显微观察。

　　如图 3-34（a）和（b）所示，白桦枯木的导管组织发达，排列紧密且有序，因组织死亡，使其表面呈现出致密的细微"沟壑"结构。进一步放大观察发现[图 3-34（c）和（d）]，枯木填料表面并不光滑，分布着因组织细胞死亡而形成的大量微细空隙、腔道和孔洞，使其具有了极大的表面积，为微生物的着生和生物膜的生长提供了良好的界面条件。枯木表面及内部存在的大量腔道结构，不仅有利于空气、水及其溶解物的传输，而且为木质纤维素的水解创造了有利条件。

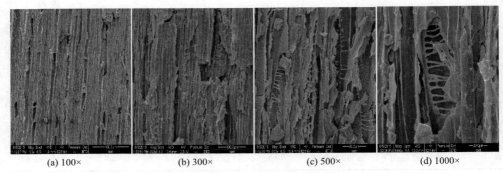

(a) 100×　　　(b) 300×　　　(c) 500×　　　(d) 1000×

图 3-34　白桦枯木材料的电子扫描显微镜观察

　　经过 90 d 的启动运行,枯木填料表面大量的"沟壑"结构大都被生物膜覆盖,但仍保留着丰富的孔洞结构,未观察到有明显的"崩塌"痕迹[图 3-35(a)和(b)]。进一步的放大观察发现[图 3-35(c)和(d)],在枯木填料表面形成的结构紧密的生物膜,使枯木原有的细微结构几不可见。在生物膜表面可观察到球菌和杆菌

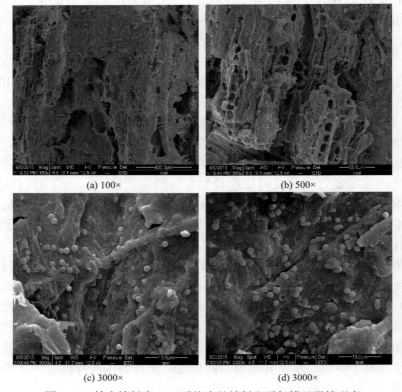

(a) 100×　　　　　　　　　　(b) 500×

(c) 3000×　　　　　　　　　(d) 3000×

图 3-35　枯木填料床 A/O 系统中的填料电子扫描显微镜观察

等微生物的分布，但大多数微生物则是隐匿于生物膜中。分析认为，白桦枯木所具有的大量微细空隙、腔道和孔洞结构，及其表面生物膜的着生，可在枯木填料床中营造好氧、缺氧和厌氧等微环境，而养猪场废水及枯木腐解可为微生物群落提供丰富的营养，使包括 AOB、NOB、AnAOB 和异养反硝化细菌等生物脱氮功能菌群在内的各种微生物类群，在枯木填料床 A/O 处理系统中共生共栖成为可能，为系统的碳氮同步去除奠定了微生物学基础[24,25]。

3.5　枯木填料床 A/O 系统处理效能及生物脱氮机制讨论

3.5.1　枯木填料床 A/O 系统改良前后的处理效能分析

我国人口密度大，土地资源趋紧。在土地承载力或自净容量受限的情况下，有大量畜禽养殖场的废水不得不排入自然水体。对于直接排入自然水体的畜禽养殖场废水，国家有较《畜禽养殖业污染物排放标准》（GB 18596—2001）更加严格的要求[6,26]。而干清粪养猪场废水具有高 NH_4^+-N 和低 C/N 的特性，为其生物脱氮处理带来了艰巨挑战（参见 1.5.1 节）。笔者课题组以枯木为填料构建填料床 A/O 系统的初衷，是希望以枯木的腐解为异养反硝化菌群的生长代谢提供缓释有机碳源，以强化硝化反硝化生物脱氮效能。如 3.1 节所述，采用白桦枯木构建的填料床 A/O 处理系统，首先在厌氧格室与好氧格室容积比为 3∶1 的模式（图 3-1）下启动运行（参见 3.2 节），并在启动后采用逐渐提升进水流量的方式分阶段考察了系统在 HRT 18.7 h、14.5 h 和 10.4 h 条件下的处理效能（参见 3.3 节）。之后，将枯木填料床 A/O 处理系统的厌氧格室与好氧格室容积比调整为 1∶1（改良系统），并探讨了其 HRT 分别在 10.4 h 和 8.3 h 下的处理效能（参见 3.4 节）。为了解枯木填料床 A/O 系统在改良前后处理干清粪养猪场废水的效能，尤其是生物脱氮效能，采用其在厌氧区与好氧区容积比为 3∶1、HRT 为 10.4 h 条件下的稳定运行期（表 3-3 所示的第 50～60 天）数据，以及厌氧区与好氧区容积比为 1∶1、HRT 分别为 10.4 h 和 8.3 h 条件下的稳定运行期（分别为表 3-4 所示的第 8～16 天和第 32～40 天）数据，就系统的 COD、NH_4^+-N 和 TN 去除效能进行了对比分析。

如表 3-6 所示，无论是采用厌氧区与好氧区容积比为 3∶1（改良前）或 1∶1（改良后）的运行模式，在 HRT≥8.3 h 的条件下，经枯木填料床 A/O 系统处理后的干清粪养猪场废水，其 COD 和 NH_4^+-N 都优于《畜禽养殖业污染物排放标准》的要求。比较而言，改良后的系统，其处理效能显著优于改良前的系统。在 HRT 同为 10.4 h 的条件下，改良前的枯木填料床 A/O 系统，对干清粪养猪场废水的

COD 去除率为 75.5%左右，出水浓度平均为 61 mg/L，虽然优于《畜禽养殖业污染物排放标准》规定的不大于 400 mg/L 的要求，但逼近《城镇污水处理厂污染物排放标准》（GB 18918—2002）要求的一级 B 标准限值 60 mg/L[27]。改良后的枯木填料床 A/O 系统，由于好氧区的增容，对 COD 的去除效能大幅提高，去除率达到了 86.7%左右，去除负荷也由改良前的 0.23 kg/（m³·d）提高到了 0.32 kg/（m³·d）左右，出水浓度平均仅为 41 mg/L，甚至优于《城镇污水处理厂污染物排放标准》的要求。在厌氧区与好氧区容积比为 1∶1 的运行模式下，当 HRT 缩短到 8.3 h 以后，枯木填料床 A/O 系统对干清粪养猪场废水的 COD 去除率仍然高达 86.6%，出水浓度也保持了 41 mg/L 左右的水平，去除负荷进一步提高到了 0.40 kg/（m³·d）左右。

在厌氧区与好氧区容积比为 3∶1、HRT 为 10.4 h 的工况下，改良前的枯木填料床 A/O 处理系统，对干清粪养猪场废水的 NH_4^+-N 去除率和去除负荷分别平均为 78.0%和 0.29 kg/（m³·d），出水浓度为 68.4 mg/L 左右，已经逼近《畜禽养殖业污染物排放标准》要求的限值 80.0 mg/L[6]。这一结果说明，在厌氧区与好氧区容积比为 3∶1 的运行模式下，进一步缩短 HRT，将严重影响 NH_4^+-N 的氧化和去除效率，使枯木填料床 A/O 系统出水 NH_4^+-N 浓度无法满足《畜禽养殖业污染物排放标准》的风险加大。改良后的枯木填料床 A/O 系统，好氧区的容积较改良前增加了 1 倍，有效提高了系统的 NH_4^+-N 去除效能。在 HRT 同为 10.4 h 的条件下，改良后的枯木填料床 A/O 系统，其 NH_4^+-N 去除率平均为 95.5%，出水浓度仅为 13.8 mg/L 左右，去除负荷为 0.35 kg/（m³·d），较改良前均有明显改善。在厌氧区与好氧区容积比为 1∶1 的运行模式，当 HRT 缩短到 8.3 h 以后，枯木填料床 A/O 系统的 NH_4^+-N 去除率和出水浓度变化不大，分别稳定在 94.8%和 16.1 mg/L 左右，但 NH_4^+-N 去除负荷大幅提高到了 0.44 kg/（m³·d）左右。

得益于优良的 NH_4^+-N 氧化能力，改良后的枯木填料床 A/O 系统，对于干清粪养猪场废水的 TN 去除效能也有了显著改善。如表 3-6 所示，在厌氧区与好氧区容积比为 3∶1、HRT 为 10.4 h 的工况下，改良前的枯木填料床 A/O 处理系统对干清粪养猪场废水的 TN 去除率和去除负荷分别平均为 72.3%和 0.32 kg/（m³·d），出水浓度高达 102.8 mg/L 左右。在 HRT 同为 10.4 h 的条件下，改良后的枯木填料床 A/O 系统，其 TN 平均去除率和去除负荷分别提高到了 82.9%和 0.36 kg/（m³·d），而出水浓度大幅降低到了 61.5 mg/L 左右。在 HRT 缩短到 8.3 h 以后，尽管进水 TN 负荷达到了 0.54 kg/（m³·d）左右，但改良后的枯木填料床 A/O 系统，对干清粪养猪废水的 TN 去除率和去除负荷反而有了较大提高，分别平均为 86.8%和 0.47 kg/（m³·d），出水平均浓度也进一步降低到了 47.7 mg/L。

表 3-6 枯木填料床 A/O 系统运行模式改良前后的去除效能

HRT		HRT 10.4 h		HRT 8.3 h
运行模式（v_a/v_o[①]）		3	1	1
COD	进水（mg/L）	252±28	309±34	306±31
	出水（mg/L）	61±4	41±5	41±4
	去除率（%）	75.5±3.7	86.7±0.7	86.6±0.3
	平均进水负荷[kg/（m³·d）][②]	0.30	0.37	0.46
	平均去除负荷[kg/（m³·d）][③]	0.23	0.32	0.40
NH_4^+-N	进水（mg/L）	311.4±19.5	308.1±25.2	310.1±15.3
	出水（mg/L）	68.4±7.6	13.9±8.1	16.1±7.5
	去除率（%）	78.0±1.8	95.6±2.7	94.9±2.1
	平均进水负荷[kg/（m³·d）][②]	0.37	0.37	0.47
	平均去除负荷[kg/（m³·d）][③]	0.29	0.35	0.44
TN	进水（mg/L）	370.4±27.1	359.9±29.2	360.4±19.0
	出水（mg/L）	102.8±10.8	61.5±6.7	47.7±8.4
	去除率（%）	72.3±1.5	82.9±1.2	86.8±1.8
	平均进水负荷[kg/（m³·d）][②]	0.44	0.43	0.54
	平均去除负荷[kg/（m³·d）][③]	0.32	0.36	0.47
COD去除/TN去除		0.71	0.90	0.88

① 厌氧区（v_a）与好氧区（v_o）的容积比；②和③系统的有效容积以空床有效容积 24 L 计算。

以上结果表明，对于等格室结构的四格室枯木填料床 A/O 处理系统（图 3-1），在处理干清粪养猪场废水时，采用厌氧区与好氧区容积比为 1∶1 的运行模式，可获得更好的处理效能和系统运行稳定性，是工程应用应优先考虑的系统构建和运行模式。

3.5.2 枯木填料床 A/O 系统生物脱氮机制讨论

如 1.4.1 节和 1.4.2 节所述，传统的 A/O 废水生物处理工艺，其生物脱氮均是通过全程硝化反硝化或短程硝化反硝化途径实现的。全程硝化反硝化和短程硝化反硝化的生物化学实质，是微生物获取能量的一种方式，即无氧呼吸，需要有机碳源作为电子供体方能顺利进行。理论上，全程硝化反硝化和短程硝化反硝化反应对 C/N 的需求分别为 2.86 和 1.71，而对于实际废水的有效生物脱氮，则要求更高的 C/N 值[27-29]。如表 3-3 和表 3-4 所示，本研究从当地某种猪场收集的干清粪废水，是一

种典型的高 NH_4^+-N、低 C/N 有机废水，其 COD/TN 平均仅为 0.9 左右，依据全程硝化反硝化和短程硝化反硝化生物脱氮原理构建的 A/O 废水处理系统，势必要额外投加有机碳源方能获得良好的生物脱氮效果。为避免外加碳源带来的经济负担，笔者课题组希望借助于枯木的腐解为异养反硝化菌群的生长代谢提供缓释有机碳源，借此强化硝化反硝化生物脱氮效能，因此构建了枯木填料床 A/O 处理系统。如 3.2 节、3.3 节和 3.4 节所述的研究表明，以枯木填料床 A/O 系统处理干清粪养猪场废水，的确可以获得较为理想的 COD、NH_4^+-N 和 TN 去除效能。

对于枯木填料床 A/O 系统的生物脱氮机制，在 3.2.4 节、3.3.5 节、3.4.4 节和 3.4.5 节均有所讨论，认为处理系统中存在着多种生物脱氮机制。从生物脱氮效果来看，枯木填料似乎发挥了预想的缓释碳源作用，使枯木填料床 A/O 系统表现出了优良的 NH_4^+-N 和 TN 去除效能，并发现位于系统后端的好氧格室是生物脱氮的主要功能区（图 3-13、图 3-25、图 3-29、表 3-2、表 3-5）。在此，再次以枯木填料床 A/O 系统在处理干清粪废水原水并达到相对稳定状态的启动末期（表 3-1 所示的第 82～90 天）为例，对处理系统的生物脱氮机制进行分析和讨论。如表 3-2 所示，作为厌氧区的前三格室，其对系统 TN 去除的贡献率仅为 26.9%，而好氧的最后一个格室的贡献率高达 73.1% 左右（图 3-13）。由于进水中很少检测到有 NO_3^--N 的存在，与回流硝化液混合后的第 1 格室进水中的 NO_3^--N 也只有 0.6 mg/L 左右。因此，在枯木填料床 A/O 处理系统的厌氧区，发生全程硝化反硝化脱氮的总量是极其有限的。另一方面，第 1 格室进水中有大约 11.8 mg/L 的 NO_2^--N，还有大量的 NH_4^+-N 由原水带入，这为 AnAOB 的生长提供了必要的代谢基质。而厌氧、pH 8.3（图 3-5）、32℃以及较低的有机物浓度（第 1 格室进水 COD 约为 100 mg/L）等条件，则为 AnAOB 菌群的生长代谢提供了适宜环境[18,19]。然而，Anammox 与短程反硝化存在着对 NO_2^--N 的竞争作用，其中 AnAOB 菌群的竞争能力要弱于异养反硝化细菌[20]。因此判断，发生在厌氧区的 TN 去除，主要是通过短程硝化反硝化途径实现的。

3.2.4 节述及，在枯木填料床 A/O 系统启动运行的最后稳定期，作为处理系统唯一的好氧格室（厌氧区与好氧区的容积比为 3∶1 的运行模式），第 4 格室的 pH（8.2 左右）、FA（4.8 mg/L 左右）、温度（32℃）等内部环境，以及由填料床和生物膜营造的好氧、缺氧和厌氧等微环境，适宜于 AOB 和异养反硝化菌群的生长代谢，而不利于 NOB 的生长代谢，因此使 NO_2^--N 在系统中的积累率平均高达 95.1%（图 3-12），为短程硝化反硝化奠定了微生物学和物质基础[3,10-15]。然而，在该稳定运行期，枯木填料床 A/O 系统的进水 COD/TN 仅为 0.6 左右（表 3-1），好氧的第 4 格室的 COD去除/TN去除更是低至 0.10 左右（图 3-11），但系统的 TN 去除率高达 88.2%（图 3-10），第 4 格室的 TN 去除量及其对系统 TN 去除的贡献率分别达到了 3.94 g/d（表 3-2）和 73.1% 左右（图 3-13）。假设第 4 格室的 TN 去除全部是经由短程硝化反硝化途径实现，由枯木填料床腐解提供的可生物利用有机碳源应为 2.3 g/d，而同期的 COD 去除量只有 0.41 g/d。也就是说，枯木腐解为短程反硝化提供了大约 1.89 g/d 的 COD。然而，在为期 90 d 的启动运行中，并未观察到有明显的枯木腐解崩塌现象（图 3-34、图 3-35），枯木腐解是否可以为短程硝化反硝化提供如此之多的有机碳源，令人质疑。进入第 4 格室的废水中，尚有大约 102.4 mg/L 的 NH_4^+-N（表 3-2），由于枯木填料的布设及其表面生物膜的着生，以及悬浮污泥絮体内外存在的 DO 梯度，不排除有 AnAOB 存在并发挥一定作用的可能，但在有较多可降解有机物存在的好氧环境中，Anammox 途径能否实现，也是一个值得深入研究的问题[16,17]。

由于生物膜的着生和多样化的微环境，AnAOB 菌群在好氧的第 4 格室得以富集的可能性也是很大的[21,24,30]。如果 AnAOB 菌群能够在好氧的第 4 格室中与其他众多微生物类群共栖，其丰度和代谢活性如何，对 TN 去除的贡献又有几何，这些问题的解答，将有助于深入了解并阐明枯木填料床 A/O 处理系统的生物脱氮机制。为此，笔者课题组提出了以无法作为内碳源的 PVC 填料构建填料床 A/O 处理系统的想法，并进一步开展了 PVC 填料床 A/O 系统处理干清粪养猪场废水的效能与生物脱氮机制研究，相关研究成果将在第 4 章予以介绍。

参 考 文 献

[1] 李建政, 孟佳, 赵博玮, 等. 养猪废水厌氧消化液 SBR 短程硝化系统影响因素. 哈尔滨工业大学学报, 2014, 8: 27-33.

[2] 李建政, 赵博玮, 赵宗亭. 多段 A/O 工艺处理制革废水一级生化出水的效能. 中国环境科学, 2014, 1: 123-129.

[3] 孙迎雪, 徐栋, 田媛, 等. 短程硝化-反硝化生物滤池脱氮机制研究. 环境科学, 2012, 10: 3501-3506.

[4] 陈欣燕, 程晓如, 陈忠正. 从微生物学探讨生物除磷脱氮机理. 中国给水排水, 1996, 5: 32-33.

[5] 付少彬. 曝气生物滤池脱氮性能及微生物分布特征研究. 广州: 华南理工大学硕士学位论文, 2014.

[6] 国家环境保护总局, 国家质量监督检验检疫总局. 畜禽养殖业污染物排放标准(GB 18596—2001). 2001.12.28. http://www.mee.gov.cn/ywgz/fgbz/bz/bzwb/shjbh/swrwpfbz/200301/W020061027519473982116.pdf.

[7] Bernet N, Delgenes N, Akunna J C, et al. Combined anaerobic-aerobic SBR for the treatment of piggery wastewater. Water Research, 2000, 34(2): 611-619.

[8] 孟佳. 养猪废水厌氧消化液的亚硝化调控与功能微生物分析. 哈尔滨: 哈尔滨工业大学硕士学位论文, 2013.

[9] Third K A, Burnett N, Cord-Ruwisch R. Simultaneous nitrification and denitrification using stored substrate(PHB)as the electron donor in an SBR. Biotechnology and Bioengineering, 2003, 83(6): 706-720.

[10] Anthonisen A C, Loehr R C, Prakasam T B S, et al. Inhibition of nitrification by ammonia and nitrous acid. Journal of Water Pollution Control Fed, 1976, 48(5): 835-852.

[11] Vadivlu V M, Keller J, Yuan Z G. Effect of free ammonia on the respiration and growth processes of an enriched *Nitrobacter* culture. Water Research, 2007, 41(4): 826-834.

[12] Dosta J, Palau-S L P, Lvarez-J M A. Study of the biological N removal over nitrite in aphysico-chemical-biological treatment of digested pig manure in a SBR. Water Science & Technology, 2008, 58(1): 119-125.

[13] 高大文, 彭永臻, 王淑莹. 短程硝化生物脱氮工艺的稳定性. 环境科学, 2005, 1: 63-67.

[14] Han D W, Chang J S, Kim D J. Nitrifying microbial community analysis of nitrite accumulating biofilm reactor by fluorescence *in situ* hybridization. Water Science and Technology, 2003, 47(1): 97-104.

[15] Fux C, Boehler M, Huber P, et al. Biological treatment of ammonium-rich wastewater by partianitritation and subsequent anaerobic ammonium oxidation(Anammox)in a pilot plant. Biotechnology, 2002, 99: 295-306.

[16] 贺延龄. 废水的厌氧生物处理. 北京: 中国轻工业出版社, 1998.

[17] 王永谦, 吕锡武, 郑美玲, 等. 厌氧生物滤池在生活污水厌氧-好氧组合处理工艺中的应用. 四川大学学报(工程科学版), 2014, 2: 182-186.

[18] 杨洋, 左剑恶, 沈平, 等. 温度、pH 值和有机物对厌氧氨氧化活性污泥的影响. 环境科学, 2006, 27(4): 691-695.

[19] 鲍林林, 赵建国, 李晓凯, 等. 常温低基质下 pH 值和有机物对厌氧氨氧化的影响. 中国给水排水, 2012, 28(13): 38-42.

[20] 唐崇俭, 郑平. 厌氧氨氧化技术应用的挑战与对策. 中国给水排水, 2010, 26(4): 19-23.

[21] Pan Z, Zhou J, Lin Z, et al. Effects of COD/TN ratio on nitrogen removal efficiency, microbial community for high saline wastewater treatment based on heterotrophic nitrification-aerobic denitrification process. Bioresource Technology, 2020, 301: 122726.

[22] 郑淯文, 李祥, 林文树. 天然次生林白桦与水曲柳的材性研究. 森林工程, 2017, 33(5): 35-40.

[23] 李博, 郭海洋, 卫星杓, 等. 17 个白桦种源纤维素木质素含量变异分析. 林业科技情报, 2016, 48(2): 37-41.

[24] Deng K, Tang L, Li J, et al. Practicing anammox in a novel hybrid anaerobic-aerobic baffled reactor for treating high-strength ammonium piggery wastewater with low COD/TN ratio. Bioresource Technology, 2019, 294: 122193.

[25] Li J, Deng K, Li J, et al. Nitrogen removal and bacterial mechanism in a hybrid anoxic/oxic baffled reactor affected by shortening HRT in treating manure-free. International Biodeterioration & Biodegradation, 2021, 163: 105284.

[26] 国家环境保护总局, 国家质量监督检验检疫总局. 城镇污水处理厂污染物排放标准(GB 18918—2002). 2002. https://www.mee.gov.cn/ywgz/fgbz/bz/bzwb/shjbh/swrwpfbz/200307/t20030701_66529.shtml.

[27] Płaza E, Trela J, Gut L, et al. Deammonification process for treatment of ammonium rich wastewater. *In*: Integration and optimisation of urban Gut, Plaza and Hultman, Oxygen uptake rate(OUR)tests for assessment of sanitation systems. Joint Polish-Swedish Reports, 2003, 10: 77-87.

[28] Kuba T, van Loosdrecht M, Heijnen J. Phosphorus and nitrogen removal with minimal COD requirement by integration of denitrifying dephosphatation and nitrification in a two-sludge system. Water Research, 1996, 30(7): 1702-1710.

[29] Obaja D, Macé S, Costa J, et al. Nitrification, denitrification and biological phosphorus removal in piggery wastewater using a sequencing batch reactor. Bioresource Technology, 2003, 87(1): 103-111.

[30] Li J, Li J, Peng Y, et al. Insight into the impacts of organics on anammox and their potential linking to system performance of sewage partial nitrification-anammox(PN/A): A critical review. Bioresource Technology, 2020, 300: 122655.

第4章

PVC填料床A/O系统处理干清粪
养猪场废水的效能与机制

针对干清粪养猪场废水高 NH_4^+-N、低 C/N 的特性及其生物脱氮的难题，在第 3 章研究中，构建了枯木填料床 A/O 处理系统，以期通过枯木的腐解为异养反硝化菌群提供缓释碳源，增强处理系统的生物脱氮效能，并避免因外加有机碳源带来的额外经济负担。研究结果表明，对于等格室结构的四格室枯木填料床 A/O 处理系统，在处理干清粪养猪场废水时，采用厌氧区与好氧区容积比为 1：1 的运行模式（参见图 3-1），在 HRT 8.3 h、OLR 0.46 kg/（m^3·d）、32℃和回流比 200% 的条件下，其 COD、NH_4^+-N 和 TN 去除负荷分别高达 0.40 kg/（m^3·d）、0.44 kg/（m^3·d）和 0.47 kg/（m^3·d），出水浓度分别平均仅为 41 mg/L、16.1 mg/L 和 47.7 mg/L（参见表 3-6），出水水质优于《畜禽养殖业污染物排放标准》（GB 18596—2001）的要求。对于在进水 COD/TN 仅为 0.6 左右（参见表 3-1）条件下，枯木填料床 A/O 处理系统所表现出的优良碳氮同步去除效能，在 3.5.2 节也进行了讨论。分析认为，枯木腐解所提供的有机碳源，尚不足以使枯木填料床 A/O 处理系统通过异养反硝化途径达到如此高的生物脱氮效能，似乎还存在其他更为高效的生物脱氮途径，如 Anammox。

为深入了解填料床 A/O 处理系统在处理干清粪养猪场废水时的运行特征，阐明包括生物脱氮在内的主要污染物去除机制，笔者课题组提出了以无法作为内碳源的聚氯乙烯树脂（poly vinyl chloride，PVC）填料构建填料床 A/O 处理系统的技术思路，并针对 Anammox 的技术瓶颈问题（参见 1.5.1 节），分析了 A/O 系统与 Anammox 耦合的技术可行性（参见 1.5.4 节）。在此基础上，本章构建了与枯木填料床 A/O 系统（参见图 3-1）等规格的 PVC 填料床 A/O 折流板反应器（hybrid A/O baffled reactor，HAOBR），开展了处理系统的启动及污染物去除效能分析，以及 HRT 和出水回流比影响下的处理效能等研究，并对填料床 A/O 处理系统的碳氮同步去除机制进行了深入分析[1]。

4.1 HAOBR 系统的设计与构建

　　基于如 1.5.4.2 节所述的以 A/O 工艺处理高 NH_4^+-N、低 C/N 养猪场废水的可行性分析，以及如第 3 章所述的研究成果，采用了厌氧区与好氧区容积比为 1：1 的模式（参见图 3-1），选择 PVC 填料，构建 HAOBR。如图 4-1 所示，HAOBR 由厚 5 mm 的有机玻璃制成，长×宽×高=50 cm×10 cm×60 cm，有效容积 24 L。反应器由隔板分隔为四个尺寸相同的格室，各格室由折流板分隔为下向流区和上向流区，两者的容积比均为 1：10。各格室的进水均由下向流区进入，由上向流区顶部排出，水流在反应器中的流动，整体上呈现推流状态。在各格室上向流区的中部，以 PVC 填料构建高 20 cm 的填料床，其上下以两个穿孔板予以固定。如图 4-2 所示，实验采用的 PVC 填料为空心圆结构，内部被等分成 6 个扇形孔，且每个填料外面有 24 个棱，填料尺寸为 ϕ15 mm×10 mm，密度约为 0.96 g/cm³，比表面积约为 700～800 m²/m³。每个格室的填料床中，均装填有 450 个左右的 PVC 填料，总体积约为 2 L，空隙率约为 98%，可以有效防止因生物膜生长和脱落造成的水流不畅甚至堵塞问题。

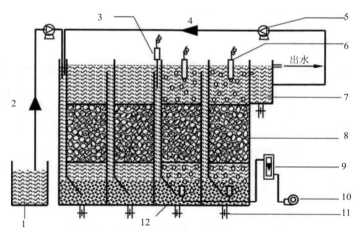

图 4-1 填料床 A/O 折流板反应器示意图

1.进水箱；2.进水；3.温控探头；4.回流；5.蠕动泵；6.DO 探头；
7.水位控制池；8.填料床；9.转自流量计；10.曝气泵；11.排空阀；12.曝气头

　　HAOBR 系统的前两个格室为厌氧区，依次记为 A1 和 A2；后两个格室为好氧区，依次记为 O1 和 O2。每个好氧格室，在其底部均布设了曝气头用于曝气，在其顶部均布设有 DO 探头，用于监测格室内的 DO 水平。HAOBR 外壁以电热丝缠绕，并通过温控仪控制系统内温度恒定；在各格室之间共布设了三个温度

图 4-2　HAOBR 系统构建采用的 PVC 填料

探头，用来监测反应系统的内部温度。在 HAOBR 的末端格室（O2）出水口处，设置有一个容积约为 2 L 的集水槽，用于反应器出水的回流，同时控制反应器内的水位高度。在各格室以及水位控制槽底部，均设计了排空阀，用于污泥排放或采样。

4.2　HAOBR 系统的启动与调控运行

4.2.1　实验废水及接种污泥

4.2.1.1　实验废水

在 HAOBR 系统的启动和调控运行期间，所使用的养猪场废水，取自哈尔滨市某种猪场。该种猪场的猪舍管理，采用的是人力收集粪便、再用清水冲洗猪舍的方式，所产生的干清粪废水主要由猪舍冲洗水、猪尿、饲料和粪便残渣组成。受养猪场养殖周期和东北地区季节、温度等因素影响，干清粪废水的水质水量有很大波动。如表 4-1 所示，该种猪场排放的干清粪废水，其污染物以 COD 和 NH_4^+-N 为主，浓度分别平均为 429 mg/L 和 261.4 mg/L，COD/TN 平均仅有 2.08，是一种典型的高 NH_4^+-N、低 C/N 有机废水。

表 4-1　实验期间的干清粪养猪场废水水质

COD（mg/L）	NH_4^+-N（mg/L）	NO_2^--N（mg/L）	NO_3^--N（mg/L）	TN（mg/L）	TP（mg/L）	pH	COD/TN
429±203	261.4±52.7	0.2±0.2	1.4±1.1	308.1±60.3	19.1±4.0	7.38～8.90	2.08±5.60

4.2.1.2　接种污泥

用于 HAOBR 启动的接种污泥，是取自哈尔滨市某市政污水处理厂二沉池的好氧污泥。该污水厂的污水处理规模为 32.5×10^5 m³/d，其二级生化处理采用的是 A/O 工艺。接种污泥的 MLSS 和 MLVSS 分别为 10.38 g/L 和 5.78 g/L。

4.2.2　HAOBR 系统的启动与运行调控

4.2.2.1　HAOBR 系统的启动运行

接种污泥由各格室的下向流区注入，接种量均为 2.00 g/L（以 MLVSS 计）。污泥接种完成后，HAOBR 系统在如下条件下启动并连续运行：进水流量 16 L/d（HRT 36 h），出水回流量 32 L/d（回流比 200%），好氧格室 O1 和 O2 的 DO 均为 2.5 mg/L 左右，（32±1）℃。HAOBR 系统的启动运行，共计 45 d，期间的进水，即干清粪养猪场废水的水质如表 4-2 所示。

表 4-2　HAOBR 启动运行阶段的进水水质

COD（mg/L）	NH₄⁺-N（mg/L）	NO₂⁻-N（mg/L）	NO₃⁻-N（mg/L）	TN（mg/L）	TP（mg/L）	pH	COD/TN
267±82	265.4±47.2	0.3±0.2	1.4±1.7	321.6±56.6	18.7±2.5	8.01~8.75	0.99±0.84

4.2.2.2　HAOBR 系统在启动成功后的调控运行

HAOBR 系统在如 4.2.2.1 节所述的工况下启动运行并达到相对稳定状态后，主要考察了 HRT 与出水回流比对其处理效能的影响。对于 HAOBR 系统在启动成功后的调控运行，共计 337 d，依据 HRT 和出水回流比的不同，分为 7 个运行阶段。如表 4-3 所示，阶段 I 至阶段 IV 为在恒定出水回流比 200% 条件下的 HRT 调控运行，阶段 V 至阶段 VII 为在恒定 HRT 20 h 条件下的出水回流比调控运行。各运行阶段的运行时间及进水水质如表 4-4 所示。

表 4-3　HAOBR 系统在启动成功后的调控运行阶段及控制参数

阶段	运行时间（d）	温度（℃）	HRT（h）	回流比	COD/TN
I	31	32±1	28	200%	1.08±0.42
II	40	32±1	20	200%	1.11±0.25
III	46	32±1	16	200%	1.60±0.60
IV	85	32±1	20	200%	1.72±0.37
V	41	32±1	20	100%	1.08±0.42
VI	31	32±1	20	50%	1.11±0.25
VII	63	32±1	20	0	1.60±0.61

表 4-4　HAOBR 系统在启动成功后的调控运行阶段及进水水质

阶段	运行时间（d）	COD（mg/L）	NH$_4^+$-N（mg/L）	NO$_2^-$-N（mg/L）	NO$_3^-$-N（mg/L）	TN（mg/L）	TP（mg/L）	pH
I	31	452±209	236.6±24.7	0.1±0.1	0.4±0.8	284.5±29.5	14.8±1.9	7.62～8.49
II	40	615±325	244.4±21.3	0.1±0.1	0.5±0.7	294.0±25.6	18.5±5.9	7.82～8.12
III	46	434±121	218.8±15.2	0	0.8±0.3	263.5±18.3	20.2±2.4	7.65～8.36
IV	85	527±197	277.7±74.7	0.1±0.1	1.3±0.8	320.9±86.0	19.9±5.0	8.11～8.55
V	41	343±116	284.6±66.6	0.2±0.2	1.8±0.6	329.6±76.8	20.5±4.5	7.75～8.89
VI	31	347±76	273.9±43.3	0.2±0.1	1.2±0.6	316.5±50.2	21.6±1.5	8.09～8.90
VII	63	487±185	264.6±40.9	0.2±0.2	1.3±0.5	306.0±47.3	18.2±3.1	7.82～8.85

4.3　HAOBR 系统的启动运行特征
及去除污染物的微生物学机理

4.3.1　HAOBR 系统在启动运行期的污染物去除变化规律

　　HAOBR 系统在启动运行阶段的主要目的是对接种污泥进行驯化，使各类功能菌群，尤其是生长缓慢的 AOB、NOB 和 AnAOB 等菌群得到充分富集。为此，HAOBR 系统的启动采用了较长的 HRT 36 h，并在污泥接种量 2.00 g/L、出水回流比 200%、好氧格室 DO 2.5 mg/L 左右和 32℃的工况下连续运行，直到系统出水 COD、NH$_4^+$-N、TN 和 TP 等主要污染物满足《畜禽养殖业污染物排放标准》（GB 18596—2001）的要求，并达到相对稳定运行状态。HAOBR 系统的启动运行，用时共计 45 d，期间的进水水质参见表 4-2。

4.3.1.1　COD 去除

　　在 HAOBR 启动运行期间，干清粪养猪场废水的 COD 浓度较低（100～443 mg/L），而 NH$_4^+$-N 的浓度较高（211.0～347.8 mg/L），COD/TN 仅为 0.33～1.39。如图 4-3 所示，在 HAOBR 系统启动运行的前 4 d，接种污泥尚处于调整适应阶段，微生物的生长代谢处于停滞期，系统对 COD 的去除率仅有 9.6%左右。在随后的运行中，接种污泥的生长代谢进入对数期，使 HAOBR 系统对 COD 的去除率快速上升, 并在第 25 天后达到了稳定期。在为期 21 d (第 25~45 天) 的稳定运行阶段, HAOBR 系统的进水和出水 COD 分别平均为 254 mg/L 和 33 mg/L, 去除率达到了 86.8% 左右, 平均去除负荷为 0.15 kg/($m^3 \cdot d$)。这一结果表明, 仅需 25 d, HAOBR 系统中的化能异养菌群就能得到很好的驯化和富集, 使系统表现出了良好的 COD 去除效能。

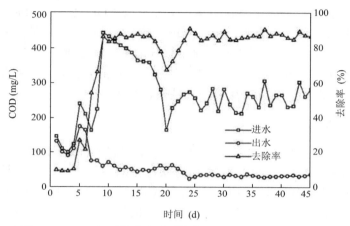

图 4-3　HAOBR 系统在启动运行期的 COD 去除变化规律

为了解干清粪养猪场废水主要污染物在 HAOBR 系统中的去除规律, 对各格室的进水和出水水质进行了跟踪检测, 其中, 位于系统前端的第 1 厌氧格室 A1 的进水污染物浓度, 按照进水流量、出水回流量及其污染物浓度进行折算。如图 4-4 所示的结果表明, 在 HAOBR 系统启动运行的初期, 由于接种活性污泥的生长代谢尚处于停滞阶段, 各格室对 COD 的去除效能均很差, 使其进水

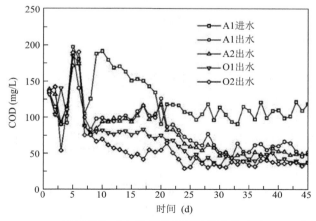

图 4-4　HAOBR 系统各格室在启动运行期的进水和出水 COD 变化规律

与出水 COD 浓度都比较接近。在停滞期之后的持续运行中，HAOBR 系统的各格室均表现出了良好的 COD 去除效能，但差异显著，以 A1 格室的效能最为突出。在第 25~45 天的稳定运行期，A1 格室进水的 COD 浓度平均为 107 mg/L，格室 A1、A2、O1 和 O2 的 COD 去除负荷分别为 0.38 kg/(m^3·d)、0.06 kg/(m^3·d)、0.07 kg/(m^3·d) 和 0.05 kg/(m^3·d)。这一结果表明，大部分有机物是在 HAOBR 系统的厌氧格室去除，其中，A1 格室对系统去除 COD 总量的贡献率平均达到了67.4%。生物量检测结果表明，在 HAOBR 系统启动运行结束时，A1 和 A2 格室的生物量(MLVSS)从启动之初的 2.00 g/L 分别显著增加到了 3.34 g/L 和 3.57 g/L。由于大部分 COD 已在前端的厌氧格室中去除，造成位于系统末端的 O1 和 O2 格室处于贫养状态，其活性污泥生物量只是略有增加，分别仅为 2.11 g/L 和 2.07 g/L。

4.3.1.2　NH_4^+-N 去除

在 HAOBR 系统的启动运行期，对系统及其各格室的进水和出水 NH_4^+-N 浓度的跟踪检测结果分别如图 4-5 和图 4-6 所示。如图 4-5 所示，在为期 45 d 的启动运行过程中，HAOBR 系统的进水 NH_4^+-N 浓度在 211.0~347.8 mg/L 范围内波动。与 COD 变化规律类似(图 4-3)，在启动运行的初期(前 4 d)，HAOBR 对 NH_4^+-N 的去除效能低下，平均仅有 28.2%。从第 5 天开始，接种活性污泥逐渐得到了驯化，代谢活性随之逐步提高，HAOBR 系统的出水 NH_4^+-N 浓度逐渐降低，并自第 25 天后达到了相对稳定。在随后的为期 21 d 的稳定运行阶段(第 25~45 天)，HAOBR 系统的进水 NH_4^+-N 浓度平均为 237.8 mg/L，在出水中几乎检测不到，去除率近乎 100%。这一结果表明，经过 25 d 的持续污泥驯化，在 HAOBR 系统中已成功富集到了足量的 NH_4^+-N 去除功能菌群。

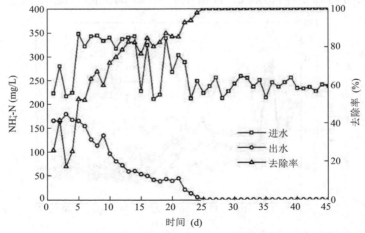

图 4-5　HAOBR 系统在启动运行期的 NH_4^+-N 去除变化规律

图 4-6 所示为 HAOBR 系统在启动运行期间的各格室 NH_4^+-N 变化情况。结果表明，在 HAOBR 系统启动运行初期，各格室对 NH_4^+-N 的去除能力较弱，甚至在厌氧格室出现了出水浓度高于进水浓度的现象。分析认为，尽管干清粪养猪场废水中的粪便含量极少，废水中仍然含有大量的尿素和蛋白质等，这些含氮有机物在化能异养微生物的作用下，势必会发生水解和脱氨作用，并产生了更多的 NH_4^+-N，因而造成了出水 NH_4^+-N 浓度的升高。随着运行的持续，各格室均表现出了 NH_4^+-N 去除能力，但差异很大。在最后 21 d 的稳定运行阶段，HAOBR 系统的 A1、A2、O1 和 O2 格室的 NH_4^+-N 去除负荷依次平均为 0.06 kg/(m^3·d)、0.00 kg/(m^3·d)、0.51 kg/(m^3·d) 和 0.06 kg/(m^3·d)，对 NH_4^+-N 的去除贡献分别平均为 9.8%、0.6%、80.3% 和 9.3%。可见，位于 HAOBR 系统后端的 O1 和 O2 格室，是去除干清粪养猪场废水 NH_4^+-N 的主要功能区域。

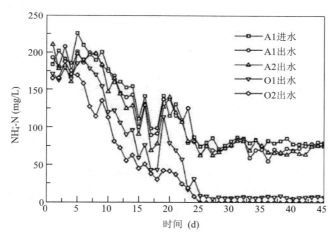

图 4-6 HAOBR 系统各格室在启动运行期的进水和出水 NH_4^+-N 变化规律

AOB 是一类好氧自养细菌，具有以 CO_2 为碳源，通过氧化 NH_4^+-N 获得能量供自身生长的特点[2]。由于化能自养的代谢特征，AOB 细菌的生长缓慢。在有机物充裕的营养环境中，生长代谢迅速的化能异养菌大量增殖，AOB 很难在竞争中获得优势生长[3,4]。在 HAOBR 系统中，干清粪养猪场废水中的大部分 COD 已在位于前端的厌氧格室得以去除（图 4-4），进入后端好氧格室的 COD 已非常有限，极大限制了化能异养菌群的生长繁殖，这为 AOB 菌群的生长繁殖创造了良好的条件并得以逐步富集，最终使 O1 和 O2 格室表现出了优良的 NH_4^+-N 去除效能（图 4-6）。

4.3.1.3 TN 去除

如表 4-1 和表 4-2 所示，干清粪养猪场废水中的 TN，主要以 NH_4^+-N 的形式存在。因此，HAOBR 系统在启动运行过程中，其出水 TN 及去除率，均表现出

了与 NH_4^+-N 变化相似的规律（图 4-5），但其停滞期明显长于 NH_4^+-N 的氧化。如图 4-7 所示，在启动运行的前 15 d，HAOBR 系统对 TN 的去除能力较弱，平均去除率只有 40.2%。自第 16 天开始，系统对 TN 的去除能力逐步提高并逐渐趋于稳定。在启动运行期的最后 21 d（第 25～45 天），HAOBR 系统的进水和出水 TN 浓度分别平均为 288.4 mg/L 和 25.1 mg/L，去除率稳定在 91.3% 左右。可见，经过 25 d 的污泥驯化，HAOBR 系统即可表现出高而稳定的 TN 去除效能。

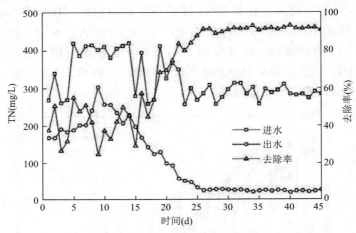

图 4-7　HAOBR 系统在启动运行期的 TN 去除变化规律

　　对 HAOBR 系统出水 NO_2^--N 和 NO_3^--N 的检测结果（图 4-8）表明，系统出水的 NO_2^--N 浓度，在启动 4 d 后开始迅速升高，并在第 9 天达到最大值 143.4 mg/L。这一现象说明，接种污泥中的 AOB 菌群，其代谢活性可以在如 4.2.2.1 节所述的

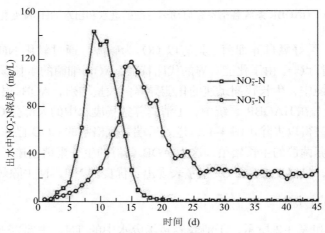

图 4-8　HAOBR 系统在启动运行期的出水 NO_x^--N 变化规律

工况下得到迅速恢复。自第 9 天以后，HAOBR 系统的出水 NO_2^--N 浓度快速下降并在第 20 天后趋于稳定。在启动运行的最后 21 d（第 25～45 天），HAOBR 系统中未见 NO_2^--N 的积累，平均浓度仅有 0.5 mg/L。HAOBR 系统的出水 NO_3^--N 变化规律与 NO_2^--N 的相似，但其变化明显滞后于 NO_2^--N 的变化。如图 4-8 所示，HAOBR 系统的出水 NO_3^--N 浓度，直到第 15 天才达到峰值 117.6 mg/L，直到第 25 天才达到相对稳定。在第 25～45 天的稳定阶段，HAOBR 系统中有明显的 NO_3^--N 积累现象，其出水浓度远高于 NO_2^--N 浓度，平均达到了 24.6 mg/L。

在传统的 A/O 废水处理工艺中，通常是在好氧处理单元（O）将 NH_4^+-N 氧化为 NO_2^--N 和 NO_3^--N，再通过出水回流的方式将产生的 NO_2^--N 和 NO_3^--N 输入到厌氧处理单元（A），并在异养反硝化菌群的作用下，最终还原为气态氮并排出系统，从而实现废水的生物脱氮[5-8]。然而，HAOBR 系统所表现出的 TN 去除，与传统 A/O 工艺的生物脱氮工作原理有较大差异。依据如图 4-9 所示的检测数据计算，在第 25～45 天的相对稳定运行阶段，厌氧格室 A1 和 A2 对 HAOBR 系统 TN 去除的贡献率平均为 31.9%，其中以 A1 的贡献更多，平均为 23.0%。与位于 HAOBR 系统前端的厌氧格室相比，位于后端的好氧格室（O1 和 O2），其对系统 TN 去除的贡献更为突出，平均高达 68.1%。分析认为，HAOBR 系统好氧格室所表现出的高效生物脱氮效能，与填料床的布设及其生物膜的着生密切相关。研究表明，无论是异养反硝化过程还是自养反硝化过程，参与其中的功能菌群均为厌氧微生物[9,10]。大部分 TN 在 HAOBR 系统好氧格室去除的现象，说明在好氧格室存在厌氧或缺氧微环境。受传质阻力影响，在生物膜内会形成 DO 梯度，从而营造出从外到内的好氧、缺氧和厌氧微环境[11]。NH_4^+-N 在生物膜表面的好氧层被氧化生成 NO_2^--N 和 NO_3^--N，随后被处于深层的厌氧微生物捕获并还原为气态氮，从而使 HAOBR 系统好氧格室在表观上呈现出同步硝化反硝化特征[11-13]。

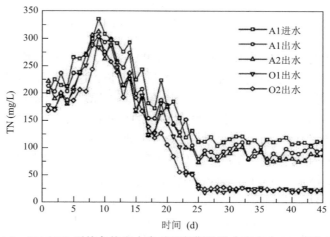

图 4-9 HAOBR 系统各格室在启动运行期的进水和出水 TN 变化规律

4.3.1.4　TP 去除

在 HAOBR 系统的启动运行期间，对其进水和出水的 TP 也进行了跟踪检测。如图 4-10 所示的结果表明，HAOBR 系统在启动运行的第 1 天，即表现出了较高的 TP 去除率，但在随后的几天里持续下降，直到第 6 天达到最低值 5.6%。分析认为，在启动运行初期，HAOBR 系统对 TP 的去除，主要是通过污泥的吸附作用完成，随着运行的持续，污泥的吸附逐渐趋于饱和，从而使系统在启动运行的前 6 d 表现出了 TP 去除率逐渐下降的现象[14]。从第 7 天开始，HAOBR 系统对 TP 的去除率逐渐回升，说明系统中活性污泥的生物合成作用逐渐加强，有越来越多的 TP 被用于活性污泥的生长。受进入流量和污染物浓度的限制，活性污泥的增长在第 10 天后逐渐趋于稳定。在第 25~45 天的稳定阶段，HAOBR 系统进水和出水的 TP 浓度分别平均为 17.7 mg/L 和 10.6 mg/L，平均去除率为 40.1%。

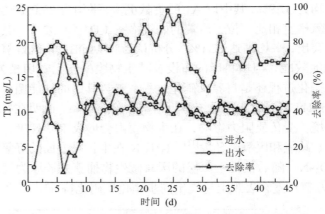

图 4-10　HAOBR 系统在启动运行期的 TP 去除变化规律

厌氧-缺氧-好氧（A^2/O）工艺，具有 HRT 较短、系统运行稳定，可以实现氮磷同步去除等优势，还可有效抑制丝状菌过度生长，避免污泥膨胀，是最为常见的废水生物脱氮除磷工艺[15,16]。其生物除磷的基本原理是，微生物摄取废水中的磷酸盐用于生物合成或以多聚偏磷酸盐颗粒的形式储存于细胞质中，通过剩余污泥排出即可将微生物固定的磷酸盐排出废水生物处理系统。为进一步了解 HAOBR 系统的生物除磷功能，对其厌氧区（前端的 A1 和 A2 格室）和好氧区（后端的 O1 和 O2 格室）的 TP 去除效能进行了分析。如图 4-11 所示，在 HAOBR 系统启动运行的最后 21 d（第 25~45 天），其厌氧格室和好氧格室均表现出了一定的 TP 去除能力，对系统 TP 去除的贡献率分别平均为 45.3% 和 54.7%。这一结果说明，HAOBR 系统的厌氧格室和好氧格室中的微生物均有良好的生长代谢能力。

生物量检测结果表明，在 HAOBR 系统启动运行结束时，A1 和 A2 中的 MLVSS 从启动之初的 2.00 g/L 分别显著增加到了 3.34 g/L 和 3.57 g/L，而 O1 和 O2 中的 MLVSS 的增加并不显著，分别仅为 2.11 g/L 和 2.07 g/L，却表现出了比厌氧格室更好的 TP 去除率。分析认为，在 O1 和 O2 格室的好氧污泥和生物膜中，可能存在 DPB。研究表明（参见 1.5.3.1 节），与 PAOs 以 O_2 作为电子受体的聚磷反应不同，DPB 的聚磷反应是以 NO_3^--N 作为电子受体[17]。DPB 在反硝化聚磷过程中，有机碳源可同时参与反硝化和聚磷反应，因而降低了反硝化对有机碳源需求。与传统的生物脱氮除磷工艺相比，反硝化脱氮除磷过程能够节省 50% 的碳源和 30% 的耗氧量，剩余污泥产量也可减少 50% 左右[18]。这从一个侧面解释了 HAOBR 系统的好氧格室，既有优良的生物脱氮效能，又有良好的生物除磷作用，但生物量增长并不显著的原因。

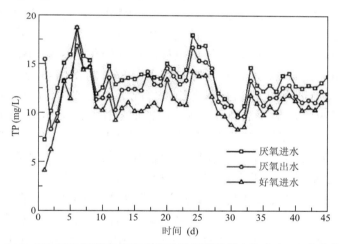

图 4-11　HAOBR 系统各格室在启动运行期的进水和出水 TP 变化规律

4.3.2　HAOBR 系统的生物脱氮途径解析

4.3.2.1　HAOBR 系统的生物脱氮途径总体分析

如 1.5.4 节所述，为强化 A/O 系统的处理效能，在系统中布设填料的工程措施得到普遍应用。填料的布设，有效增加了系统内的生物持有量，使系统的抗冲击负荷能力和处理效能有了显著提高[19-21]。由生物膜营造的好氧、缺氧和无氧等微环境，使得硝化细菌（AOB 和 NOB）和反硝化细菌甚至 AnAOB 可以共栖于同一生物处理系统甚至同一生物相（活性污泥或生物膜）中，为生物脱氮奠定了广泛的微生物学基础[22]。遵循传统硝化反硝化生物脱氮理论构建的 A/O 废水处理系统，其 NO_2^--N 和 NO_3^--N 的反硝化脱氮，均需要有足够的有机碳源作为电子供体，而干清粪养猪场废水是一种典型的高 NH_4^+-N、低 C/N 废水，采用反硝化脱氮存在碳源严重不足的难题[23-25]。为解决干清粪养猪场废水反硝化脱氮的有机碳源不足问题，第 3 章提出了以枯木构建填料床，以强化 A/O 处理系统生物脱氮效能的技术思路，而相关研究证明枯木填料床 A/O 系统对于干清粪养猪场废水的处理，是行之有效的，不仅具有良好的 COD 去除效率，而且表现出了优良的 NH_4^+-N 和 TN 去除效能（参见 3.5.1 节）。然而，枯木腐解是否可以为反硝化反应提供足量的有机碳源，进而使系统呈现出优良的生物脱氮效能，疑问较大，不排除有 AnAOB 存在并发挥一定作用的可能（参见 3.5.2 节）。通过 4.3.1 节所述的研究发现，无缓释碳源作用的 PVC 填料床 A/O（HAOBR）处理系统，同样可以获得优良的 COD、NH_4^+-N 和 TN 同步去除效能。因此可以断定，第 3 章述及的枯木填料床 A/O 系统，其枯木腐解的缓释碳源作用并不是系统获得优良生物脱氮效能的主要原因。在此，依据 HAOBR 系统在启动运行期的数据，对其生物脱氮途径予以讨论。

目前，已知的废水生物脱氮途径包括生物合成、NO_3^--N 的异养反硝化和自养的 Anammox（参见 1.4 节）。依据全程硝化反硝化与短程硝化反硝化的生物化学反应，NO_3^--N 还原为 N_2 所需的 C/N 为 2.86，从 NO_2^--N 还原为 N_2 的 C/N 则为 1.71[6]。在工况恒定且运行状态稳定情况下，HAOBR 系统中的 NO_3^--N 和 NO_2^--N 还原反应的化学计量参数 C/N，可近似看作去除 COD（ΔCOD）与去除 TN（ΔTN）的比值，即 ΔCOD/ΔTN。依据如式（1-1）所示的化学反应计量式，Anammox 反应无须有机碳源，在废水生物处理系统中，其化学反应特征可以 $ΔNO_3^-$-N/$ΔNH_4^+$-N 予以表征，这一比值的理论值应为 0.11[26]。如表 4-2 所示，在 HAOBR 系统的启动运行期间，干清粪养猪场废水的 COD/TN 在 0.99 左右，甚至无法满足短程硝化反硝化的有机碳源需求。因此，无论是枯木填料床 A/O 处理系统，还是 PVC 填料床 A/O 处理系统，其中存在 Anammox 脱氮途径的可能性很大。

如图 4-12 所示，在启动运行期间，HAOBR 系统的 ΔCOD/ΔTN 在运行初期是逐渐升高的，并在第 9 天达到峰值 3.85。当系统达到稳定状态后（第 25～45 天），其 ΔCOD/ΔTN 平均仅为 0.84，远低于异养反硝化的理论值 2.86 或 1.71。而此时系统的 $ΔNO_3^-$-N/$ΔNH_4^+$-N 平均为 0.09，非常接近于 Anammox 的理论值 0.11。以上分析表明，Anammox 可能是 HAOBR 系统的主要生物脱氮途径。由于出水的回流（200%），由 Anammox 产生的 NO_3^--N 会被重新输入位于 HAOBR 系统前端的厌氧格室，而进水提供的大量易降解有机物，可为异养反硝化菌群提供必需的电子供体，使得部分 NO_3^--N 被还原成 N_2 而从处理系统中逸出，因而导致 HAOBR 系统的实际 $ΔNO_3^-$-N/$ΔNH_4^+$-N 略低于理论值。以上分析同时表明，在 HAOBR 系统中，同时存在硝化反硝化和 Anammox 生物脱氮途径。如 4.3.1.3 节所述，HAOBR 系统的厌氧格室和好氧格室对系统 TN 去除均有贡献,贡献率分别为 31.9%和 68.1% 左右。然而,硝化反硝化和 Anammox 在 HAOBR 系统中是如何实现的,各格室在系统的生物脱氮过程中又扮演了怎样的角色,仍需进一步探讨。

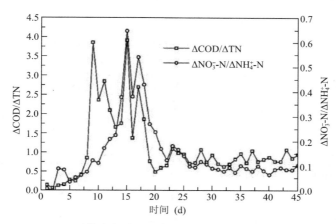

图 4-12　HAOBR 系统在启动运行期的生物脱氮化学计量学参数变化规律

4.3.2.2　各格室生物脱氮途径的差异

为了解 HAOBR 系统各格室在生物脱氮效能及机制方面的差异,在启动运行期的最后稳定运行阶段(第 25～45 天),对其四个格室的进水和出水水质进行了跟踪检测,其结果如表 4-5 所示。由于出水回流(200%)的稀释作用,位于系统最前端的第一厌氧格室 A1(图 4-1),其进水的 COD、NH_4^+-N、TN、NO_2^--N 和 NO_3^--N 分别平均为 107 mg/L、79.3 mg/L、112.8 mg/L、0.4 mg/L 和 17.0 mg/L。根据传统 A/O 系统的工作原理,TN 和 COD 的去除,通常应分别发生在前端的厌氧区和后端的好氧区[6]。然而,如表 4-5 所示,在 HAOBR 系统中,对系统去除 COD 贡献最大的是位于系统最前端的 A1 格室,平均除贡献率高达 67.4%,而位于系统后端的两个好氧格室(O1 和 O2)的贡献率之和也不过 21.5%左右。同时,O1 对系统去除 TN 的贡献率平均高达 69.8%,而位于前端的两个厌氧格室 A1 和 A2 的贡献率之和只有 32.0%左右。如表 4-2 所示,在启动运行阶段,HAOBR 系统进水的 TN 主要由 NH_4^+-N 贡献,而 NH_4^+-N 的去除主要发生在好氧格室(表 4-5)。其中,O1 对系统去除 NH_4^+-N 的平均贡献率高达 80.3%。然而,在 O1 出水中并未发现有 NO_2^--N 和 NO_3^--N 积累的现象,平均浓度分别只有 0.4 mg/L 和 15.2 mg/L。高达 69.8%的 TN 去除贡献率以及较低的出水 NO_x^--N 浓度,说明 HAOBR 系统的好氧格室 O1 的生物脱氮很可能是通过部分氨氧化-Anammox(partial nitrification-Anammox,PN/A)这一自养脱氮途径实现的[27-29]。

表 4-5　HAOBR 系统在启动运行末期的污染物逐格室去除情况

	指标	第 1 格室（A1）	第 2 格室（A2）	第 3 格室（O1）	第 4 格室（O2）
COD	进水（mg/L）	107±9	59±8	51±6	42±5
	出水（mg/L）	59±8	51±6	42±5	33±3
	去除贡献率（%）	67.4±13.1	11.1±9.1	13.1±9.8	8.4±6.3
	总去除率（%）		86.8±1.8		
NH_4^+-N	进水（mg/L）	79.3±4.4	71.3±7.0	70.8±6.6	7.3±1.1
	出水（mg/L）	71.3±7.0	70.8±6.6	7.3±1.1	0
	去除贡献率（%）	9.8±9.0	0.6±7.6	80.3±8.4	9.3±1.5
	总去除率（%）		≈100		
TN	进水（mg/L）	112.8±5.5	92.5±9.3	84.7±8.0	23.6±2.8
	出水（mg/L）	92.5±9.3	84.7±8.0	23.6±2.8	25.1±2.9
	去除贡献率（%）	23.1±10.6	8.9±8.2	69.8±9.3	−1.4±5.1
	总去除率（%）		77.8±2.6		
NO_2^--N	进水（mg/L）	0.4±0.2	0.2±0.1	0.1±0.1	0.4±0.1
	出水（mg/L）	0.2±0.1	0.1±0.1	0.4±0.1	0.5±0.2
NO_3^--N	进水（mg/L）	17.0±2.0	12.6±2.8	9.7±2.4	15.2±3.0
	出水（mg/L）	12.6±2.8	9.7±2.4	15.2±3.0	24.2±2.8
pH	进水（mg/L）	8.33±0.12	8.29±0.14	8.29±0.15	8.09±0.13
	出水（mg/L）	8.29±0.14	8.29±0.15	8.09±0.13	7.93±0.19
进水 COD/TN		0.95±0.04	0.65±0.09	0.61±0.09	1.81±0.08
ΔCOD/ΔTN		4.08±6.62	0.36±3.21	0.16±0.12	−0.07±3.88

　　如 4.3.2.1 节所述，以 NO_2^--N 和 NO_3^--N 为电子受体的异养反硝化过程，其 ΔCOD/ΔTN 理论值分别为 1.71 和 2.86[6]。而对 HAOBR 系统 TN 去除贡献最大的好氧格室 O1，其平均 ΔCOD/ΔTN 仅有 0.16（表 4-5），远远低于异养反硝化的理论值 1.71 或 2.86，也不能满足好氧反硝化对 ΔCOD/ΔTN 须在 2.00 以上的需求[30,31]。这一结果再次说明，在 HAOBR 系统的好氧格室 O1 中，存在以 Anammox 为主的生物脱氮途径。如表 4-5 所示，在 HAOBR 系统的厌氧格室中，废水中的 NO_2^--N 和 NO_3^--N 均得到了不同程度的去除。在 HAOBR 系统启动运行期的最后稳定运行阶段（第 25～45 天），废水流经前两个厌氧格室后，NO_2^--N 和 NO_3^--N 的平均浓度分别从 0.4 mg/L 和 17.0 mg/L 降低到了 0.1 mg/L 和 9.7 mg/L。研究表明，在电子

供体（如乙酸）相同的条件下，Anammox 反应的 Gibbs 自由能（ΔG）为–360 kJ/mol，远大于 NO_2^--N 和 NO_3^--N 还原反应的–1100 kJ/mol 和–910 kJ/mol[32]。因此，发生在 HAOBR 系统厌氧格室 A1 中的 NO_x-N 去除，一定是异养反硝化作用，而不是 Anammox 作用的结果。厌氧格室 A1 中的平均 $\Delta COD/\Delta TN$ 为 4.08（表 4-5），远高于异养反硝化反应的理论值，进一步佐证了异养反硝化是 HAOBR 系统厌氧格室的主要生物脱氮途径。

表 4-5 所示的结果表明，有大约 10.1%的 NH_4^+-N 在 HAOBR 系统最前端的厌氧格室 A1 中得以去除。分析认为，进入 A1 的废水，富含有机物，COD 平均为 107 mg/L，化能异养菌群因此得以大量增殖（启动运行之初和结束时的 MLVSS 分别为 2.00 g/L 和 3.34 g/L），使大约 64.5%的 COD 被去除。作为生物合成的有效氮源，NH_4^+-N 必然会伴随化能异养微生物的旺盛增殖而被吸收转化。因此，微生物的细胞合成，也是 HAOBR 系统厌氧格室的生物脱氮机制之一。在反硝化与细胞合成的联合作用下，厌氧格室对 HAOBR 系统去除 TN 的贡献率达到了 32.0%左右。

综上所述，所接种的活性污泥，经过 25 d 的驯化，在 HAOBR 系统各格室中实现了功能分化。在化能异养菌群（主要是在厌氧格室）和化能自养菌群（主要是在好氧格室）的协同作用下，HAOBR 系统最终表现出了良好的碳氮同步去除效能。第二厌氧格室（A2）和第四好氧格室（O2）所呈现出的微弱污染物（COD、NH_4^+-N 和 TN）去除效能，是 HAOBR 系统处理效能的冗余表现，说明系统有望在更高的负荷下运行，并取得良好的处理效果。

4.3.3　污染物去除的微生物学分析

4.3.2 节的分析表明，在 HAOBR 系统中，存在异养反硝化、自养反硝化和细胞合成等多种生物脱氮途径，也就是说，无论是好氧微生物还是厌氧微生物，也无论是异养微生物还是自养微生物，均能在 HAOBR 中表现出良好的代谢活性。尽管在 HAOBR 系统启动时，各格室的接种物均为同一市政污水处理厂二沉池的活性污泥，但经过 25 d 驯化，各格室的活性污泥表现出了功能差异。为了解 HAOBR 系统去除碳氮磷的微生物学机制，对接种污泥和启动运行结束时的各格室生物相（包括悬浮污泥和生物膜）进行了样品采集，并进行了高通量测序分析。在此，对采集样品予以编号，其中：接种污泥样品标记为 C_0，启动运行结束后 HAOBR 系统第 1 至第 4 格室的悬浮污泥样品分别记为 S_{A1}、S_{A2}、S_{O1} 和 S_{O2}，生物膜样品分别记为 B_{A1}、B_{A2}、B_{O1} 和 B_{O2}。

4.3.3.1　悬浮污泥和生物膜微生物群落的多样性及对比分析

如表 4-6 所示，从接种污泥（C_0）中共检测到 49204 个碱基序列，从 HAOBR 系统各格室采集的悬浮污泥样品（S_{A1}、S_{A2}、S_{O1} 和 S_{O2}）和生物膜样品（B_{A1}、B_{A2}、

B_{O1} 和 B_{O2}）中检测到的碱基序列，也都超过了 39000 个。97% 以上的覆盖率，说明检测结果能够反映样品群落多样性的真实情况[33]。基于操作分类单元（operational taxonomic units，OTUs）的微生物群落多样性分析结果表明，无论是微生物的多样性指数（Shannon 和 Simpson），还是丰度指数（Ace 和 Chao1），均说明 HAOBR 系统各格室拥有种类丰富的微生物。对于微生物群落的多样性和菌群丰度：①好氧格室的（S_{O1} 和 S_{O2}，B_{O1} 和 B_{O2}）要高于厌氧格室的（S_{A1} 和 S_{A2}，B_{A1} 和 B_{A2}）；②第一厌氧格室的（S_{A1} 和 B_{A1}）高于第二厌氧格室的（S_{A2} 和 B_{A2}）；③第三好氧格室的（S_{O1} 和 B_{O1}）高于第四好氧格室的（S_{O2} 和 B_{O2}）；④悬浮污泥的（S_{A1}、S_{A2}、S_{O1} 和 S_{O2}）均高于生物膜的（B_{A1}、B_{A2}、B_{O1} 和 B_{O2}）。多种多样的菌群，代表着微生物代谢的多样性，为去除干清粪养猪场废水中的各种污染物奠定了微生物学基础。

表 4-6　接种污泥和 HAOBR 系统各格室生物相的 Alpha 多样性

样品名	序列数（个）	OTUs（个）	多样性指数		丰度指数		覆盖率（%）
			Shannon	Simpson	Ace	Chao 1	
C_0	49204	2748	6.47	0.004	3132.81	3052.76	98.9
S_{A1}	46728	2660	5.83	0.011	3774.78	3573.15	98.0
S_{A2}	48716	2822	5.76	0.015	4058.59	3902.40	97.9
S_{O1}	42048	2550	5.94	0.010	4580.01	3724.44	97.7
S_{O2}	49747	2403	5.84	0.0094	4170.93	3436.05	98.2
B_{A1}	39104	1890	5.25	0.016	3574.03	2790.11	98.0
B_{A2}	44516	1937	4.90	0.029	3603.37	2793.20	98.2
B_{O1}	47124	1888	5.39	0.013	3633.74	2851.02	98.4
B_{O2}	39498	1332	4.57	0.038	2732.62	2113.54	98.6

　　基于 OTUs 数据，采用 UpSet 图对接种污泥以及 HAOBR 系统启动运行结束时的各格室生物样品的群落结构进行解析。如图 4-13 所示的结果表明，接种污泥 C_0 的 OTUs 为 2749 个，其中有 937 个在 HAOBR 系统启动运行结束时的各格室生物样品中均未检出。相对于接种污泥，在 HAOBR 系统的各个格室中，只有 S_{A2} 的 OUTs 增加到了 2822 个，其余样品的 OTUs 均有不同程度的减少。以上结果说明，接种污泥的群落结构，在 HAOBR 系统的启动运行过程中发生了显著变化。对比发现，接种污泥与 HAOBR 系统各格室生物相有相同的 OTUs 数量，均处于较低水平，仅有 229 个 OUTs 存在于所有生物样品中。此外，各格室的悬浮污泥和生物膜均具有其特有的 OUTs。如图 4-13 所示，S_{A1}、S_{A2}、S_{O1} 和 S_{O2} 特有的 OUTs 分别为 124、154、69 和 77 个，分别占其 OUTs 总数的 7.5%、5.5%、2.7% 和 3.2%；

生物膜样品 B_{A1}、B_{A2}、B_{O1} 和 B_{O2} 独有的 OUTs 分别为 112、110、65 和 65 个，分别占其 OTUs 总数的 5.9%、5.7%、3.4%和 4.9%。这些结果说明，经过 45 d 的启动运行，在 HAOBR 系统各格室中均形成了与其内环境相适应的微生物群落，进而使它们在污染物去除功能和效能方面呈现出了显著差异（表 4-5）。

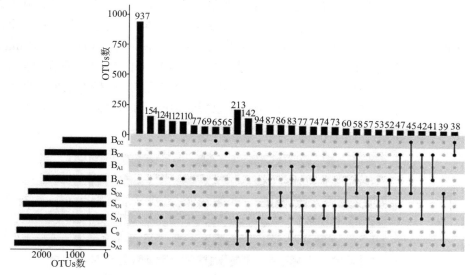

图 4-13　HAOBR 系统接种污泥及各格室生物样品 OUTs 的 UpSet 图

4.3.3.2　菌门和菌纲水平的群落结构分析

基于高通量测序结果，对接种污泥及 HAOBR 系统各格室的悬浮污泥和生物膜样品进行生物群落结构解析。如图 4-14 所示的系统发育分类分析结果表明，各生物样品的微生物群落结构，在菌门和菌纲门水平即表现出了显著差异。其中，Proteobacteria 菌门在所有悬浮污泥和生物膜样品中均占有绝对优势[图 4-14（a）]，主要包括 Alphaproteobacteria、Betaproteobacteria、Gammaproteobacteria 和 Deltaproteobacteria 等菌纲[图 4-14（b）]。

如图 4-14（a）所示，Proteobacteria 在 S_{A1}、S_{A2}、B_{A1} 和 B_{A2} 中的相对丰度分别高达 57.02%、60.12%、67.45%和 57.4%，而在 S_{O1}、S_{O2}、B_{O1} 和 B_{O2} 中的相对丰度分别为 48.38%、46.84%、42.67%和 30.12%，显著低于厌氧格室。大量研究表明，Proteobacteria 是废水生物处理系统中最为常见的微生物类群，在有机物降解和去除中发挥着重要作用[34-36]。Bacteroidetes 是 HAOBR 系统中的另一个优势菌门，其在 S_{A1}、S_{A2}、S_{O1}、S_{O2}、B_{A1}、B_{A2}、B_{O1} 和 B_{O2} 中的相对丰度分别为 11.8%、10.59%、8.51%、7.77%、9.43%、9.56%、11.74%和 7.07%[图 4-14（a）]，主要包

括 Sphingobacteriia、Bacteroidia 和 Flavobacteriia 等菌纲[图 4-14（b）]。可见，Bacteroidetes 在 HAOBR 系统前端两个厌氧格室中的丰度显著高于其在后端两个好氧格室中的丰度。有研究表明，Bacteroidetes 中的许多细菌，具有降解大分子有机物和颗粒有机物的能力[37]。诸如 Sphingobacteriia、Bacteroidia 等化能异养菌群的大量存在，保证了 HAOBR 系统对干清粪养猪场废水的 COD 去除效能，其中以 A1 格室的贡献最为突出，高达 67.4%左右（图 4-3，表 4-5）。尽管在后续的三个格室中也存在较为丰富的化能异养菌群，但进水浓度分别平均只有 59 mg/L、51 mg/L 和 42 mg/L，极大限制了它们的生长代谢活性，使 A2、O1 和 O2 格室在 HAOBR 系统启动运行稳定期（第 25～45 天）的 COD 去除率始终处于较低水平，平均仅为 11.1%、13.1%和 8.1%（表 4-5）。上述结果同时说明，HAOBR 系统可在更高的 OLR 条件下运行并获得良好的 COD 去除效果。

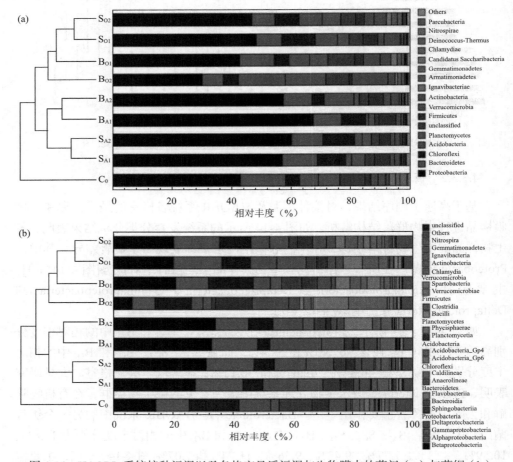

图 4-14　HAOBR 系统接种污泥以及各格室悬浮污泥与生物膜中的菌门（a）与菌纲（b）

　　由于干清粪养猪场废水的 TN 主要由 NH_4^+-N 贡献（表 4-2），对于 HAOBR 系统的 TN 去除，NH_4^+-N 的有效氧化非常重要，是异养反硝化和 Anammox 得以实现的基础。作为 Nitrospirae 菌门的一个主要菌纲,硝化细菌 Nitrospira 只在 HAOBR 系统后端的两个好氧格室中被检出，其在 S_{O1}、S_{O2}、B_{O1} 和 B_{O2} 中的相对丰度分别为 0.01%、0.23%、0.03% 和 0.14%[图 4-14（b）]。而 AnAOB 所属的 Planctomycetia 菌纲[38]，同样也只在好氧格室被检出，其在 S_{O1}、S_{O2}、B_{O1} 和 B_{O2} 中的相对丰度分别为 3.61%、5.00%、5.16% 和 12.12%。以上结果表明，HAOBR 系统内的硝化作用与 Anammox，主要是发生在位于系统后端的好氧格室，使 O1 和 O2 格室成为系统去除 NH_4^+-N 和 TN 的主要贡献者（表 4-5）。

4.3.3.3　生物脱氮功能菌群解析

　　为了解 HAOBR 系统的生物脱氮机理，对包括 AOB、NOB、反硝化细菌（denitrifying bacteria，DNB）和 AnAOB 在内的功能菌群在各格室的分布状况进行了分析。如图 4-15 所示，AOB、NOB、DNB 和 AnAOB 等参与生物脱氮过程的功能菌群，在 HAOBR 系统的四个格室中均能检测到，但其在各格室的丰度存在显著差异。其中，DNB 在前端两个厌氧格室 A1 和 A2 中的相对丰度，显著高于在后端两个好氧格室 O1 和 O2 中的相对丰度。在 A1 的悬浮污泥（S_{A1}）和生物膜（B_{A1}）中，DNB 的相对丰度分别达到了 21.21% 和 17.18%（图 4-15），其生长代谢为 HAOBR 系统的 TN 去除做出了 23.1% 左右的贡献（表 4-5）。如表 4-5 所示，第二厌氧格室 A2 的进水和出水 COD 分别只有 59 mg/L 和 51 mg/L 左右，用于反硝化脱氮的有机碳源严重匮乏。所以，尽管 DNB 在其悬浮污泥（S_{A2}）和生物膜（B_{A2}）中的相对丰度分别达到了 24.00% 和 15.38%（图 4-15），但对于 HAOBR 系统去除 TN 的贡献率仅为 8.9% 左右（表 4-5）。

　　在 4.3.2.1 节中，通过化学计量学分析，判断 Anammox 是 HAOBR 系统好氧格室的主要生物脱氮途径。如图 4-15 所示，在 TN 去除效能最佳的好氧格室 O3 中，大部分 AOB 和 AnAOB 菌群存在于生物膜（B_{O1}）中，其相对丰度分别为 5.14% 和 1.00%。正是 AOB 与 AnAOB 协同代谢形成的 PN/A 生物脱氮机制,格室 O3 对 HAOBR 系统 NH_4^+-N 和 TN 去除的贡献率分别高达 80.3% 和 69.8% 左右，作为 Anammox 反应的副产物，NO_3^--N 由进水的 9.7 mg/L 左右增加到了出水的 15.2 mg/L 左右（表 4-5）。在 HAOBR 系统末端的好氧格室 O2 中，检测到有 NOB 的存在，其在悬浮污泥（S_{O2}）和生物膜（B_{O2}）中的相对丰度分别为 0.23% 和 0.14%（图 4-15），由于它们的代谢活动，废水的一些 NO_2^--N 被氧化，使 NO_3^--N 的平均浓度由进水的 15.2 mg/L 增加到了出水的 24.2 mg/L（表 4-5）。然而，与接种污泥相比，NOB 在 HAOBR 系统中的生长代谢显然受到了严重抑制，这为 PN/A 的发生和持续进行提供了有利条件。

C_0	S_{A1}	S_{A2}	S_{O1}	S_{O2}	B_{A1}	B_{A2}	B_{O1}	B_{O2}		
44.30	29.32	33.33	39.53	43.90	40.31	46.46	45.23	44.29	unclassified	
49.44	49.37	42.59	47.87	46.56	42.45	38.06	40.63	52.56	Others	
0.41	0.20	0.29	0.22	0.06	0.22	0.16	0.08	0.01	Acidovorax	
0.14	0.04	0.03	0.02	0.01	0.02	0.03	0.01	0	Acinetobacter	
0.12	0.41	0.10	0.12	0.20	0.02	0.06	0.22	0.21	Altererythrobacter	
0	0.62	0.67	0.65	0.30	0.82	1.28	0.06	0.03	Aquamicrobium	
0.12	0.04	0.01	0.03	0.02	0.03	0.03	0	0	Arcobacter	
0.01	0.09	0.02	0.01	0.02	0.05	0.02	0.12	0	Azospira	
0	0	0	0.03	0	0	0	0.16	0.01	Bacillus	
0.05	0.54	0.47	0.82	0.57	0.63	0.44	0.52	0.13	Comamonas	
0.02	0.44	0.43	0.29	0.14	0.10	0.06	0.06	0	Curvibacter	
0.29	0.07	0.10	0.49	0.22	0.08	0.10	0.11	0.02	Dechloromonas	
0.01	0.09	0.03	0.01	0	0.04	0	0	0	Denitratisoma	
0.14	0.86	0.69	0.20	0.06	0.69	0.04	0.01	0.02	Flavobacterium	
0.02	3.56	9.41	1.28	0.88	1.28	0.24	0.49	0.06	Hydrogenophaga	DNB
0.67	0.38	0.42	0.35	0.47	0.20	0.15	0.18	0.42	Hyphomicrobium	
0.15	2.87	1.16	0.44	0.50	3.34	1.03	0.58	0.12	Lautropia	
0	0.79	0.68	0.62	1.75	0.26	0.18	1.75	0.36	Limnobacter	
0.41	0.01	0.78	1.34	0.27	0.65	8.11	0.14	0.09	Methyloversatilis	
0.07	0.33	0.51	0.49	0.41	2.31	0.72	0.15	0.05	Paracoccus	
0.02	0.09	0.06	0.03	0.03	0.09	0.07	0.01	0	Pseudomonas	
0.14	8.12	6.88	3.84	1.20	3.26	1.82	0.44	0.10	Simplicispira	
0.05	0.59	0.26	0.39	1.07	0.16	0.13	2.13	0.32	Sphingobium	
0	0	0.02	0.01	0.01	0.02	0.02	0	0	Sterolibacterium	
0.58	0.69	0.51	0.47	0.33	0.47	0.45	0.64	0.04	Thauera	
0.01	0.37	0.46	0.11	0.09	1.46	0.20	0.23	0.02	Thiobacillus	
0.29	0.01	0.01	0	0	0.03	0	0.01	0	Zoogloea	
0.27	0.01	0.02	0.09	0.30	0	0.02	3.97	0.64	Nitrosomonas	
0	0	0	0	0	0	0	0	0	Nitrosospira	AOB
0.04	0.08	0.04	0.23	0.32	0.05	0.08	1.03	0.15	Sphingomonas	
0.08	0.02	0.01	0.06	0.13	0	0	0.13	0.02	Spartobacteria	
2.22	0.01	0.01	0.01	0.23	0.01	0	0.03	0.14	Nitrospira	NOB
0	0	0.01	0	0	0	0	0	0	Nitrobacter	
0.01	0	0	0.01	0.08	0	0	1.00	0.21	Candidatus Brocadia	Anammox

图 4-15 HAOBR 系统接种污泥以及各格室悬浮污泥与生物膜中的功能菌属及相对丰度

检测发现，AnAOB 主要分布于 HAOBR 系统后端的好氧格室，而在前端的厌氧格室未检出。从图 4-15 可见，AnAOB 在 O1 悬浮污泥（S_{O1}）和生物膜（B_{O1}）中的相对丰度分别为 0.01% 和 1.00%，在 O2 中的相对丰度分别为 0.08%（S_{O2}）和 0.21%（B_{O2}）。已有研究表明，有很多因素都能影响 AnAOB 生长代谢活性，如基质（主要是 NH_4^+-N 和 NO_2^--N）、有机物、DO 和 pH 等[39]。由表 4-5 可知，在 HAOBR 系统启动运行的最后稳定阶段，NO_2^--N 在前端两个厌氧格室中的浓度一直处于 0.4 mg/L 以下的较低水平。在 NO_2^--N 浓度较低的情况下，异养反硝化菌群对 NO_2^--N 的竞争能力，要强于 AnAOB[32]。因此，NO_2^--N 的匮乏，限制了 AnAOB 在 HAOBR 系统前端厌氧格室中的有效富集。而在后端的好氧格室 O1 和 O2 中，其 pH 分别位于 8.09～8.29 和 7.93～8.09 范围，非常适合 AnAOB 生长代谢[39]。尽管 O1 和

O2 格室中的 DO 始终维持在 2.5 mg/L 左右的水平，但位于生物膜内部的缺氧和厌氧层，为 AnAOB 的生长繁殖提供了有利环境[11]。如此，在 NH_4^+-N 和 NO_2^--N 都比较充足的情况下，AnAOB 在 HAOBR 系统后端好氧格室（尤其是 O1）中得到了有效富集，进而为系统去除 TN 做出了最为突出的贡献。

4.4　HRT 和出水回流比影响下的 HAOBR 处理效能

如 4.3 节所述，在 HRT 36 h、出水回流比 200% 和 32℃条件下，HAOBR 系统经过 25 d 的启动运行即达到了相对稳定状态。在第 25~45 天的稳定运行期，HAOBR 系统对干清粪养猪场废水的 COD、NH_4^+-N 和 TN 去除率分别平均为 86.8%、100% 和 77.8%，出水浓度分别平均为 33 mg/L、9.3 mg/L 和 25.1 mg/L，优于《畜禽养殖业污染物排放标准》（GB 18596—2001）的要求。由表 4-5 所示的结果可知，干清粪养猪场废水中的 COD，主要在位于 HAOBR 系统（图 4-1）前端的两个厌氧格室去除，而 NH_4^+-N 和 TN 主要在位于后端的两个好氧格室去除。对比发现，第 2 厌氧格室（A2）和位于末端的好氧格室（O2），其污染物去除效能分别显著低于其前面的第 1 厌氧格室（A1）和好氧的第 3 格室（O1）。这一现象表明，格室 A2 和 O2 在污染物去除能力方面仍有较多"冗余"，这一"冗余"能力的发挥，将进一步提高 HAOBR 系统的处理效能。而且，如图 4-10 所示，即便在 HAOBR 系统启动运行达到稳定运行状态后，其 TP 去除率仅为 40.1% 左右，出水浓度平均达到了 10.6 mg/L，略高于《畜禽养殖业污染物排放标准》要求的排放浓度。

为进一步提高 HAOBR 系统处理干清粪养猪场废水的效能，并使出水 TP 达到《畜禽养殖业污染物排放标准》的要求，笔者课题组在 HAOBR 系统启动成功后，开展了共计 337 d 的 HRT 和出水回流比调控运行研究。如表 4-3 所示，依照 HRT 和出水回流比的不同，对 HAOBR 系统的调控运行分为 7 个阶段，其中，阶段 I 至阶段 IV 为在恒定出水回流比 200% 条件下的 HRT 调控运行，阶段 V 至阶段 VII 为在恒定 HRT 20 h 条件下的出水回流比调控运行。各运行阶段的运行时间及进水水质如表 4-4 所示。

4.4.1　HRT 对 HAOBR 处理效能的影响

4.4.1.1　HRT 对 COD 去除的影响

1）COD 去除变化规律

如图 4-16 所示，当 HRT 从启动运行阶段的 36 h 缩短到 28 h 后（阶段 I），HAOBR 系统对 COD 的去除率出现了明显波动，出水浓度也有小幅上升，但很快重新达到了相对稳定。在阶段 I 的最后 13 d（第 19～31 天），HAOBR 系统的进水和出水 COD 浓度分别平均为 414 mg/L 和 41 mg/L，去除率稳定在 88.9%左右。在 HRT 为 20 h 的阶段 II 初期（第 32～53 天），由于干清粪养猪场废水浓度急剧升高，HAOBR 系统的出水 COD 浓度也随之升高，但 COD 去除率仍然保持82.5%左右。自第 53 天后，干清粪养猪场的废水水质再次发生了显著变化，COD浓度大幅降低，COD 去除率也很快达到了相对稳定。在阶段 II 的相对稳定运行期（第 55～71 天），HAOBR 系统的进水和出水 COD 浓度分别平均为 305 mg/L和 66 mg/L，平均去除率为 78.4%。当 HAOBR 系统的运行进入 HRT 为 16 h的阶段 III 后，虽然 HRT 缩短使 COD 去除率和出水浓度受到了一定影响，但也能很快恢复到相对稳定状态。在阶段 III 的相对稳定运行期（第 99～117 天），HAOBR 系统的进水和出水 COD 浓度分别平均为 422 mg/L 和 81 mg/L，平均去除率为 79.1%。

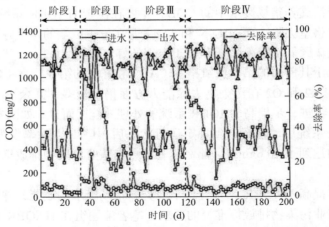

图 4-16　HAOBR 系统在 HRT 影响下的 COD 去除变化规律

　　以上结果表明，HRT 的每一次缩短，均会对 HAOBR 系统的去除效能造成一定影响，但这一影响都是短暂的，其 COD 去除率和出水浓度均能在较短时间内再次达到相对稳定状态。值得注意的是，随着 HRT 的缩短，HAOBR 系统的出水COD 浓度呈现出逐步升高趋势，这可使更多的 COD 进入系统末端的好氧格室，诱发化能异养菌的旺盛增殖，对 AOB 和 AnAOB 等自养微生物的生长代谢产生竞争抑制效应，从而影响 HAOBR 系统好氧格室的 PN/A 脱氮效能[40]。为保障 HAOBR系统的生物脱氮效能，在 HRT 调控运行的最后阶段，也即阶段 IV，将 HRT 恢复到了 20 h。在 HRT 同为 20 h 的阶段 IV，HAOBR 系统的 COD 去除率随着干清粪养猪场废水水质的波动而波动，但出水 COD 浓度相对稳定。在该阶段的相对稳定运行期（第 186～202 天），HAOBR 系统进水和出水的 COD 浓度分别平均为 405 mg/L 和 77 mg/L，平均去除率为 80.1%。

2）COD 的沿程去除规律

由表 4-5 可见，在 HRT 为 36 h 的条件下，HAOBR 系统对 COD 的去除主要发生在第 1 格室（A1），贡献率高达 67.4%，而位于其后的 A2、O1 和 O2 格室，对系统 COD 去除的贡献率分别只有 11.1%、13.1%和 8.4%左右。如图 4-17 所示，在 HRT 为 28 h 的相对稳定运行期，除了 A1 格室外，后续的 O1 格室也表现出了较高的 COD 去除效能，两者的平均去除负荷分别达到了 0.59 kg/（m³·d）和 0.40 kg/（m³·d）。而分别位于它们之后的 A2 和 O2 格室的 COD 去除负荷，分别平均仅有 0.10 kg/（m³·d）和 0.17 kg/（m³·d）（图 4-17，阶段Ⅰ）。这一结果表明，在厌氧格室未能去除的大量有机物，随水流进入了系统后端的好氧格室并得以去除。

当 HRT 缩短到 20 h（阶段Ⅱ）并达到相对稳定状态后，HAOBR 系统 A1 格室的 COD 去除负荷大幅降低到了 0.12 kg/（m³·d），而 A2 格室和 O1 格室的 COD 去除负荷分别提高到了 0.26 kg/（m³·d）和 0.52 kg/（m³·d），O1 格室演变成了系统去除 COD 的主要功能区。当 HRT 进一步降低到 16 h（阶段Ⅲ）并达到相对稳定状态后，HAOBR 系统前三个格室的 COD 去除负荷均出现明显提高，分别达到了 0.62 kg/（m³·d）、0.45 kg/（m³·d）和 0.76 kg/（m³·d）。当 HRT 恢复到 20 h 后（阶段Ⅳ），HAOBR 前三个格室的 COD 去除负荷出现不同程度的降低，分别为 0.55 kg/（m³·d）、0.38 kg/（m³·d）和 0.43 kg/（m³·d）。

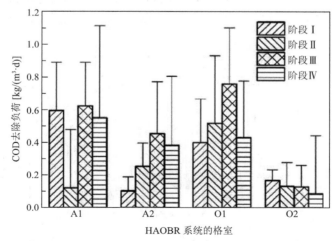

图 4-17　HAOBR 系统在 HRT 影响下的 COD 逐格室去除规律

如图 4-17 的实验结果表明，干清粪养猪场废水中的有机物，在 HAOBR 系统的前三个格室就已去除殆尽，而位于末端的 O2 格室，其 COD 去除负荷在 HRT 调控运行的四个阶段均较低,分别平均仅为 0.17 kg/（m³·d）、0.13 kg/（m³·d）、0.13 kg/（m³·d）和 0.09 kg/（m³·d）。这一结果说明,HAOBR 系统在去除干清粪养猪场废水 COD 方面仍有较大潜力。然而,HRT 的进一步缩短,会使系统承受更高的 NH_4^+-N、TN 和 TP 负荷,在这种工况下,HAOBR 系统出水的氮磷是否能够满足《畜禽养殖业污染物排放标准》,是必须予以考虑的问题。

4.4.1.2　HRT 对 NH_4^+-N 去除的影响

1）HAOBR 系统对 NH_4^+-N 去除的变化规律

每一次 HRT 的缩短,都会对 HAOBR 系统的 NH_4^+-N 去除效能造成一定冲击,但最终都能恢复并达到相对稳定状态。如图 4-18 所示,在 HRT 由启动运行阶段的 36 h 缩短到 28 h 后（阶段 I）,HAOBR 系统对 NH_4^+-N 的去除率出现了显著下降且波动较大,但自第 19 天后重新达到了相对稳定状态。在第 19～31 天的稳定运行期,HAOBR 系统的进水和出水 NH_4^+-N 浓度分别平均为 216.6 mg/L 和 0.6 mg/L,去除率达到了 99.8%左右。当 HRT 在阶段 II 缩短为 20 h 后,HAOBR 系统对 NH_4^+-N 的去除率再次出现了先下降再上升并趋于稳定的变化规律。在该阶段的稳定运行期（第 55～71 天）,HAOBR 系统的进水 NH_4^+-N 浓度平均为 227.2 mg/L,去除率平均高达 99.5%,出水中仅有 1.3 mg/L 左右的 NH_4^+-N 残留。当 HRT 在阶段 III 进一步缩短到 16 h 后,HAOBR 系统对 NH_4^+-N 的去除率,虽然最终也达到了相对稳定,但较阶段 I 和阶段 II 有了大幅降低。在该阶段的相对稳定期（第 99～117 天）,HAOBR 系统的进水 NH_4^+-N 浓度平均为 223.0 mg/L,平均去除率仅有 40.3%,出水浓度高达 118.7 mg/L 左右,已不能满足《畜禽养殖业污染物排放标准》的要求。

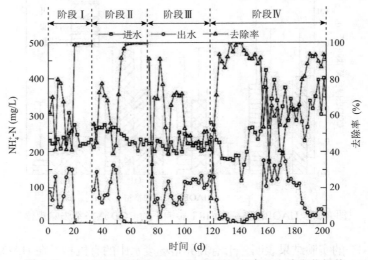

图 4-18　HAOBR 系统在 HRT 影响下的 NH_4^+-N 去除变化规律

在 HRT 恢复为 20 h 的阶段Ⅳ，HAOBR 系统对 NH_4^+-N 的去除率迅速升高。由于进水水质的较大波动，HAOBR 系统对 NH_4^+-N 的去除率始终处于显著变化之中，直至第 186 天后方达到相对稳定状态。在该阶段的相对稳定期（第 186～202 天），HAOBR 系统的进水 NH_4^+-N 浓度平均为 325.3 mg/L，去除率稳定在 89.9%左右，出水浓度平均仅为 31.4 mg/L，优于《畜禽养殖业污染物排放标准》的要求。

在阶段Ⅰ和阶段Ⅱ的稳定运行期，HAOBR 系统的 NH_4^+-N 去除负荷分别平均为 0.20 kg/（m^3·d）和 0.27 kg/（m^3·d），说明 HRT 的缩短，有效提高了 HAOBR 系统的 NH_4^+-N 去除效能。而在阶段Ⅲ和阶段Ⅳ的稳定运行期，HAOBR 系统的进水 NH_4^+-N 负荷差别不大，分别平均为 0.33 kg/（m^3·d）和 0.39 kg/（m^3·d），但对 NH_4^+-N 的去除负荷表现出明显差异，分别为 0.16 kg/（m^3·d）和 0.35 kg/（m^3·d）。这一结果表明，过短的 HRT 会导致 NH_4^+-N 氧化时间的不足，显著影响 HAOBR 系统对 NH_4^+-N 的去除效能。

2）各格室对 NH_4^+-N 的去除效能

借助于各 HRT 条件下的相对稳定运行期的数据，对 NH_4^+-N 在 HAOBR 系统中的去除过程进行分析，结果如图 4-19 所示。结果表明，随着 HRT 的改变，HAOBR 系统各格室对 NH_4^+-N 的去除效能也出现了较大变化，但并没有改变好氧格室是系统 NH_4^+-N 去除的主要贡献者这一基本规律（表 4-5）。如图 4-19 所示，在 HRT 为 28 h 的阶段Ⅰ，O1 格室是 HAOBR 系统去除 NH_4^+-N 的主要功能格室，平均去除负荷达到了 0.64 kg/（m^3·d），对系统 NH_4^+-N 去除的贡献率高达 67.9%左右。在 HRT 为 20 h 的阶段Ⅱ，O2 格室承担了更多的 NH_4^+-N 去除功能，去除负荷从 HRT 28 h 时的 0.05 kg/（m^3·d）大幅提高到了 0.63 kg/（m^3·d）左右，而 O1 格室的去除负荷则显著降低到了 0.30 kg/（m^3·d）左右。分析认为，因 HRT 缩短而显著提高的 OLR，使更多的有机物由前端的厌氧格室流入 O1 格室，促进了化能异养菌群的生长代谢，提升了该格室的 COD 去除负荷（图 4-17），但也抑制了 AOB 和 AnAOB 等自养微生物的生长代谢，进而导致了 NH_4^+-N 去除效能的降低[40]。O1 格室对有机物的有效去除，使其后端的 O2 格室的 COD 处于较低水平，从而保证了 AOB 和 AnAOB 等自养脱氮微生物的生长代谢，从而呈现出了较 O1 格室更高的 NH_4^+-N 去除负荷。

在阶段Ⅰ和阶段Ⅱ，HAOBR 系统的厌氧格室 A1 和 A2，也都表现出了一定的 NH_4^+-N 去除能力。其中，A1 格室在阶段Ⅰ和阶段Ⅱ对 NH_4^+-N 的去除负荷分别平均为 0.04 kg/（m^3·d）和 0.08 kg/（m^3·d），A2 格室分别平均为 0.05 kg/（m^3·d）和 0.06 kg/（m^3·d）。这一结果说明，HAOBR 系统厌氧格室中的活性污泥，始终保持着良好的生长代谢活性，其细胞合成对 NH_4^+-N 的吸收和同化作用，为其所在格室的 NH_4^+-N 去除做出了一定贡献[9]。

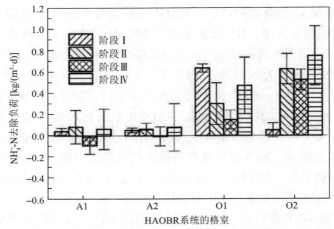

图 4-19　HAOBR 系统在 HRT 影响下的 NH_4^+-N 逐格室去除规律

在 HRT 为 16 h 的阶段Ⅲ，由于进水 NH_4^+-N 负荷的提高，位于 HAOBR 系统前端的 A1 和 A2 格室，均出现了出水 NH_4^+-N 浓度高于进水浓度的现象（图 4-19）。虽然好氧格室仍然是 HAOBR 系统去除 NH_4^+-N 的主要功能区，但与阶段Ⅱ相比，O1 格室对 NH_4^+-N 的去除负荷出现了显著下降，平均仅有 0.15 kg/（m^3·d）。尽管 O2 格室对 NH_4^+-N 的去除负荷平均达到了 0.53 kg/（m^3·d），但其出水 NH_4^+-N 浓度平均高达 121.5 mg/L，超过了《畜禽养殖业污染物排放标准》要求的限值 80.0 mg/L。当 HRT 重新调升至 20 h 后（阶段Ⅳ），HAOBR 系统好氧格室的 NH_4^+-N 去除效能随之得到了恢复，O1 和 O2 格室的 NH_4^+-N 去除负荷最终分别稳定在了 0.47 kg/（m^3·d）和 0.75 kg/（m^3·d）左右，而位于系统前端的 A1 和 A2 格室也再一次呈现出了一定的 NH_4^+-N 去除能力，平均去除负荷分别为 0.06 kg/（m^3·d）和 0.08 kg/（m^3·d）。

综上所述，HRT 对 HAOBR 系统的 NH_4^+-N 去除效能有显著影响，在 HRT 不低于 20 h 的条件下，NH_4^+-N 去除率可以维持在 90%以上，去除负荷可以达到 0.35 kg/（m^3·d）。当 HRT 缩短至 16 h 时，HAOBR 系统对 NH_4^+-N 去除效果恶化，但随着 HRT 重新提高至 20 h，系统对 NH_4^+-N 去除效能可以得到及时恢复。

4.4.1.3　HRT 对 TN 去除的影响

1）HAOBR 系统对 TN 去除的变化规律

由于干清粪养猪场废水的 TN 主要由 NH_4^+-N 贡献，HAOBR 系统对 TN 的去除亦表现出了与 NH_4^+-N 去除相似的变化规律（图 4-18），即受 HRT 改变的影响，在各阶段运行初期，系统的 TN 去除率及出水浓度均有明显下降且波动较大，但最终都能恢复并达到相对稳定状态。如图 4-20 所示，在 HRT 为 28 h 的阶段Ⅰ的稳定运行期（第 19～31 天），HAOBR 系统的进水和出水 TN 浓度分别平均为 281.7 mg/L 和 24.6 mg/L，平均去除率为 91.1%。在 HRT 为 20 h 的阶段Ⅱ稳定期

（第 55～71 天），HAOBR 系统的进水和出水 TN 浓度分别平均为 273.5 mg/L 和 24.3 mg/L，去除率仍然维持在 91.1%左右。当 HRT 进一步降低到 16 h（阶段Ⅲ）后，HAOBR 系统对 TN 的去除率明显下降，在其稳定运行期（第 99～117 天），系统的进水 TN 浓度平均为 268.7 mg/L，平均去除率仅有 51.1%，出水残留的 TN 大幅增加到了 131.2 mg/L 左右。为恢复 HAOBR 系统的 TN 去除效能，在阶段Ⅳ将 HRT 重新延长到了 20 h。当 HAOBR 系统的运行再次达到相对稳定状态后（第 186～202 天），其进水 TN 浓度平均为 376.8 mg/L，TN 去除率恢复到 85.8% 左右的水平，平均出水浓度降低到了 53.5 mg/L。

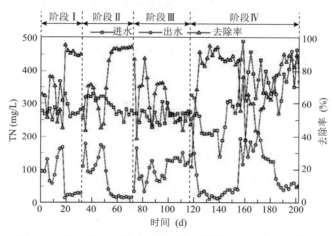

图 4-20　HAOBR 系统在 HRT 影响下的 TN 去除变化规律

　　水质检测结果表明，在 HRT 调控运行的四个阶段，HAOBR 系统的进水 NO_x^--N 浓度始终处于较低水平（表 4-4），但出水浓度有了显著增加（图 4-21）。如图 4-21 所示，在 HRT 为 28 h 的阶段Ⅰ稳定运行期，HAOBR 系统出水中的 NO_x^--N 以 NO_3^--N 为主，其浓度平均为 23.0 mg/L，而 NO_2^--N 的浓度平均仅有 1.0 mg/L。在 HRT 为 20 h 的阶段Ⅱ稳定运行期，HAOBR 系统的出水 NO_2^--N 浓度显著提高到了 11.4 mg/L 左右，而 NO_3^--N 浓度降低到了 5.9 mg/L 左右。这一结果表明，HRT 的缩短，显著影响了 NO_2^--N 的进一步氧化，使其在 HAOBR 系统中呈现出一定的积累现象。这一 NO_2^--N 积累现象，在 HRT 缩短到 16 h 后（阶段Ⅲ）更加明显。在阶段Ⅲ的稳定运行期，HAOBR 系统的出水 NO_2^--N 浓度维持在 10.8 mg/L 左右，NO_3^--N 浓度明显降低，平均仅有 1.7 mg/L，说明系统中的硝化作用受到了更大影响，会限制 NH_4^+-N 和 TN 的有效去除。在 HRT 恢复到 20 h 后的阶段Ⅳ的稳定运行期，HAOBR 系统对 NH_4^+-N 和 TN 的去除率均得到恢复（图 4-18 和图 4-20），出水 NO_2^--N 和 NO_3^--N 浓度也恢复到与阶段Ⅱ相似的水平，分别平均为 14.0 mg/L 和 6.2 mg/L。

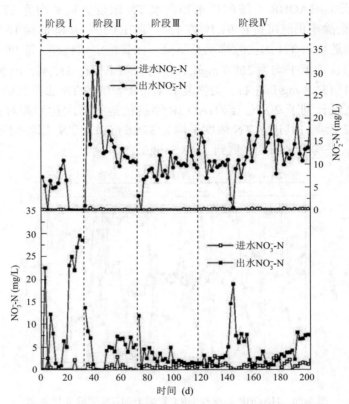

图 4-21　HAOBR 系统在 HRT 影响下的 NO_x^--N 变化规律

2）各格室对 TN 的去除效能

在阶段 I（HRT 28 h）、阶段 II（HRT 20 h）、阶段 III（HRT 16 h）和阶段 IV（HRT 20 h）的稳定运行时期，HAOBR 系统各格室对 TN 的去除情况如表 4-7 所示。在阶段 I，HAOBR 系统对 TN 与 NH_4^+-N 的去除（图 4-19）均主要发生在好氧格室 O1，其 TN 去除负荷平均高达 0.50 kg/（$m^3 \cdot d$），而位于前端的厌氧格室 A1和 A2，其 TN 去除负荷分别仅为 0.25 kg/（$m^3 \cdot d$）和 0.13 kg/（$m^3 \cdot d$）左右。在该阶段的稳定运行期，A1 和 A2 格室的 ΔCOD/ΔTN 分别平均为 2.39 和 1.01，其中，ΔCOD/ΔNO_x^--N 分别平均为 8.21 和 24.79，远远大于全程硝化反硝化和短程硝化反硝化的理论值 2.86 和 1.71[6]。由此推断，在 HAOBR 系统的厌氧格室，异养反硝化是其生物脱氮的主要途径。在好氧的 O1 格室，其 ΔCOD/ΔTN 平均仅有 0.84，远远低于异养反硝化所要求的理论值，而其 ΔNH_4^+-N/ΔTN 平均为 1.31，非常接近 Anammox 脱氮的理论值 1.14[26]。由此推断，在 HAOBR 系统的 O1 格室，Anammox 是其主要的生物脱氮机制。

表 4-7　HAOBR 系统各格室在不同 HRT 下的 TN 去除效能

	指标	第 1 格室（A1）	第 2 格室（A2）	第 3 格室（O1）	第 4 格室（O2）
HRT 28 h（阶段 I）	TN 去除负荷[kg/（m³·d）]	0.25±0.06	0.13±0.05	0.50±0.05	0±0.10
	NO$_2^-$-N 去除负荷[kg/（m³·d）]	0±0.02	0	-0.06±0.04	0.05±0.03
	NO$_3^-$-N 去除负荷[kg/（m³·d）]	0.09±0.09	0.03±0.03	-0.11±0.03	-0.11±0.05
	ΔCOD/ΔTN	2.39±1.04	1.01±1.25	0.84±0.62	—
	ΔNH$_4^+$-N/ΔTN	0.15±0.13	0.43±0.14	1.31±0.08	—
	pH	7.78～8.63	7.80～8.62	7.74～8.45	7.84～8.48
HRT 20 h（阶段 II）	TN 去除负荷[kg/（m³·d）]	0.36±0.18	0.12±0.07	0.27±0.18	0.50±0.16
	NO$_2^-$-N 去除负荷[kg/（m³·d）]	0.11±0.01	0	-0.07±0.03	-0.08±0.04
	NO$_3^-$-N 去除负荷[kg/（m³·d）]	0.02±0.03	0	0±0.01	-0.05±0.02
	ΔCOD/ΔTN	0.41±1.56	4.62±5.55	3.09±3.77	0.25±0.30
	ΔNH$_4^+$-N/ΔTN	0.31±0.19	0.58±0.09	1.16±0.23	1.29±0.18
	pH	7.72～8.19	7.73～8.18	8.06～832	7.96～8.29
HRT 16 h（阶段 III）	TN 去除负荷[kg/（m³·d）]	0.02±0.18	0.13±0.10	0.25±0.10	0.40±0.08
	NO$_2^-$-N 去除负荷[kg/（m³·d）]	0.13±0.03	0	-0.03±0.04	-0.13±0.06
	NO$_3^-$-N 去除负荷[kg/（m³·d）]	0.03±0.01	-0.01±0.01	0.02±0.02	-0.02±0.00
	ΔCOD/ΔTN	12.73±47.27	5.03±5.17	3.32±1.21	0.38±0.48
	ΔNH$_4^+$-N/ΔTN	0.15±0.02	0.38±0.16	0.68±0.22	1.34±0.17
	pH	7.71～8.50	7.76～8.44	7.77～8.53	7.62～8.52
HRT 20 h（阶段 IV）	TN 去除负荷[kg/（m³·d）]	0.07±0.33	0.40±0.50	0.42±0.27	0.63±0.26
	NO$_2^-$-N 去除负荷[kg/（m³·d）]	0.12±0.02	0.01±0.02	-0.12±0.07	-0.07±0.06
	NO$_3^-$-N 去除负荷[kg/（m³·d）]	0.05±0.02	0±0.01	0±0.01	-0.06±0.02
	ΔCOD/ΔTN	0.59±2.35	2.04±2.45	1.64±1.66	0.18±0.44
	ΔNH$_4^+$-N/ΔTN	0.27±0.18	0.28±0.14	1.18±0.25	1.33±0.43
	pH	8.10～8.60	7.96～8.68	8.18～8.66	7.98～8.74

在阶段 II，HAOBR 系统厌氧格室对 TN 的去除效能变化不大，A1 和 A2 格室对 TN 的去除负荷分别为 0.36 kg/（m³·d）和 0.12 kg/（m³·d）左右。值得注意的是，尽管 O1 格室中没有呈现出 NO$_3^-$-N 和 NO$_2^-$-N 的去除效能，但其 ΔCOD/ΔTN 显著提高，平均达到了 3.09。分析认为，进入 O1 格室的 NH$_4^+$-N 被 AOB 和 NOB 菌群氧化成 NO$_2^-$-N 和 NO$_3^-$-N，进而被处于生物膜深层的异养反硝化菌群利用，异养反硝化菌群的不断生长，逐渐抑制了 AnAOB 菌群的生长代谢，最终使异养反

硝化作用成为 O1 格室的主要生物脱氮途径[32,39,40]。由于受到 COD 浓度的限制，O1 格室的反硝化效率并不高，TN 去除负荷平均为 0.27 kg/（m³·d），显著低于阶段 I 的 0.50 kg/（m³·d）。与 O1 格室相反，位于其后的 O2 格室，其 TN 去除负荷大幅增加到了 0.50 kg/（m³·d），成为 HAOBR 系统去除 TN 的最大贡献格室。在该阶段的稳定运行期，O2 格室的 $\Delta COD/\Delta TN$ 平均仅有 0.25，远远不能满足异养反硝化作用的需求，而 $\Delta NH_4^+\text{-}N/\Delta TN$ 平均为 1.29，接近 Anammox 的理论值 1.14。可见，在阶段 II 的运行过程中，O2 格室逐渐建立起了以 Anammox 为主导的生物脱氮机制。

在阶段 III，HAOBR 系统 A1 格室的 TN 去除效能显著下降，去除负荷平均仅有 0.02 kg/（m³·d），而 A2 格室的 TN 去除负荷保持了相对稳定，平均为 0.13 kg/（m³·d）。分析认为，由 HRT 缩短造成的 OLR 显著升高，使进入 A1 格室的蛋白质、尿素等有机物总量增加，它们的脱氨作用进一步提升了废水的 $NH_4^+\text{-}N$ 浓度。因此，尽管 A1 格室具有一定的 $NO_2^-\text{-}N$ [0.13 kg/（m³·d）] 和 $NO_3^-\text{-}N$ [0.03 kg/（m³·d）] 去除负荷，但 TN 去除仍然表现出了下降趋势。比较而言，O1 格室对 TN 的去除能力保持了相对稳定，平均去除负荷为 0.25 kg/（m³·d），与阶段 II 的 0.27 kg/（m³·d）相近。在该运行时期，O1 格室的 $\Delta COD/\Delta TN$ 和 $\Delta NH_4^+\text{-}N/\Delta TN$ 分别平均为 3.32 和 0.68，说明其主要生物脱氮途径仍然是异养反硝化。O2 格室在该运行时期的 TN 去除负荷，显著低于阶段 II 的 0.50 kg/（m³·d），平均为 0.40 kg/（m³·d），其 $\Delta COD/\Delta TN$ 和 $\Delta NH_4^+\text{-}N/\Delta TN$ 分别平均为 0.38 和 1.34，说明 Anammox 仍然是其 TN 去除的主要途径。

在阶段 IV，HAOBR 各个格室的 TN 去除能力均得到不同程度的恢复，其 TN 去除负荷依次平均为 0.07 kg/（m³·d）、0.40 kg/（m³·d）、0.42 kg/（m³·d）和 0.63 kg/（m³·d）。同时发现，O1 格室的 $\Delta COD/\Delta TN$ 和 $\Delta NH_4^+\text{-}N/\Delta TN$ 分别为 1.64 和 1.18 左右，推测 Anammox 途径再次成为该格室的主要脱氮途径。

综上所述，HRT 的改变对 HAOBR 系统各格室的 TN 去除效能有显著影响。在为期 202 d 的 HRT 调控运行期，位于系统前端的两个厌氧格室，始终保持了异养反硝化生物脱氮特征，受电子供体以及 $NO_x^-\text{-}N$ 浓度的限制，它们对系统 TN 去除的贡献并不突出。与其相反，位于其后的两个好氧格室始终是系统 TN 去除的主要贡献者，且以 Anammox 为其主要生物脱氮途径。其中，HRT 的缩短，会使第一个好氧格室 O1 的生物脱氮途径发生从 Anammox 向异养反硝化转变的趋势，为使 HAOBR 系统保持优良的 TN 去除效能，将 HRT 控制为 20 h 及其以上水平是比较可靠的。

4.4.1.4　HRT 对 TP 去除的影响

在 HRT 调控运行的四个阶段，对 HAOBR 系统以及各格室的进水与出水 TP 进行了跟踪检测，结果如图 4-22 和图 4-23 所示。图 4-22 所示的结果表明，

HAOBR 系统对干清粪养猪场废水 TP 的去除，表现出了与 COD（图 4-16）、NH$_4^+$-N（图 4-18）和 TN（图 4-20）去除类似的变化规律。在阶段 I（HRT 28 h）、阶段 II（HRT 20 h）、阶段 III（HRT 16 h）和阶段 IV（HRT 20 h）的稳定运行期，HAOBR 系统的进水 TP 浓度分别平均为 13.8 mg/L、15.4 mg/L、19.2 mg/L 和 23.5 mg/L，TP 去除率分别为 47.4%、56.0%、63.6% 和 65.0% 左右，出水浓度分别平均为 7.2 mg/L、6.7 mg/L、7.0 mg/L 和 8.1 mg/L，几乎都能满足《畜禽养殖业污染物排放标准》的要求。

在废水生物处理系统中，微生物摄取废水中的磷酸盐用于生物合成或以多聚偏磷酸盐颗粒的形式储存于细胞质中，剩余污泥排放是其生物除磷的唯一途径，厌氧和好氧环境的更迭，会促使微生物过量吸磷，有助于生物处理系统生物除磷效率的提高[5,16]。然而，在 HAOBR 系统的 HRT 调控运行期，并无污泥回流的操作。由图 4-23 所示的检测结果来看，HAOBR 系统厌氧格室（A1 和 A2）与好氧格室（O1 和 O2）的 TP 去除效能差别不大。生物量（MLVSS）检测结果表明，在无污泥排放的阶段 I、阶段 II 和阶段 III，前三个格室 A1（分别为 4.74 mg/L、6.63 mg/L 和 7.97 mg/L）、A2（分别为 4.62 mg/L、4.96 mg/L 和 8.18 mg/L）和 O1（分别为 2.82 mg/L、4.47 mg/L 和 4.32 mg/L）的活性污泥有明显增长。受营养不足的限制，O2 格室的生物量保持了相对稳定，分别为 2.77 mg/L、2.72 mg/L 和 3.13 mg/L。可见，HAOBR 系统对 TP 的去除，同样是经由微生物细胞合成实现的[41]。为稳定 HAOBR 系统的除磷效率，在第 180 天，即阶段 IV 初期，进行了排泥操作。至阶段 IV 末期，HAOBR 系统 A1、A2、O1 和 O2 格室的 MLVSS 分别恢复到了 6.14 mg/L、4.85 mg/L、3.12 mg/L 和 2.58 mg/L 左右。

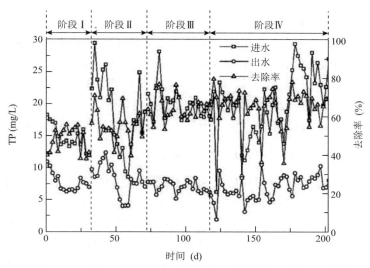

图 4-22　HAOBR 系统在 HRT 影响下的 TP 去除变化规律

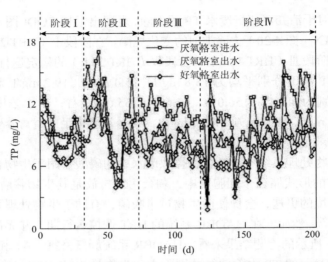

图 4-23　HAOBR 系统在 HRT 影响下的 TP 逐格室去除规律

4.4.2　出水回流比对 HAOBR 处理效能的影响

通过如 4.4.1 节所述的 HRT 调控运行研究，可以确定，在出水回流比 200% 和 32℃ 条件下，用于处理干清粪养猪场废水的 HAOBR 系统（图 4-1），将其 HRT 设定为 20 h 是更加经济且可靠的，出水 COD、NH_4^+-N 和 TP 均能满足《畜禽养殖业污染物排放标准》的要求。为进一步提高 HAOBR 系统的处理效能，笔者课题组在 HRT 20 h 和 32℃ 条件下，对出水回流比这一工程控制参数进行了优化。如表 4-3 所示，在 HRT 调控运行之后的出水回流比调控运行，依据回流比的不同划分为三个阶段，即阶段 V、阶段 VI 和阶段 VII，其回流比依次为 100%、50% 和 0。各运行阶段的进水水质如表 4-4 所示。为便于阐述和分析实验现象，对于为期 135 d 的回流比调控运行，从阶段 V 的第 1 天重新计时，即第 1～41 天为阶段 V，第 42～72 天为阶段 VI，第 73～135 天为阶段 VII。综合考虑 HAOBR 系统对 COD、NH_4^+-N、TN 和 TP 的去除情况，依据其变化规律，确定第 25～41 天、第 59～72 天和第 114～135 天分别为阶段 V、阶段 VI 和阶段 VII 的稳定运行期。

4.4.2.1　出水回流比对 COD 去除的影响

如表 4-3 所示，对于 HAOBR 系统的 HRT 调控运行，共计四个阶段，其出水回流比均为 200%。当 HAOBR 系统重新在 HRT 20 h（阶段 IV）达到稳定运行后，在保持其他运行条件不变的条件下，将出水回流比降低并维持为 100%，持续运行 41 d（阶段 V）。如图 4-24 所示，在出水回流比为 100% 的阶段 V，HAOBR 系统的进水 COD 浓度在 200～614 mg/L 之间有较大波动，COD 去除率也随之变化显著，但出水 COD 浓度始终保持相对稳定。在该阶段的最后 17 d（第 25~41 天），HAOBR 系统的进水和出水 COD 浓度分别平均为 379 mg/L 和 69 mg/L，COD 去除率保持在 77.9% 左右。当出水回流比在阶段 VI 进一步降低到 50% 后，HAOBR 系统的 COD 去除效能稍有降低。在该阶段的最后 14 d（第 59~72 天），HAOBR 系统的进水 COD 浓度平均为 326 mg/L，COD 去除率为 75.8% 左右，出水 COD 浓度平均为 76 mg/L，较阶段 V 略有升高。可见，出水回流对于废水生物处理系统的处理效能及运行稳定性具有重要作用，出水回流比的降低，会削弱出水回流对进水的稀释作用，导致 HAOBR 系统各格室及系统出水 COD 浓度的升高。由于填料床的布设及其生物膜的着生，HAOBR 系统对水质改变具有了较强的适应能力，出水回流比由 100% 降低到 50% 的变化，并未对系统的 COD 去除效能造成显著影响，表现出了良好的运行稳定性[42]。

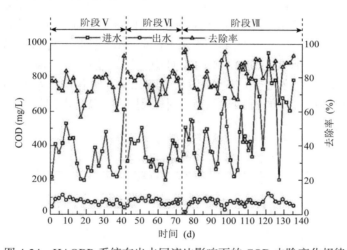

图 4-24　HAOBR 系统在出水回流比影响下的 COD 去除变化规律

在无出水回流的阶段 VII，HAOBR 系统对干清粪养猪场废水中的 COD 仍然保持了良好的去除效能。在该阶段的最后 22 d（第 114~135 天），HAOBR 系统的进水 COD 浓度虽然显著高于阶段 V 和阶段 VI，平均达到了 663 mg/L，但 COD 去除率也有较大幅度的提高，平均达到了 86.0%，出水 COD 浓度平均为 80.0 mg/L，远远低于《畜禽养殖业污染物排放标准》的限值 400 mg/L。这一结果再次说明，HAOBR 系统具有较强的抗冲击负荷能力和运行稳定性[11]。

4.4.2.2　出水回流比对 NH_4^+-N 去除的影响

如图 4-25 所示，每一次出水回流比的降低，均会导致 HAOBR 系统的 NH_4^+-N 去除效率显著下降，但随着运行的持续，均能重新达到相对稳定状态。以阶段 V

为例，在出水回流比由 HRT 调控运行期的 200%降低到 100%以后，HAOBR 系统的 NH_4^+-N 去除效率随之显著下降，直到第 11 天降低到 66.8%以后才逐渐回复。在该阶段的相对稳定期（第 25～41 天），HAOBR 系统的进水 NH_4^+-N 浓度平均为 240.2 mg/L，去除率维持在 99.4%左右的较高水平，出水中仅有 1.4 mg/L 左右的 NH_4^+-N 残留。在阶段 VI 初期，由于出水回流比进一步降低到了 50%，HAOBR 系统的 NH_4^+-N 去除率再次出现了显著下降现象，但在第 59 天后重新达到了相对稳定。在该阶段的稳定运行期（第 59～72 天），HAOBR 系统仍然保持了优良的 NH_4^+-N 去除效能，进水和出水浓度分别平均为 234.8 mg/L 和 1.2 mg/L，平均去除率仍然高达 99.5%。在阶段 VII 的前 18 d，尽管取消了出水回流，HAOBR 系统仍然保持了良好且相对稳定的 NH_4^+-N 去除效能，出水 NH_4^+-N 浓度平均只有 10.1 mg/L。然而，自第 92 天开始，HAOBR 系统的出水 NH_4^+-N 浓度逐渐升高，去除率随之逐步下降。在该阶段末的相对稳定运行期（第 114～135 天），HAOBR 系统的进水和出水 NH_4^+-N 浓度分别平均为 296.9 mg/L 和 68.3 mg/L，平均去除率显著下降到了 77.0%。尽管 68.3 mg/L 的平均出水 NH_4^+-N 浓度满足《畜禽养殖业污染物排放标准》的要求，但在为期 22 d 的相对稳定期，也时而出现出水 NH_4^+-N 浓度大于 80.0 mg/L 限值的现象，出水达标率为 81.8%。为保障出水 NH_4^+-N 浓度的达标率，在 HAOBR 系统的长期持续运行中，建议保留出水回流操作，以回流比不低于 50%为宜。

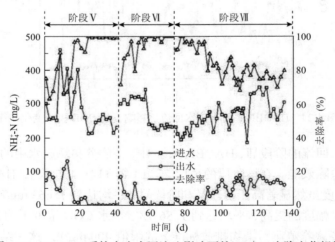

图 4-25　HAOBR 系统在出水回流比影响下的 NH_4^+-N 去除变化规律

以上结果表明，随着出水回流比的逐渐降低乃至完全取消，HAOBR 系统仍然能够保持良好的 NH_4^+-N 去除效能，但出水 NO_x^--N 浓度有逐步升高的趋势。如图 4-26 所示，HAOBR 系统的出水 NO_2^--N 浓度有逐阶段降低的趋势，但 NO_3^--N 浓度增加显著。在出水回流比分别为 100%（阶段 V）、50%（阶段 VI）和 0（阶段 VII）的运行阶段末,NO_2^--N 和 NO_3^--N 的出水浓度分别为 13.6 mg/L 和 10.0 mg/L、10.8 mg/L 和 26.8 mg/L、6.9 mg/L 和 36.6 mg/L。这一结果表明,随着出水回流比的逐步降低,有越来越多的 NO_2^--N 被进一步氧化为 NO_3^--N,这无疑会减少 Anammox 的代谢通量,导致 HAOBR 系统 TN 去除效能的降低[32,43,44]。

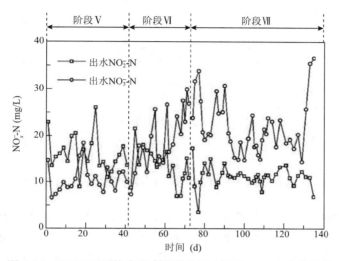

图 4-26　HAOBR 系统在出水回流比影响下的 NO_x^--N 变化规律

4.4.2.3　出水回流比对 TN 去除的影响

在阶段 Ⅴ、阶段 Ⅵ 和阶段 Ⅶ 的出水回流比调控运行期间（表 4-3）,HAOBR 系统对 TN 的去除,呈现出与 NH_4^+-N 去除（图 4-25）相似的变化规律。如图 4-27 所示,由于出水回流比由 HRT 调控运行阶段的 200% 降低到了 100%,HAOBR 系统在阶段 Ⅴ 的初期,其 TN 去除率显著下降,出水浓度随之显著提高。随着运行的持续,HAOBR 系统的 TN 去除效能在 13 d 后逐步恢复并趋于稳定。在该阶段的相对稳定期（第 25~41 天）,HAOBR 系统的进水和出水 TN 浓度分别平均为 278.1 mg/L 和 27.2 mg/L,去除率高达 90.1% 左右。在阶段 Ⅵ,出水回流比的进一步降低,再次对 HAOBR 系统的 TN 去除效能产生了短期影响。在该阶段的相对稳定期（第 59~72 天）,HAOBR 系统的进水和出水 TN 浓度分别为 271.3 mg/L 和 35.9 mg/L,去除率稳定在 86.6% 左右。与阶段 Ⅴ 相比,HAOBR 系统在阶段 Ⅵ 的 TN 去除效能有所下降。在阶段 Ⅶ,在无出水回流的工况下,虽然进水 TN 浓度不断升高,但 HAOBR 系统的 TN 去除率出现了持续下降趋势,直至第 114 天后达到相对稳定状态。在第 114~135 天的相对稳定期,HAOBR 系统的进水 TN 浓度平均为 343.9 mg/L,出水 TN 浓度平均为 102.2 mg/L,TN 去除率平均为 69.9%,显著低于阶段 Ⅴ 的 90.1% 和阶段 Ⅵ 的 86.6%。

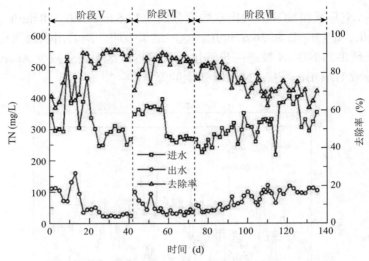

图 4-27　HAOBR 系统在出水回流比影响下的 TN 去除变化规律

　　由表 4-4 可知,干清粪养猪场废水中的 NH_4^+-N 是其 TN 的主要贡献者,而 NO_2^--N 和 NO_3^--N 的浓度均很低。出水回流比的逐步降低,意味着输入 HAOBR 系统前端厌氧格室的 NO_x^--N 总量会成倍减少,异养反硝化生物脱氮途径的代谢通量势必随之大幅下降。然而, 如图 4-27 所示, 即便是在完全取消回流的阶段Ⅶ, HAOBR 系统的 TN 去除率也达到了 86.6%。以上结果表明, 随着出水回流比的降低, 虽然 HAOBR 系统的异养反硝化作用不断被削弱, 但 Anammox 作用更加突出, 从而保证了系统的 TN 去除效能。HAOBR 系统出水 NO_2^--N 的相对稳定以及 NO_3^--N 的不断升高（图 4-26）, 也许正是 Anammox 作用得到加强的表现[参见式（1-1）]。

4.4.2.4　出水回流比对 TP 去除的影响

　　为保障 HAOBR 系统的除磷效率, 在出水回流比调控运行过程中, 在每个阶段开始前均进行了悬浮污泥排放操作。表 4-8 为在阶段Ⅴ、阶段Ⅵ和阶段Ⅶ末, 对 HAOBR 系统各格室生物量（MLVSS）的检测结果。

表 4-8　HAOBR 系统各格室在出水回流比调控运行各阶段末期的生物量

运行阶段	出水回流比（%）	格室生物量（g/L, 以 MLVSS 计）			
		第 1 格室（A1）	第 2 格室（A2）	第 3 格室（O1）	第 4 格室（O2）
阶段Ⅴ（第 1~41 天）	100	5.52	5.13	2.98	2.80
阶段Ⅵ（第 42~72 天）	50	4.76	4.33	3.01	2.75
阶段Ⅶ（第 73~135 天）	0	5.07	4.86	3.29	2.87

如图 4-28 所示，当出水回流比由阶段Ⅳ的 200%降低到阶段Ⅴ的 100%后，HAOBR 系统对 TP 的去除率发生了较大波动，但自第 16 天开始，系统的出水 TP 浓度逐渐降低，并于第 25 天后达到了相对稳定。在为期 17 d 相对稳定期（第 25～41 天），HAOBR 系统的进水和出水 TP 浓度分别平均为 16.8 mg/L 和 6.6 mg/L，去除率稳定在 60.2%左右。当出水回流比在阶段Ⅵ进一步降低到 50%后，HAOBR 系统的 TP 去除率并未发生明显变化，在第 59～72 天的稳定期，系统的进水和出水 TP 浓度分别平均为 21.8 mg/L 和 6.8 mg/L，去除率保持在 68.6%左右。取消出水回流后，HAOBR 系统在阶段Ⅶ的出水 TP 浓度依然保持了相对稳定，尽管去除率随进水浓度变化而有所波动。在该阶段最后 22 d（第 114～135 天）的运行中，HAOBR 系统的进水和出水 TP 浓度分别平均为 14.4 mg/L 和 6.5 mg/L，TP 去除率平均为 54.2%。以上结果表明，无论是否有出水回流，在 HRT 20 h 和 32℃条件下，只要适当排泥，HAOBR 系统的出水 TP 就能满足《畜禽养殖业污染物排放标准》要求的限值 8.0 mg/L。

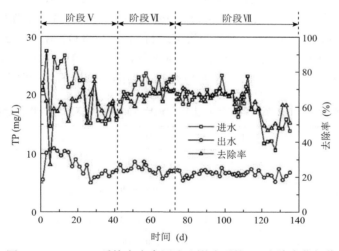

图 4-28　HAOBR 系统在出水回流比影响下的 TP 去除变化规律

4.4.2.5　出水回流比对各格室污染物去除效能的影响

为了解在出水回流比调控运行期间（表 4-3 所示的阶段Ⅴ、阶段Ⅵ和阶段Ⅶ），干清粪养猪场废水主要污染物在 HAOBR 系统中的去除规律，采集各阶段相对稳定期的数据，对各格室的 COD、NH_4^+-N 和 TN 去除负荷及其对系统相应污染物去除的贡献进行了总结分析。其中，HAOBR 系统第一格室 A1 的进水污染物浓度，依据系统进水浓度、HRT 20 h 和相应的回流比进行计算。计算结果为：A1 格室进水的 COD、NH_4^+-N 和 TN 浓度，在出水回流比为 100%的阶段Ⅴ稳定期，分别平均为 209 mg/L、120.8 mg/L 和 152.6 mg/L；在出水回流比为 50%的阶段Ⅵ稳定期，分别平均为 243 mg/L、157.0 mg/L 和 192.8 mg/L；在无出水回流的阶段Ⅶ稳定期，分别平均为 663 mg/L、296.9 mg/L 和 343.9 mg/L。

如表 4-9 所示，在出水回流比为 100%（阶段Ⅴ）的条件下，HAOBR 系统对 COD 的去除主要在前三格室完成，其 COD 去除负荷依次平均为 0.46 kg/(m^3·d)、0.38 kg/(m^3·d)和 0.44 kg/(m^3·d)，对系统 COD 去除的贡献率分别为 39.8%、26.6% 和 31.7%左右。由于废水中的大部分 COD 在前三格室得以去除，只有少量残留 COD 进入 HAOBR 系统最后一个格室 O2，极大限制了化能异养菌群的滋生，为 AOB、AnAOB 等化能自养微生物的生长代谢创造了机会。因此，好氧的 O2 格室表现出了很强的 NH_4^+-N 氧化能力，去除负荷达到了 0.75 kg/(m^3·d)左右，对系统 NH_4^+-N 去除的贡献率高达 66.0%左右。由于化能异养菌群的竞争抑制，在 COD 浓度较高的第三格室 O1 中，其 NH_4^+-N 去除负荷平均仅为 0.29 kg/(m^3·d)，对系统 NH_4^+-N 去除的贡献率也只有 25.4%左右。与 NH_4^+-N 的去除类似，干清粪养猪场废水中的 TN 也是主要在 HAOBR 系统后端的好氧格室 O1 和 O2 中得以去除，其 TN 去除负荷分别平均为 0.29 kg/(m^3·d) 和 0.60 kg/(m^3·d)，对系统 TN 去除的贡献率分别平均为 23.1%和 49.4%。在阶段Ⅴ的稳定运行期，O1 和 O2 格室的 ΔCOD/ΔTN 分别平均为 1.89 和 0.10。在有机碳源严重匮乏的情况下，O1 和 O2 格室所表现出的优良 NH_4^+-N 和 TN 去除效能，PN/A 应是其主要的生物脱氮途径[6,30,31]。

表 4-9 HAOBR 系统各格室在出水回流比 100%条件下的污染物去除效能

	指标	第 1 格室（A1）	第 2 格室（A2）	第 3 格室（O1）	第 4 格室（O2）
COD	出水（mg/L）	162±60	122±35	77±10	70±12
	去除负荷 [kg/(m^3·d)]	0.46±0.10	0.38±0.30	0.44±0.28	0.06±0.12
	去除贡献率（%）	39.8±16.0	26.6±8.3	31.7±10.8	1.9±11.1
NH_4^+-N	出水（mg/L）	113.1±14.2	110.1±15.7	79.8±12.2	2.0±1.0
	去除负荷 [kg/(m^3·d)]	0.08±0.13	0.03±0.05	0.29±0.15	0.75±0.12
	去除贡献率（%）	6.3±11.2	2.4±4.4	25.4±12.3	66.0±12.2
TN	出水（mg/L）	126.3±15.7	117.3±16.7	87.6±11.3	24.7±3.4
	去除负荷 [kg/(m^3·d)]	0.25±0.15	0.09±0.06	0.29±0.15	0.60±0.13
	去除贡献率（%）	20.6±12.3	6.9±4.2	23.1±11.1	49.4±17.7
出水 NO_2^--N（mg/L）		0.2±0.1	0.2±0.1	5.2±1.7	14.1±2.6
出水 NO_3^--N（mg/L）		1.6±0.5	1.5±0.6	1.8±0.8	8.8±2.0

续表

指标	第 1 格室（A1）	第 2 格室（A2）	第 3 格室（O1）	第 4 格室（O2）
pH	7.85～8.87	7.95～8.99	8.18～9.04	7.89～8.94
游离氨（mg/L）	24.1±16.3	27.8±20.6	27.0±14.5	0.4±0.3
游离亚硝酸（μg/L）	0	0	0.1±0.1	0.7±0.5
ΔCOD/ΔTN	2.37±1.26	14.87±30.26	1.89±1.16	0.10±0.25

如表 4-10 所示，在出水回流比为 50% 的阶段 Ⅵ，HAOBR 系统的前三个格室仍然是去除 COD 的主要功能区，其 COD 去除负荷依次平均为 0.20 kg/(m³·d)、0.43 kg/(m³·d) 和 0.50 kg/(m³·d)。与出水回流比为 100% 的阶段 Ⅴ 相比（表 4-9），A1 格室的 COD 去除负荷有明显降低，而其后的 A2 和 O1 格室的 COD 去除负荷均有一定程度提高。作为 NH_4^+-N 和 TN 去除的主要功能区，位于 HAOBR 系统末端的两个好氧格室 O1 和 O2，其 NH_4^+-N 和 TN 去除负荷之和分别为 1.03 kg/(m³·d) 和 0.85 kg/(m³·d) 左右，与阶段 Ⅴ 的 1.04 kg/(m³·d) 和 0.89 kg/(m³·d) 相当。然而，与阶段 Ⅴ 相比，O1 和 O2 格室的 NH_4^+-N 和 TN 去除负荷发生了明显变化。其中，O1 格室的 NH_4^+-N 和 TN 去除负荷分别达到了 0.43 kg/(m³·d) 和 0.37 kg/(m³·d) 左右，显著高于阶段 Ⅴ 的 0.29 kg/(m³·d) 和 0.29 kg/(m³·d)。而 O2 格室，其 NH_4^+-N 和 TN 去除负荷分别平均为 0.60 kg/(m³·d) 和 0.48 kg/(m³·d)，较阶段 Ⅴ 的 0.75 kg/(m³·d) 和 0.60 kg/(m³·d) 均有明显下降。如表 4-10 所示，在出水回流比为 50% 的阶段 Ⅵ，位于 HAOBR 系统后端的两个好氧格室 O1 和 O2，其 ΔCOD/ΔTN 仍然处于较低水平，分别平均仅为 1.53 和 0.15，表明 PN/A 仍然是这两个格室的主要生物脱氮途径[6,30,31]。然而，由于位于 HAOBR 系统前端厌氧格室（A1 和 A2）TN 去除效能的下降，由出水回流重新进入处理系统的 NO_x^--N 会随水流穿越 A1 和 A2 而进入位于其后的好氧格室，使系统出水的 NO_3^--N 浓度呈现出不断升高的趋势（图 4-26）。在厌氧格室生物脱氮效能下降和出水 NO_x^--N 浓度有所增加的情况下，HAOBR 系统仍能保持优良的 TN 去除效能，说明好氧格室的 PN/A 生物脱氮功能得到了进一步强化。

表 4-10　HAOBR 系统各格室在出水回流比 50% 条件下的污染物去除效能

	指标	第 1 格室（A1）	第 2 格室（A2）	第 3 格室（O1）	第 4 格室（O2）
COD	出水（mg/L）	215±73	156±31	87±15	76±11
	去除负荷 [kg/(m³·d)]	0.20±0.30	0.43±0.33	0.50±0.18	0.08±0.15
	去除贡献率（%）	21.4±31.2	31.5±21.5	42.6±13.2	4.6±9.9

续表

	指标	第1格室（A1）	第2格室（A2）	第3格室（O1）	第4格室（O2）
NH_4^+-N	出水（mg/L）	145.2±9.0	144.1±9.6	84.4±21.7	1.5±3.3
	去除负荷 $[kg/(m^3 \cdot d)]$	0.09±0.07	0.01±0.04	0.43±0.12	0.60±0.14
	去除贡献率（%）	7.5±6.3	0.7±3.8	38.3±10.4	53.5±13.7
TN	出水（mg/L）	161.7±8.8	152.7±10.2	101.9±18.7	35.3±8.1
	去除负荷 $[kg/(m^3 \cdot d)]$	0.22±0.08	0.07±0.04	0.37±0.11	0.48±0.17
	去除贡献率（%）	19.9±7.5	5.8±3.8	32.3±9.4	42.1±11.0
出水 NO_2^--N（mg/L）		0.2±0.3	0.2±0.2	9.0±1.1	13.2±4.5
出水 NO_3^--N（mg/L）		1.6±1.5	1.1±0.6	7.5±5.6	20.7±6.5
pH		8.15～8.96	8.20～8.99	8.51～9.00	8.07～8.79
游离氨（mg/L）		46.8±20.4	47.0±21.7	35.5±10.4	0.4±0.8
游离亚硝酸（μg/L）		0.	0	0.1±0.1	0.5±0.3
ΔCOD/ΔTN		1.12±2.05	8.10±10.50	1.53±0.98	0.15±0.36

如图 4-24 和图 4-28 所示，在出水回流比分别为 100%、50% 和 0 运行阶段的稳定期，HAOBR 系统的出水 COD 和 TP 浓度变化并不显著，且都满足《畜禽养殖业污染物排放标准》的要求。然而，表 4-11 所示的结果表明，出水回流的完全取消（阶段Ⅶ），对 HAOBR 系统各格室的污染物去除效能有显著影响。以 COD 去除为例，在出水回流比分别为 100% 和 50% 的阶段Ⅴ（表 4-9）和阶段Ⅵ（表 4-10），HAOBR 系统的前三个格室对于 COD 总去除量的贡献都比较突出，但在无回流的阶段Ⅶ（表 4-11），好氧的第 3 格室 O1 不再是系统 COD 去除的主要贡献者，其贡献率大幅降低到了 12.1% 左右。而位于 HAOBR 系统前端的两个厌氧格室 A1 和 A2，其贡献率显著提高到了 40.1% 和 37.2%，COD 去除负荷分别平均高达 1.43 kg/($m^3 \cdot d$) 和 0.87 kg/($m^3 \cdot d$)。由于出水回流的取消，厌氧格室 A1 和 A2 仅有极少量的 NO_x^--N 存在，使其异养反硝化生物脱氮功能丧失殆尽。

表 4-11　HAOBR 系统各格室在无出水回流条件下的污染物去除效能

	指标	第1格室（A1）	第2格室（A2）	第3格室（O1）	第4格室（O2）
COD	出水（mg/L）	365±127	184±52	119±31	91±34
	去除负荷 $[kg/(m^3 \cdot d)]$	1.43±0.81	0.87±0.51	0.31±0.18	0.13±0.19
	去除贡献率（%）	40.1±53.9	37.2±27.4	12.1±6.7	10.5±24.2

续表

指标		第 1 格室（A1）	第 2 格室（A2）	第 3 格室（O1）	第 4 格室（O2）
NH_4^+-N	出水（mg/L）	310.9±53.9	309.3±53.3	232.5±45.8	70.1±20.6
	去除负荷 [kg/（m^3·d）]	−0.07±0.12	0.01±0.09	0.37±0.16	0.78±0.20
	去除贡献率（%）	−6.3±11.6	0.1±7.5	33.9±12.7	72.3±17.8
TN	出水（mg/L）	346.9±61.7	329.1±55.5	259.1±45.7	104.0±21.8
	去除负荷 [kg/（m^3·d）]	−0.02±0.14	0.09±0.10	0.34±0.14	0.75±0.19
	去除贡献率（%）	−1.4±12.1	6.8±7.1	29.1±9.9	65.5±15.7
出水 NO_2^--N（mg/L）		0.1±0.1	2.5±6.5	19.7±8.0	12.8±1.7
出水 NO_3^--N（mg/L）		4.3±7.3	1.7±0.5	4.2±6.0	21.0±6.6
pH		8.44～8.86	8.14～8.83	8.31～9.03	8.03～8.80
游离氨（mg/L）		106.1±23.9	96.5±28.6	103.1±33.4	18.9±10.1
游离亚硝酸（μg/L）		0	0	0.3±0.2	0.4±0.3
ΔCOD/ΔTN		—	6.41±64.98	0.98±0.59	0.19±0.32

出水回流的取消，虽然未能改变位于 HAOBR 系统后端两个好氧格室去除 NH_4^+-N 和 TN 的主要功能，但在去除效能方面发生了显著变化。与出水回流比为 50% 的阶段Ⅵ（表 4-10）相比，O1 格室的 NH_4^+-N 和 TN 去除负荷均有明显下降，分别平均为 0.37 kg/（m^3·d）和 0.34 kg/（m^3·d）（表 4-11）。分析认为，随着出水回流的取消，回流水对系统进水的稀释作用消失，随进水流入 HAOBR 系统后端好氧格室的 NH_4^+-N 显著增加，而在其前端厌氧格室的含氮有机物的脱氨作用，进一步增加了废水中的 NH_4^+-N 浓度，由此产生了对微生物具有显著毒性的游离氨（FA）。有研究表明，当 FA 浓度达到 38 mg/L 时，AnAOB 的代谢活性将降低 50%，当 FA 浓度达到 100 mg/L 时，AnAOB 的代谢活性将受到 80% 的抑制[45]。计算表明，在阶段Ⅶ的稳定期，O1 格室的进水和出水 FA 浓度分别平均高达 96.5 mg/L 和 103.1 mg/L。由此可见，O1 中的 AnAOB，其代谢活性在阶段Ⅶ受到了显著抑制，导致其 NH_4^+-N 和 TN 去除效能的显著下降。与格室 O1 相比，位于其后的 O2 格室则表现出了强劲的 NH_4^+-N 和 TN 去除效能，其 NH_4^+-N 去除负荷高达 0.78 kg/（m^3·d）。因此，尽管 O2 格室的进水 FA 浓度高达 103.1 mg/L 左右，但出水浓度平均仅为 18.9 mg/L，表现出了很强的 NH_4^+-N 氧化和去除能力，避免了大量 FA 的产生及其引发的微生物毒性，进而保证了 Anammox 的顺利进行。在阶段Ⅶ的稳定期，O2 格室的 TN 去除负荷高达 0.75 kg/（m^3·d）左右，对 HAOBR 系统去除 TN 的贡献率达到了 65.5% 左右。

4.4.3 HAOBR 系统的格室功能解析

如 4.2 节所述，笔者课题组在 HRT 36 h、出水回流比 200%和 32℃条件下，探讨了 HAOBR 系统（图 4-1）处理干清粪养猪场废水的启动运行特征。在 4.4 节中，又进一步分别探讨了在出水回流比 200%和 32℃条件下的 HRT 调控（参见 4.4.1 节），以及在 HRT 20 h 和 32℃条件下出水回流比（参见 4.4.2 节）对 HAOBR 系统处理干清粪养猪场废水效能的影响。结果表明，在 HRT 不低于 20 h 和出水回流比不低于 50%的条件下，HAOBR 系统均能够获得理想的污染物去除效果，出水 COD、NH_4^+-N 和 TP 等主要污染物浓度均能满足《畜禽养殖业污染物排放标准》的要求。在研究过程中，也初步分析了在 HRT 和出水回流比影响下，HAOBR 系统各格室在污染物去除效能方面的变化。为了解干清粪养猪场废水主要污染物在 HAOBR 系统内的一般变化规律，采用启动运行阶段相对稳定期（HRT 36 h，出水回流比 200%）、HRT 分别为 28 h 和 20 h 运行阶段（表 4-3 和表 4-4 所示的阶段Ⅰ和阶段Ⅱ）稳定期（出水回流比 200%），以及出水回流比分别为 200%、100%和 50%的运行阶段（表 4-3 和表 4-4 所示的阶段Ⅳ、阶段Ⅴ和阶段Ⅵ）稳定期（HRT 20 h）的数据，对构成系统的四个格室（依次为厌氧的 A1 和 A2，好氧的 O1 和 O2）的主要功能进行了解析。

如表 4-12 所示，在恒定出水回流比为 200%的条件下，HRT 的每一次缩短，都会使 HAOBR 系统各格室的污染物去除效能发生改变。总体而言，随着 HRT 的缩短，HAOBR 系统去除 COD 的功能区有不断向后端格室推移的趋势[46-48]。在 HRT 分别为 36 h、28 h 和 20 h 的条件下，位于前端的两个厌氧格室（A1 和 A2）对 HAOBR 系统 COD 去除的贡献率分别平均为 78.5%、54.7%和 36.6%，逐步下降趋势明显；而位于后端的两个好氧格室（O1 和 O2）的贡献率分别为 21.5%、45.3%和 63.4%，逐步上升趋势明显。对比各格室的 COD 去除负荷可以发现，在 HRT 不小于 28 h 的条件下，位于前端的厌氧格室 A1 和 A2 是 HAOBR 系统去除 COD 的主要功能区，而在 HRT 为 20 h 时，位于后端的好氧格室 O1 和 O2 则承担了大部分 COD 去除功能。在 50%～200%范围内，出水回流比的改变，同样会使 HAOBR 系统各格室的污染物去除效能发生较为显著的变化。总体而言，在 HRT 20 h 的条件下，出水回流比由 200%降低到 100%后，厌氧格室是 HAOBR 系统的主要 COD 去除功能区这一现象并未发生改变，对系统去除 COD 的贡献率分别平均为 61.8%和 66.4%，而好氧格室的贡献率分别只有 38.2%和 33.6%左右。当出水回流比进一步降低至 50%后，厌氧格室和好氧格室共同承担了 COD 去除功能，对 HAOBR 系统去除 COD 的贡献率分别平均为 52.9%和 47.1%。

表 4-12　HAOBR 系统及其各个格室在不同 HRT 和出水回流比条件下的污染物去除效能

指标	格室	HRT（回流比均为 200%）			出水回流比（HRT 均为 20 h）		
		36 h	28 h	20 h	200%	100%	50%
COD 去除负荷 [kg/(m³·d)]	第 1（A1）	0.38±0.10	0.59±0.30	0.12±0.36	0.55±0.56	0.46±0.10	0.20±0.30
	第 2（A2）	0.06±0.05	0.10±0.09	0.25±0.14	0.38±0.42	0.38±0.30	0.43±0.33
	第 3（O1）	0.07±0.05	0.40±0.27	0.52±0.41	0.43±0.34	0.44±0.28	0.50±0.18
	第 4（O2）	0.05±0.04	0.17±0.07	0.13±0.15	0.09±0.36	0.06±0.12	0.08±0.15
	HAOBR[①]	0.15±0.02	0.32±0.11	0.29±0.07	0.39±0.13	0.34±0.16	0.30±0.09
COD 去除贡献率（%）	厌氧格室[②]	78.5±9.8	54.7±15.1	36.6±28.7	61.8±22.3	66.4±16.5	52.9±14.4
	好氧格室[③]	21.5±9.8	45.3±15.1	63.4±28.7	38.2±22.3	33.6±16.5	47.1±14.4
NH₄⁺-N 去除负荷 [kg/(m³·d)]	第 1（A1）	0.06±0.06	0.04±0.03	0.08±0.16	0.06±0.19	0.07±0.13	0.08±0.07
	第 2（A2）	0	0.05±0.02	0.06±0.06	0.08±0.22	0.03±0.05	0.01±0.04
	第 3（O1）	0.51±0.05	0.64±0.04	0.30±0.20	0.47±0.27	0.29±0.15	0.43±0.12
	第 4（O2）	0.06±0.01	0.05±0.07	0.63±0.14	0.75±0.28	0.75±0.12	0.60±0.14
	HAOBR[①]	0.16±0.01	0.20±0.02	0.27±0.01	0.35±0.07	0.29±0.03	0.28±0.01
NH₄⁺-N 去除贡献率（%）	厌氧格室[②]	10.5±8.6	12.0±3.7	13.2±12.4	7.9±19.7	8.6±13.7	8.2±7.0
	好氧格室[③]	89.5±8.6	88.0±3.7	86.8±12.4	92.1±19.7	91.4±13.7	91.8±7.0
TN 去除负荷 [kg/(m³·d)]	第 1（A1）	0.16±0.08	0.25±0.06	0.36±0.18	0.07±0.33	0.25±0.15	0.22±0.08
	第 2（A2）	0.06±0.06	0.13±0.05	0.12±0.07	0.40±0.50	0.09±0.05	0.06±0.04
	第 3（O1）	0.49±0.07	0.50±0.04	0.18±0.27	0.42±0.27	0.29±0.15	0.37±0.11
	第 4（O2）	0	0	0.50±0.16	0.63±0.26	0.60±0.13	0.48±0.17
	HAOBR[①]	0.18±0.01	0.22±0.02	0.31±0.02	0.39±0.08	0.30±0.03	0.28±0.01
TN 去除贡献率（%）	厌氧格室[②]	31.9±9.3	43.6±4.9	38.1±12.0	28.9±17.0	27.5±14.0	25.6±9.1
	好氧格室[③]	68.1±9.3	56.4±4.9	61.9±12.0	71.1±17.0	72.5±14.0	74.4±9.1

① HAOBR 处理系统；② HAOBR 系统的前两个格室 A1 和 A2；③ HAOBR 系统的后两个格室 O1 和 O2。

表 4-12 所示的结果表明，位于 HAOBR 系统后端的好氧格室，始终是去除 NH_4^+-N 的主要功能区。在 HRT 分别为 36 h、28 h 和 20 h 运行阶段的稳定期，好氧格室 O1 和 O2 对 HAOBR 系统 NH_4^+-N 去除的贡献率分别平均高达 89.5%、88.0% 和 86.8%。值得注意的是，随着 HRT 的缩短，HAOBR 系统去除 NH_4^+-N 的主要功能区有从 O1 格室转移到 O2 格室的趋势，尤其是在 HRT 为 20 h 的条件下，O2 格室对 NH_4^+-N 去除负荷平均为 0.63 kg/(m³·d)，远大于 O1 格室的 0.30 kg/(m³·d)。

由于活性污泥微生物的同化作用，位于系统前端的两个厌氧格室也表现出了一定的 NH_4^+-N 去除效能，但对 HAOBR 系统去除 NH_4^+-N 的贡献率较低，即便是在 HRT 为 20 h 的工况下，也只有 13.2%左右。在 HRT 为 20 h 的工况下，出水回流比的降低，对 HAOBR 系统好氧格室 NH_4^+-N 去除效能的影响不是很显著，在出水回流比为 200%、100%和 50%的条件下，好氧格室对 HAOBR 系统 NH_4^+-N 去除的贡献率分别平均为 92.1%、91.4%和 91.8%。但是，从 NH_4^+-N 去除负荷来看，O2 格室承担了更多的 NH_4^+-N 氧化功能，其 NH_4^+-N 去除负荷在出水回流比为 200%、100%和 50%的条件下，均显著大于 O1 格室。分析认为，位于系统前端的两个乃至三个格室对废水 COD 的有效去除，极大限制了化能异养微生物在系统后端好氧格室，尤其是第二个好氧格室 O2 中的生长繁殖，为 AOB 和 AnAOB 的生长代谢消除了竞争抑制，为 PN/A 生物脱氮途径的建立奠定了微生物基础[6,30,31]。

如 4.3 节和 4.4 节所述，由于干清粪养猪场废水的 TN 主要由 NH_4^+-N 贡献（表 4-1），HAOBR 系统对 TN 的去除，表现出了与去除 NH_4^+-N 高度一致的变化规律，而位于系统后端的两个好氧格室 O1 和 O2 始终是 TN 去除的主要功能区。如表 4-12 所示，在出水回流比同为 200%的条件下，HRT 为 36 h、28 h 和 20 h 时，好氧格室对 HAOBR 系统去除 TN 的贡献率分别达到了 68.1%、56.4%和 61.9%左右。在较高的 HRT（36 h 和 28 h）条件下，HAOBR 系统的 O1 格室是 TN 的主要去除功能区，其 TN 去除负荷分别平均为 0.49 kg/（m³·d）和 0.50 kg/（m³·d），而 O2格室则处于 TN 去除的冗余状态。在 HRT 缩短到 20 h 后，位于 HAOBR 系统末端的 O2 格室则承担了更多的 TN 去除功能，去除负荷平均达到了 0.50 kg/（m³·d），而O1 格室的 TN 去除负荷则大幅下降到了 0.18 kg/（m³·d）左右。在 HRT 20 h 的工况下，出水回流比的降低，并未改变好氧格室是 HAOBR 系统去除 TN 主要功能区这一现象，但位于末端的 O2 格室则承担了越来越多的 TN 去除功能。在出水回流比为 200%、100%和 50%的条件下，O2 格室的 TN 去除负荷分别平均为 0.63 kg/（m³·d）、0.60 kg/（m³·d）和 0.48 kg/（m³·d），呈现逐步下降的趋势，但其对 HAOBR 系统 TN去除的贡献率却呈现出增加趋势，分别平均为 71.1%、72.5%和 74.4%。由于出水回流显著提高了位于系统前端的厌氧格室中的 NO_x^--N 浓度，使异养反硝化菌群得以滋生，进而表现出了一定的 TN 去除效能，但对于 HAOBR 系统去除 TN 的贡献率始终处于较低水平，最高时也不过 43.6%（HRT 28 h，出水回流比 200%）。

综上所述，在 HAOBR 系统的启动和调控运行中，各格室在干清粪养猪场废水污染物去除方面，很快呈现出了功能分化，即前端厌氧格室以 COD 去除和异养反硝化功能为主，后端好氧格室以 NH_4^+-N 氧化和自养反硝化脱氮功能为主。污染物在各格室的有序转化和格室间的相互协同，使 HAOBR 系统表现出了高效的COD、NH_4^+-N 和 TN 同步去除效能。

4.5　HAOBR 系统的碳氮同步去除机制

在废水生物处理系统中，微生物的多样性及群落结构，与系统的污染物去除效率和运行稳定性有着密切联系[49]。作为废水生物处理系统调控运行的两个重要参数，HRT 和出水回流比的改变，一定会导致微生物群落结构的演替，进而影响系统的处理效能[46,50]。依据硝化反硝化生物脱氮理论，传统的 A/O 工艺的生物脱氮，主要是由好氧工艺段（O）的 NH_4^+-N 氧化与厌氧工艺段（A）的 NO_x^--N 还原联合完成[7,51]。然而，如表 4-12 所示的结果表明，在本研究所构建的 HAOBR 系统（图 4-1）中，干清粪养猪场废水中的 NH_4^+-N 和 TN 主要发生在好氧区（O1 和 O2 格室），虽然其厌氧区（A1 和 A2 格室）也有一定的 TN 去除效能，但贡献率不大，反而是 COD 去除的主要功能区。基于 4.3 节和 4.4 节所述的实验结果，笔者课题组从微生物群落结构、功能菌群、COD 去除动力学，以及 NH_4^+-N 和 TN 去除的化学计量学等方面，对 HAOBR 处理干清粪养猪场废水的碳氮同步去除机制进行了深入解析。

4.5.1　HRT 和出水回流比影响下的微生物群落演替及功能菌群解析

在 HAOBR 系统成功启动并达到相对稳定运行状态（参见 4.3 节）后，分七个运行阶段（表 4-3 和表 4-4），分别探讨了 HRT 和出水回流比对系统处理干清粪养猪场废水效能的影响（参见 4.4 节）。结果表明，在 HRT≥20 h 条件下，HAOBR 系统均能有效处理干清粪养猪场废水，出水 COD、NH_4^+-N、TN 和 TP 均能满足《畜禽养殖业污染物排放标准》（GB 18596—2001）的要求。而在 HRT 16 h 工况下，HAOBR 系统对 NH_4^+-N 和 TN 的去除效能明显下降，出水浓度不能满足排放标准。在 HRT 恒定为 20 h 的条件下，出水回流比≥50%时，HAOBR 系统出水的 COD、NH_4^+-N、TN 和 TP 均能满足排放标准的要求。在没有出水回流的情况下，HAOBR 系统对干清粪养猪场废水的处理效果变差，出水水质勉强满足排放标准的要求。为揭示 HRT 和出水回流比影响 HAOBR 处理效能的内在微生物学机制，笔者课题组在 HAOBR 系统调控运行的第 Ⅰ、Ⅱ、Ⅲ、Ⅴ、Ⅵ和Ⅶ阶段（表 4-4）的稳定运行期，分别采集了各格室的生物膜，通过高通量测序分析，探讨了微生物群落的菌群多样性和群落更迭规律，并对功能菌群进行了解析。

4.5.1.1　微生物群落的多样性分析

1）HRT 影响下的微生物多样性变化规律

在如表 4-3 和表 4-4 所示的 HRT 调控运行的四个阶段末期，采集 HAOBR 系统各格室的生物膜进行高通量测序分析。其中，在阶段 Ⅰ 采集的 A1、A2、O1 和 O2

四个格室的样品分别记为 B_{I-A1}、B_{I-A2}、B_{I-O1} 和 B_{I-O2}，在阶段Ⅱ采集的样品分别标记为 B_{II-A1}、B_{II-A2}、B_{II-O1} 和 B_{II-O2}，在阶段Ⅲ采集的样品分别标记为 B_{III-A1}、B_{III-A2}、B_{III-O1} 和 B_{III-O2}

干清粪养猪场废水，可生化性好，且成分复杂，为 HAOBR 系统内的各类功能菌群的生长代谢提供了丰富的营养物质。如表 4-13 所示的结果表明，HAOBR 系统各格室的生物膜，均具有丰富的微生物多样性，而 HRT 的变化，会改变其微生物群落多样性（Shannon 指数）和菌群丰度（Ace 和 Chao1 指数）。总体而言，在 HRT 调控运行期间，HAOBR 系统厌氧格室（A1 和 A2 格室）的微生物多样性及菌群丰度，均显著高于好氧格室（O1 和 O2 格室）。微生物群落多样性及菌群丰度的改变，直接导致了 HAOBR 系统各格室污染物去除效能的变化。如 4.4.1 节所述，在 HRT 为 16 h 的条件下（阶段Ⅲ），HAOBR 系统对 NH_4^+-N（图 4-19）和 TN（表 4-7）的去除效能，较 HRT 分别为 28 h（阶段Ⅰ）和 20 h（阶段Ⅱ）时均有明显下降，尤其是 O1 格室对 NH_4^+-N 和 TN 的去除负荷分别平均只有 0.15 kg/(m^3·d) 和 0.25 kg/(m^3·d)，但其对 COD 的去除负荷明显升高，平均为 0.76 kg/(m^3·d)（图 4-17）。而表 4-13 所示的结果表明，在 HRT 16 h 运行阶段（阶段Ⅲ），O1 格室生物膜的微生物群落多样性与菌群丰度较 HRT 为 20 h 运行阶段（阶段Ⅱ）均有显著下降。分析认为，在 HRT 为 16 h 的条件下，有更多 COD 随水流进入了 O1 格室，致使其中的化能异养菌群显著增长，进而抑制了 AOB 和 AnAOB 等具有脱氮功能的自养微生物的生长。化能异养菌群的增加及生物脱氮功能菌群的减少，导致 O1 格室呈现出 COD 去除效能提高而生物脱氮效能下降的现象。

表 4-13 HAOBR 系统在不同 HRT 条件下的生物膜菌群丰度和多样性

HRT（阶段）	样品	序列数（个）	OTUs（个）	Chao 1 指数	Ace 指数	Shannon 指数	覆盖率（%）
28 h（阶段Ⅰ）	B_{I-A1}	75958	2477	3372.8	3464.6	5.71	98.89
	B_{I-A2}	92314	2334	3258.2	3272.9	5.69	99.16
	B_{I-O1}	79092	1447	1930.0	2028.1	4.66	99.39
	B_{I-O2}	91823	1575	2104.3	2143.9	4.88	99.48
20 h（阶段Ⅱ）	B_{II-A1}	108936	2953	3892.0	4053.7	5.69	99.13
	B_{II-A2}	96156	2814	3844.7	4537.6	5.80	99.02
	B_{II-O1}	84028	2000	2766.5	2839.5	5.09	99.16
	B_{II-O2}	73913	1689	2403.6	2925.0	5.15	99.18

续表

HRT（阶段）	样品	序列数（个）	OTUs（个）	Chao 1 指数	Ace 指数	Shannon 指数	覆盖率（%）
16 h（阶段Ⅲ）	$B_{Ⅲ\text{-}A1}$	92101	2784	4020.4	4711.8	5.64	98.94
	$B_{Ⅲ\text{-}A2}$	94191	2804	3750.7	3841.3	5.70	99.04
	$B_{Ⅲ\text{-}O1}$	82585	1751	2396.3	2940.3	4.70	99.24
	$B_{Ⅲ\text{-}O2}$	82133	2173	3021.8	3576.8	5.42	99.10

　　基于 OTUs 的韦恩（Venn）图分析（图 4-29）表明，在 HAOBR 系统各格室生物膜中存在着大量相同的微生物类群，但也有相当数量的特有菌群。在 HRT 为 28 h、20 h 和 16 h 的条件下，HAOBR 系统 A1 格室生物膜独有的 OTUs 分别占其总数的 32.8%、31.2% 和 33.5%，A2 格室独有的 OTUs 分别占其总数的 26.4%、29.1% 和 36.6%，O1 格室独有的 OTUs 分别占其总数的 31.3%、37.6% 和 35.0%；O2 格室独有的 OTUs 分别占其总数的 32.3%、29.0% 和 46.8%。以上结果表明，HRT 的

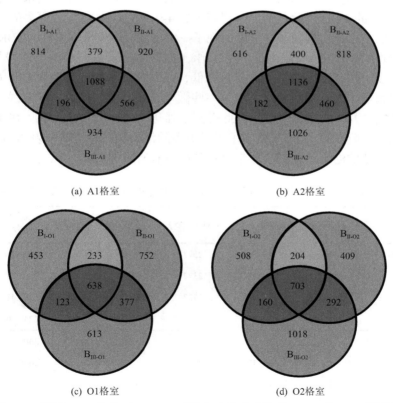

(a) A1格室　　　　　　　　　　　　(b) A2格室

(c) O1格室　　　　　　　　　　　　(d) O2格室

图 4-29　不同 HRT 条件下 HAOBR 系统各个格室生物膜 OTUs 的 Venn 图分析

每一次调节，都会对 HAOBR 系统各个格室生物膜的微生物群落结构产生一定影响，是导致各格室污染物去除功能发生变化的微生物学原因。

2）回流比影响下的微生物多样性变化规律

在如表4-3和表4-4所示的出水回流比调控运行的三个阶段末期，采集 HAOBR 系统各格室的生物膜，并对其进行高通量测序分析。其中，在阶段 V 采集的 A1、A2、O1 和 O2 四个格室的样品分别记为 B_{V-A1}、B_{V-A2}、B_{V-O1} 和 B_{V-O2}，在阶段 VI 采集的样品分别标记为 B_{VI-A1}、B_{VI-A2}、B_{VI-O1} 和 B_{VI-O2}，在阶段 VII 采集的样品分别标记为 B_{VII-A1}、B_{VII-A2}、B_{VII-O1} 和 B_{VII-O2}。

表 4-14 所示的结果表明，在出水回流比调控运行的三个阶段，位于 HAOBR 系统前端的厌氧格室的OTUs总数及Shannon指数，均高于位于后端的好氧格室，说明厌氧格室具有比好氧格室更高的微生物多样性。这一结果与 HRT 影响下 HAOBR 系统中的微生物群落总体分布规律相同（表 4-13）。对于位于 HAOBR 系统最前端的厌氧格室 A1，其菌群丰度（如 Ace 指数）随着出水回流比的降低而减少，而位于其后的第二个厌氧格室 A2，其中的菌群丰度在出水回流比由 50%（阶段 VI）降低为 0（阶段 VII）后反而有所上升。分析认为，在无出水回流的工况下，A2 格室的 COD 去除负荷显著提高（表 4-9～表 4-11），导致更多的化能异养微生物得以滋生，使其菌群丰富度出现了一定增加[52]。对于位于 HAOBR 系统好氧格室 O1 和 O2，在出水回流比由 100%（阶段 V）降低到 50%（阶段 VI）后，其菌群丰度（如 Ace 指数）均有显著降低，说明其中的一些微生物类群（如生物脱氮功能菌群）得到了壮大，而另外一些微生物类群（如化能异养菌群）的生长受到了抑制，其生物脱氮效能也因此得到了强化（表 4-9、表 4-10）。在无出水回流的工况下（阶段 VII），好氧格室承担了更多的污染物去除负荷（表 4-11），尤其是化能异养菌的滋生，使其菌群丰度较阶段 VI 有所增加。

表 4-14　HAOBR 系统在不同出水回流比条件下的生物膜菌群丰度和多样性

出水回流比（阶段）	样品	序列数（个）	OTUs（个）	Shannon 指数	Ace 指数	Chao 1 指数	覆盖率（%）
100%（阶段 V）	B_{V-A1}	81475	2577	5.38	3466.89	3292.76	99.01
	B_{V-A2}	80518	2377	5.32	3236.51	3163.28	99.06
	B_{V-O1}	90007	1737	4.82	2856.25	2394.41	99.34
	B_{V-O2}	92781	1694	4.80	2296.88	2242.10	99.44
50%（阶段 VII）	B_{VI-A1}	91137	2542	5.43	3431.93	3400.83	99.12
	B_{VI-A2}	70917	2228	5.83	3030.60	3036.12	99.03
	B_{VI-O1}	80355	1593	4.60	2237.57	2112.44	99.33
	B_{VI-O2}	94003	1582	4.69	2104.45	2138.50	99.49

续表

出水回流比(阶段)	样品	序列数(个)	OTUs（个）	Shannon 指数	Ace 指数	Chao 1 指数	覆盖率（%）
0（阶段Ⅶ）	B_{Ⅶ-A1}	95056	2402	4.94	3274.20	3224.26	99.20
	B_{Ⅶ-A2}	97726	2330	5.39	3157.79	3067.39	99.26
	B_{Ⅶ-O1}	76026	1647	4.71	2906.94	2371.57	99.20
	B_{Ⅶ-O2}	89682	1654	4.71	2175.97	2112.48	99.46

基于 OTUs 的 Venn 图分析表明,出水回流比的逐步降低乃至最后完全取消,虽然对 HAOBR 系统各格室的微生物群落多样性和菌群丰度造成了一定影响,但各格室仍然保留着一些特有微生物类群。在出水回流比为 100%、50% 和 0 的工况下,HAOBR 系统 A1 格室生物膜特有的 OTUs 分别占其总数的 29.3%、23.8% 和 26.2%,A2 格室特有的 OTUs 分别占其总数的 27.1%、21.8% 和 27.7%,O1 格室特有的 OTUs 分别占其总数的 31.3%、28.1% 和 38.3%,O2 格室特有的 OTUs 分别占其总数的 38.1%、30.7% 和 26.7%。这些特有微生物类群,也许就是造成 HAOBR 系统各格室污染物去除效能明显差异的主要原因。

4.5.1.2　微生物群落变化规律

由 4.5.1.1 节所述的基于 OTUs 的分析表明,无论是 HRT 还是出水回流比的改变,均会引起 HAOBR 系统各格室微生物群落结构的变化,进而导致它们在污染物除去效能的改变。为揭示 HAOBR 系统在 HRT 和出水回流比影响下各格室微生物群落的变化规律,借助于高通量测序结果,首先从菌门水平对各格室生物膜样品的微生物群落构成进行了分析。

1）HRT 影响下的微生物群落变化

检测与分析结果表明,在 HRT 调控运行的阶段Ⅰ、阶段Ⅱ和阶段Ⅲ（表 4-3,表 4-4）,Proteobacteria、Chloroflexi 和 Firmicutes 是 HAOBR 系统厌氧格室的主要的菌门,与系统启动运行阶段末期的检测结果一致（图 4-14）。但是,伴随 HRT 的阶段性降低,HAOBR 系统厌氧格室优势菌门的相对丰度有明显变化。在 HRT 分别为 28 h（阶段Ⅰ）、20 h（阶段Ⅱ）和 16 h（阶段Ⅲ）工况下,位于系统最前端的 A1 格室,其生物膜中 Proteobacteria 菌门的相对丰度呈现下降的趋势,分别为 29.53%、23.06% 和 17.75%,而 Chloroflexi 菌门的相对丰度逐渐升高,分别为 18.31%、22.66% 和 23.33%。作为 A1 格室的另一个优势菌门,Firmicutes 的相对丰度则呈现出先下降再升高的趋势,在 HRT 28 h、20 h 和 16 h 工况下分别为 26.45%、15.91% 和 23.46%。对于 HAOBR 系统的第二个厌氧格室 A2,其生物膜中 Proteobacteria 菌门和 Chloroflexi 菌门的变化规律与 A1 格室的变化规律相似。

其中，Proteobacteria 菌门在 HRT 28 h、20 h 和 16 h 工况下的相对丰度分别为 29.34%、27.73% 和 14.68%，Chloroflexi 菌门的分别为 15.45%、18.51% 和 25.16%。Firmicutes 菌门的相对丰度，在 HRT 28 h 缩短到 20 h 以后，变化不大，分别为 17.25% 和 16.70%。但在 HRT 为 16 h 的阶段Ⅲ，其丰度有了显著升高，达到了 21.00%。

　　与厌氧格室相比，位于 HAOBR 系统后端的两个好氧格室之间的群落变化与差异更加显著。在 O1 格室中，Proteobacteria 菌门占据绝对优势，在 HRT 从 28 h 缩短到 20 h 后，其相对丰度变化不大，分别为 52.15% 和 51.12%，但在 HRT 16 h 阶段显著提高到了 67.2%。O1 格室生物膜中的 Bacteroidetes 菌门，其相对丰度位列第二，且随着 HRT 的缩短而显著降低，在 HRT 28 h、20 h 和 16 h 工况下分别为 22.09%、17.97% 和 8.28%。在 HAOBR 系统最后的好氧格室 O2 中，Proteobacteria 菌门的相对丰度仍然是最高的，但最高时也只有 45.41%（HRT 20 h），在 HRT 28 h 和 16 h 工况下的相对丰度则分别为 24.2% 和 29.97%，均显著低于位于其前的 O1 格室。随着 HRT 缩短，Verrucomicrobia 菌门和 Bacteroidetes 菌门的相对丰度也表现出了先下降再上升的变化规律。在 HRT 28 h、20 h 和 16 h 工况下，O2 格室生物膜中的 Verrucomicrobia 菌门相对丰度分别为 19.66%、0.68% 和 11.15%，Bacteroidetes 菌门的分别为 16.83%、7.34% 和 19.82%。作为 O2 格室的另一个优势菌门，Planctomycetes 菌门的相对丰度随着 HRT 的缩短而持续降低，在 HRT 28 h、20 h 和 16 h 运行阶段，分别为 11.19%、8.99% 和 6.56%。此外，Euryarchaeota、Acidobacteria 和 Ignavibacteriae 等菌门在 O2 格室中也有一定的优势度，且随着 HRT 的缩短而有明显变化。

　　2）出水回流比影响下的微生物群落变化

　　出水回流比的改变，同样对 HAOBR 系统各格室微生物群落结构产生了比较显著的影响。在出水回流比分别为 100% 的阶段Ⅴ和 50% 的阶段Ⅵ，Proteobacteria 一直是 HAOBR 系统 A1 格室中优势度最高的菌门，相对丰度分别为 24.47% 和 22.37%。但在完全取消出水回流后（阶段Ⅶ），Euryarchaeota 成为优势度最高的菌门，其相对丰度达到了 29.17%。第二个厌氧格室 A2，其微生物群落构成及变化规律，与位于其前的 A1 格室相比，有较大差异。在出水回流比为 100% 的条件下，Euryarchaeota 是优势度最高的菌门，其相对丰度为 20.52%；而在出水回流比为 50% 和 0 的条件下，Chloroflexi 的优势度最高，其相对丰度分别为 23.45% 和 19.81%。

　　在 HAOBR 系统的好氧格室中，Proteobacteria 始终是优势度最高的菌门，尽管其相对丰度呈现出随出水回流比降低而下降的趋势。在出水回流比分别为 100%、50% 和 0 的工况下，Proteobacteria 菌门在 O1 格室中的相对丰度分别为 50.88%、42.15% 和 39.06%，在 O2 格室中的相对丰度分别为 28.41%、26.52% 和 25.96%。从其他优势度较为突出的菌门相对丰度来看，出水回流比对于各格室生物膜微生物群落构成的改变也是比较显著的。例如，在出水回流比分别为 100%、50% 和 0 的工况下，相对丰度位列第二的优势菌门，在 O1 格室分别为 Bacteroidetes、Bacteroidetes 和 Chloroflexi，在 O2 格室分别为 Bacteroidetes、Planctomycetes、Planctomycetes。

　　综上所述，HRT 和出水回流比的改变，均会导致 HAOBR 系统各格室微生物群落结构的变化。然而，基于菌门水平的微生物群落结构分析，是不深入的。为揭示 HAOBR 系统去除污染物效能以及变化规律的微生物学机制，必须从菌属水平对功能菌群进行辨析和分析。

4.5.1.3　HAOBR 系统在 HRT 调控运行阶段的功能菌群解析

1）厌氧格室的功能菌群解析

　　如图 4-30 所示，化能异养微生物始终是 HAOBR 系统各格室中优势度最为显著的菌群，其相对丰度在 HRT 28 h（阶段 I ）、20 h（阶段 II ）和 16 h（阶段Ⅲ）的工况下（出水回流比均为 200%），分别为 37.88%、34.85% 和 40.99%。检测发现，在 HRT 分别为在 28 h、20 h 和 16 h 工况下，位于 HAOBR 系统最前端的厌氧格室 A1，其生物膜中存在较多的古细菌——产甲烷菌 Methanothrix[53]，其相对丰度随着 HRT 的缩短逐渐升高，分别为 0.51%、7.23% 和 8.11%。在 A1 格室的生物膜中，也同时存在较多种类的异养反硝化细菌，其总丰度随着 HRT 的缩短逐渐降低，分别为 9.73%、8.56% 和 4.95%。已有研究表明，产甲烷细菌对于底物（如乙酸）和电子的竞争能力较弱，较高浓度的 NO_2^--N 和 NO_3^--N 会对产甲烷作用产生显著的抑制作用，因此，在产甲烷和异养反硝化作用共存的废水厌氧生物处理系统中，其生化反应通常呈现出阶段性[54]：第一阶段，由异养反硝化菌群将 NO_3^--N 还原为 NO_2^--N，同时产酸发酵细菌将有机物转化为 VFAs；第二阶段，异养反硝化细菌以 VFAs 为电子供体，将 NO_3^--N 和 NO_2^--N 还原成 N_2；第三阶段为产甲烷过程。如图 4-21 所示，在 HRT 调控运行的三个阶段，HAOBR 系统中的 NO_2^--N

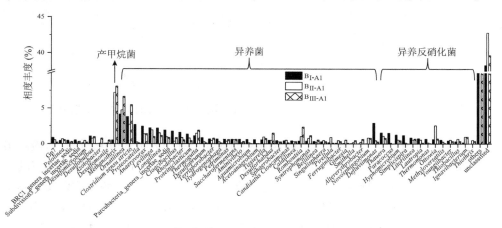

图 4-30　HAOBR 系统厌氧格室 A1 在 HRT 调控运行阶段的生物膜功能菌群

和 NO₃⁻-N 始终处于较低浓度水平，最高也不超过 35 mg/L。水质检测发现，在 HRT 分别为 28 h、20 h 和 16 h 的运行阶段，厌氧格室内的 NO$_x$⁻-N 浓度分别只有 12.3 mg/L、9.8 mg/L 和 9.6 mg/L 左右，而 ΔCOD/ΔTN 随着 HRT 的缩短而升高（表 4-7），说明厌氧格室中的有机碳源完全可以满足异养反硝化菌群的需求，并有越来越多的有机碳源剩余，因而为产甲烷菌群的生长提供了越来越多的碳源，使其相对丰度呈现出随 HRT 缩短而升高的趋势[55]。

由于 A1 格室对 COD 的消耗，HAOBR 系统第二个厌氧格室 A2 中的化能异养细菌和产甲烷菌的相对丰度均有所降低。如图 4-31 所示，在 HRT 分别为 28 h、20 h 和 16 h 的工况下，A2 格室生物膜中的异养细菌相对丰度分别为 33.57%、27.81% 和 35.28%，产甲烷菌（主要是 *Methanothrix*）分别为 0.11%、4.65% 和 6.44%。在 HRT 分别为 28 h、20 h 和 16 h 的工况下，A2 格室中的异养反硝化菌群的相对丰度分别为 7.92%、8.62% 和 4.97%，与位于其前的 A1 格室相当。然而，由于 A1 格室中异养反硝化菌群的消耗作用，进入 A2 格室的 NO₂⁻-N 和 NO₃⁻-N 浓度显著降低，其 TN 去除负荷分别仅为 0.13 kg/（m³·d）、0.12 kg/（m³·d）和 0.13 kg/（m³·d）左右（表 4-7），显著低于 A1 格室。

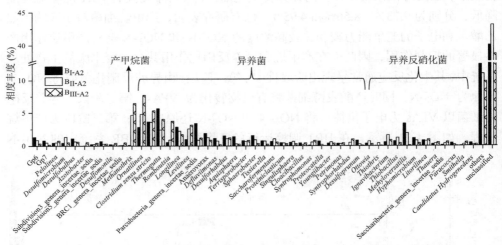

图 4-31　HAOBR 系统厌氧格室 A2 在 HRT 调控运行阶段的生物膜功能菌群

在 HRT 调控运行的阶段Ⅰ、阶段Ⅱ和阶段Ⅲ，在 A1 格室和 A2 格室未检测出 AnAOB（图 4-30、图 4-31）。因此，可以断定，发生在 HAOBR 系统厌氧格室的生物脱氮，主要是通过异养反硝化途径实现的。由于大量化能异养微生物以及异养反硝化细菌的协同作用，使 HAOBR 系统厌氧格室即便在 HRT 仅为 16 h 的工况下，仍然表现出了良好 COD 去除效能（图 4-17）和一定的 TN 去除能力（表 4-7）。

2）好氧格室的功能菌群解析

由于厌氧格室是 HAOBR 系统去除 COD 的主要功能区（图 4-17），进入后端好氧格室的 COD 已十分有限。即便如此，在 HAOBR 系统后端的好氧格室中，仍然检出了大量异养菌群，并保持了较高的相对丰度。如图 4-32 所示，在 HRT 分别为 28 h（阶段Ⅰ）、20 h（阶段Ⅱ）和 16 h（阶段Ⅲ）的工况下，O1 格室的异养菌群相对丰度分别高达 45.29%、30.28% 和 41.7%，异养反硝化细菌的相对丰度也分别达到了 5.59%、4.51% 和 5.02%。分析认为，在 PVC 填料表面着生的菌群，会分泌大量的胞外聚合物（extracellular polymeric substance，EPS），富含蛋白质和多糖，还有少量的 DNA、脂质、糖醛酸和其他小分子物质等，是众多化能异养微生物的营养物质[56-58]。因此，即便废水的 COD 浓度较低，在 O1 格室中依然检查到了丰富的化能异养微生物的存在。

相对于化能异养微生物，化能自养微生物在 O1 格室中的相对丰度较低。在 HRT 分别为 28 h、20 h 和 16 h 的工况下，O1 格室中的 AOB 相对丰度分别为 0.01%、0.03% 和 0.03%，NOB 的相对丰度分别为 0.05%、0.07% 和 0.04%。其中，AOB 主要是 *Nitrosomonas*[59]，NOB 主要是 *Nitrobacter*[60] 和 *Nitrospira*[61]。在 O1 格室生物膜中的 AnAOB，主要是 *Candidatus Brocadia*[62]，其相对丰度在 HRT 28 h、20 h 和 16 h 的工况下分别为 0.04%、0.04% 和 0.08%。同时，在 O1 格室的生物膜中还检测到了好氧反硝化菌 *Aridibacter*[29]，其相对丰度在 HRT 28 h、20 h 和 16 h 的工况下分别为 0.95%、0.16% 和 0.02%。以上结果说明，尽管如 4.4.1.3 节所述的化学计量学分析，确定 PN/A 是 HAOBR 系统好氧格室的主要生物脱氮途径，但异养反硝化菌群和好氧反硝化菌群的贡献也是不能忽视的。

分析认为，随着 HRT 从 28 h 逐步缩短至 16 h，HAOBR 系统 O1 格室的进水 NH_4^+-N 和 TN 负荷大幅提高。尽管这一负荷变化在一定程度上刺激了 AOB 和 AnAOB 菌群的生长，使其在 O1 格室中的相对丰度呈现出逐步升高的趋势，但始终处于较低水平（图 4-32）。如图 4-17 所示，随着由 HRT 缩短造成的 OLR 升高，O1 格室的 COD 去除负荷逐步提高，说明化能异养菌群的代谢活性得到了显著提升。好氧的化能异养菌的优势生长，势必会对 DO 竞争力较弱的 AOB 菌群的生长代谢产生抑制[12]。在 AOB、AnAOB 和好氧反硝化菌群未能得到进一步显著富集的情况下，O1 格室对 NH_4^+-N（图 4-19）和 TN（表 4-7）的去除效能，便呈现出随 HRT 缩短而逐步降低的现象[39]。

如图 4-33 所示，位于 HAOBR 系统末端的好氧格室 O2，其生物膜中的异养菌群仍然处于优势地位，但受营养（COD）水平的限制，其相对丰度较 O1 格室显著下降，在 HRT 分别为 28 h、20 h 和 16 h 的工况下分别为 33.67%、23.03% 和 29.21%。这一结果说明，O1 格室在去除 COD 能力方面仍有"冗余"（图 4-17），可保障 HAOBR 系统出水 COD 的达标排放。

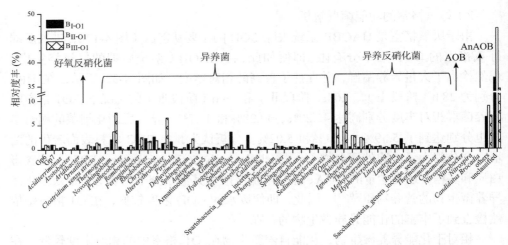

图 4-32　HAOBR 系统好氧格室 O1 在 HRT 调控运行阶段的生物膜功能菌群

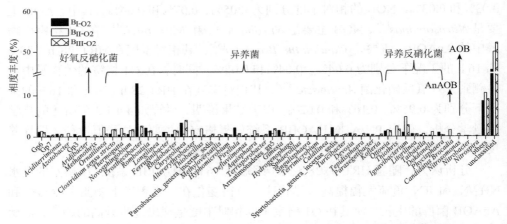

图 4-33　HAOBR 系统好氧格室 O2 在 HRT 调控运行阶段的生物膜功能菌群

　　对于生物脱氮功能菌群的检测和分析结果表明,随着 HRT 逐步缩短(28 h、20 h 和 16 h),HAOBR 系统 O2 格室生物膜中的 NOB 菌群, 其相对丰度是逐渐降低的, 分别为 0.12%、0.17% 和 0.10% (图 4-33),但普遍高于 O1 格室 (分别为 0.05%、0.07% 和 0.04%)(图 4-32)。对于 NH_4^+-N 氧化功能菌群 AOB 和 AnAOB 的检测结果表明, 在 HRT 为 28 h 的工况下 (图 4-33),两者在 HAOBR 系统 O2 格室生物膜中的相对丰度分别为 0.02% 和 0.03%, 与 O1 格室的 0.01% 和 0.04% (图 4-32)差别不是很显著。而 O2 格室中的异养反硝化菌群, 在 HRT 为 28 h 的工况下, 其相对丰度为 4.20%, 显著低于 O1 格室的 5.59%。此时, 干清粪养猪场废水中的 NH_4^+-N (图 4-19)和 TN (表 4-7)主要在 HAOBR 系统的

O1 格室被去除。当 HRT 缩短到 20 h 后，O2 格室生物膜中的 AOB 和 AnAOB 的相对丰度分别达到了 0.56% 和 1.5%（图 4-33），显著高于 O1 格室的 0.03% 和 0.04%（图 4-32）。在 HRT 为 20 h 的工况下，O2 格室生物膜中的异养反硝化菌群和好氧反硝化菌的相对丰度分别为 11.06% 和 0.18%，亦显著高于 O1 格室的 4.51% 和 0.16%。更加丰富的 AOB、AnAOB、异养反硝化菌群和好氧反硝化菌群，在 O2 格室中建立了以 PN/A 为主导的，以异养反硝化和好氧反硝化为辅的多种生物脱氮途径，获得了高达 0.63 kg/（m³·d）左右的 NH_4^+-N 去除负荷（图 4-19）和 0.50 kg/（m³·d）左右的 TN 去除负荷（表 4-7），显著高于 O1 格室的 0.15 kg/（m³·d）和 0.27 kg/（m³·d）。

当 HRT 进一步缩短到 16 h 后，HAOBR 系统 O2 格室中的 AOB 和 AnAOB 菌群，其相对丰度分别显著下降到了 0.03% 和 0.02%（图 4-33），异养反硝化菌群和好氧反硝化菌群的相对丰度也分别从 HRT 20 h 下的 11.06% 和 0.18%（图 4-32）降低到了 6.77% 和 0.06%（图 4-33）。生物脱氮功能菌群相对丰度的普遍降低，导致 HAOBR 系统 O2 格室的 NH_4^+-N 去除负荷（图 4-19）和 TN 去除负荷（表 4-7）分别从 HRT 20 h 下的 0.63 kg/（m³·d）和 0.50 kg/（m³·d）降低到了 0.53 kg/（m³·d）和 0.40 kg/（m³·d）。

4.5.1.4　HAOBR 系统在出水回流比调控运行阶段的功能菌群解析

1）厌氧格室的功能菌群解析

如 4.5.1.1 节和 4.5.1.2 节所述，出水回流比的阶段性降低，对 HAOBR 系统各格室的微生物群落结构也有显著影响。如图 4-34 和图 4-35 所示，在出水回流比为 100%（阶段Ⅴ）、50%（阶段Ⅵ）和 0（阶段Ⅶ）的工况下（HRT 均为 20 h），HAOBR 系统前端两个厌氧格室的生物膜中，均有大量化能异养细菌存在，其相对丰度在 A1 格室生物膜中分别为 29.54%、30.52% 和 22.63%（图 4-34），在 A2 格室生物膜中分别为 26.48%、30.15% 和 26.46%（图 4-35）。出水回流比的降低，显著提高了 HAOBR 系统前端两个厌氧格室中的古细菌，即产甲烷菌群的相对丰度，其中以 Methanothrix[53] 和 Methanobacterium[63] 的优势最为突出。在出水回流比为 100%、50% 和 0 的工况下，生物膜中的产甲烷菌群相对丰度，在 A1 格室分别为 10.88%、12.29% 和 28.3%（图 4-34），在 A2 格室分别为 19.95%、3.36% 和 15.96%（图 4-35）。大量化能异养细菌和古细菌的旺盛生长，使两个厌氧格室成为 HAOBR 系统去除干清粪养猪场废水 COD 的主要功能区（表 4-9～表 4-11）。

在出水回流比逐渐降低的调控运行各阶段，HAOBR 系统前端厌氧格室的生物膜中均未检测到 AnAOB，但有大量异养反硝化菌群的检出。在 A1 格室的生物膜中，具有一定优势度（相对丰度>0.3%）的异养反硝化细菌有 4 种，即 Ignavibacterium[29]、Thauera[64]、Litorilinea[13] 和 Simplicispira[65]，它们的总体相对丰度随着出水回流比的降低而降低，分别为 8.34%、5.42% 和 3.10%（图 4-34）。以上结果表明，在 HAOBR 系统厌氧格室的 TN 去除，主要是通过异养反硝化途径实现的。如表 4-4 所示，干清粪养猪场废水中的 NO_x^--N 很少，进入 HAOBR 系统前端厌氧格室的 NO_x^--N 主要来自出水回流，出水回流比的阶段性降低乃至于 0，势必会逐步减少进入厌氧格室的 NO_x^--N 总量，异养反硝化菌群的生长代谢也因此受到了越来越显著的限制。随着异养反硝化菌群相对丰度的降低，A1 格室的 TN 去除负荷从出水回流比为 100% 时的 0.25 kg/（$m^3 \cdot d$）（表 4-9），降低到了出水回流比为 50% 时的 0.22 kg/（$m^3 \cdot d$）（表 4-10），在无回流的条件下甚至未能表现出生物脱氮功能（表 4-11）。

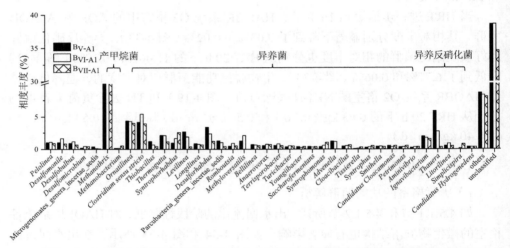

图 4-34　HAOBR 系统厌氧格室 A1 在出水回流比调控运行阶段的生物膜功能菌群

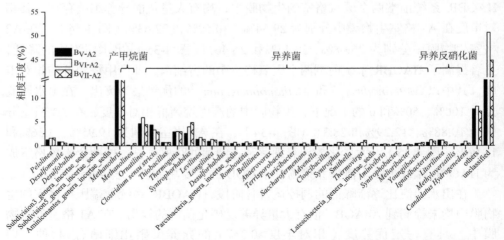

图 4-35　HAOBR 系统厌氧格室 A2 在出水回流比调控运行阶段的生物膜功能菌群

由于 A1 格室异养反硝化菌群对 NO_x^--N 的大量消耗，进入 A2 格室的 NO_x^--N 更加有限。受基质（NO_x^--N）水平的限制，A2 格室生物膜中的异养反硝化菌群的多样性与相对丰度均有显著降低。如图 4-35 所示，存在于 A2 格室生物膜中的优势（相对丰度>0.3%）异养反硝化细菌有 3 个，分别为 *Ignavibacterium*、*Litorilinea* 和 *Methyloversatilis*[66]，它们的总体相对丰度，在出水回流比为 100%、50%和 0 的工况下分别为 2.1%、2.73%和 1.75%，显著低于 A1 格室（图 4-34）。由于异养反硝化菌群的多样性与相对丰度较低，A2 格室的 TN 去除负荷也较低，在出水回流比为 100%（表 4-9）、50%（表 4-10）和 0（表 4-11）的工况下分别仅有 0.09 kg/（m^3·d）、0.07 kg/（m^3·d）和 0.09 kg/（m^3·d）。

2）好氧格室的功能菌群解析

尽管位于 HAOBR 系统前端的两个厌氧格室承担了一半以上的 COD 去除负荷（表 4-9～表 4-11），在位于系统后端的两个好氧格室生物膜中，化能异养菌群的优势仍然突出。在出水回流比为 100%、50%和 0 的工况下，HAOBR 系统 O1 格室生物膜中的异养菌群相对丰度分别为 20.19%、15.39%和 18.08%（图 4-36），O2 格室的分别为 20.61%、17.92%和 18.36%（图 4-37）。然而，受 COD 浓度的限制，即便是在无出水回流的工况下，位于系统末端的 O2 格室的 COD 去除负荷仅为 0.13 kg/（m^3·d）左右（表 4-11），说明该格室在 COD 去除能力方面仍具有较多"冗余"，为 HAOBR 系统出水 COD 的达标排放提供了保障。

如表 4-12 所示，好氧的第三格室（O1）和第四格室（O2），不仅是 HAOBR 系统的 NH_4^+-N 去除功能区，也是 TN 去除的主要功能区。由于干清粪养猪场废水中的 TN 主要由 NH_4^+-N 贡献（表 4-4），NH_4^+-N 的氧化是 HAOBR 系统获得良好生物脱氮效能的必要基础。如图 4-36 所示，在 O1 格室的生物膜中，存在多种 NH_4^+-N 氧化功能菌群，如：属于 AOB 的 *Nitrosomonas*[59]，属于 NOB 的 *Nitrobacter*[60] 和 *Nitrospira*[61]，属于 AnAOB 的 *Candidatus Kuenenia*[38] 和 *Candidatus Brocadia*[62]。HAOBR 系统 O1 格室生物膜中的 NOB，其相对丰度随着出水回流比的降低有一定变化，但变化并不显著，且始终处于较低水平，在出水回流比为 100%、50%和 0 的工况下分别为 0.12%、0.10%和 0.13%。而 O1 格室生物膜中的 AOB，其相对丰度呈现出随出水回流比降低而逐步升高的趋势，在出水回流比为 100%、50%和 0 的工况下分别为 1.70%、3.32%和 5.26%。据此判断，O1 格室的 NH_4^+-N 氧化能力应该是随着出水回流比的降低而升高。从表 4-12 所示的结果来看，当出水回流比从 100%降低至 50%后，O1 格室的 NH_4^+-N 去除负荷的确从 0.29 kg/（m^3·d）大幅提高到了 0.43 kg/（m^3·d）。然而，当出水回流比进一步降低至 0 以后，尽管 AOB 的相对丰度有了进一步提高，但 O1 格室的 NH_4^+-N 去除负荷却降低到了 0.37 kg/（m^3·d）（表 4-11）。分析认为，这一现象可能与 O1 格室的 FA 过高有关。已有研究表明，5～40 mg/L 的 FA 即可对 AOB 产生显著抑制作用[67-70]。而在无出水回流的运行阶段，O1 格室的 FA 平均高达 103.1 mg/L（表 4-11）。因此，在无出水回流的工况下，尽管 O1 格室有较为丰富的 AOB，但其活性受到了高浓度 FA 抑制，进而导致该格室 NH$_4$-N 去除负荷的显著下降。

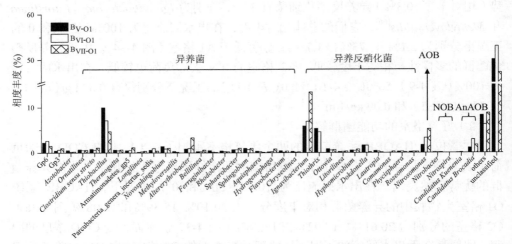

图 4-36　HAOBR 系统好氧格室 O1 在出水回流比调控运行阶段的生物膜功能菌群

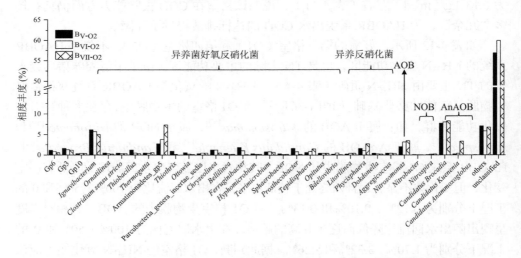

图 4-37　HAOBR 系统好氧格室 O2 在出水回流比调控运行阶段的生物膜功能菌群

高达 103.1 mg/L 的 FA，不仅会严重抑制 AOB 的生长代谢，同时也会对 AnAOB 的生长代谢产生严重抑制作用[45]。当出水回流比从 100% 降低到 50% 后，O1 格室生物膜中的 AnAOB 相对丰度从 1.15% 显著提高到了 3.05%（图 4-36），说明该格室中的 Anammox 作用得到了有效提升。然而，当出水回流完全取消以后，O1 格室中的 AnAOB 相对丰度回落到了 1.78%。较低的 AOB 和 AnAOB 相对丰度,以及由高浓度 FA 造成的严重抑制作用,使 O1 格室在无出水回流工况下的 NH_4^+-N 去除负荷和 TN 去除负荷(表 4-11)较出水回流比为 50%的运行阶段(表 4-10)有了显著下降。

在 HRT 20 h 不变的条件下,随着出水回流比的降低,进入到 HAOBR 系统后端好氧格室的 COD 也随之增多,为异养反硝化菌群的生长提供了越来越多的有机碳源。如图 4-36 所示,在出水回流比为 100%、50%和 0 的工况下,O1 格室生物膜中的异养反硝化菌群,其相对丰度分别为 5.88%、6.91%和 16.15%,呈现逐步升高的趋势。在出水回流比为 100%的工况下,O1 格室的 ΔCOD/ΔTN 平均为 1.89(表 4-9),大于 NO_2^--N 还原为 N_2 的理论值 1.71[6]。因此,在该阶段,O1 格室也会发生一定的异养反硝化作用,并对 HAOBR 系统的 TN 去除做出一定贡献。尽管在出水回流比为 50%和 0 的工况下,O1 格室的 ΔCOD/ΔTN 分别平均为 1.53 和 0.98,发生异养反硝化反应的可能较小,但高达 6.91%和 16.15%的相对丰度,说明该格室具有通过异养反硝化途径进行生物脱氮的潜力。

由于有机碳源的严重不足,位于 HAOBR 系统末端的好氧格室 O2,其生物膜中的异养反硝化菌群的丰度有了显著下降。从 O2 格室生物膜中检出的异养反硝化细菌仅有 *Litorilinea*[13]、*Phycisphaera*[71]、*Dokdonella*[72] 和 *Aggregicoccus*[73]等四个菌属,它们的总相对丰度,在出水回流比为 100%、50%和 0 的工况下分别为 2.57%、2.16%和 3.6%(图 4-37),远低于 O1 格室的 5.88%、6.91%和 16.15%(图 4-36)。在 O2 格室生物膜中,AOB 和 NOB 的主要菌属与 O1 格室高度一致。如图 4-37 所示,在出水回流比为 100%、50%和 0 的工况下,O2 格室生物膜中的 AOB 相对丰度分别为 1.95%、3.11%和 3.4%,NOB 的相对丰度分别为 0.13%、0.22%和 0.24%,均呈现出随出水回流比降低而升高的趋势。在 O2 格室的生物膜中,检测到了更多的 AnAOB 菌属,除了 O1 格室也有的 *Candidatus Kuenenia* 和 *Candidatus Brocadia* 外,还检测到了 *Candidatus Anammoxoglobus*[74]。在出水回流比为 100%、50%和 0 的工况下,O2 格室生物膜中的 AnAOB 相对丰度分别为 7.89%、8.37% 和 11.53%(图 4-37),远高于 O1 格室的 1.15%、3.05%和 1.78%(图 4-36)。以上结果表明,在位于 HAOBR 系统末端的好氧格室 O2 中,仍然具备建立硝化反硝化、短程硝化反硝化和 PN/A 等多种生物脱氮途径的生物基础。由于 O1 格室对 NH_4^+-N 的有效去除,显著降低了 O2 格室中的 FA 浓度和 ΔCOD/ΔTN(表 4-9~表 4-11),使 AOB 和 AnAOB 的生长代谢得以充分发挥[45]。即便在无出水回流的工况下,O2 格室的 NH_4^+-N 和 TN 去除负荷平均高达 0.78 kg/(m^3·d)和 0.75 kg/(m^3·d),对 HAOBR 系统去除 NH_4^+-N 和 TN 的贡献率分别达到了 72.3%和 65.5%左右(表 4-11)。

综上所述，在 HRT≤16 h 和出水回流比≤200% 的条件下，尽管它们的变化对 HAOBR 系统各格室的微生物群落结构均有较为显著的影响，但位于系统前端的厌氧格室，始终是 COD 去除的主要功能区，而位于系统后端的好氧格室则是去除 NH_4^+-N 和 TN 的主要功能区。AOB、NOB、AnAOB 以及异养反硝化菌群和好氧反硝化菌群的共栖和协同代谢，在好氧格室建立了以 PN/A 为主导的，以异养反硝化和好氧反硝化为辅的多种生物脱氮途径，使 HAOBR 系统在 HRT≤16 h 和出水回流比≤200% 的工况下，均表现出了优良的生物脱氮效能。

4.5.2　厌氧格室和好氧格室对主要污染物的去除特征

如表 4-12 所示，在 HRT≥20 h 和出水回流比≥50% 的条件下，以 HAOBR 系统（图 4-1）处理干清粪养猪场废水，可获得优良的 COD、NH_4^+-N 和 TN 同步去除效果。其中，位于 HAOBR 系统前端的两个厌氧格室是 COD 去除的主要功能区，位于系统后端的两个好氧格室是去除 NH_4^+-N 和 TN 的主要功能区。为进一步了解 HAOBR 系统处理干清粪废水的碳氮同步去除机制，本节对厌氧格室去除 COD 的动力学特征，以及好氧格室去除 NH_4^+-N 和 TN 的化学计量学特征进行了分析。

4.5.2.1　厌氧格室去除 COD 的动力学特征

通过 COD 的物料平衡，对 HAOBR 的两个厌氧格室的 COD 去除动力学进行分析。进入 HAOBR 系统第一厌氧格室 A1 的废水，主要由进水和回流水两部分组成，其 COD 物料平衡方程为

$$C_{in}Q + C_{ref}RQ + \frac{dC_{A1}}{dt}V_{A1} = C_{A1}(1+R)Q \qquad (4-1)$$

式中，C_{in} 为进水 COD 浓度（mg/L）；C_{ref} 为回流水 COD 浓度（mg/L）；C_{A1} 为 HAOBR 系统 A1 格室出水 COD 浓度（mg/L）；R 为出水回流比（%）；Q 为进水流量（L/h）；V_{A1} 为 A1 格室的有效容积（L）；$\frac{dC_{A1}}{dt}V_{A1}$ 为 A1 格室在单位时间内去除的 COD 量（g/h）。

由于 HAOBR 为连续流运行，进水 Q 和 V_{A1} 有如下关系：

$$V_{A1} = Qt_{A1} \qquad (4-2)$$

式中，t_{A1} 代表 A1 格室的水力停留时间（h）。

由式（4-1）与式（4-2），得到 HAOBR 系统 A1 格室出水 COD 浓度，即

$$C_{A1} = \left(C_{in} C_{ref} R + \frac{dC_{A1}}{dt} t_{A1} \right) \bigg/ (1+R) \qquad (4\text{-}3)$$

同理，建立 HAOBR 系统第二厌氧格室 A2 的物料衡算式，即

$$C_{A2in}(1+R)Q + \frac{dC_{A2}}{dt} V_{A2} = C_{A2}(1+R)Q \qquad (4\text{-}4)$$

其中，C_{A2in} 为格室 A2 的进水 COD 浓度（mg/L），即格室 A1 的出水 COD 浓度 C_{A1}。Q 和格室 A2 有效容积 V_{A2}（L）有以下关系成立：

$$V_{A2} = Q t_{A2} \qquad (4\text{-}5)$$

式中，t_{A2} 代表 A2 格室的水力停留时间（h）。由式（4-4）与式（4-5）得到 A2 格室出水 COD 浓度 C_{A2}（mg/L）：

$$C_{A2} = C_{A1} + \frac{dC_{A2}}{dt} t_{A2} \bigg/ (1+R) \qquad (4\text{-}6)$$

由于回流水的稀释作用，进入 HAOBR 系统第一格室 A1 的 COD 浓度较低，进入第二格室 A2 的 COD 浓度更低。根据 Michaelis-Menten 方程，格室 A1 和格室 A2 中的 COD 去除应遵循一级反应，即

$$\frac{dC_{A1}}{dt} = -K_{COD_{A1}} X_{A1} C_{A1} \qquad (4\text{-}7)$$

$$\frac{dC_{A2}}{dt} = -K_{COD_{A2}} X_{A2} C_{A2} \qquad (4\text{-}8)$$

式中，X_{A1} 和 X_{A2} 分别为格室 A1 和格室 A2 中的生物量（g/L）；$K_{COD_{A1}}$ 和 $K_{COD_{A2}}$ 分别为格室 A1 和格室 A2 的 COD 去除速率常数[L/（g·h）]。

将式（4-7）和式（4-8）分别代入式（4-3）和式（4-6），并整理得

$$K_{COD_{A1}} C_{A1} = \frac{C_{in} + C_{ref} R - C_{A1}(1+R)}{X_{A1} t_{A1}} \qquad (4\text{-}9)$$

$$K_{COD_{A2}} C_{A2} = \frac{(C_{A1} - C_{A2})(1+R)}{X_{A2} t_{A2}} \qquad (4\text{-}10)$$

根据启动运行期（表 4-2），以及 HRT 与出水回流比调控运行期的实验结果，选择各阶段稳定运行时期的数据进行结算，得到 HAOBR 系统 A1 和 A2 格室在各阶段的 COD 降解速率常数，结果如表 4-15 所示。

表 4-15　HAOBR 系统 A1 和 A2 格室在不同工况下的 COD 去除速率常数

运行阶段	HRT（h）	出水回流比（%）	$K_{COD_{A1}}$ [L/（g·h）]	$K_{COD_{A2}}$ [L/（g·h）]
启动期	36	200	0.085±0.031	0.014±0.011
I	28	200	0.048±0.021	0.010±0.007
II	20	200	0.007±0.016	0.021±0.016
III	16	200	0.020±0.007	0.017±0.012
IV	20	200	0.029±0.028	0.027±0.028
V	20	100	0.019±0.007	0.020±0.011
VI	20	50	0.013±0.018	0.024±0.024
VII	20	0	0.037±0.028	0.043±0.025

　　如表 4-15 所示，在出水回流比为 200%的条件下，HAOBR 系统 A1 格室的 COD 去除速率常数在 HRT 为 36 h 和 28 h 时均较大，分别平均为 0.085 L/（g·h）和 0.048 L/（g·h）。在相同工况下，A2 格室的 COD 去除速率常数较小，分别平均仅有 0.014 L/（g·h）和 0.010 L/（g·h）。在 HRT 20 h 及出水回流比为 0 的工况下，HAOBR 系统的 A1 和 A2 格室的 COD 去除速率常数相对较大，分别平均为 0.037 L/（g·h）和 0.043 L/（g·h）。从 COD 去除效能角度，将 HAOBR 系统控制在 HRT 20 h 及出水回流比为 0 的工况下运行，效果是最佳的。然而，如 4.4.2.2 节所述，在该工况下，HAOBR 系统出水 NH_4^+-N 的达标率为 81.8%。为保障出水 NH_4^+-N 浓度完全满足《畜禽养殖业污染物排放标准》的要求，在 HAOBR 系统的长期持续运行中，将 HAOBR 系统控制在 HRT 20 h 及出水回流比为 50%的工况下运行更为可靠。在该工况下，HAOBR 系统 A1 和 A2 格室的 COD 去除速率常数分别平均为 0.013 L/（g·h）和 0.024 L/（g·h）。在 HAOBR 的工程应用中，可参照这两个参数，根据处理水量和预期去除率，确定反应器或构筑物的有效容积。

4.5.2.2　好氧格室去除 NH_4^+-N 和 TN 的化学计量学特征

　　4.5.1 节所述的有关微生物群落演替及功能菌群解析结果表明，在 HAOBR 系统去除 NH_4^+-N 和 TN 的主要功能区，即在位于系统后端的两个好氧格室 O1 和 O2 中，AOB、NOB、AnAOB 和异养反硝化细菌等参与生物脱氮过程的功能菌群，均有一定优势度，它们的协同作用，会建立全程硝化反硝化、短程硝化反硝化以及 Anammox 等多种生物脱氮途径。为了解各种生物脱氮途径是否真实发生，以及它们对 NH_4^+-N 和 TN 去除所做的贡献，基于物料衡算，对好氧格室去除 NH_4^+-N 和 TN 的化学计量学特征进行了分析。分析采用的数据，为 HRT 20 h 及出水回流比为 50%工况下的稳定期，即表 4-3 所示的阶段 VI 的第 59～72 天的运行数据。

依据全程硝化反硝化、短程硝化反硝化以及 Anammox 的化学反应计量式[6,26]，NH_4^+-N 的物料平衡方程为

$$\Delta NH_4^+\text{-N}=\Delta NH_4^+\text{-N}_{AOB}+\Delta NH_4^+\text{-N}_{AnAOB} \tag{4-11}$$

式中，ΔNH_4^+-N 为格室中的 NH_4^+-N 变化量，ΔNH_4^+-N$_{AOB}$ 为由 AOB 去除的 NH_4^+-N 量，ΔNH_4^+-N$_{AnAOB}$ 为由 AnAOB 去除的 NH_4^+-N 量。

NO_2^--N 的物料平衡方程为

$$\Delta NO_2^-\text{-N}=\Delta NO_2^-\text{-N}_{AOB}+\Delta NO_2^-\text{-N}_{AnAOB}+\Delta NO_2^-\text{-N}_{NOB}+\Delta NO_2^-\text{-N}_{反} \tag{4-12}$$

式中，ΔNO_2^--N 为格室中 NO_2^--N 的变化量，ΔNO_2^--N$_{AOB}$ 为由 AOB 生成的 NO_2^--N 量，ΔNO_2^--N$_{AnAOB}$ 为由 AnAOB 去除的 NO_2^--N 量，ΔNO_2^--N$_{NOB}$ 为由 NOB 去除的 NO_2^--N 量，ΔNO_2^--N$_{反}$ 为由异养反硝化菌群去除的 NO_2^--N 量。

NO_3^--N 的物料平衡方程为

$$\Delta NO_3^-\text{-N}=\Delta NO_2^-\text{-N}_{NOB}+\Delta NO_3^-\text{-N}_{AnAOB}+\Delta NO_3^-\text{-N}_{反} \tag{4-13}$$

式中，ΔNO_3^--N 为格室中 NO_3^--N 的变化量，ΔNO_2^--N$_{NOB}$ 为由 NOB 生成的 NO_3^--N 量，ΔNO_3^--N$_{AnAOB}$ 为由 AnAOB 生成的 NO_3^--N 量，ΔNO_3^--N$_{反}$ 为由异养反硝化菌群去除的 NO_3^--N 量。

COD 的物料平衡方程为

$$\Delta COD=\Delta COD_{好}+\Delta COD_{NO_2^-\text{-N}}+\Delta COD_{NO_3^-\text{-N}}+\Delta COD_{内} \tag{4-14}$$

式中，ΔCOD 为格室中 COD 的变化量，$\Delta COD_{好}$ 为好氧呼吸过程去除的 COD 量，$\Delta COD_{NO_2^-\text{-N}}$ 为 NO_2^--N 反硝化过程去除的 COD 量，$\Delta COD_{NO_3^-\text{-N}}$ 为 NO_3^--N 反硝化过程去除的 COD 量，$\Delta COD_{内}$ 为内源呼吸过程产生的 COD 量。

依据全程硝化反硝化和短程硝化反硝化的化学反应计量式[6]，

$$\Delta NO_2^-\text{-N}_{AOB}=-\Delta NH_4^+\text{-N}_{AOB} \tag{4-15}$$

$$\Delta NO_3^-\text{-N}_{NOB}=\Delta NO_2^-\text{-N}_{NOB} \tag{4-16}$$

依据 Anammox 的化学反应计量式[式（1-1）][26]，

$$\Delta COD_{NO_2^-\text{-N}}=1.71\Delta NO_2^-\text{-N}_{反} \tag{4-17}$$

$$\Delta COD_{NO_3^-\text{-N}}=2.86\Delta NO_3^-\text{-N}_{反} \tag{4-18}$$

$$\Delta NO_2^-\text{-N}_{AnAOB}=1.32\Delta NH_4^+\text{-N}_{AnAOB} \tag{4-19}$$

$$\Delta NO_3^-\text{-N}_{AnAOB}=-0.26\Delta NH_4^+\text{-N}_{AnAOB} \tag{4-20}$$

将式（4-15）～式（4-20）分别代入式（4-12）、式（4-13）和式（4-14），得

$$\Delta NO_2^--N = -\Delta NH_4^+-N_{AOB} + 1.32\Delta NH_4^+-N_{AnAOB} + \Delta NO_2^--N_{NOB} + \Delta NO_2^--N_{反} \quad (4\text{-}21)$$

$$\Delta NO_3^--N = -0.26\Delta NH_4^+-N_{AnAOB} - \Delta NO_2^--N_{NOB} + \Delta NO_3^--N_{反} \quad (4\text{-}22)$$

$$\Delta COD = 1.71\Delta NO_2^--N_{反} + 2.86\Delta NO_3^--N_{反} + \Delta COD_{好} + \Delta COD_{内} \quad (4\text{-}23)$$

设，AOB 氧化的 NH_4^+-N 量已知，占格室 NH_4^+-N 去除量的质量百分比为 R_a（%），可由式（4-13）、式（4-17）、式（4-21）和式（4-22）等计算得到 NH_4^+-N、NO_2^--N 和 ΔNO_3^--N 的变化量，各参量的表达式如表 4-16 所示。

表 4-16　NH_4^+-N 氧化和 Anammox 过程的参量及参量表达式

反应底物	可确定参量	参量表达式
NH_4^+-N	$\Delta NH_4^+-N_{AOB}$	$R_a \Delta NH_4^+-N^*$
	$\Delta NH_4^+-N_{AnAOB}$	$(1-R_a) \Delta NH_4^+-N$
NO_2^--N	$\Delta NO_2^--N_{AOB}$	$-R_a\Delta NH_4^+-N$
	$\Delta NO_2^--N_{AnAOB}$	$1.32 (1-R_a) \Delta NH_4^+-N$
NO_3^--N	$\Delta NO_3^--N_{AnAOB}$	$-0.26 (1-R_a) \Delta NH_4^+-N$

* 基础假设，AOB 氧化的 NH_4^+-N 量是格室 NH_4^+-N 去除量的 R_a（%）。

为求解生物脱氮相关的其他参量，进一步假设由反硝化过程去除的 NO_2^--N 量已知，且有 $\Delta NO_2^--N_{反}/(\Delta NO_2^--N_{反}+\Delta NO_2^--N_{NOB})=R_b$，则可定量描述如表 4-17 所示的其他 6 个生物脱氮相关参量。

表 4-17　亚硝酸盐氧化与反硝化反应过程的参量及参量表达式

反应底物	可确定参量	参量表达式
NO_2^--N	$\Delta NO_2^--N_{反}$	$R_b[\Delta NO_2^--N+R_a \Delta NH_4^+-N-1.32 (1-R_a) \Delta NH_4^+-N]$
	$\Delta NO_2^--N_{NOB}$	$(1-R_b) [\Delta NO_2^--N+R_a \Delta NH_4^+-N-1.32 (1-R_a) \Delta NH_4^+-N]$
NO_3^--N	$\Delta NO_3^--N_{NOB}$	$(1-R_b) [\Delta NO_2^--N+R_a \Delta NH_4^+-N-1.32 (1-R_a) \Delta NH_4^+-N]$
	$\Delta NO_3^--N_{反}$	$\Delta NO_3^--N+(1-R_b) [\Delta NO_2^--N+R_a \Delta NH_4^+-N-1.32 (1-R_a) \Delta NH_4^+-N]+ (1-R_a) \Delta NH_4^+-N$
COD	$\Delta COD_{NO_2^--N}$	$1.71 R_b[\Delta NO_2^--N+R_a \Delta NH_4^+-N-1.32 (1-R_a) \Delta NH_4^+-N]$
	$\Delta COD_{NO_3^--N}$	$2.86\{\Delta NO_3^--N+(1-R_b)[\Delta NO_2^--N+R_a \Delta NH_4^+-N-1.32(1-R_a)\Delta NH_4^+-N]+ (1-R_a) \Delta NH_4^+-N\}$

由表 4-10 可知，在 HRR 20 h 及出水回流比为 50% 的工况下，各格室（A1、A2、O1 和 O2）对 HAOBR 系统去除 COD 的贡献率依次为 21.4%、31.5%、42.6%

和 4.6%左右，也就是说，大部分进水 COD 是在厌氧格室去除。在该工况下的稳定运行期（第 59～72 天），好氧格室中的生物量是相对稳定的，而且，由于较低的 COD 浓度，由好氧的化能异养菌群对 COD 的去除也是有限的。在这种情况下，好氧格室的 $\Delta COD_{好}$ 和 $\Delta COD_{内}$ 均应处于较低的水平[75]。这样，可以将 HAOBR 系统好氧格室的碳氮物料平衡，转换为有关双变量 R_a 和 R_b 的规划问题，规划的目标函数为 $Min(\Delta COD_{好}+\Delta COD_{内})$。目标函数值越小，代表微生物的内源呼吸强度越低，HAOBR 系统的运行越稳定，此时对应的 R_a 和 R_b 也应是最贴近 HAOBR 系统真实碳氮平衡规律的估计值。鉴于复杂多样的生物化学过程，采用遗传算法，求解 HAOBR 系统好氧格室的 $Min(\Delta COD_{好}+\Delta COD_{内})$[76-78]。为获得最优解，在求解过程中，将进化代数设为 100。

　　如表 4-10 所示，在 HRT 为 20 h 及出水回流比为 50%的工况下，HAOBR 系统 O1 格室和 O2 格室的出水 COD 浓度始终处于较低水平，平均分别为 87 mg/L 和 76 mg/L。根据该工况下稳定运行期的实验数据（参见 4.4.2 节），计算 O1 格室和 O2 格室的 R_a、R_b 最优解以及 $(\Delta COD_{好}+\Delta COD_{内})$ 的最小值[目标函数 $Min(\Delta COD_{好}+\Delta COD_{内})$]。计算结果为：O1 格室的 R_a 和 R_b 分别为 90.4%和 55.6%，$Min(\Delta COD_{好}+\Delta COD_{内})$ 为 3.3×10^{-6} mg/L；O2 格室的 R_a 和 R_b 分别为 67.4%和 96.7%，$Min(\Delta COD_{好}+\Delta COD_{内})$ 为 5.9×10^{-4} mg/L。这一计算结果表明，在 HRT 20 h 及出水回流比为 50%的工况下，在 HAOBR 系统的 O1 格室中，AOB 的好氧氧化对 NH_4^+-N 去除总量的平均贡献率为 90.4%，AnAOB 的 Anammox 平均贡献率仅有 9.6%；在 O2 格室中，由 AOB 的好氧氧化和 AnAOB 的 Anammox 去除的 NH_4^+-N，对格室去除总量的贡献率均比较显著，分别平均为 67.4%和 32.6%。进一步的计算表明，对于 HAOBR 系统 O1 格室的 TN 去除，Anammox、短程硝化反硝化和全程硝化反硝化的贡献率分别为 19.78%、50.3%和 29.92%；对于 O2 格室的 TN 去除，Anammox 的平均贡献率高达 67.2%，其次为短程硝化反硝化的 23.6%，而全程硝化反硝化的贡献率仅为 9.3%左右。

　　综上所述，在 HAOBR 系统后端的好氧格室 O1 和 O2 中，均存在全程硝化反硝化、短程硝化反硝化以及 Anammox 等生物脱氮途径，但各脱氮途径对所在格室 NH_4^+-N 和 TN 去除的贡献率差异显著。在 HRT 20 h 及出水回流比为 50%的工况下，短程硝化反硝化是 HAOBR 系统 O1 格室最为主要的生物脱氮途径，而 Anammox 在 O2 格室的生物脱氮过程中发挥着主导作用。

4.5.3　碳氮同步去除机制综合分析

4.5.3.1　格室内的菌群互作机制

　　如 4.3.3 节和 4.5.1 节所述，在处理干清粪养猪场废水的 HAOBR 系统（图 4-1）各格室中，共栖着大量化能异养细菌、异养反硝化细菌、AOB、NOB 和 AnAOB

等功能菌群，在位于系统前端的厌氧格室中，还有古细菌——产甲烷菌 *Methanothrix* 的分布。为解析各功能菌群在碳氮同步去除过程中的互作机制，以厌氧格室和好氧格室生物膜的功能菌群数据（图4-30～图4-37）为基础，构建了如图4-38所示的菌群互作机制模式图。

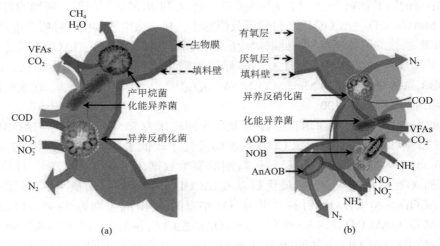

图4-38　HAOBR系统厌氧格室和好氧格室生物膜菌群互作模式图
（a）厌氧格室生物膜的菌群互作模型；（b）好氧格室生物膜的菌群互作模型

　　如图4-34和图4-35所示，在HAOBR系统厌氧格室（A1和A2）的生物膜中，共栖着丰富的化能异养菌群、异养反硝化菌群和产甲烷菌群等，它们的互作模式如图4-38（a）所示。由于厌氧格室位于HAOBR系统的前端，较高的COD浓度使其中的化能异养菌群成为优势度最为突出的功能菌群，其发酵作用产生的VFAs，为硝酸盐和亚硝酸盐还原菌的无氧呼吸提供了电子供体，使回流水带入的NO_3^-和NO_2^-被还原为N_2而从废水中逸出，并成为厌氧格室的主要脱氮途径。然而，干清粪养猪场废水的COD/TN很低（表4-1），在HRT 20 h及出水回流比为50%工况下，HAOBR系统进水的COD/TN平均仅有1.1（表4-3），使厌氧格室通过异养反硝化途径的生物脱氮效能受到了极大限制。另一方面，在厌氧格室中共栖的产甲烷菌群，可通过互营作用将化能异养菌群代谢产生的VFAs转化为CH_4，因此产生了与异养反硝化菌群的底物（VFAs）竞争[54]。因此，产甲烷菌群的生长代谢，尽管为厌氧格室去除COD做出了一定贡献，却进一步限制了异养反硝化脱氮效能。如表4-12所示，在HRT 20 h及出水回流比50%工况下，厌氧格室对HAOBR系统去除TN的贡献率仅为25.6%左右。

　　在HAOBR系统的好氧格室O1和O2的生物膜中，共栖的优势微生物类群更加丰富，主要有化能异养菌群、异养反硝化菌群、AOB、NOB和AnAOB等

（图 4-36、图 4-37），这些功能菌群的协同代谢使好氧格室的生物脱氮机制更为复杂。如图 4-38（b）所示，由于 DO 的梯度分布，在生物膜表层主要栖息着好氧化能异养菌群、AOB 和 NOB 等对 DO 依赖性较强的好氧微生物类群[11]，在它们的代谢作用下，废水中的 COD 得以进一步去除，NH_4^+-N 得到高效氧化，由此产生的 NO_2^--N 和 NO_3^--N，不仅为前端厌氧格室（通过出水回流）的异养反硝化反应提供了电子受体，也为好氧格室生物膜深层的 AnAOB 提供了基质 NO_2^--N。诸如异养反硝化菌群和 AnAOB 等厌氧微生物，主要栖息在缺氧或无氧的生物膜深层[11]，它们接受来自好氧层化能异养菌群和 AOB 代谢产生的 NO_2^--N 和 CO_2，并通过异养反硝化和 PN/A 途径，将 NH_4^+-N 和 NO_2^--N 转化为 N_2 而从废水中逸出。由于有机碳源的严重匮乏，在位于系统末端的好氧格室 O2 中，化能异养菌群的生长代谢受到极大限制，使 AOB 和 AnAOB 等化能自养微生物得以大量富集，PN/A 也因此成为最为主要的生物脱氮途径。AOB、NOB、AnAOB 以及异养反硝化细菌等生物脱氮功能菌群的共栖和协同代谢，在好氧格室建立了以 PN/A 为主导，以异养反硝化和好氧反硝化为辅的多种生物脱氮途径，使 HAOBR 系统在 HRT 20 h 及出水回流比为 50%工况下，仍能表现出优良的生物脱氮效能，对处理系统去除 TN 的贡献率高达 74.4%（表 4-12）。

4.5.3.2　好氧格室生物脱氮途径解析

依据化学计量学分析结果，可以勾画出 HAOBR 系统好氧格室 O1 和 O2 的与生物脱氮途径网络图。如图 4-39 所示，在 HAOBR 系统的 O1 格室中，硝化和 Anammox 是去除 NH_4^+-N 的两个主要途径。在所去除的 NH_4^+-N 中，有 90.4%是通过硝化途径被 AOB 转化成了 NO_2^--N，Anammox 途径对 NH_4^+-N 去除的贡献率仅有 9.6%。由 AOB 氧化 NH_4^+-N 生成的 NO_2^--N 有三个去向，其中有 34.5%被 NOB 氧化为 NO_3^--N，有 12.7%由 AnAOB 催化转化成了 N_2 和 NO_3^--N，有 43.2%由异养反硝化菌群催化转化为 N_2。由 NOB 和 AnAOB 代谢产生的 NO_3^--N，最终被异养反硝化菌群催化还原成 N_2。由全程硝化反硝化途径去除的 NO_3^--N，在好氧格室 NH_4^+-N 去除总量中的占比高达 37.0%。以上结果再次说明，在 HRT 20 h 及出水回流比为 50%工况下，尽管 O1 格室生物膜中的 AnAOB 相对丰度高达 3.05%（图 4-36），但 Anammox 并未成为该格室的主要生物脱氮途径，而是以异养反硝化途径为主。分析认为，其原因可能有如下几点：在 HRT 20 h 及出水回流比为 50%工况下，O1 格室进水 COD 浓度较高，平均达到了 156 mg/L（表 4-10），化能异养菌群因此获得了优势生长（图 4-36），在很大程度上抑制了 AnAOB 的代谢活性[39]；在有机物浓度较高的环境中，AnAOB 营养类型会发生转化，即由化能自养型转化为化能异养型，营养类型的改变，降低了 Anammox 脱氮效能[79,80]；异养反硝化菌群对 NO_2^--N 的竞争能力强于 AnAOB，且具有更高的生长代谢速率，其在 COD 浓度较高情况下的优势生长，进一步抑制了 AnAOB 代谢活性，并使异养反硝化成为 O1 格室的主要生物脱氮途径[32]。

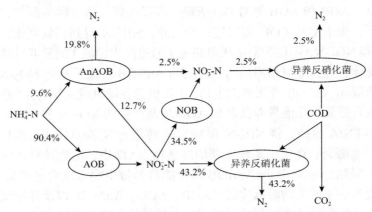

图 4-39　HAOBR 系统 O1 格室中的氨氮代谢途径

如图 4-40 所示，在 HAOBR 系统 O2 格室中存在的脱氮途径与 O1 格室中相同，但各途径对 TN 去除的贡献发生了显著改变。其中，Anammox 途径对 NH_4^+-N 去除的贡献率大幅提高到了 32.6%，而由 AOB 催化氧化（生成 NO_2^--N）的贡献率则显著降低到了 67.4%。由 AOB 催化氧化生成的 NO_2^--N，由 AnAOB、NOB 和异养反硝化菌群转化去除。其中，通过 Anammox 途径去除的 NO_2^--N 占总去除 NH_4^+-N 的 40.0%，亦即通过 Anammox 途径去除的 TN 占去除 NH_4^+-N 总量的 72.6%。由于代谢活性受到严重抑制，由 NOB 催化氧化而去除的 NO_2^--N，仅占去除 NH_4^+-N 总量的 0.9%。由于有机碳源的严重匮乏，HAOBR 系统 O2 格室中的异养反硝化菌群的生长代谢也受到了明显抑制，由 NO_2^--N 还原和 NO_3^--N 还原而去除的 NO_2^--N，分别占去除 NH_4^+-N 总量的 26.5%和 5.4%。

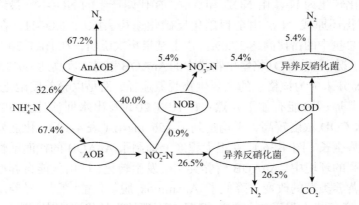

图 4-40　HAOBR 系统 O2 格室中的氨氮代谢途径

以上分析结果表明，干清粪养猪场废水的 COD/TN，对于 HAOBR 系统后端好氧格室的 Anammox 生物脱氮效能有显著影响，COD 浓度越低，Anammox 活性越强。

4.5.3.3　格室间的功能协作

由于微生物群落结构的不同，尤其是去除目标污染物（主要是 COD、NH_4^+-N 和 TN）的功能菌群的差异，HAOBR 系统各格室（依次为 A1、A2、O1 和 O2）在污染物去除特征和效能方面也呈现出了显著差别。如表 4-12 所示，在处理干清粪养猪场废水的 HAOBR 系统中，位于前端的两个厌氧格室承担了大部分 COD 去除负荷，而位于后端的两个好氧格室是去除 NH_4^+-N 和 TN 的主要功能区。即便是同为厌氧的 A1 与 A2 格室，亦或是同为好氧的 O1 和 O2 格室，在污染物去除特征和效能方面亦有较明显的差异。也正是各格室在主要功能上的差异与彼此协作，使得 HAOBR 系统在 HRT≥20 h 及出水回流比≥50% 的工况下，均可获得优良的 COD、NH_4^+-N 和 TN 同步去除效果，出水 COD、TN 和 TP 均能满足《畜禽养殖业污染物排放标准》的要求（参见 4.4 节）。利用 HAOBR 系统处理高 NH_4^+-N、低 C/N 干清粪养猪场废水，可形成以 PN/A 为主导的生物脱氮机制，在不外加有机碳源的条件下，可实现碳氮磷的高效稳定去除。

为解决干清粪养猪场废水反硝化脱氮的有机碳源不足问题，第 3 章曾提出了以枯木构建填料床，通过枯木腐解的缓释碳源作用强化 A/O 处理系统生物脱氮效能的技术思路，而相关研究证明枯木填料床 A/O 系统对于干清粪养猪场废水的处理是行之有效的（参见 3.5.1 节）。本章的研究结果证明，无缓释碳源效应的 PVC 填料床 A/O 处理系统，同样可以获得优良的 COD、NH_4^+-N 和 TN 同步去除效能。因此可以断定，第 3 章述及的枯木填料床 A/O 系统，其枯木腐解的缓释碳源作用，并不是使系统获得优良生物脱氮效能的主要原因，更可能是以 PN/A 为主导的多种生物脱氮作用的综合结果。无论是第 3 章构建的枯木填料床 A/O 系统，还是本章研发的 HAOBR 系统，均可在无外加碳源的条件下，实现对干清粪养猪场废水的碳氮磷高效同步去除，具有工艺简单、能耗低、污染物去除效率高等优势，是一类经济高效的干清粪养猪场废水处理技术，具有良好的推广应用前景。

参 考 文 献

[1] 邓凯文. 填料床 A/O 折流板反应器系统处理养猪场废水的效能与机制. 哈尔滨: 哈尔滨工业大学博士学位论文, 2021.

[2] Prosser J I. Autotrophic nitrification in bacteria. Advances in Microbial Physiology, 1989, 30: 125-181.

[3] Deng K, Tang L, Li J, et al. Practicing anammox in a novel hybrid anaerobic-aerobic baffled reactor for treating high-strength ammonium piggery wastewater with low COD/TN ratio. Bioresource Technology, 2019, 294: 122193.

[4] Pan Z, Zhou J, Lin Z, et al. Effects of COD/TN ratio on nitrogen removal efficiency, microbial community for high saline wastewater treatment based on heterotrophic nitrification-aerobic denitrification process. Bioresource Technology, 2020, 301: 122726.

[5] Rajagopal R, Rousseau P, Bernet N, et al. Combined anaerobic and activated sludge anoxic/oxic treatment for piggery wastewater. Bioresource Technology, 2011, 102: 2185-2192.

[6] Bernet N, Delgenes N, Akunna J C, et al. Combined anaerobic-aerobic SBR for the treatment of piggery wastewater. Water Research, 2000, 34(2): 611-619.

[7] Bortone G, Malaspina F, Stante L, et al. Biological nitrogen and phosphorus removal in an anaerobic/anoxic sequencing batch reactor with separated biofilm nitrification. Water Science & Technology, 1994, 30(6): 303-313.

[8] Cheng N, Lo K V, Yip K H. Swine wastewater treatment in a two stage sequencing batch reactor using real-time control. Journal of Environmental Science and Health, Part B, 2000, 35(3): 379-398.

[9] Akunna J C, Bizeau C, Moletta R. Denitrification in anaerobic digesters: Possibilities and influence of wastewater COD/N-NO$_x$ ratio. Environmental Technology, 1992, 13(9): 825-836.

[10] Strous M, Gerven E V, Kuenen J G, et al. Effects of aerobic and microaerobic conditions on anaerobic ammonium-oxidizing(Anammox)sludge. Applied and Environmental Microbiology, 1997, 63(6): 2446-2448.

[11] Ning Y F, Chen Y P, Shen Y, et al. A new approach for estimating aerobic-anaerobic biofilm structure in wastewater treatment via dissolved oxygen microdistribution. Chemical Engineering Journal, 2014, 255(6): 171-177.

[12] Kowalchuk G A, Stephen J R. Ammonia-oxidizing bacteria: A model for molecular microbial ecology. Annual Review of Microbiology, 2001, 55: 485-529.

[13] Zhao J G, Li Y H, Chen X R, et al. Effects of carbon sources on sludge performance and microbial community for 4-chlorophenol wastewater treatment in sequencing batch reactors. Bioresource Technology, 2018, 255: 22-28.

[14] 支尧, 张光生, 钱凯, 等. 生物吸附/MBR/硫铁自养反硝化组合工艺优化研究. 中国环境科学, 2018, 38(6): 2097-2104.

[15] 张波, 高廷耀. 倒置 A^2/O 工艺的原理与特点研究. 中国给水排水, 2000, 7: 11-15.

[16] 任洁, 顾国维, 杨海真. 改良型 A^2/O 工艺处理城市污水的中试研究. 给水排水, 2000, 6: 7-10, 2.

[17] 高廷耀, 顾国维, 周琪. 水污染控制工程(下册). 北京: 高等教育出版社, 2007: 86-87.

[18] 刘洪波, 孙力平, 夏四清. 生物膜中反硝化除磷作用的研究. 工业用水与废水, 2006, 37(1): 40-43.

[19] 赵帅, 倪慧成, 李俊波, 等. 玄武岩纤维填料强化 A/O 工艺处理生活污水. 环境工程, 2019, 37(9): 18-23.

[20] Favaro S L, Pereira A, Fernandes J R, et al. Outstanding impact resistance of post-consumer HDPE/multilayer packaging composites. Materials Sciences Applications, 2017, 8(1): 15-25.

[21] Wang J Y. Study on treatment of college wastewater based on hydrolysis acidification

bio-contact oxidation process. Applied Mechanics Materials, 2014, 651-653: 1482-1487.

[22] Virdis B, Rabaey K, Rozendal R A, et al. Simultaneous nitrification, denitrification and carbon removal in microbial fuel cells. Water Research, 2010, 44(9): 2970-2980.

[23] 施云芬, 战祥轩, 刘景明. 交替 A/O 工艺处理养猪废水脱氮研究. 东北电力大学学报, 2011, 31(2): 32-35.

[24] 陈威, 施武斌, 龚松, 等. EGSB-A/O-MBR 工艺处理规模化猪场废水. 给水排水, 2014, 40(3): 45-47.

[25] Cervantes F J, De La Rosa D A, Gómez J. Nitrogen removal from wastewaters at low C/N ratios with ammonium and acetate as electron donors. Bioresource Technology, 2001, 79(2): 165-170.

[26] Jetten M S, Strous M, Pas-Schoonen K T, et al. The anaerobic oxidation of ammonium. FEMS Microbiology Reviews, 1998, 22(5): 421-437.

[27] Li J, Li J W, Peng Y Z, et al. Insight into the impacts of organics on anammox and their potential linking to system performance of sewage partial nitrification-anammox(PN/A): A critical review. Bioresource Technology, 2020, 300: 122655.

[28] Lackner S, Gilbert E M, Vlaeminck S E, et al. Full-scale partial nitritation/anammox experiences: An application survey. Water Research, 2014, 55: 292-303.

[29] Zhou X, Song J, Wang G, et al. Unravelling nitrogen removal and nitrous oxide emission from mainstream integrated nitrification-partial denitrification-anammox for low carbon/nitrogen domestic wastewater. Journal of Environmental Management, 2020, 270: 110872.

[30] 严新杰, 陶海波, 李新宇, 等. 异养硝化-好氧反硝化菌 Delftia sp. Y1 对微污染水的脱氮性能. 广州化工, 2019, 47(12): 98-100, 19.

[31] Cervantes F, Monroy O, Gómez J. Influence of ammonium on the performance of a denitrifying culture under heterotrophic conditions. Applied Biochemistry Biotechnology, 1999, 81(1): 13-21.

[32] Delgado Vela J, Stadler L B, Martin K J, et al. Prospects for biological nitrogen removal from anaerobic effluents during mainstream wastewater treatment. Environmental Science & Technology Letters, 2015, 2(9): 234-244.

[33] Zhou Z, Qiao W, Xing C, et al. A micro-aerobic hydrolysis process for sludge in situ reduction: Performance and microbial community structure. Bioresource Technology, 2014, 173: 452-456.

[34] Ye L, Zhang T, Wang T, et al. Microbial structures, functions, and metabolic pathways in wastewater treatment bioreactors revealed using high-throughput sequencing. Environmental Science & Technology, 2012, 46(24): 13244-13252.

[35] He S, Niu Q, Li Y Y, et al. Factors associated with the diversification of the microbial communities within different natural and artificial saline environments. Ecological Engineering, 2015, 83: 476-484.

[36] Zhong Z, Wu X, Gao L, et al. Efficient and microbial communities for pollutant removal in a distributed-inflow biological reactor(DBR) for treating piggery wastewater. RSC Advances, 2016, 6: 95987-95998.

[37] Wang J, Gong B, Huang W, et al. Bacterial community structure in simultaneous nitrification, denitrification and organic matter removal process treating saline mustard tuber wastewater as revealed by 16S rRNA sequencing. Bioresource Technology, 2017, 228: 31-38.

[38] Kuenen J G. Anammox bacteria: From discovery to application. Nature Reviews Microbiology, 2008, 6: 320-326.

[39] Jin R C, Yang G F, Yu J J, et al. The inhibition of the anammox process: A review. Chemical Engineering Journal, 2012, 197: 67-79.

[40] Zhi W, Ji G D. Quantitative response relationships between nitrogen transformation rates and nitrogen functional genes in a tidal flow constructed wetland under C/N ratio constraints. Water Research, 2014, 64: 32-41.

[41] Davidson E A, de Carvalho C J R, Vieira I C G, et al. Nitrogen and phosphorus limitation of biomass growth in a tropical secondary forest. Ecological Applications, 2004, 14(S): S150-S163.

[42] Meng J, Li J, He J, et al. Nutrient removal from high ammonium swine wastewater in upflow microaerobic biofilm reactor suffered high hydraulic load. Journal of Environmental Management, 2019, 233: 69-75.

[43] Obaja D, Macé S, Costa J, et al. Nitrification, denitrification and biological phosphorus removal in piggery wastewater using a sequencing batch reactor. Bioresource Technology, 2003, 87(1): 103-111.

[44] Chu Z R, Wang K, Li X K, et al. Microbial characterization of aggregates within a one-stage nitritation-anammox system using high-throughput amplicon sequencing. Chemical Engineering Journal, 2015, 262: 41-48.

[45] Feernandez I, Dosta J, Fajardo C, et al. Short- and long-term effects of ammonium and nitrite on the Anammox process. Journal of Environmental Management, 2012, 95(S): S170-S174.

[46] Kim Y M, Park D, Jeon C O, et al. Effect of HRT on the biological pre-denitrification process for the simultaneous removal of toxic pollutants from cokes wastewater. Bioresource Technology, 2008, 99(18): 8824-8832.

[47] Chakraborty S, Veeramani H. Effect of HRT and recycle ratio on removal of cyanide, phenol, thiocyanate and ammonia in an anaerobic-anoxic-aerobic continuous system. Process Biochemistry, 2006, 41(1): 96-105.

[48] Azzahrani I N, Davanti F A, Millati R, et al. Effect of hydraulic retention time(HRT)and organic loading rate(OLR)to the nata de coco anaerobic treatment eficiency and its wastewater characteristics. Agritech, 2018, 38(2): 160-166.

[49] Wagner M, Loy A, Nogueira R, et al. Microbial community composition and function in wastewater treatment plants. Antonie van Leeuwenhoek, 2002, 81(1): 665-680.

[50] Liu X P, Li H Q. Nitrogen removal performance and microorganism community of an A/O-MBBR system under extreme hydraulic retention time. Desalination and Water Treatment, 2019, 158: 105-113.

[51] Abeling U, Seyfried C F. Anaerobic-aerobic treatment of high-strength ammonium wastewater-nitrogen removal via nitrite. Water Science & Technology, 1992, 26(5-6): 1007-1015.

[52] He Q L, Zhou J, Wang H Y, et al. Microbial population dynamics during sludge granulation in an A/O/A sequencing batch reactor. Bioresource Technology, 2016, 214: 1-8.

[53] Liu C, Sun D, Zhao Z, et al. Methanothrix enhances biogas upgrading in microbial electrolysis

cell via direct electron transfer. Bioresource Technology, 2019, 291: 121877.

[54] Akunna J C, Bizeau C, Moletta R. Nitrate reduction by anaerobic sludge using glucose at various nitrate concentrations: Ammonification, denitrification and methanogenic activities. Environmental Technology, 1994, 15(1): 41-49.

[55] Li A J, Yang S F, Li X Y, et al. Microbial population dynamics during aerobic sludge granulation at different organic loading rates. Water Research, 2008, 42(13): 3552-3560.

[56] Jefferson K K. What drives bacteria to produce a biofilm?. FEMS Microbiology Letters, 2004, 236(2): 163-173.

[57] Simoes M, Simoes L C, Vieira M J. A review of current and emergent biofilm control strategies. LWT-Food Science and Technology, 2010, 43(4): 573-583.

[58] Flemming H C, Wingender J. The biofilm matrix. Nature Reviews Microbiology, 2010, 8(9): 623-633.

[59] Bock E, Schmidt I, Stüven R, et al. Nitrogen loss caused by denitrifying *Nitrosomonas* cells using ammonium or hydrogen as electron donors and nitrite as electron acceptor. Archives of Microbiology, 1995, 163(1): 16-20.

[60] Boon B, Laudelout H. Kinetics of nitrite oxidation by *Nitrobacter winogradskyi*. Biochemical Journal, 1962, 85(3): 440-447.

[61] Daims H, Nielsen P H, Nielsen J L, et al. Novel *Nitrospira*-like bacteria as dominant nitrite-oxidizers in biofilms from wastewater treatment plants: Diversity and *in situ* physiology. Water Science & Technology, 2000, 41(4-5): 85-90.

[62] Vipindas P V, Krishnan K P, Rehitha T V, et al. Diversity of sediment associated *Planctomycetes* and its related phyla with special reference to anammox bacterial community in a high Arctic fjord. World Journal of Microbiology and Biotchnology, 2020, 36: 107.

[63] 毛政中, 孙怡, 黄志鹏, 等. 微生物电解池产甲烷技术研究进展. 化工学报, 2019, 70(7): 2411-2424.

[64] Gerrity D, Arnold M, Dickenson E, et al. Microbial community characterization of ozone-biofiltration systems in drinking water and potable reuse applications. Water Research, 2018, 135: 207-219.

[65] Peng C, Gao Y, Fan X, et al. Enhanced biofilm formation and denitrification in biofilters for advanced nitrogen removal by rhamnolipid addition. Bioresource Technology, 2019, 287: 121387.

[66] Li H, Zhou L, Lin H, et al. Nitrate effects on perchlorate reduction in a H_2/CO_2-based biofilm. The Science of the Total Environment, 2019, 694: 133564.

[67] Anthonisen A C, Loehr R C, Prakasam T B S, et al. Inhibition of nitrification by ammonia and nitrous acid. Journal of Water Pollution Control Fed, 1976, 48(5): 835-852.

[68] Vadivlu V M, Keller J, Yuan Z G. Effect of free ammonia on the respiration and growth processes of an enriched *Nitrobacter* culture. Water Research, 2007, 41(4): 826-834.

[69] Dosta J, Palau-S L P, Lvarez-J M A. Study of the biological N removal over nitrite in aphysico-chemical-biological treatment of digestedpig manure in a SBR. Water Science & Technology, 2008, 58(1): 119-125.

[70] Li S, Duan H, Zhang Y, et al. Adaptation of nitrifying community in activated sludge to free

ammonia inhibition and inactivation. The Science of the Total Environment, 2020, 728: 138713.

[71] Wang S, Zhao J, Ding X, et al. Effect of starvation time on NO and N$_2$O production during heterotrophic denitrification with nitrite and glucose shock loading. Process Biochemistry, 2019, 86: 108-116.

[72] Huang Z, Wei Z, Xiao X, et al. Nitrification/denitrification shaped the mercury-oxidizing microbial community for simultaneous Hg^0 and NO removal. Bioresource Technology, 2019, 274: 18-24.

[73] Tan X, Yang Y L, Liu Y W, et al. Quantitative ecology associations between heterotrophic nitrification-aerobic denitrification, nitrogen-metabolism genes, and key bacteria in a tidal flow constructed wetland. Bioresource Technology, 2021, 337: 125449.

[74] Li H, Chen S, Mu B Z, et al. Molecular detection of anaerobic ammonium-oxidizing (Anammox) bacteria in high-temperature petroleum reservoirs. Microbial Ecology, 2010, 60(4): 771-783.

[75] 郝晓地, 朱景义, 曹亚莉, 等. 污水生物处理系统中内源过程的研究进展. 环境科学学报, 2009, 29(2): 231-242.

[76] Gholami A, Khoshdast H, Hassanzadeh A. Applying hybrid genetic and artificial bee colony algorithms to simulate a bio-treatment of synthetic dye-polluted wastewater using a rhamnolipid biosurfactant. Journal of Environmental Management, 2021, 299: 113666.

[77] Yao J, Wu Z, Liu Y, et al. Predicting membrane fouling in a high solid AnMBR treating OFMSW leachate through a genetic algorithm and the optimization of a BP neural network model. Journal of Environmental Management, 2022, 307: 114585.

[78] Kabak E T, Yolcu O C, Temel F A, et al. Prediction and optimization of nitrogen losses in co-composting process by using a hybrid cascaded prediction model and genetic algorithm. Chemical Engineering Journal, 2022, 437(2): 135499.

[79] Güven D, Dapena A, Kartal B, et al. Propionate oxidation by and methanol inhibition of anaerobic ammonium-oxidizing bacteria. Applied and Environmental Microbiology, 2005, 71(2): 1066-1071.

[80] Kartal B, Rattray J, van Niftrik L A, et al. *Candidatus* "Anammoxoglobus propionicus" a new propionate oxidizing species of anaerobic ammonium oxidizing bacteria. Systematic and Applied Microbiology, 2007, 30(1): 39-49.

第5章

升流式微氧活性污泥系统处理干清粪养猪场废水的效能与机制

针对干清粪养猪场废水所具有的 NH_4^+-N 浓度高、C/N 低和水质变化大的特点，以及采用传统 A/O 工艺处理该废水面临的生物脱氮难题，在 1.5.3 节中讨论了以微氧生物系统处理养猪场废水的可行性。如 1.5.3.1 节所述，微氧生物处理，兼有好氧生物处理和厌氧生物处理的特点，具有耗氧量低、DO 利用率高、剩余污泥产量低、可同步去除有机物和氮磷等植物性营养物质等优点。通过曝气量的调控，很容易将处理系统控制在 DO≤1.0 mg/L 的微氧状态。由微氧状态创造的多样化微环境，可以使众多生理生态特性不同的功能菌群在同一生境（反应系统）中滋生繁衍，通过化能异养菌群的代谢作用，可以有效去除 COD，而其中共存的硝化反硝化、短程硝化反硝化、Anammox 以及反硝化聚磷等多种脱氮机制，反映出其在生物脱氮效能方面的潜力。然而，欲将微氧生物处理技术应用于干清粪养猪场废水的处理，一些关键问题必须得到解决，主要包括适宜的微氧生物处理反应器研发、微氧生物处理系统的启动与污泥驯化技术、微氧生物处理系统的调控策略与技术、微氧生物处理系统的污染物去除机制等（参见 1.5.3.2 节）。

针对干清粪养猪场废水的水质特点及其生物脱氮难题，笔者课题组以微氧生物处理理论为指导，研制出了用于处理干清粪养猪场废水的处理装置，即升流式微氧活性污泥反应器（upflow microaerobic sludge reactor，UMSR），系统开展了 UMSR 启动与污泥驯化技术、运行调控技术等研究，并对微氧活性污泥系统的碳氮磷同步去除微生物学机制进行探讨，以期为养猪场废水的有效处理提供技术支撑和理论指导[1]。

5.1 升流式微氧活性污泥反应器及废水处理系统

在干清粪养猪场废水处理技术研究过程中，笔者课题组首先设计并研制了如

图 5-1 所示的 UMSR 装置。为便于观察，UMSR 由有机玻璃制成，其反应区是直径为 0.1 m 的圆柱体，高为 0.5 m，有效容积为 4.9 L。反应器底部设有一个容积为 0.5 L 的圆锥形污泥收集斗，顶部设有一个 3 L 的气-液-固三相分离器，由其收集的气体经导管和水封瓶后排放。在反应区侧壁上，从距离底部 0.1 m 处开始，向上等间距设有 4 个取样孔，用于污水污泥样品的采集。

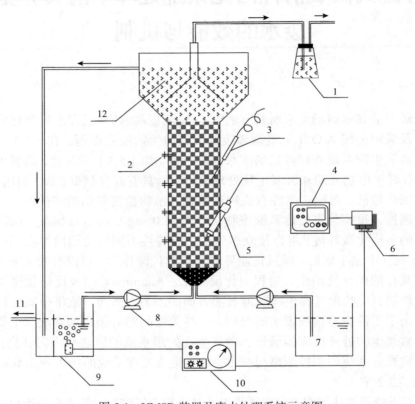

图 5-1　UMSR 装置及废水处理系统示意图

1.水封瓶；2.取样口；3.温度探头；4.溶解氧仪；5.溶解氧探头；6.电脑；7.进水箱；8.蠕动泵；
9.蓄水箱；10.曝气装置；11.出水；12.三相分离器

如图 5-1 所示，进水箱中的干清粪养猪场废水，由蠕动泵计量并泵入反应器，出水由一个 10 L 的蓄水箱收集。蓄水箱由一挡板分隔成两部分，一部分用于溢流排水，另一部分用于反应器出水的回流。反应器出水在回流前进行曝气，使其 DO 维持在 3.0 mg/L 左右。富含 DO 的出水，按照一定的回流比由蠕动泵从反应器底部回流至反应系统。反应器内的 DO 由溶解氧在线监测设备检测，并用于控制回流水的曝气量，使系统内的 DO 维持在 0.5 mg/L 左右。反应器外壁缠绕绊热线，通过温控仪将反应器内的温度控制在（35±1）℃。

在本章研究中，根据启动和调控运行的需要，构建了两套结构和尺寸相同的 UMSR，分别命名为 R1 和 R2，其运行条件将在后续相应研究中予以介绍。

5.2　接种污泥对 UMSR 启动进程与处理效能的影响

对于废水生物处理系统，其活性污泥的微生物群落结构和代谢活性，直接决定着污染物去除效能[2-5]。而接种污泥的性质及其驯化培养，对于废水生物处理系统的成功启动至关重要[6-8]。笔者课题组分别以厌氧活性污泥（R1 系统）和好氧活性污泥（R2 系统）为接种物，在水质和控制条件相同的条件下进行了平行启动运行，研究了来源和性质不同的活性污泥对 UMSR 的启动和处理效果的影响，并借助于现代分子生物学技术，对比分析了两个处理系统中的微生物群落结构及其与系统处理效能之间的关系，以初步了解 UMSR 系统对污染物去除的微生物学机制，为后续研究奠定基础。

5.2.1　UMSR 的启动与污泥培养

5.2.1.1　UMSR 启动运行的过程控制

用于启动 R1 的厌氧活性污泥，取自一个用于处理干清粪养猪场废水的 UASB，接种量（MLSS）为 1.95 g/L，MLVSS/MLSS 为 0.34。用于 R2 启动的好氧活性污泥，取自哈尔滨市某污水处理厂的二沉池，该污水处理厂采用的是 A/O 工艺。R2 启动时的污泥接种量为 1.34 g/L，MLVSS/MLSS 为 0.31。用于 R1 和 R2 启动的干清粪养猪场废水，取自当地某种猪场，其水质如表 5-1 所示。已有研究证明，在全程硝化反硝化生物脱氮工艺中，进水 COD/TN 为 6～8 时有利于生物脱氮的进行[9]，而在 UMSR 启动运行期间，干清粪养猪场废水的 COD/TN 仅为 0.26～3.36（表 5-1）。为了使接种污泥得到较快生长，并对 AOB、NOB、反硝化细菌和 AnAOB 等生物脱氮功能菌群进行富集，对 R1 和 R2 的启动采用了相同的策略，即采用投加糖蜜的方式提高废水的 COD/TN 至 6.24，分阶段减少糖蜜投加量或对废水进行稀释，逐步降低进水的 COD/TN，直到处理系统达到良好的 COD 去除效果。R1 和 R2 在启动期的污泥培养，均包括阶段 I 和阶段 II 两个时期，其进水水质和控制条件也完全相同，分别如表 5-2 和表 5-3 所示。

表 5-1　干清粪养猪场废水的水质

COD（mg/L）	NH$_4^+$-N（mg/L）	NO$_2^-$-N（mg/L）	NO$_3^-$-N（mg/L）	TN（mg/L）	pH	COD/TN
91～840	237.4～374.7	0.0～2.2	0.0～21.3	270.3～438.9	7.0～8.6	0.26～3.36

表 5-2　UMSR 的启动运行阶段及进水水质

阶段	运行时间（d）	COD（mg/L）	NH₄⁺-N（mg/L）	NO₂⁻-N（mg/L）	NO₃⁻-N（mg/L）	TN（mg/L）	pH
Ⅰ	80	448±56	60.6±11.6	0.1±0.2	1.7±0.7	74.5±13.5	7.1±0.4
Ⅱ	20	533±46	98.6±15.8	0.4±0.2	2.1±0.7	119.2±15.3	6.8±0.2
Ⅲ	49	116±19	107.1±11.4	0.3±0.2	1.5±0.5	132.9±14.0	7.6±0.2
Ⅳ	45	213±26	209.7±16.7	0.2±0.2	0.7±0.6	256.8±20.4	7.9±0.2
Ⅴ	67	307±35	299.7±16.4	0.1±0.1	1.0±0.3	366.9±19.9	8.0±0.1

表 5-3　UMSR 启动运行各阶段的控制参数

阶段	运行时间（d）	温度（℃）	HRT（h）	回流比	COD/TN	COD 负荷 [kg/（m³·d）]	TN 负荷 [kg/（m³·d）]
Ⅰ	80	35±1	8	15∶1	6.24±0.41	1.34±0.17	0.22±0.04
Ⅱ	20	35±1	8	45∶1	4.52±0.30	1.60±0.14	0.36±0.05
Ⅲ	49	35±1	8	45∶1	0.87±0.13	0.35±0.06	0.40±0.04
Ⅳ	45	35±1	8	45∶1	0.84±0.13	0.64±0.08	0.77±0.06
Ⅴ	67	35±1	8	45∶1	0.84±0.17	0.92±0.11	1.10±0.06

5.2.1.2　COD 与生物量的变化规律

在 R1 和 R2 的污泥培养阶段（表 5-2 和表 5-3 所示的阶段Ⅰ和阶段Ⅱ），进水 COD 相对较高（352～590 mg/L），而 NH₄⁺-N 相对较低（31.1～120.6 mg/L）。图 5-2 所示为两个反应器在污泥培养阶段的 COD 去除情况。结果表明，尽管进水 COD/TN 阶段性地从 6.24 降低到了 4.52，R1 和 R2 在每个阶段达到相对稳定状态后，均能获得良好的 COD 去除效果。在阶段Ⅰ的初期，R1 和 R2 对 COD 去除率均呈现较大波动，但随运行时间的延续而逐渐趋稳，并于第 68～80 天表现为相对稳定状态。在为期 13 d 的稳定运行时期，R1 和 R2 的进水 COD 均为 478 mg/L 左右，出水 COD 分别平均为 162 mg/L 和 157 mg/L[图 5-2（a）]，对 COD 的去除效率相近，分别为 66.3% 和 67.2% 左右[图 5-2（b）]。较好的 COD 去除效果，说明接种污泥具备了良好的代谢活性。在阶段Ⅰ结束时，R1 和 R2 中的生物量（MLSS）分别从启动之初的 1.95 g/L 和 1.34 g/L 增加到了 2.15 g/L 和 2.86 g/L，而表征污泥活性的 MLVSS/MLSS 比值也分别从 0.34 和 0.31 提高到了 0.50 和 0.56。这一结果说明，好氧活性污泥对微氧环境的总体适应能力较好，能够更快地增殖并达到较高的生物量。

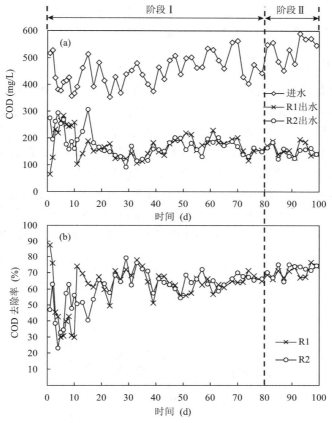

图 5-2　R1 和 R2 在污泥培养期的进水和出水 COD（a）及去除率（b）变化规律

在 UMSR 启动运行的阶段 II（第 81～100 天），虽然进水 COD/TN 从 6.24 降低到了 4.52，但 R1 和 R2 对 COD 的去除率并未受到明显影响，很快重新达到了相对稳定状态。在第 91～100 天的稳定运行期间，R1 和 R2 的进水 COD 均为 551 mg/L 左右，其出水浓度分别平均为 157 mg/L 和 148 mg/L[图 5-2（a）]，COD 的去除率分别为 71.7%和 73.2%左右[图 5-2（b）]，较阶段 I 有了明显提高。检测发现，在阶段 II 的末期，R1 和 R2 中的 MLVSS 分别为 1.41 g/L 和 1.92 g/L，较阶段 I 有较大下降，但其 MLVSS/MLSS 分别高达 0.74 和 0.82，说明 R1 和 R2 中的活性污泥在代谢活性上均有显著提高。

以上结果表明，经过为期 100 d（阶段 I 和阶段 II）的启动运行，R1 接种的厌氧活性污泥和 R2 接种的好氧活性污泥均能较好地适应微氧环境，并表现出较高的代谢活性。研究中发现，在 COD/TN 较高（6.24）的阶段 I，UMSR 系统中的生物量明显高于 COD/TN 较低（4.52）的阶段 II，但阶段 II 的 COD 去除率和表征污泥活性的 MLVSS/MLSS 要显著高于阶段 I。可见，进水 COD/TN 的变化较微氧胁迫对接种污泥的驯化和生长具有更大的影响。

5.2.1.3　氨氮变化规律

在 UMSR 启动的污泥培养时期（阶段 I 和阶段 II），对 R1 和 R2 的进水和出水 NH_4^+-N 检测结果如图 5-3（a）所示，对 NH_4^+-N 的去除率变化情况如图 5-3（b）所示。结果表明，在反应器启动后的运行初期，接种污泥尚处于对微氧环境的调整适应阶段，R1 和 R2 对废水中 NH_4^+-N 的去除也表现出很大波动[图 5-3（b）]，有时甚至出现了出水浓度高于进水浓度的现象[图 5-3（a）]。分析认为，养猪场废水中含有的大量蛋白质和尿素等含氮有机物，在异养微生物的作用下发生了脱氨作用，产生了更多的 NH_4^+-N，在 AOB 尚未得到充分富集的情况下，造成了出水 NH_4^+-N 的升高[7, 10]。随着运行时间的延续，R1 和 R2 的 NH_4^+-N 去除率逐渐

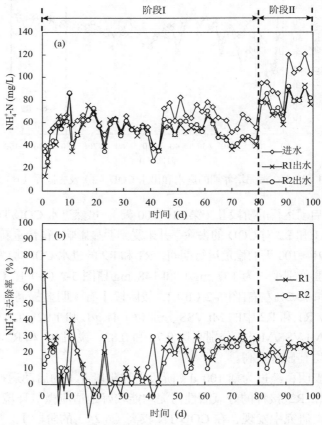

图 5-3　R1 和 R2 在污泥培养期的进水和出水 NH_4^+-N（a）及去除率（b）变化规律

趋稳。在阶段 I 的最后 13 d（第 68～80 天），R1 和 R2 的进水 NH_4^+-N 均为 60.6 mg/L 左右，出水 NH_4^+-N 平均分别为 42.4 mg/L 和 43.9 mg/L，对 NH_4^+-N 的去除率分别为 27.9%和 25.1%左右。显然，通过阶段 I 的培养，接种活性污泥中的硝化细菌并没有得到足够的富集，而有限的 NH_4^+-N 去除，更可能是活性污泥微生物增殖的结果。

从第 81 天开始，UMSR 的启动运行进入 COD/TN 为 4.52 的阶段 II，进水 NH_4^+-N 也随之提升到了 98.6 mg/L 左右。虽然再没有发生在阶段 I 出现的出水 NH_4^+-N 浓度高于进水浓度的情况，但系统对 NH_4^+-N 的去除率仍然很低。在运行相对稳定的第 91～100 天，R1 和 R2 的出水 NH_4^+-N 分别平均为 83.6 mg/L 和 84.6 mg/L [图 5-3（a）]，对 NH_4^+-N 的去除率分别为 24.6%和 23.5%左右[图 5-3（b）]，甚至略低于阶段 I。由图 5-2 所示的结果可知，经过阶段 I 和阶段 II（共计 100 d）的培养，R1 和 R2 对 COD 的去除率平均都达到了 70%以上，说明接种活性污泥中的化能异养菌群得到了富集和逐步强化，而在 COD/TN≥4.52 的条件下，异养细菌的增殖代谢处于绝对优势，而 AOB 和 NOB 等自养微生物则无法获得优势生长，使 UMSR 系统表现出 COD 去除效果良好，NH_4^+-N 去除效果较差的现象。

5.2.1.4　总氮变化规律

由于干清粪养猪场废水的 TN 主要以 NH_4^+-N 形式存在（表 5-1、表 5-2），而经过阶段 I 和阶段 II 的运行，UMSR 系统中的氨氮氧化作用仍然很弱（图 5-3），因此也极大限制了系统对 TN 的去除效果。如图 5-4 所示，在阶段 I 的最后 13 d，R1 和 R2 的进水 TN 均为 71.6 mg/L 左右，其出水浓度分别平均为 43.4 mg/L 和 44.9 mg/L[图 5-4（a）]，去除率分别仅有 39.4%和 37.2%左右[图 5-4（b）]。而在阶段 II 的最后 10 d，R1 和 R2 的进水 TN 均为 129.9 mg/L 左右，其出水浓度分别平均为 85.9 mg/L 和 86.4 mg/L，去除率分别在 33.8%和 33.4%左右，甚至比阶段 I 还略有降低。

对进出水 NO_x^--N 的检测结果表明，接种污泥虽然经过了阶段 I 和阶段 II 的培养，但 R1 和 R2 系统中并无显著的 NO_x^--N 积累现象。如图 5-5 所示，在阶段 I 的稳定运行时期（第 68～80 天），R1 和 R2 出水的 NO_2^--N 平均均为 0.1 mg/L，出水的 NO_3^--N 也很低，分别只有 0.9 mg/L 和 0.8 mg/L 左右。R1 和 R2 在阶段 II 达到相对稳定运行后（第 91～100 天），其出水 NO_2^--N 和 NO_3^--N 略有增加，但仍然保持在较低水平，分别平均为 0.8 mg/L 和 0.4 mg/L 以及 1.6 mg/L 和 1.4 mg/L。

图 5-3、图 5-4 和图 5-5 呈现出的较低 NH_4^+-N 和 TN 去除率，以及无显著 NO_x^--N 积累的现象，表明 R1 和 R2 两个处理系统经过 100 d 的污泥培养，系统中并未富集到足量的 AOB 和 NOB，对反硝化菌群的富集效果也很差。对 UMSR 系统的 pH

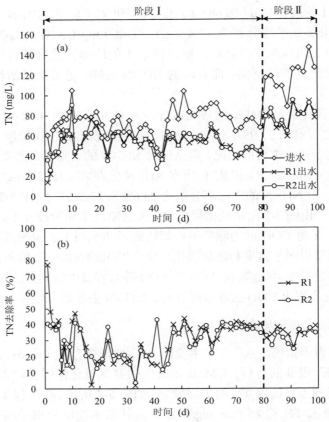

图 5-4　R1 和 R2 在污泥培养期的进水和出水 TN（a）及去除率（b）变化规律

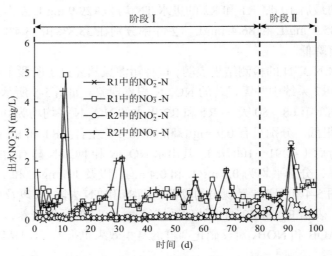

图 5-5　R1 和 R2 在污泥培养期的出水 NO_x^--N 变化规律

检测结果（图 5-6）表明，在阶段Ⅰ和阶段Ⅱ的相对稳定运行时期，R1 和 R2 的进水 pH 均分别为 6.6 和 6.9 左右，而其出水 pH 均在 8.0 左右，处于 AOB、NOB、反硝化菌群以及 AnAOB 的适宜生长范围[11, 12]。也就是说，pH 并不是硝化菌群、反硝化菌群以及 AnAOB 菌群未能在 UMSR 系统中得到富集的原因。如 5.2.1.3 节所述，在 COD/TN≥4.52 的条件下，UMSR 接种污泥中的化能异养菌群，在阶段Ⅰ和阶段Ⅱ的运行中，得到了富集和逐步强化。而异养细菌的增殖代谢优势，使 AOB 和 NOB 等自养微生物无法获得优势生长。由于缺乏电子受体 NO_x^--N，反硝化菌群和 AnAOB 也就失去了增殖的物质基础[13, 14]。由于硝化细菌和反硝化细菌的缺乏，R1 和 R2 均未能表现出良好的 TN 去除效果。为提升 UMSR 对干清粪养猪场废水的处理效能，尤其是生物脱氮效果，需要对其中的活性污泥进行必要的驯化，以有效富集生物脱氮功能菌群。

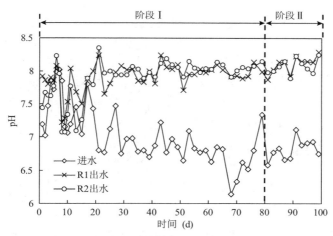

图 5-6　R1 和 R2 在污泥培养期的进水和出水 pH 变化规律

5.2.2　UMSR 的污泥驯化与废水处理效果

为了对包括 AOB 和 NOB 等在内的自养微生物进行有效富集，本研究采用了进一步降低进水 COD/TN 的策略，对 R1 和 R2 系统中的活性污泥进行进一步的驯化。从启动期的阶段Ⅲ开始，停止向干清粪养猪场废水中投加糖蜜，并通过分阶段降低稀释比的方法，逐步提高 UMSR 的 COD 和 TN 负荷，直到废水不再稀释，并使反应器达到稳定运行为止。对经阶段Ⅰ和阶段Ⅱ培养的活性污泥的进一步驯化，共分为三个阶段，即阶段Ⅲ、阶段Ⅳ和阶段Ⅴ。R1 和 R2 在三个阶段的进水水质和操作控制条件继续保持一致，其中，进水水质如表 5-2 中的阶段Ⅲ～阶段Ⅴ所示，对应的运行参数参见表 5-3。

5.2.2.1 COD 的去除

在阶段 Ⅱ 结束后（表 5-2、表 5-3），停止向废水中加入糖蜜，并将原水稀释 3 倍，继续对 R1 和 R2 的活性污泥进行驯化，此时，进水的 COD/TN 降低到了 0.87 左右。如图 5-7 所示，进水 COD/TN 的降低对 UMSR 系统造成了较大的冲击，在阶段 Ⅲ 的前 2 d，R1 和 R2 的 COD 去除率分别迅速下降到了 43.9% 和 47.0%。随着运行时间的延长，两个系统的 COD 去除能力逐步得到恢复，并于第 38～49 天再次表现出了相对稳定状态。在为期 12 d 的稳定运行期间，R1 和 R2 的 TN 负荷率（total nitrogen loading rate，NLR）和 OLR（以 COD 计）分别为 0.42 kg/（m³·d）和 0.30 kg/（m³·d），进水 COD 均为 101 mg/L 左右，R1 和 R2 的出水浓度分别平均为 39 mg/L 和 25 mg/L，COD 去除率分别为 61.3% 和 75.0% 左右。显然，0.87 左右的 COD/TN，对 R1 的 COD 去除影响更大。

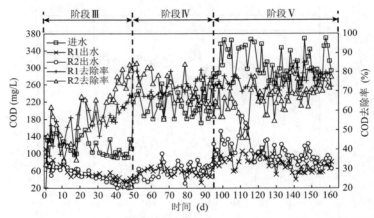

图 5-7　R1 和 R2 在污泥驯化期的进水和出水 COD 及去除率变化规律

分析认为，R2 的接种污泥是取自城市污水处理厂的好氧活性污泥，微生物种类丰富，对环境适应能力强，有利于在受到负荷冲击后的代谢活性恢复[15]。而 R1 的接种污泥是取自某 UASB 的厌氧活性污泥，不仅生物多样性显著低于好氧活性污泥，其对由厌氧到有氧的环境变化，也需要更长的适应期[16]。生物量检测表明，在阶段 Ⅲ 结束时，R1 中的 MLVSS 为 4.30 g/L，而 R2 的较多，为 4.90 g/L。这一结果说明，对于 R1 接种的厌氧活性污泥，其驯化可能更加困难。

在阶段 Ⅳ，将原水稀释倍数减小到 2，在 NLR 和 OLR 分别为 0.77 kg/（m³·d）和 0.64 kg/（m³·d）左右的条件下（进水 COD/TN 为 0.84 左右），继续运行 R1 和 R2。如图 5-7 所示，负荷的提高，对 R1 和 R2 的运行均造成了一定影响，COD 去除率在阶段 Ⅳ 初期均出现了较大波动，但随着运行时间的延续很快再次达到了相对稳定状态。在该阶段的最后 11 d（第 84～94 天），在进水 COD 为 211 mg/L

左右的情况下,R1 和 R2 的出水 COD 分别平均为 53 mg/L 和 69 mg/L。R1 的 COD 平均去除率为 74.6%,明显高于 R2 的 67.0%。而生物量检测结果表明,R2 中的 MLVSS 为 5.54 g/L,显著高于 R1 的 3.46 g/L。这一结果显示,R1 接种的厌氧活性污泥,经过阶段 I、阶段 II、阶段 III 和阶段 IV 的培养与驯化,其代谢活性已经超过了 R2 接种的好氧活性污泥。

在接种污泥培养与驯化的最后阶段,即阶段 V,不再对干清粪养猪场废水进行稀释,虽然进水的平均 COD/TN 与阶段 IV 的 0.84 相同,但 UMSR 的 NLR 和 OLR 有了大幅提高,分别达到了 1.10 kg/(m^3·d) 和 0.92 kg/(m^3·d) 左右。如图 5-7 所示,NLR 和 OLR 的大幅提高,并未对 R1 和 R2 的 COD 去除能力产生显著影响。在该阶段最后 13 d(第 149~161 天)的运行中,R1 和 R2 的进水 COD 均为 308 mg/L 左右,而出水 COD 分别为 68 mg/L 和 84 mg/L。同阶段 IV 相似,R1 的 COD 去除率(77.9%)仍然高于 R2(72.6%)。经检测,在污泥培养和驯化接近结束时,R1 中的 MLVSS 显著增长到了 5.23 g/L,而 R2 中的 MLVSS 为 5.56 g/L,与阶段 IV 的 5.54 g/L 无显著差别。

以上结果表明,R1 中接种的厌氧活性污泥,对微氧环境的适应过程较长,增殖较慢。另一方面,由于该接种物是取自长期处理养猪场废水的 UASB 的活性污泥,对养猪场废水的水质变化已有了良好的适应能力,当其增殖达到一定数量时,其总体代谢活性较 R2 接种的好氧污泥更胜一筹。而且,其抗负荷冲击能力更强,具有更好的运行稳定性。

5.2.2.2　氨氮的去除

UMSR 对 COD 的有效去除(图 5-7),使 AOB 和 NOB 等自养微生物的增殖成为可能[9, 17, 18]。对污泥驯化阶段(包括阶段 III、阶段 IV 和阶段 V)的进水和出水 NH_4^+-N 检测结果表明,NLR 和 OLR 的提高对 UMSR 系统的 NH_4^+-N 去除有显著影响。如图 5-8 所示,每当 NLR 和 OLR 在各阶段有所改变时,R1 和 R2 对 NH_4^+-N 的去除率都会出现迅速下降。但是,随着运行时间的延续,两个 UMSR 系统对 NH_4^+-N 的去除总会在波动中逐步回升,最终都能再次达到相对稳定状态。

在由阶段 II 进入阶段 III 时,NLR 和 OLR 分别由 0.36kg/(m^3·d) 和 1.60 kg/(m^3·d) 改变为 0.40 kg/(m^3·d) 和 0.35 kg/(m^3·d)(表 5-3),R1 和 R2 的 NH_4^+-N 去除率迅速从阶段 II 末期的 24.6% 和 23.5%[图 5-3(b)]大幅下降到了 9.2% 和 7.3%(图 5-8)。但这一负荷冲击的影响并不长久,随着运行时间的延续,R1 和 R2 对 NH_4^+-N 的去除率很快得以恢复,并自第 38 天开始呈现出相对稳定。在第 38~49 天的稳定运行期间,R1 和 R2 的进水 NH_4^+-N 均为 107.1 mg/L 左右,出水浓度分别平均为 25.8 mg/L 和 5.5 mg/L。与对 COD 的去除相似,R2 对 NH_4^+-N 的去除率也要高于 R1,分别平均为 95.2% 和 77.4%。值得关注的是,无论是 R1 或是 R2,

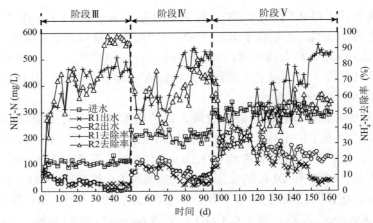

图 5-8　R1 和 R2 在污泥驯化期的进水和出水 NH$_4^+$-N 及去除率变化规律

其 NH$_4^+$-N 去除率都较阶段Ⅱ有大幅提高，这可能与进水 COD/TN 的降低有关。在阶段Ⅱ，进水的 COD/TN 为 4.52，有机碳源丰富，刺激了化能异养微生物的大量增殖，同时也抑制了化能自养的 AOB 和 NOB 的生长，因此 UMSR 系统的 NH$_4^+$-N 去除率很低[图 5-3（b）]。在阶段Ⅲ，R1 和 R2 进水的 COD/TN 大幅下降到了 0.87，而且 OLR 也同步由 1.60 kg/（m^3·d）降低到了 0.35 kg/（m^3·d）。在这种情况下，前期已培养起来的大量化能异养微生物很快将废水中有限的有机碳源利用殆尽，从而为 NH$_4^+$-N 的氧化和硝化菌群的增殖创造了条件[19]。因此，随着运行时间的延续，R1 和 R2 中的 AOB 和 NOB 就逐步得到了富集，最终使 UMSR 系统表现出了较高的 NH$_4^+$-N 去除能力。

　　在第Ⅳ运行阶段，UMSR 系统的 NLR 和 OLR 分别提高到了 0.77 kg/（m^3·d）和 0.64 kg/（m^3·d）左右（表 5-3）。污染物负荷的再次提高，使 R1 和 R2 的 NH$_4^+$-N 去除能力同样受到了较大影响，去除率迅速降低到了第 56 天的 51.5% 和 43.9%。此后，NH$_4^+$-N 的去除率则在波动中逐步回升，并在第 84～94 天呈现出了相对稳定状态。在为期 11 d 的稳定运行时期，进水 NH$_4^+$-N 平均为 211.1 mg/L，R1 和 R2 的出水 NH$_4^+$-N 分别平均为 30.5 mg/L 和 52.4 mg/L，去除率分别达到了 85.5% 和 75.1% 左右。此时，R1 较 R2 表现出了更好的 NH$_4^+$-N 去除效果，这一规律与相同阶段的 COD 去除高度一致性（图 5-7）。

　　在以原水为进水的阶段Ⅴ，UMSR 系统的 NLR 和 OLR 进一步提高到了 1.10 kg/（m^3·d）和 0.92 kg/（m^3·d）左右，进水的 COD/TN 虽然与阶段Ⅴ的 0.84 相同，但其 NH$_4^+$-N 达到了 299.7 mg/L 左右。此时，R1 和 R2 对 NH$_4^+$-N 的去除率再次出现了下降，但在第 100 天或第 101 天达到最低值 22.3%（R1）和 24.5%（R2）后逐步回升，并在第 149～161 天期间保持了相对稳定。在为期 13 d 的稳定运行期间，R1 和 R2 在 NH_4^+-N 去除率方面的差别更加明显，较阶段 Ⅳ，R1 提升到了 86.2%，而 R2 的则有大幅下降，仅有 56.0% 左右。R1 的出水 NH_4^+-N 只有 40.2 mg/L，而 R2 的则高达 128.5 mg/L。可见，在维持进水 COD/TN 为 0.84 左右的情况下，进水 NH_4^+-N 的提高，极大促进了 R1 系统的 NH_4^+-N 氧化作用，而 R2 系统的 NH_4^+-N 氧化作用受到了显著抑制。对此现象，将在 5.2.3 节中借助于微氧活性污泥的群落结构解析进行较为深入的分析。

5.2.2.3　总氮的去除

1）R1 和 R2 系统的 pH

废水生物处理系统中的生物脱氮过程，主要是在 AOB、NOB、反硝化细菌和 AnAOB 等功能菌群的作用下完成，对于环境 pH 均有较为严苛的要求。研究表明，硝化细菌、反硝化细菌和 Anammox 细菌生长代谢的适宜 pH 分别为 7.5～8.6、7.0～8.0 和 7.5～8.3[11, 12]。如图 5-9 所示，在污泥驯化期间，R1 和 R2 的进水 pH 在 7.2～8.3 内波动，出水 pH 分别为 6.9～8.6 和 7.2～8.7。这一检测结果说明，R1 和 R2 系统中的 pH，对于各类生物脱氮功能菌群的增殖代谢都是比较适宜的。

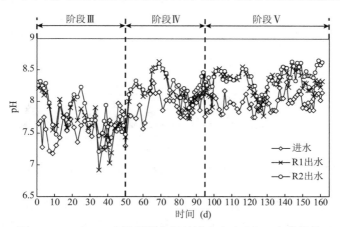

图 5-9　R1 和 R2 在污泥驯化期的进水和出水 pH 变化规律

2）R1 和 R2 系统的 NO_x^--N 变化

干清粪养猪场废水的 TN，主要以 NH_4^+-N 形式存在，其中的 NO_x^--N 非常少（表 5-1）。经过阶段 Ⅰ 和阶段 Ⅱ 的培养，R1 和 R2 在后续的阶段 Ⅲ、阶段 Ⅳ 和阶段 Ⅴ 运行过程中，均表现出了良好的 NH_4^+-N 去除效果（图 5-8）。依据传统的硝化反硝化生物脱氮理论，在生物处理系统中，NH_4^+-N 的去除主要有两个途径：一是作为氮源被活性污泥微生物转化为细胞物质，二是通过硝化作用氧化为 NO_x^--N[9]。如图 5-10 所示，在污泥驯化的阶段 Ⅲ、阶段 Ⅳ 和阶段 Ⅴ，在 R1 和 R2 中均出现

了 NO_x^--N 积累现象，而且主要以 NO_2^--N 形式存在，NO_3^--N 浓度始终较低，说明微氧环境很好地控制了 UMSR 内的 NH_4^+-N 氧化程度，为短程硝化反硝化和 Anammox 的发生提供了物质基础[20, 21]。

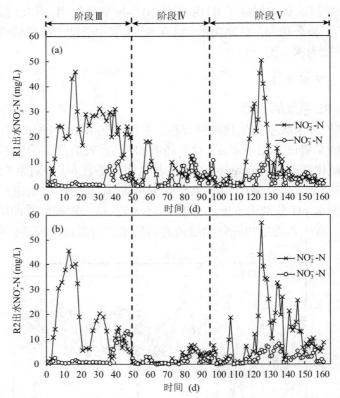

图 5-10 R1（a）和 R2（b）在污泥驯化期的出水 NO_x^--N 变化规律

如图 5-10 所示，在以稀释 3 倍的干清粪养猪场废水为进水的阶段Ⅲ，R1 和 R2 内开始出现 NO_2^--N 的积累，而且，其浓度呈现出先上升后下降的趋势。在该阶段的前 17 d，R1 中的 NO_2^--N 浓度迅速攀升，并达到了 45.9 mg/L。此后，NO_2^--N 浓度迅速下降，并在该阶段的最后 12 d（第 38～49 天）内稳定在了 21.4 mg/L 左右[图 5-10（a）]。R1 中 NO_3^--N 浓度自第 35 天开始有显著提高，在第 42 天达到峰值 10.2 mg/L 后趋于下降。在阶段Ⅲ结束时（第 49 天），R1 出水中的 NO_3^--N 浓度为 5.5 mg/L。R2 系统的 NO_x^--N 变化规律，明显有别于 R1。如图 5-10（b）所示，R2 系统中的 NO_2^--N 峰值 45.6 mg/L 出现在阶段Ⅲ的第 13 天，较 R1 系统提早了 4 d。此后，R2 系统的 NO_2^--N 浓度也同 R1 系统的相似，出现了快速降低趋势，并在该阶段的最后 12 d 维持在了 7.8 mg/L 左右，显著低于 R1 系统的 21.4 mg/L。R2

系统中的 NO_3^--N，自第 38 天开始出现积累，并在第 47 天达到峰值 13.3 mg/L，在该阶段结束时，出水中的浓度为 12.0 mg/L，是 R1 出水浓度的 2 倍。以上结果表明，在相同的微氧条件下，R2 具有更高的 NH_4^+-N 氧化能力，因此表现出了较 R1 更高的 NH_4^+-N 去除率（图 5-8），而且，R2 比 R1 更能有效去除所生成的 NO_x^--N。

在运行的阶段Ⅳ和阶段Ⅴ，由于 OLR 和 NLR 的显著提高，都造成了 NO_x^--N 的暂时积累，但随着运行时间的延续，NO_x^--N 浓度也都会出现大幅下降，并在各阶段的最后时期，均表现出了相对稳定状态。在阶段Ⅳ的稳定运行时期（第 84～94 天），R1 和 R2 出水的 NO_2^--N 浓度分别为 5.4 mg/L 和 4.9 mg/L 左右，NO_3^--N 的平均浓度分别为 6.2 mg/L 和 3.3 mg/L。在阶段Ⅴ的稳定运行时期（第 149～161 天），R1 和 R2 出水的 NO_2^--N 浓度分别为 2.6 mg/L 和 7.3 mg/L 左右，NO_3^--N 的平均浓度分别为 3.0 mg/L 和 2.7 mg/L。可见，对于 NH_4^+-N 氧化产生的 NO_x^--N，R1 比 R2 有更强的去除能力。

3）R1 和 R2 系统的 TN 去除

废水生物处理系统对 NO_x^--N 的去除，主要是通过反硝化 NO_3^- 还原和短程反硝化 NO_2^- 还原作用得以实现的[9]。最新研究表明，Anammox 也是厌氧条件下废水生物处理系统生物脱氮的重要机制之一[22]。而微氧条件创造的众多厌氧微环境，使 UMSR 具备了富集反硝化菌群和 AnAOB 的可能性。图 5-10 所示的 NO_x^--N 浓度先增高后降低的变化规律，说明 R1 和 R2 系统中均存在反硝化脱氮作用。

如图 5-11 所示，当 R1 和 R2 两个微氧系统进入进水 COD/TN 约为 0.87 的阶段Ⅲ后，其 TN 去除率在波动中迅速提高，并在第 38 天后趋于稳定。在为期 12 d（第 38～49 天）的相对稳定运行时期，进水 TN 平均为 140.7 mg/L，R1 和 R2 的出水 TN 分别平均为 52.4 mg/L 和 23.4 mg/L，TN 去除率分别达到了 62.7% 和 83.4%左右。进入阶段Ⅳ后，原水的稀释倍数由 3 降低到了 2，OLR 和 NLR 分别由阶段Ⅲ的 0.35 kg/（$m^3 \cdot d$）和 0.40 kg/（$m^3 \cdot d$）左右提高到了 0.64 kg/（$m^3 \cdot d$）和 0.77 kg/（$m^3 \cdot d$）左右，进水 NH_4^+-N 也随之提高到了 209.7 mg/L，进水的 COD/TN 略有降低，为 0.84。由图 5-11 可见，在阶段Ⅳ的运行初期，受进水负荷冲击的影响，R1 和 R2 对 TN 的去除率在第 56 天分别降至 59.0% 和 53.5%，但随运行时间的延续，两个 UMSR 对 TN 的去除率逐渐得到恢复，并于第 84～94 天再次呈现出了相对稳定的状态。在为期 11 d 的稳定运行期间，在进水 TN 约为 258.2 mg/L 条件下，R1 对 TN 的平均去除率由阶段Ⅲ的 62.7%上升到了为 83.7%，而 R2 的 TN 平均去除率则从阶段Ⅲ的 83.4%降低到了 76.5%。

进入运行阶段Ⅴ后，不再对干清粪养猪场废水进行稀释，R1 和 R2 的 OLR 和 NLR 分别大幅提高到了 0.92 kg/（$m^3 \cdot d$）和 1.10 kg/（$m^3 \cdot d$）左右，虽然 COD/TN 与阶段Ⅳ的 0.84 相同，但进水 NH_4^+-N 浓度高达 299.7 mg/L。在该运行阶段，同样观察到进水负荷的提高，对 UMSR 系统的 TN 去除造成了较大冲击。如图 5-11 所示，在阶段 V 的初期，R1 和 R2 对 TN 的去除率迅速下降，分别于第 101 天和第 102 天降至最低值 36.4% 和 38.0%。随着反应器的持续运行，R1 和 R2 对 TN 的去除率在波动中逐渐上升，直到第 149 天后重新恢复相对稳定状态。在为期 13 d 的相对稳定运行期间（第 149～161 天），进水 TN 平均高达 357.7 mg/L，R1 和 R2 的出水 TN 分别平均为 45.8 mg/L 和 138.4 mg/L，TN 平均去除率分别为 87.2% 和 61.3%。显然，在 COD/TN 为 0.84 的条件下，相对于 R2 中经过驯化的好氧活性污泥，R1 中经过驯化的厌氧活性污泥对较高的进水负荷具有更好的适应性，且表现出了更佳的 TN 去除效果。良好的 TN 去除效果，说明反硝化菌群，亦或也包括 AnAOB，已在 MUSR 系统中得到了很好富集。

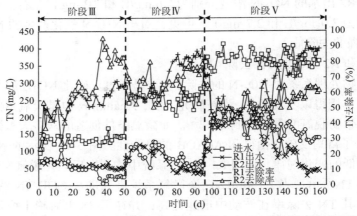

图 5-11　R1 和 R2 在污泥驯化期的进水和出水 TN 及去除率变化规律

　　从 R1 和 R2 在包括阶段Ⅲ、阶段Ⅳ和阶段 V 在内的污泥驯化期的运行特征，可以发现，在 pH、NH_4^+-N 氧化、NO_x^--N 积累和 TN 去除之间存在密切联系。在阶段Ⅲ的第 1～11 天，R1 和 R2 系统内的 NH_4^+-N 得到迅速氧化（图 5-8），造成 NO_x^--N 的大量积累（图 5-10），使系统的 pH 呈现出了下降趋势（图 5-11）。由于 NH_4^+-N 的氧化和 NO_x^--N 的积累，使得 R1 和 R2 的平均出水 pH（7.5 和 7.6）均低于进水 pH（平均 7.7）。在生物处理系统中，pH 会随 NH_4^+-N 的氧化和 NO_x^--N 的积累而降低，但会随反硝化作用的加强而升高[23]。在阶段Ⅳ和阶段 V 的运行中，在 NO_x^--N 出现明显积累时（图 5-10），R1 和 R2 系统的 pH 就会呈现下降趋势（图 5-9），说明 NH_4^+-N 的氧化是一个碱度消耗过程[24]。而反硝化脱氮作用，则是一个 H^+ 消耗过程，因而会造成系统 pH 的升高。所以，无论是在阶段Ⅳ或是阶段 V 的末期（相对稳定时期），R1 和 R2 的出水 pH 均高于进水 pH（图 5-9）。可见，在 R1 和 R2 这两个 UMSR 系统中，可能存在全程硝化反硝化和短程硝化反硝化（亦或包括 Anammox）等消耗 H^+ 的多种脱氮途径[25]。在阶段Ⅳ和阶段 V，R2 的出水 pH 均较 R1 的高，从另一方面反映出 R2 系统的 NH_4^+-N 氧化程度较低（图 5-8），这可能是造成其 TN 去除率较 R1 系统低（图 5-11）的主要原因。

5.2.2.4 总磷的去除

如 5.2.2.1 节、5.2.2.2 节和 5.2.2.3 节所述，经过 100 d 的污泥培养以及后续的 161 d 污泥驯化，以厌氧活性污泥为接种物构建的 UMSR（R1）以及以好氧活性污泥为接种物构建的 UMSR（R2），均表现出了良好的 COD、NH_4^+-N 和 TN 去除效果，尤其是 R1，其处理效果更佳。为了解 UMSR 对干清粪养猪场废水的除磷效果，对 R1 和 R2 在运行阶段 V（表 5-2、表 5-3）的进水和出水 TP 进行了跟踪检测，结果如图 5-12 所示。

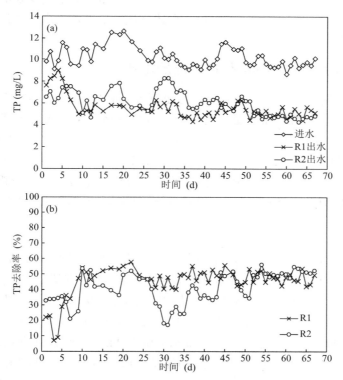

图 5-12　R1 和 R2 在阶段 V 的进水和出水 TP（a）及去除率（b）变化规律

水质分析结果表明，干清粪养猪场废水中的 TP 变化较大，在 8.7～13.4 mg/L 之间波动。由图 5-12 所示的结果可见，在阶段 V 的初期，R1 和 R2 对 TP 的去除率均呈快速上升趋势。而随着运行时间的延续，R1 和 R2 对 TP 的去除率逐渐趋于稳定。在该阶段最后 13 d 的相对稳定时期（第 55～67 天），在进水 TP 为 9.51 mg/L 左右的条件下，R1 和 R2 的出水 TP 分别平均为 5.1 mg/L 和 4.7 mg/L，去除率分别为 46.8%和 50.7%左右。显然，在生物除磷能力方面，R2 稍好于 R1。分析认为，废水生物处理系统对 TP 的去除，主要是通过活性污泥微生物的吸磷作用和剩余污泥的排放实现的，而系统的除磷效率则取决于活性污泥微生物的吸磷能力和污泥龄[26, 27]。对生物量的检测结果表明，经过 67 d 的运行，R1 中的 MLVSS，在阶段 V 期间，从初始的 3.46 g/L 显著增加到了 5.23 g/L，微生物生长对 R1 系统的 TP 去除起到了关键作用。然而，R2 的初始生物量（5.54 g/L）与阶段 V 结束时的生物量（5.56 g/L）并无显著差别，但却表现出了较 R1 更好的 TP 去除效果。唯一的可能是，在 UMSR 系统中，可能存在聚磷菌，而已发现的绝大部分可以"过量"吸收磷的聚磷菌，都是好氧微生物[28]。这就意味着，在以好氧活性污泥为接种物的 R2 系统中存在更多的聚磷菌，因而使之在生物量没有显著增长的情况下表现出了较好的除磷效果。对于这一推论，后述将通过活性污泥微生物群落结构解析做进一步讨论。

5.2.3 接种污泥对 UMSR 处理效能的影响

为确定厌氧活性污泥和好氧活性污泥何者更适合用于 UMSR 系统的启动，并达到更好的污染物去除效能，选用以干清粪养猪场废水或其稀释废水为进水的阶段Ⅲ、阶段Ⅳ和阶段Ⅴ（表 5-2、表 5-3）的稳定运行时期数据（参见 5.2.2 节），对比分析了 R1（以厌氧活性污泥接种）和 R2（以好氧活性污泥接种）对 COD、NH_4^+-N、TN 及 TP 的去除效果，并借助于现代分子生物学手段，分析了活性污泥的微生物群落结构，以初步了解 UMSR 对碳氮磷同步去除的微生物学机制[29]。

5.2.3.1 处理效能的对比与分析

在两个 UMSR 系统运行的第Ⅲ阶段，进水 NLR 和 OLR 均较低，分别为 0.40 kg/（$m^3 \cdot$d）和 0.35 kg/（$m^3 \cdot$d）左右（表 5-3）。在该阶段稳定运行期，接种好氧污泥的 R2，其 COD、NH_4^+-N 和 TN 去除率均高于以厌氧活性污泥为接种物的 R1（表 5-4）。然而，随着进水负荷的逐渐提高，R2 对污染物去除的这种优势逐渐丧失。在 NLR 和 OLR 分别提高至 0.77 kg/（$m^3 \cdot$d）和 0.64 kg/（$m^3 \cdot$d）的阶段Ⅳ（表 5-3），R1 对 COD、NH_4^+-N 和 TN 的去除效率明显高于 R2（表 5-4）。当 NLR 和 OLR 在阶段Ⅴ进一步提高到 1.10 kg/（$m^3 \cdot$d）和 0.92 kg/（$m^3 \cdot$d）后（表 5-3），相对 R2，R1 在去除 COD、NH_4^+-N 和 TN 方面的优势更加明显（表 5-4）。然而，在 TP 的去除效果上，R2 却略好于 R1。UMSR 系统对 TN 的去除，与 NH_4^+-N 去除有紧密联系。NH_4^+-N 去除率高时，UMSR 系统对 TN 的去除率也高；如果 NH_4^+-N 去除率降低，系统对 TN 的去除率也会随之降低。可见，在处理干清粪养猪场废水的 UMSR 系统中，NH_4^+-N 的氧化是 TN 去除的限制步骤。

根据国家环境保护总局与国家质量监督检验检疫总局发布的《畜禽养殖业污染物排放标准》（GB 18596－2001），对于养猪场废水，其排放废水的 COD、NH_4^+-N 和 TP 分别不得高于 400 mg/L、80 mg/L 和 8 mg/L。在污泥培养和污泥驯化完成的阶段 V 的相对稳定时期，R1 和 R2 的出水 COD 和 TP 均能达到这一标准的要求，但对 NH_4^+-N 的要求，只有 R1 可以满足。因此，以厌氧活性污泥为接种物构建的 UMSR 系统，用于处理干清粪养猪场废水时，其出水达标排放更有保障。

表 5-4　R1 和 R2 在阶段 Ⅲ～阶段 V 稳定期的运行效果对比

		阶段 Ⅲ[a]		阶段 Ⅳ[a]		阶段 V[a]	
		R1	R2	R1	R2	R1	R2
	进水 COD/TN[b]	0.87		0.84		0.84	
	进水 pH	7.7±0.2		7.9±0.2		8.0±0.1	
COD	进水（mg/L）	101±13		211±30		308±35	
	进水负荷[kg/（m³·d）]	0.30±0.04		0.63±0.09		0.92±0.10	
	出水（mg/L）	39±5	25±5	53±10	69±8	68±9	84±11
	去除率（%）	61.3±4.7	75.0±6.2	74.6±4.5	67.0±4.7	77.9±3.1	72.6±3.0
	去除负荷[kg/（m³·d）]	0.19±0.03	0.23±0.04	0.47±0.08	0.43±0.08	0.72±0.10	0.67±0.09
NH_4^+-N	进水（mg/L）	113.7±8.9		211.1±14.2		292.1±13.2	
	进水负荷[kg/（m³·d）]	0.34±0.03		0.63±0.04		0.88±0.04	
	出水（mg/L）	25.8±4.7	5.5±2.1	30.5±7.0	52.4±8.6	40.2±7.0	128.5±11.8
	去除率（%）	77.4±3.6	95.2±1.9	85.5±3.3	75.1±4.0	86.2±2.5	56.0±3.3
	去除负荷[kg/（m³·d）]	0.26±0.02	0.32±0.03	0.54±0.05	0.48±0.04	0.76±0.04	0.49±0.04
TN	进水（mg/L）	140.7±11.0		258.2±17.2		357.7±16.1	
	进水负荷[kg/（m³·d）]	0.42±0.03		0.77±0.05		1.07±0.05	
	出水（mg/L）	52.4±5.8	23.4±5.5	42.0±6.6	60.6±6.8	45.8±8.4	138.4±11.8
	去除率（%）	62.7±3.4	83.4±4.1	83.7±2.5	76.5±2.5	87.2±2.5	61.3±2.7
	去除负荷[kg/（m³·d）]	0.26±0.03	0.35±0.03	0.65±0.05	0.59±0.05	0.94±0.05	0.66±0.04

续表

		阶段Ⅲ[a]		阶段Ⅳ[a]		阶段Ⅴ[a]	
		R1	R2	R1	R2	R1	R2
TP	进水（mg/L）	ND[c]		ND		9.5±0.4	
	进水负荷[kg/（m³·d）]	ND		ND		0.03±0.00	
	出水（mg/L）	ND	ND	ND	ND	5.1±0.4	4.7±0.2
	去除率（%）	ND	ND	ND	ND	46.8±3.4	50.7±2.1
	去除负荷[kg/（m³·d）]	ND	ND	ND	ND	0.01±0.00	0.01±0.00

a: UMSR 启动运行中的阶段（参见表 5-2 和表 5-3）；b: 以进水的 COD 和 TN 平均值计；c: ND 表示未检测。

5.2.3.2 微氧活性污泥菌群多样性的比较分析

如表 5-4 所示的结果表明，在较低进水负荷[NLR 和 OLR 分别为 0.42 kg/（m³·d）和 0.30 kg/（m³·d）左右]和低 COD/TN（约为 0.87）条件下，R2 对 COD、NH_4^+-N 和 TN 的去除效果均优于 R1。然而，当 NLR 和 OLR 分别达到 0.77 kg/（m³·d）和 0.63 kg/（m³·d）以上时，R2 对 COD、NH_4^+-N 和 TN 的去除效果均不如 R1。分析认为，在运行控制条件相同的情况下，R1 与 R2 在运行特征上表现出的明显差异，可能与初始微生物群落结构，即接种污泥的微生物群落结构有关。也就是说，即便运行控制条件相同，初始微生物群落结构的差异，也会导致最终形成的微生物群落结构显著不同。为了解接种污泥在微氧和低 C/N 胁迫下的微生物群落演替规律，也为对 UMSR 系统去除碳氮磷的微生物学机制有所了解，笔者课题组采用高通量测序方法，对两个 UMSR 在阶段Ⅲ、阶段Ⅳ和阶段Ⅴ稳定期的污泥样品进行了菌群多样性以及微生物群落结构分析。为便于阐述，对采集的污泥样品进行如下命名：R1 和 R2 的接种污泥，分别命名为 S_{R1} 和 S_{R2}；取自 R1 阶段Ⅲ、阶段Ⅳ和阶段Ⅴ稳定期的污泥样品，分别命名为 $S_{R1-Ⅲ}$、$S_{R1-Ⅳ}$ 和 $S_{R1-Ⅴ}$；取自 R2 阶段Ⅲ、阶段Ⅳ和阶段Ⅴ稳定期的污泥样品，分别命名为 $S_{R2-Ⅲ}$、$S_{R2-Ⅳ}$ 和 $S_{R2-Ⅴ}$。

如表 5-5 所示，用于 R1 启动的厌氧活性污泥，其 OTUs、Shannon 指数、ACE 指数和 Chao 1 指数，均显著低于用于 R2 启动的好氧活性污泥。这一结果表明，与接种的厌氧活性污泥相比，用于 UMSR 启动的好氧活性污泥，其菌群多样性更高，群落结构也更加复杂。而良好的生物多样性和复杂的群落结构，意味着好氧活性污泥微生物群落具有更好的自我调节能力，能够更快地适应微氧环境。正因为如此，R2 在运行的阶段Ⅲ（进水为稀释的干清粪养猪场废水），表现出了较 R1 更好的 COD、NH_4^+-N 和 TN 的去除效果（表 5-4）。值得注意的是，经过阶段Ⅲ的运行，R1 和 R2 系统中的活性污泥，其菌群丰度较其接种污泥均有明显增加，但在微氧和低 COD/TN

的胁迫下，R1 系统的菌群多样性呈现增加趋势，而 R2 系统则呈下降趋势。

表 5-5　R1 和 R2 在阶段Ⅲ～阶段Ⅴ的活性污泥菌群多样性

反应器	样品采集阶段	样品编号	原始序列（个）	待测序列（个）	OTUs（个）	Shannon 指数	ACE 指数	Chao 1 指数	覆盖率（%）
R1	接种物	S_{R1}	12958	12526	1240	5.30	3394.42	2526.06	94.42
	Ⅲ	S_{R1-3}	25735	21690	2718	5.95	8309.56	5950.15	91.80
	Ⅳ	S_{R1-4}	45750	45740	6254	6.81	22614.14	14231.96	90.83
	Ⅴ	S_{R1-5}	41342	41328	5632	6.83	18929.92	12481.36	90.92
R2	接种物	S_{R2}	43331	43324	7292	7.25	23326.54	15529.57	89.60
	Ⅲ	S_{R2-3}	40824	40810	6472	6.86	25326.13	15935.68	88.92
	Ⅳ	S_{R2-4}	36558	36553	5769	6.95	19819.39	13089.64	89.79
	Ⅴ	S_{R2-5}	36735	36616	6390	7.07	21431.29	14267.46	88.79

在 OLR 和 NLR 分别提高到 0.77 kg/（m^3·d）和 0.64 kg/（m^3·d）后，经过阶段Ⅳ的运行，R1 和 R2 系统内的菌群丰度和多样性，表现出了与阶段Ⅲ截然不同的特征。如表 5-5 所示，R1 和 R2 的 Shannon 指数较阶段Ⅲ均有所提高，而 R1 的提高幅度更大。即便如此，R2 的生物多样性仍然高于 R1。就菌群丰度而言，R1 中的 Chao 1 和 ACE 指数分别为 14231.96 和 22614.14，明显高于 R2 中的 13089.64 和 19819.39。这一结果与阶段Ⅲ完全相反。分析认为，在微氧、高 NH_4^+-N 和低 COD/TN 的胁迫下，菌群丰度的增加，主要是对废水污染物有更强吸收和转化能力的功能菌群增殖的结果，因而使 R1 对 COD、NH_4^+-N 和 TN 的去除效果反而超过了 R2（表 5-4）。

在不对干清粪养猪场废水水质进行任何调节的阶段Ⅴ结束时，R1 和 R2 系统的 Shannon 指数有进一步提高，说明系统中的活性污泥，其微生物种类更加丰富，群落结构更加复杂。R1 系统中的 Chao 1 和 ACE 指数较阶段Ⅳ有所下降，分别为 12481.36 和 18929.92，甚至低于 R2 中的 14267.46 和 21431.29，但仍然显著高于阶段Ⅲ。然而，表 5-4 所示的结果表明，在阶段Ⅴ，R1 的污染物去除效率明显优于 R2。可见，UMSR 系统对污染物的去除效率，不仅与驯化污泥的菌群丰度和多样性有关，还可能和活性污泥的群落结构相关。

5.2.3.3　驯化污泥的群落结构特征与比较分析

1）菌门水平的群落结构特征

在高通量测序的基础上，首先对 8 个污泥样品，即 S_{R1}、S_{R2}、$S_{R1-Ⅲ}$、$S_{R1-Ⅳ}$、$S_{R1-Ⅴ}$、$S_{R2-Ⅲ}$、$S_{R2-Ⅳ}$ 和 $S_{R2-Ⅴ}$ 在菌门水平上的菌群分布情况进行了分析。如图 5-13 所示，R1

接种的厌氧活性污泥（S_{R1}）和 R2 接种的好氧活性污泥（S_{R2}），其群落结构即便在菌门水平上也反映出了显著差别。其中，S_{R1} 中的优势菌门主要为 Proteobacteria、Firmicutes、Bacteroidetes 和 Chloroflexi，其相对丰度分别为 33.33%、19.66%、15.34% 和 13.65%。在 S_{R2} 中，Proteobacteria 的占比较高，为 40.37%，而 Firmicutes、Bacteroidetes 和 Chloroflexi 的相对丰度分别为 12.82%、9.08%和 5.06%，显著低于 S_{R1}。

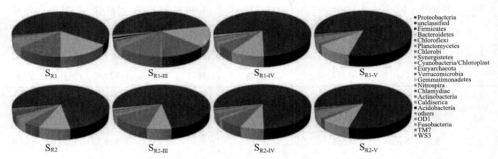

图 5-13　R1 和 R2 的接种污泥及其在污泥驯化阶段的群落结构（菌门水平）

　　随着运行时间的延续，R1 和 R2 两个 UMSR 系统内的活性污泥微生物群落结构，均发生了较大的变化。在 R1 的污泥驯化过程中（参见 5.2.2 节），接种污泥的微生物群落不断发生着变化。在阶段Ⅲ结束时，R1 系统的活性污泥（$S_{R1-Ⅲ}$），其优势门演变为 Proteobacteria、Bacteroidetes、Chloroflexi、Chlorobi 和 Firmicutes，分别占细菌总数的 34.06%、14.77%、13.52%、13.48%和 9.59%。取自阶段Ⅳ和阶段Ⅴ的活性污泥样品 $S_{R1-Ⅳ}$ 和 $S_{R1-Ⅴ}$，其优势类群相似，但与 $S_{R1-Ⅲ}$ 有所不同，排在前四位的优势菌门均为 Proteobacteria、Firmicutes、Bacteroidetes 和 Chloroflexi。与 $S_{R1-Ⅲ}$ 相比，$S_{R1-Ⅳ}$ 和 $S_{R1-Ⅴ}$ 中的 Proteobacteria 得到明显富集，其所占比例分别升高至 46.73%和 46.15%，Firmicutes 的比例也分别提高到了 12.18%和 16.94%。与之相反，$S_{R1-Ⅳ}$ 和 $S_{R1-Ⅴ}$ 中的 Bacteroidetes 和 Chloroflexi 则明显低于 $S_{R1-Ⅲ}$，其中在 $S_{R1-Ⅳ}$ 中的相对比例为 9.87%和 5.99%，在 $S_{R1-Ⅴ}$ 中的相对比例为 10.34%和 1.85%。

　　在 R2 的污泥驯化过程中，与接种污泥相比，其群落结构也有较为明显的变化，但不如 R1 系统的显著。在接种的好氧污泥（S_{R2}）中占据优势的 Proteobacteria、Firmicutes、Bacteroidetes 和 Chloroflexi，在阶段Ⅲ（$S_{R2-Ⅲ}$）、阶段Ⅳ（$S_{R2-Ⅳ}$）和阶段Ⅴ（$S_{R2-Ⅴ}$）仍然处于优势地位。其中，Proteobacteria 在 $S_{R2-Ⅲ}$、$S_{R2-Ⅳ}$ 和 $S_{R2-Ⅴ}$ 中的占比分别为 43.6%、45.15%和 40.86%，与接种污泥的 40.37%差别不大。相对丰度没有显著变化的还有 Bacteroidetes，其在 $S_{R2-Ⅲ}$、$S_{R2-Ⅳ}$ 和 $S_{R2-Ⅴ}$ 中比例分别为 7.16%、6.78%和 8.72%（在接种污泥中为 9.08%）。Firmicutes 在污泥驯化中的优势度逐步提高，其相对丰度在 $S_{R2-Ⅲ}$、$S_{R2-Ⅳ}$ 和 $S_{R2-Ⅴ}$ 中分别为 12.96%、15.24%和 18.5%。在污泥驯化中，相对丰度变化最大的是 Chloroflexi，经过阶段Ⅲ的运行，

其在活性污泥菌群中的相对比例由启动时的 5.06%（S_{R2}）大幅增加到了 12.24%（$S_{R2\text{-}III}$），但在阶段 IV（$S_{R2\text{-}IV}$）和阶段 V（$S_{R2\text{-}V}$）则分别降低到了 7.48% 和 2.09%。

以上分析结果表明，好氧活性污泥对微氧环境和干清粪养猪场废水有更好的适应性，其在污泥驯化过程中，在菌门水平上所表现出的群落演替现象并不明显。而厌氧活性污泥对环境的改变更加敏感，在微氧、高 $NH_4^+\text{-}N$ 和低 C/N 的胁迫下，在菌门水平上就已经显示出了明显的群落演替现象。

2）菌纲水平的群落结构特征

R1 接种的厌氧活性污泥和 R2 接种的好氧活性污泥，其微生物群落结构在菌纲水平上的区别更加明显。如图 5-14 所示，相对丰度达到 6% 以上的优势菌纲，在 S_{R1} 中有 5 个，在 S_{R2} 中有 4 个。其中，Clostridia、Anaerolineae 和 Sphingobacteria 主要出现在厌氧活性污泥样品 S_{R1} 中，其相对比例分别为 16.89%、13.5% 和 6.31%；而 Alphaproteobacteria 和 Bacilli 主要存在于好氧活性污泥样品 S_{R2}，其所占比例分别为 11.53% 和 6.66%。Gammaproteobacteria 和 Betaproteobacteria 虽然在 S_{R1} 和 S_{R2} 中均是优势菌纲，但它们的相对丰度不同，在 S_{R1} 中分别为 12.34% 和 8.23%，在 S_{R2} 中分别 18.00% 和 8.58%。

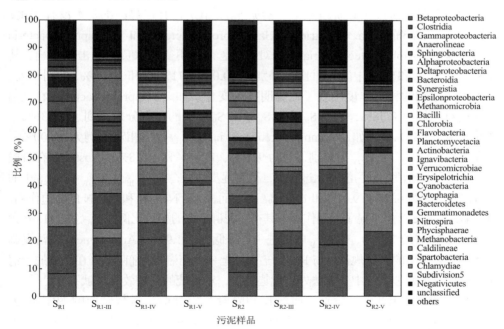

图 5-14　R1 和 R2 的接种污泥及其在污泥驯化阶段的群落结构（菌纲水平）

R1 接种的厌氧活性污泥，经过培养和驯化（参见 5.2.2 节），其优势菌纲 Betaproteobacteria 得到了显著富集，其相对比例在 $S_{R1\text{-}III}$、$S_{R1\text{-}IV}$、$S_{R1\text{-}V}$ 中分别达到

了 14.56%、20.45%和 18.12%。Gammaproteobacteria 的相对比例，虽然在 S_{R1-III} 中降低到了 3.44%，但在 S_{R1-IV} 和 S_{R1-V} 中恢复到了 10.18%和 12.08%。研究表明，包括 AOB、NOB、反硝化细菌和聚磷菌在内的生物脱氮除磷微生物，大多分布于 Betaproteobacteria 和 Gammaproteobacteria 两个菌纲中，是废水生物脱氮除磷的主要微生物类群[30]。在 R1 运行的阶段Ⅳ和阶段Ⅴ，这两个菌纲的相对丰度均高于阶段Ⅲ，因此表现出了较阶段Ⅲ更好的 NH_4^+-N 和 TN 去除效果，也具备了良好的除磷能力（阶段Ⅴ）（表 5-4）。Alphaproteobacteria 在污泥培养和驯化过程中，也得到了明显富集，其在 S_{R1} 中的相对比例仅为 3.95%，但在 S_{R1-III}、S_{R1-IV} 和 S_{R1-V} 中分别达到了 10.65%、12.89%和 11.38%。值得注意的是，在污泥驯化过程中（包括阶段Ⅲ、阶段Ⅳ和阶段Ⅴ），一些菌纲的优势度出现了显著下降。如，Anaerolineae 在 S_{R1-III}、S_{R1-IV} 和 S_{R1-V} 中的相对丰度分别为 12.71%、5.75%和 1.73%。又如，Chlorobia 在 S_{R1-III}、S_{R1-IV} 和 S_{R1-V} 中的相对丰度依次为 12.96%、0.20%和 0.02%。显然，这些微生物类群对微氧环境、高 NH_4^+-N 和低 C/N 的胁迫，适应能力较差，在污泥驯化中呈现逐渐被淘汰的趋势。

R2 接种的好氧活性污泥，经过阶段Ⅰ和阶段Ⅱ的培养（参见 5.2.1 节），在驯化的阶段Ⅲ、阶段Ⅳ和阶段Ⅴ中（参见 5.2.2 节），其优势菌纲基本没有变化，均以 Betaproteobacteria、Clostridia、Gammaproteobacteria 和 Alphaproteobacteria 为主。其中，Alphaproteobacteria 的相对比例，似乎不受进水负荷冲击的影响，其在 S_{R2-III}、S_{R2-IV} 和 S_{R2-V} 中的相对比例分别为 10.00%、11.88%和 10.08%，差别不大。但大多数菌纲的相对丰度出现了较为明显的变化。如，Betaproteobacteria 在 S_{R2} 中的相对比例为 8.58%，而在 S_{R2-III}、S_{R2-IV} 和 S_{R2-V} 中的比例分别达到了 17.36%、18.58%和 13.34%。再如，Gammaproteobacteria 在 S_{R2} 中的相对比例为 18.00%，但在 S_{R2-III}、S_{R2-IV} 和 S_{R2-V} 中分别下降为 9.91%、11.02%和 14.78%。Clostridia 在阶段Ⅲ、阶段Ⅳ和阶段Ⅴ的污泥驯化过程中，得到逐步富集，在 S_{R2-III}、S_{R2-IV} 和 S_{R2-V} 中的相对比例分别为 6.20%、9.01%和 10.06%。比较而言，高 NH_4^+-N 和低 C/N 的胁迫作用，对 Anaerolineae 产生了显著抑制作用，其在污泥群落中的相对比例从 S_{R2-III} 的 11.8%大幅下降为 S_{R2-IV} 的 7.28%，在 S_{R2-V} 中则进一步降低到了 1.97%。Anaerolineae 在污泥驯化过程中表现出的衰退规律，与 R1 系统的完全一致，说明该细菌类群在微氧的干清粪养猪场废水处理系统中，无法处于优势地位，对系统的处理效能贡献不大。

根据 R1 和 R2 在阶段Ⅲ、阶段Ⅳ和阶段Ⅴ相对稳定运行时期的 NH_4^+-N 去除率（图 5-8）和 TN 去除率（图 5-11），可以计算出单位质量活性污泥的去除负荷。R1 系统活性污泥的 NH_4^+-N 去除负荷分别为 0.30 kg/（kg·d）、0.77 kg/（kg·d）和 0.73 kg/（kg·d），TN 去除负荷为 0.30 kg/（kg·d）、0.93 kg/（kg·d）和 0.90 kg/（kg·d）。显然，R1 在阶段Ⅳ和阶段Ⅴ的活性污泥，其 NH_4^+-N 氧化能力和脱氮能力在整体上要高于阶段Ⅲ。R2 系统的活性污泥，在阶段Ⅲ、阶段Ⅳ和阶段Ⅴ的相对稳定运行时期，其 NH_4^+-N 去除负荷分别为 0.30 kg/（kg·d）、0.43 kg/（kg·d）和 0.44 kg/（kg·d），TN 去除负荷为 0.33 kg/（kg·d）、0.54 kg/（kg·d）和 0.59 kg/（kg·d）。同样发现，R2 在阶段Ⅳ和阶段Ⅴ的活性污泥，其 NH_4^+-N 氧化能力和脱氮能力在整体上也要高于阶段Ⅲ。为了解上述 NH_4^+-N 氧化和脱氮效能变化规律出现的原因，对 AOB、NOB 和反硝化细菌主要分布的 Betaproteobacteria 和 Gammaproteobacteria 两个菌纲进行分析[30]。结果表明，这两类微生物在 $S_{R1-Ⅲ}$、$S_{R1-Ⅳ}$ 和 $S_{R1-Ⅴ}$ 中的相对比例之和分别为 18.00%、30.63% 和 30.20%，在 $S_{R2-Ⅲ}$、$S_{R2-Ⅳ}$ 和 $S_{R2-Ⅴ}$ 中的比例之和分别为 27.27%、29.60% 和 28.12%。以上对比说明，生物脱氮功能菌群的显著增加，是 R1 和 R2 系统的活性污泥在阶段Ⅳ和阶段Ⅴ表现出较阶段Ⅲ更高的 NH_4^+-N 和 TN 去除负荷的主要原因。

从 NH_4^+-N 氧化到 NO_x^--N 反硝化脱氮，需要 AOB、NOB 以及反硝化细菌等多种功能菌群的协调配合，其中任何一个功能菌群的数量不足或代谢活性抑制都会严重影响到系统的生物脱氮效果[9, 14]。因此，UMSR 系统的 NH_4^+-N 和 TN 去除效率，不仅与系统的生物量有关，也和各种功能菌群的相对数量和代谢平衡密切相关。为深入了解 UMSR 系统的生物脱氮机制，必须从种属水平上阐明微氧活性污泥的群落结构特征，以辨识其中的功能菌群及其变化规律。

3）菌属水平的群落结构特征与分析

如图 5-15 和图 5-16 所示，随着运行阶段的递进，R1 和 R2 中的功能菌群均发生了明显变化，而这一变化直接影响到了 UMSR 系统对目标污染物的去除效能。如图 5-15（a）所示，在 R1 接种的厌氧活性污泥（S_{R1}）中，厌氧发酵菌群所占比例最大，约为 50.42%，而在 R2 接种的好氧活性污泥 S_{R2} 中，其占比只有 8.57%[图 5-16（a）]。大量研究证明，好氧活性污泥富含 AOB 和 NOB，但在厌氧活性污泥中较少[15, 31, 32]。本研究的分析结果表明，厌氧的异养反硝化菌和自养反硝化菌在 S_{R1} 中的比例分别为 9.35% 和 0.45%[图 5-15（a）]，均高于其在 S_{R2} 中的比例 7.46% 和 0.08%[图 5-16（a）]。然而，好氧的 AOB 在 S_{R1} 中的比例却只有 0.69%[图 5-15（a）]，低于其在 S_{R2} 中的比例 1.28%[图 5-16（a）]。在 S_{R2} 的 AOB 中，有 0.54% 的 *Sphingomonas*[33]、0.43% 的 unclassified_*Nitrosomonadaceae*[34]、0.20% 的 *Nitrosococcus*[35] 和 0.11% 的 *Nitrosomonas*[36]。除此之外，在 S_{R2} 中还检测到了 NOB 的存在，包括 0.22% 的 *Nitrospira*[37] 和 0.01% 的 *Nitrobacter*[38]，但未在 S_{R1} 中检测到 NOB。

如图 5-15 所示，在对 R1 中的活性污泥进行驯化的阶段Ⅲ、阶段Ⅳ和阶段Ⅴ，化能异养菌始终是优势菌群，其相对丰度在 $S_{R1-Ⅲ}$、$S_{R1-Ⅳ}$、$S_{R1-Ⅴ}$ 中依次为 31.19%[图 5-15（b）]、17.74%[图 5-15（c）]和 19.40%[图 5-15（d）]。R1 中的厌氧发酵菌的比例随阶段递进而逐渐降低，但其相对丰度仍然较高，在 $S_{R1-Ⅲ}$、$S_{R1-Ⅳ}$、$S_{R1-Ⅴ}$ 中依次为 23.89%、10.91% 和 9.38%。大量化能异养菌群的生长代谢，使 R1 系统表现出了良好的 COD 去除效果（表 5-4）。在 NLR 约为 0.40 kg/（m³·d）的阶段Ⅲ（表 5-3）

结束时，R1 系统的活性污泥（S_{R1-III}）中的 AOB 和 NOB 的相对丰度，较接种的厌氧活性污泥有所增加，但依然较低，分别为 0.77% 和 0.03%[图 5-15（b）]，使 R1 在阶段 III 的 NH_4^+-N 去除率较低（表 5-4）。当 NLR 提高到阶段 IV 的 0.77 kg/（$m^3 \cdot d$）和阶段 V 的 1.07 kg/（$m^3 \cdot d$）后，AOB 的相对丰度也随之分别升高至 S_{R1-IV} 的 1.18%[图 5-15（c）]和 S_{R1-V} 的 1.07%[图 5-15（d）]，此时 NOB 在 S_{R1-IV} 和 S_{R1-V} 中所占的比例也分别升高至 0.27% 和 0.16%[图 5-15（c）和（d）]。这些菌属的富集使 R1 系统在阶段 IV 和阶段 V 表现出了很好的 NH_4^+-N 去除能力（表 5-4），为反硝化反应提供了充足的 NO_x-N。同时，异养的和自养的反硝化菌也在 R1 系统中得到了逐步富集，其相对比例从 S_{R1-III} 的 9.57% 升高到了 S_{R1-IV} 的 11.05% 和 S_{R1-V} 的 11.44%。有效的 NH_4^+-N 氧化和大量反硝化菌群的富集，使 R1 在阶段 IV 和阶段 V 表现出了较高的 TN 去除效率（表 5-4）。

与 R1 系统相似，化能异养菌群也是 R2 系统中最主要的优势菌属，其在 S_{R2-III}、S_{R2-IV} 和 S_{R2-V} 中的占比分别为 17.27%[图 5-16（b）]、17.69%[图 5-16（c）]和 19.36%[图 5-16（d）]。占据绝对优势地位的化能异养菌群，使 R2 在阶段 III、阶段 IV 和阶段 V 的运行中，均表现出了良好的 COD 去除能力（表 5-4）。R2 的接种物是好氧活性污泥（S_{R2}），富含 AOB 和 NOB（合计 1.51%），到阶段 III 末期，其总体丰度在活性污泥（S_{R2-III}）中的占比进一步提升到了 1.63%（1.30% 的 AOB 和 0.33% 的 NOB），远高于同阶段 R1 的 0.80%。因此，在阶段 III 的稳定运行期，R2 表现出了比 R1 更高的 NH_4^+-N 去除率（表 5-4）。然而，随着 NLR 的阶段性提高，AOB 和 NOB 在 R2 系统中的总体相对丰度，分别下降至 S_{R2-IV} 的 1.50%[图 5-16（c）]和 S_{R2-V} 的 1.42%[图 5-16（d）]，使系统的 NH_4^+-N 去除率在阶段 IV 和阶段 V 呈现出了阶段性下降趋势（表 5-4）。如图 5-16（b）、（c）和（d）所示的结果表明，包括异养反硝化细菌和自养反硝化细菌在内的反硝化菌群，其总体相对丰度分别高达 12.54% 和 11.15%。然而，受 NH_4^+-N 氧化能力的限制，NO_x-N 的供给不足，因而制约了 R2 系统的 TN 去除效率，在阶段 IV 和阶段 V 均显著低于 R1 系统（表 5-4）。

如表 5-4 所示，UMSR 系统对干清粪养猪场废水中的 TP 也有良好的去除效果。在 R1 和 R2 启动运行的最后阶段（阶段 V），在进水 TP 平均为 9.5 mg/L 的条件下，其去除率分别达到了 46.8% 和 50.7%。微生物群落结构分析表明，R1 和 R2 的接种污泥及其驯化后的活性污泥，均含有一定比例的聚磷菌，主要包括 *Acinetobacter*[39, 40]和 *Gemmatimonas*[28]。R2 启动时接种的好氧活性污泥，富含聚磷菌，其相对比例达到了 2.40%，但在微氧、高 NH_4^+-N 和低 C/N 的胁迫下，其丰度随着反应器运行的持续和污泥的不断驯化而逐渐下降（图 5-16）。在污泥驯化结束时（阶段 V），其在活性污泥中的相对比例减少到了 1.56%。用于 R1 启动的厌

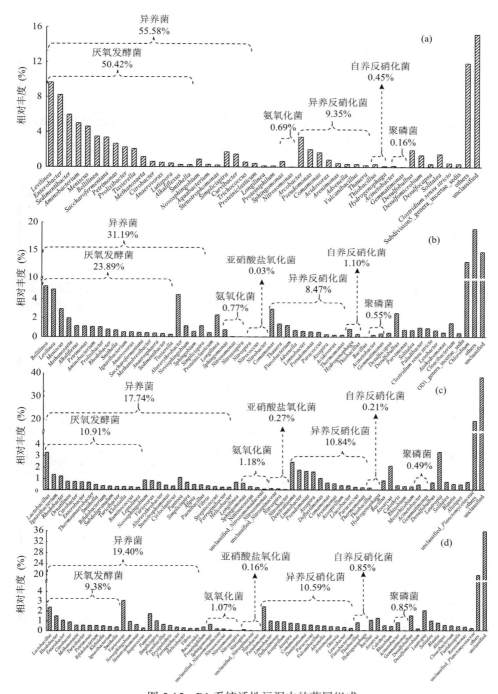

图 5-15　R1 系统活性污泥中的菌属组成

（a）为接种污泥，（b）、（c）、（d）分别为取自阶段Ⅲ、阶段Ⅳ和阶段Ⅴ末期的活性污泥

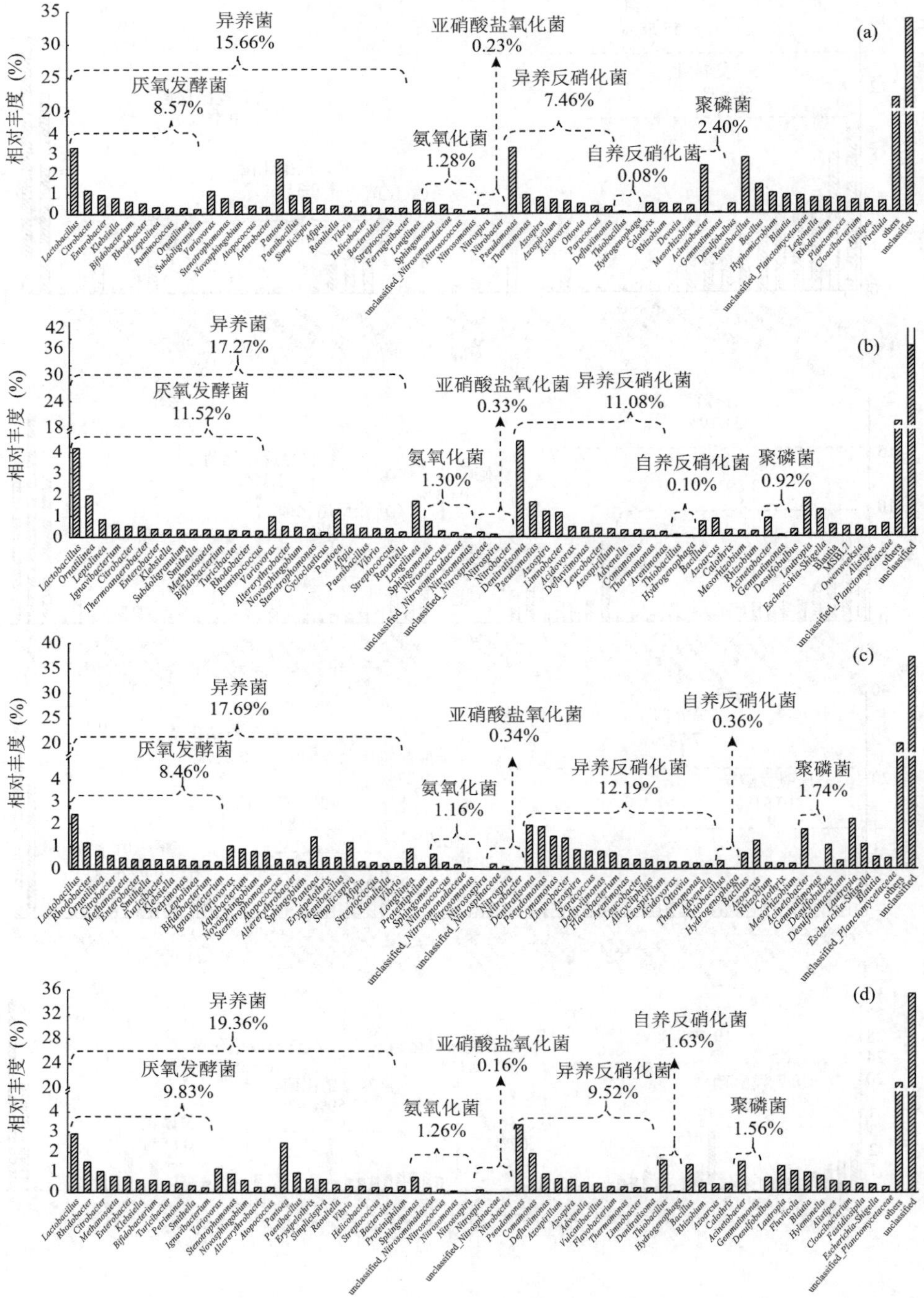

图 5-16　R2 系统活性污泥中的菌属组成

（a）为接种污泥，（b）、（c）、（d）分别为取自阶段Ⅲ、阶段Ⅳ和阶段Ⅴ末期的活性污泥

氧活性污泥，虽然也含有聚磷菌，但其相对比例仅有 0.16%（图 5-15），显著低于 R2 接种的好氧活性污泥。但在随后的污泥驯化过程中，R1 系统中的聚磷菌呈现富集趋势，至阶段 V，其在活性污泥中的相对比例增加到了 0.85%（图 5-15）。即便如此，R1 系统中的聚磷菌的相对丰度仍然显著低于 R2。所以，在阶段 V 的相对稳定运行时期，R2 表现出了较 R1 更高的 TP 去除率（表 5-4）。

　　综上所述，无论是好氧活性污泥还是厌氧活性污泥，经过一定的驯化，都能具备良好的碳氮磷同步去除能力。在污泥驯化过程中，受微氧、高 NH_4^+-N 和低 C/N 的胁迫，接种污泥都会发生微生物群落演替，但厌氧活性污泥的群落结构变化更大。由于初始微生物群落结构的不同，用作接种物的好氧活性污泥和厌氧活性污泥，尽管在相同的条件下进行培养和驯化，最终形成的顶极群落结构也差异悬殊。以好氧活性污泥为接种物，并通过污泥培养和驯化构建的 R2 系统，更适合在较低的污染物负荷下[OLR 和 NLR 分别约为 0.30 kg/（$m^3 \cdot d$）和 0.42 kg/（$m^3 \cdot d$）]运行，并能获得更高的 COD、NH_4^+-N 和 TN 去除率，而 OLR 和 NLR 的提高将对其造成不利影响，导致目标污染物去除效果的下降（表 5-4）。比较而言，以厌氧活性污泥为接种物，并通过污泥培养和驯化构建的 R1 系统，表现出了更好的运行稳定性，可以在更高的 OLR[0.63～0.92 kg/（$m^3 \cdot d$）]和 NLR[0.77～1.07 kg/（$m^3 \cdot d$）]下运行，并能获得比较理想的 COD、NH_4^+-N 和 TN 去除效果（表 5-4）。

5.3　基于出水回流比调控的 UMSR 处理效能

5.3.1　UMSR 的出水回流比调控方法

　　研究表明，对于废水生物脱氮处理系统，出水回流是非常重要的调控措施，具有稀释进水污染物浓度、塑造污泥絮体形态、改善传质效果、回流硝化液等多种功用，有助于提高废水生物处理系统的效能与运行稳定性[41]。如 5.1 节所述，UMSR 系统内的微氧状态，是通过出水曝气并回流的方式进行控制的。为了维持 UMSR 系统的微氧状态（DO 为 0.5 mg/L 左右），一定比例的出水（经曝气）回流是必要的，但回流比过高，不仅会造成悬浮污泥的流失，破坏系统的微氧环境，降低系统的脱氮效能，还会导致处理成本的显著增加[42, 43]。为了进一步提高 UMSR 对干清粪养猪场废水的处理效能，尤其是生物脱氮效能，就出水回流比对系统运行特征的影响进行考察，是十分必要的。

　　如表 5-1 所示，干清粪养猪场废水是一种典型的高 NH_4^+-N、低 C/N 有机废水，其水质随着生猪养殖周期和季节变换而有较大波动。如 5.2 节所述的研究表明，经污泥培养和污泥驯化构建起来的 UMSR 系统，其中存在众多生理生态和生理生化特性各异的功能菌群，包括异养发酵菌、自养氨氧化菌、异养反硝化菌和自养反硝化菌等。对于完全混合的活性污泥系统，废水 COD 的增加，会促进异养微生物的繁殖生长，有利于 COD 去除负荷的提高，但也会对氨氧化菌和自养反硝化菌等自养微生物的生长产生竞争抑制效应[4, 44]。较大的 COD/TN 变化，无疑会对生物处理系统内业已建立的各类功能菌群间的生长代谢平衡产生影响，甚至会导致污染物去除效能的显著降低。因此，了解进水 COD/TN 对 UMSR 系统运行特征的影响，对于系统的优化控制及处理效能的提高具有重要意义。

基于以上考虑，在以厌氧活性污泥为接种物的 UMSR（R1）系统完成污泥驯化，并在以干清粪养猪废水为进水条件下达到稳定运行后，首先开展了出水回流比对 UMSR 系统运行特征的影响研究，并随着水质的阶段性变化，考察了干清粪养猪场废水 COD/TN 对 UMSR 系统处理效能，尤其是生物脱氮效能的影响。依据出水回流比和进水水质（主要是 COD/TN）的不同，对于 UMSR 系统的调控运行共分 7 个阶段，各阶段的运行时间和进水水质如表 5-6 所示，各阶段的运行控制参数参见表 5-7。

表 5-6　UMSR 在启动完成后的运行调控阶段及进水水质

阶段	运行时间（d）	COD（mg/L）	NH_4^+-N（mg/L）	NO_2^--N（mg/L）	NO_3^--N（mg/L）	TN（mg/L）	TP（mg/L）	pH
I	45	461±35	305.1±20.3	0.1±0.1	1.5±0.8	374.0±24.4	15.6±1.8	7.8±0.3
II	30	155±30	295.2±14.8	0.3±0.2	0.4±0.5	361.1±18.1	8.7±1.0	8.1±0.1
III	42	336±31	304.1±19.9	0.2±0.2	2.6±1.3	363.6±16.1	14.0±2.3	7.7±0.2
IV	24	114±15	294.1±26.9	0.2±0.2	0.3±0.2	328.1±41.8	8.5±1.0	8.1±0.3
V	32	285±29	298.7±20.4	0.2±0.1	0.5±0.3	352.2±29.8	8.5±1.1	8.0±0.2
VI	28	470±64	308.1±16.8	0.2±0.2	10.0±5.4	370.1±31.3	15.6±2.7	7.9±0.1
VII	35	342±40	299.3±17.5	0.1±0.1	1.5±0.9	366.9±21.4	14.8±1.6	7.8±0.2

表 5-7　UMSR 在启动完成后的运行阶段及控制参数

阶段	运行时间（d）	温度（℃）	HRT（h）	回流比	COD/TN	COD 负荷 [kg/（m³·d）]	TN 负荷 [kg/（m³·d）]
I	45	35±1	8	45：1	1.24	1.38±0.11	1.12±0.07
II	30	35±1	8	35：1	0.43	0.46±0.09	1.08±0.05
III	42	35±1	8	35：1	0.94	1.05±0.14	1.12±0.07
IV	24	35±1	8	30：1	0.35	0.34±0.04	0.98±0.13

续表

阶段	运行时间（d）	温度（℃）	HRT（h）	回流比	COD/TN	COD 负荷 [kg/（m³·d）]	TN 负荷 [kg/（m³·d）]
V	32	35±1	8	30∶1	0.82	0.86±0.09	1.06±0.09
VI	28	35±1	8	30∶1	1.28	1.36±0.33	1.07±0.23
VII	35	35±1	8	25∶1	0.93	1.02±0.12	1.10±0.06

5.3.2　出水回流比对 UMSR 处理效能的影响

5.3.2.1　UMSR 在出水回流比为 45 下的运行特征

如表 5-4 所示，在污泥驯化的最后阶段，UMSR 的进水 COD/TN 为 0.84 左右。由于生猪饲养周期和季节变化，在后续的 45 d 里，养猪场废水的 COD/TN 升高到了 1.24 左右（表 5-7 所示的阶段 I）。在此情况下，维持出水回流比 45 不变，对 UMSR（R1）继续运行，考察系统对 COD、NH_4^+-N、TN 和 TP 的去除情况，结果如图 5-17 至图 5-21 所示。根据 COD、NH_4^+-N、TN 和 TP 去除率的变化规律可以判断，UMSR 系统在该阶段的最后 13 d（第 33～45 天）处于相对稳定运行状态。

1）COD 的去除

如图 5-17 所示，在出水回流比为 45 的阶段 I，受进水 COD 变化的影响，UMSR 的出水 COD 和 COD 去除率有一定波动，但总体相对稳定。在该阶段的最后 13 d，UMSR 系统的进水和出水 COD 分别平均为 474 mg/L 和 100 mg/L，去除率保持在 78.8%左右。由于进水 COD 的升高，有效促进了异养微生物的增殖，UMSR 中的生物量有了显著提高，在该阶段结束时，MLVSS 增加到了 6.18 g/L。

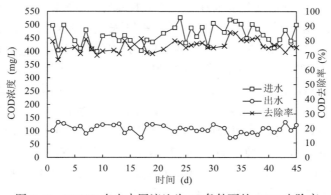

图 5-17　UMSR 在出水回流比为 45 条件下的 COD 去除率

2）氨氮的去除

水质的改变，使 UMSR 系统对 NH_4^+-N 的去除产生了较大波动。如图 5-18 所示，在阶段 I 的初期，UMSR 系统对 NH_4^+-N 的去除率波动较大，并与第 10 天降低到了 52.1%。但随着运行时间的延续，系统对 NH_4^+-N 的去除率自第 30 天迅速增加，并在第 33 天后达到了相对稳定状态。在为期 13 d 的稳定运行期（第 33～45 天），UMSR 的进水 NH_4^+-N 平均为 301.3 mg/L，去除率维持在 68.6% 左右，出水中约有 94.7 mg/L 的 NH_4^+-N 残留。相比前一阶段进水 COD/TN 仅为 0.84 的运行条件（表 5-4 所示的阶段 V），UMSR 系统对 NH_4^+-N 的去除率有明显降低，其原因可能是较高的进水 COD/TN 刺激了异养微生物的生长代谢，并对自养的硝化细菌产生了抑制作用[4, 44]。

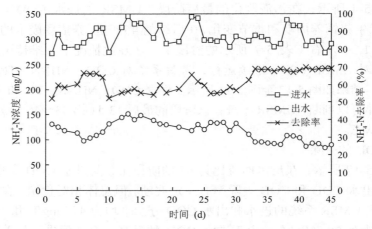

图 5-18　UMSR 在出水回流比为 45 条件下的 NH_4^+-N 去除率

3）总氮的去除

与 NH_4^+-N 去除率的变化规律相似，UMSR 系统对 TN 的去除，在阶段 I 的前 33 d 也有较大波动，但在最后的 13 d 运行中则表现为相对稳定状态（图 5-19）。在相对稳定运行期间，UMSR 的进水和出水 TN 分别平均为 369.5 mg/L 和 100.8 mg/L，平均去除率为 72.7%。与图 5-18 所示的 NH_4^+-N 去除情况比较可知，在 100.8 mg/L 的出水 TN 中，NH_4^+-N 高达 94.7 mg/L 左右，说明 NH_4^+-N 氧化是 UMSR 系统生物脱氮效能的主导因素。图 5-19 显示，在阶段 I 的运行过程中，UMSR 系统自始至终没有明显的 NO_3^--N 积累，但 NO_2^--N 出现了阶段性积累现象，直至第 33 天后才保持了相对稳定。在运行稳定期（第 33～45 天），出水 NO_2^--N 浓度和 NO_3^--N 浓度均较低，分别平均仅为 4.1 mg/L 和 2.0 mg/L。经计算，UMSR 系统在阶段 I 稳定期的平均 TN 去除负荷率为 0.81 kg/（$m^3 \cdot d$）。

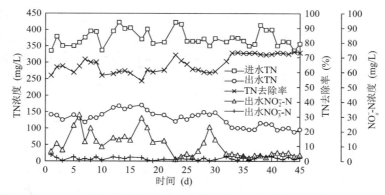

图 5-19 UMSR 在出水回流比为 45 条件下的 TN 去除率与出水 NO$_x$-N 变化

4）总磷的去除

在如表 5-6 和表 5-7 所示的第 I 运行阶段，UMSR 系统对 TP 的去除率持续下降，并在第 27 天降低到了 38.3%（图 5-20）。此后，UMSR 系统对 TP 的去除率持续且迅速地回升，并在第 32 天后达到了相对稳定。在该阶段相对稳定期（第 33～45 天），UMSR 的进水 TP 平均为 14.1 mg/L，出水 TP 为 3.8 mg/L 左右，满足《畜禽养殖业污染物排放标准》规定的不大于 8.0 mg/L 的要求。在该阶段获得的 73.1%左右的 TP 去除率，显著高于前一运行阶段的 46.8%（图 5-12 所示的阶段 V）。比较发现，UMSR 系统在前一阶段的 MLVSS 为 5.2 g/L，而在本阶段则达到了 6.18 g/L。

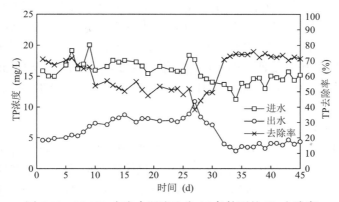

图 5-20 UMSR 在出水回流比为 45 条件下的 TP 去除率

5）进水与出水 pH 变化规律

在如表 5-6 所示的阶段 I 中，UMSR 的进水 pH 在 7.2～8.3 之间波动，但出水 pH 相对稳定，始终保持在 8.1～8.8 之间（图 5-21）。在最后 13 d 的稳定运行期，UMSR 的进水和出水 pH 分别平均为 7.8 和 8.4。这一结果说明，在阶段 I，UMSR

系统内的 pH，对于硝化细菌、反硝化细菌和 AnAOB 生长代谢是适宜的[11, 12]。由于 UMSR 系统在阶段 I 稳定期的 NH₄⁺-N 去除率仅有在 68.6%左右，出水中尚有 94.7 mg/L 左右的 NH₄⁺-N 残留（图 5-18），而且系统中也无明显的 NO$_x$-N 积累（图 5-19），所以，较高的出水 pH（8.4 左右），从另一个方面反映出系统对 NH₄⁺-N 的氧化并不充分[23-25]。

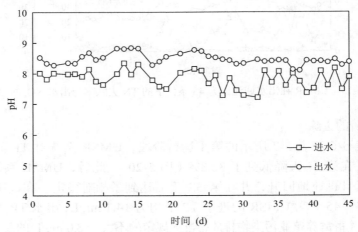

图 5-21　UMSR 在出水回流比为 45 条件下的进水和出水 pH

5.3.2.2　UMSR 在出水回流比为 35 下的运行特征

UMSR 系统在出水回流比为 45 的条件下达到运行稳定状态并保持 13 d 后，将出水回流比调节为 35 继续运行 72 d。如表 5-7 所示，依据因原水水质改变而形成的 OLR 和 NLR，将 UMSR 系统在出水回流比为 35 条件下的运行划分为 2 个阶段，即阶段 II 和阶段 III，其 OLR 分别平均为 0.46 kg/（m³·d）和 1.08 kg/（m³·d），NLR 分别平均为 1.05 kg/（m³·d）和 1.12 kg/（m³·d），COD/TN 分别平均为 0.43 和 0.94。

1）COD 的去除

如图 5-22 所示，在出水回流比同为 35 的阶段 II 和阶段 III，各阶段之初的进水水质变化，均对 UMSR 系统的 COD 去除效能造成了一定程度的影响，进水 COD/TN 越高，这一影响就越显著。在 COD/TN 为 0.43 左右的阶段 II，UMSR 系统仅用了 18 d 就重新达到了相对稳定状态，而在 COD/TN 为 0.94 左右的阶段 III，在持续运行了 30 d 后系统才再次达到运行的相对稳定状态。在阶段 II 的稳定运行时期（第 18~30 天），UMSR 的进水和出水 COD 分别为 143 mg/L 和 33 mg/L 左右，平均去除率为 77.1%。由于进水 COD 上升到了 342 mg/L 左右，UMSR 在阶段 III 稳定期（第 60~72 天）的出水 COD 也略有上升，平均为 45 mg/L，但 COD

去除率显著提高到了 86.9%。在阶段Ⅱ，进水 COD 平均只有 155 mg/L（表 5-6），碳源的不足，使 UMSR 系统内的生物量较阶段Ⅰ有了显著下降，MLVSS 仅有 2.91 g/L。进入阶段Ⅲ后，进水 COD 的升高，使系统中的生物量再次升高，其 MLVSS 达到了 5.95 g/L。可见，较高的活性污泥持有量，有利于 UMSR 系统 COD 去除效能的提高和保持。

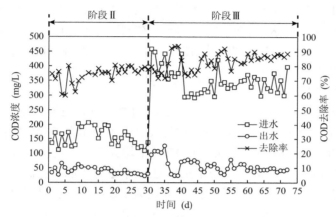

图 5-22 UMSR 在出水回流比为 35 条件下的 COD 去除率

2）氨氮的去除

虽然出水回流比由阶段Ⅰ的 45 降低到了阶段Ⅱ和阶段Ⅲ的 35，但由于进水 OLR 的降低削弱了异养微生物生长代谢对自养微生物的竞争抑制，因而使 UMSR 系统表现出了更好的 NH_4^+-N 去除效果。如图 5-23 所示，在 OLR 为 0.46 kg/(m³·d)（进水 COD/TN 平均为 0.43）的阶段Ⅱ，UMSR 系统对 NH_4^+-N 的去除率起初出

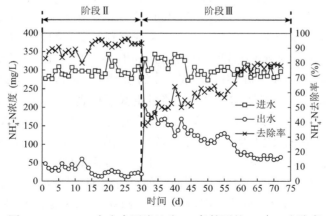

图 5-23 UMSR 在出水回流比为 35 条件下的 NH_4^+-N 去除率

现了一定波动，但自第 15 天后即趋于稳定。在该阶段的相对稳定期（第 18～30 天），UMSR 的进水 NH_4^+-N 约为 298.9 mg/L，去除率高达 93.3%左右，出水中残留的 NH_4^+-N 仅有 20.2 mg/L 左右。进入运行阶段Ⅲ后，由于 OLR 大幅升高到了 1.05 kg/（m^3·d）（进水 COD/TN 平均为 0.94），丰富的有机碳源增强了异养微生物对自养微生物的竞争抑制作用，使 UMSR 系统的 NH_4^+-N 去除能力受到严重冲击，NH_4^+-N 去除率急速下降到了 37.7%，但在随后的运行中又得到了快速恢复，并在第 59 天后达到了新的稳定状态。在该稳定运行时期（第 60～72 天），UMSR 的进水和出水 NH_4^+-N 浓度分别平均为 293.8 mg/L 和 66.4 mg/L，NH_4^+-N 去除率达到了 77.4%左右。

　　3）总氮的去除

　　由于干清粪养猪场废水水质变化导致的 OLR 和 NLR 改变，使 UMSR 系统的 NO_x^--N 积累和生物脱氮效能在阶段Ⅱ和阶段Ⅲ也表现出了差异。如图 5-24 所示，在 OLR 为 0.46 kg/（m^3·d）（进水 COD/TN 平均为 0.43）的阶段Ⅱ，随着 NH_4^+-N 去除率的升高和稳定，UMSR 系统的 TN 去除率也有了明显提高，并同步达到了相对稳定状态。在第 18～30 天的相对稳定时期，UMSR 的进水和出水 TN 分别平均为 365.5 mg/L 和 22.0 mg/L，TN 去除率平均高达 94.0%，而且未发现有 NO_x^--N 的积累，NO_2^--N 和 NO_3^--N 在出水中的平均浓度分别只有 1.1 mg/L 和 0.7 mg/L。由于有机碳源的匮乏，异养反硝化作用受到了很大限制[45]。因此推测，自养反硝化作用可能是 UMSR 生物脱氮的主要机制之一[46]。进入阶段Ⅲ后，受 OLR 和进水 COD/TN 升高的影响，伴随 NH_4^+-N 氧化率的急速下降（图 5-23），UMSR 系统对 TN 的去除率也大幅下降到了 48.2%。随着 NH_4^+-N 去除率的逐渐恢复，系统对 TN 的去除率也随之提高，并同步达到了相对稳定状态。在第 60～72 天的相对稳定时期，UMSR 的进水和出水 TN 分别为 362.0 mg/L 和 72.5 mg/L 左右，TN 去除率虽然较阶段Ⅱ有所下降，但仍然保持了 80.0%左右的较高水平。与阶段Ⅱ相似，在阶段Ⅲ稳定运行期内（第 60～72 天），也未观察到明显的 NO_x^--N 积累现象，出水中的 NO_2^--N 和 NO_3^--N 平均浓度分别为 3.6 mg/L 和 2.4 mg/L。对阶段Ⅱ和阶段Ⅲ的 COD、NH_4^+-N 和 TN 去除率以及 NO_x^--N 的积累情况进行比较可以发现，UMSR 系统对 TN 的去除效率随着 NH_4^+-N 去除率的提高而提高，而 NH_4^+-N 去除率的下降，会导致系统对 TN 去除率的下降。这一结果再次证明，对于处理高 NH_4^+-N、低 C/N 干清粪养猪场废水的 UMSR，其生物脱氮过程的限速步骤是 NH_4^+-N 的氧化。而 NH_4^+-N 的氧化，在出水回流比一定的条件下，主要受 OLR 的影响，较低的 OLR，有利于 AOB 和 NOB 的生长代谢，因而会使系统表现出较高的 NH_4^+-N 去除率[47]。经计算，在阶段Ⅱ和阶段Ⅲ的稳定运行期，UMSR 的 TN 去除负荷率分别平均为 1.03 kg/（m^3·d）和 0.87 kg/（m^3·d）。

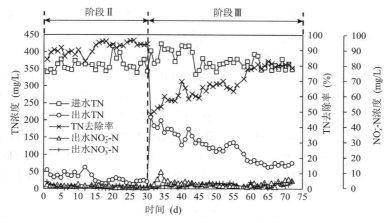

图 5-24　UMSR 在出水回流比为 35 条件下的 TN 去除率与出水 NO$_x^-$-N 变化

4）总磷的去除

在阶段 Ⅱ，由于有机碳源的匮乏，系统中的生物量出现了大幅下降，因此造成了 UMSR 系统对 TP 去除率的下降，在第 15 天甚至低至 41.1%（图 5-25）。此后，UMSR 系统对 TP 的去除率迅速回升，并在第 18～30 天的运行中表现出了相对稳定。在达到相对稳定状态后，系统中的 MLVSS 虽然只有 2.91 g/L，但表征污泥活性的 MLVSS/MLSS 大幅提高到了 0.53，因而也使 UMSR 表现出了 64.2% 左右的 TP 去除率，出水中残留的 TP 为 3.1 mg/L 左右（进水 TP 约为 8.5 mg/L）。由于 OLR 的显著提高，有效刺激了异养微生物的生长，使 UMSR 系统在阶段 Ⅲ 的 TP 去除率表现出了逐步上升的趋势，并在第 60～72 天期间达到了相对稳定，此时，系统中的 MLVSS 已高达 5.95 g/L。生物量的增长，有效提高了 UMSR 系

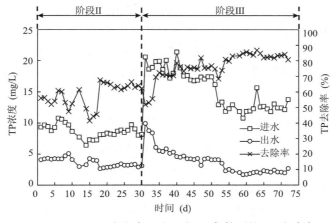

图 5-25　UMSR 在出水回流比为 35 条件下的 TP 去除率

统的 TP 去除效能，在为期 13 d 的相对稳定运行期间，系统的进水和出水 TP 分别平均为 12.7 mg/L 和 2.1 mg/L，对 TP 去除率高达 83.5%左右。

　　5）进水与出水 pH 变化规律

　　在阶段 II 和阶段 III 的相对稳定期，在 UMSR 系统中均未发现有 NO_x^--N 的积累（图 5-24）。然而，如图 5-23 所示，在阶段 II 的 NH_4^+-N 去除率高达 93.3%左右，出水 NH_4^+-N 仅有 20.2 mg/L 左右，而在阶段 III 的 NH_4^+-N 去除率和出水 NH_4^+-N 分别为 77.4%和 66.4 mg/L 左右。NH_4^+-N 去除率与 NH_4^+-N 残留量的不同，导致了 UMSR 出水 pH 在阶段 II 和阶段 III 的差异。如图 5-26 所示，在阶段 II 和阶段 III 的相对稳定期，UMSR 的进出水 pH 分别平均为 8.1 和 7.7，出水 pH 分别为 8.0 和 8.2 左右。

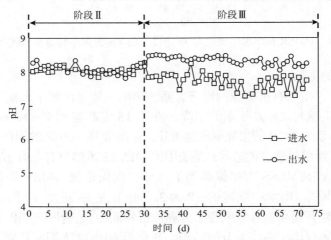

图 5-26　UMSR 在出水回流比为 35 条件下的进水和出水 pH

　　综上所述，在出水回流比为 35 的条件下，无论是 OLR 为 0.46 kg/（$m^3 \cdot d$）（进水 COD/TN 平均为 0.43）的阶段 II，还是 OLR 为 1.05 kg/（$m^3 \cdot d$）（进水 COD/TN 平均为 0.94）的阶段 III，UMSR 系统均能达到稳定运行，并保持良好的 COD、NH_4^+-N、TN 和 TP 去除效果，出水水质均能满足国家《畜禽养殖业污染物排放标准》的要求。

5.3.2.3　UMSR 在出水回流比为 30 下的运行特征

　　将出水回流比降低并保持为 30，继续运行 UMSR 系统 84 d。根据干清粪养猪场废水 COD/TN 的不同，将 UMSR 系统在出水回流比为 30 下的运行划分为三个运行阶段，即如表 5-7 所示的阶段 IV、阶段 V 和阶段 VI，其 OLR 和 NLR 分别为 0.34 kg/（$m^3 \cdot d$）和 0.98 kg/（$m^3 \cdot d$）、0.86 kg/（$m^3 \cdot d$）和 1.06 kg/（$m^3 \cdot d$）以及 1.36 kg/（$m^3 \cdot d$）和 1.07 kg/（$m^3 \cdot d$）左右，进水 COD/TN 分别平均为 0.35、0.82

和 1.28，均呈阶段性升高趋势。同阶段 II 和阶段 III 的运行特征相似，每当水质发生显著改变，UMSR 系统对 COD、NH_4^+-N、TN 和 TP 去除效能均会受到影响而呈现出波动甚至暂时下降现象，但经过一定时间的运行，系统总能再一次达到新的相对稳定状态。根据 COD 去除率（图 5-27）、进水和出水 pH（图 5-28）、NH_4^+-N去除率（图 5-29）、TN 去除率（图 5-30）和 TP 去除率（图 5-31）的变化，UMSR 系统在阶段 IV、阶段 V 和阶段 VI 达到相对稳定状态的时间分别是第 14、45 和 76天，维持相对稳定状态的运行时间分别为 11 d、12 d 和 9 d。

　　1）COD 的去除

　　如图 5-27 所示，在阶段 IV 的相对稳定期（第 14～24 天），UMSR 的进水和出水 COD 分别平均为 114 mg/L 和 38 mg/L，去除率为 66.2%左右。在阶段 V，OLR从阶段 IV 的 0.34 kg/（m³·d）大幅提高到了 0.86 kg/（m³·d），进水 COD/TN 也从0.35 增加到了 0.82，有效刺激了异养微生物的生长，使 UMSR 系统的 COD 去除效能有了显著提升。在阶段 V 的稳定运行期（第 45～56 天），UMSR 的进水和出水 COD 分别平均为 281 mg/L 和 71 mg/L，去除率增加到了 74.5%左右。在阶段 VI，尽管 OLR 进一步提高到了 1.36 kg/（m³·d），进水 COD/TN 也随之升高到了 1.28左右，但 UMSR 系统对 COD 去除率的增加并不显著。在第 76～84 天的稳定运行期，UMSR 的进水和出水 COD 分别平均为 469 mg/L 和 102 mg/L，去除率为 78.1%左右。

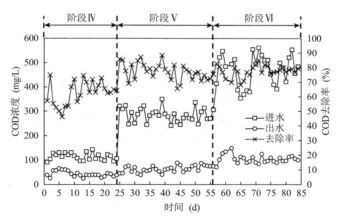

图 5-27　UMSR 在出水回流比为 30 条件下的 COD 去除率

　　对生物量的检测结果表明，在出水回流比为 30 的 84 d 运行期间，UMSR 系统在阶段 IV、阶段 V 和阶段 VI 的 MLVSS 分别为 1.23 g/L、4.11 g/L 和 4.24 g/L。分析认为，在出水回流比一定的条件下，通过出水（经曝气）回流而输入 UMSR 系统的 DO 总量是一定的。在较低的 OLR 条件下，对于异养微生物的增殖和代谢，DO 相对充足，

OLR 的提高会明显刺激好氧和兼性好氧微生物的生长，使系统中的生物量有了明显增加。然而，当异养微生物增殖达到一定水平后，DO 就会成为好氧和兼性微生物继续增长的限制因素，已经繁殖起来的大量好氧菌群甚至还会出现衰退。此时，UMSR 系统中的生物量将不再随着 OLR 的提升而表现出生长趋势，甚至还会出现下降。可见，微氧条件对于 UMSR 系统的 COD 去除效能具有一定的限制作用。

2）氨氮的去除

对 pH 检测结果（图 5-28）表明，UMSR 系统在阶段Ⅳ、阶段Ⅴ和阶段Ⅵ的运行过程中，其进水和出水 pH 分别在 7.6～8.6 和 7.4～8.8 的范围内有小幅波动，但一直处于硝化菌群和反硝化菌群生长代谢的适宜范围[11, 12]。由于 OLR 的提高会刺激异养微生物，尤其是好氧和兼性微生物的增殖，进而会对增殖缓慢的自养微生物的生长产生竞争抑制，因此在阶段Ⅳ、阶段Ⅴ和阶段Ⅵ的运行中，随着 OLR 的阶段性提高，UMSR 系统对 NH_4^+-N 的去除效果呈现出了显著下降趋势。如图 5-29 所示，在阶段Ⅳ的稳定运行期间（第 14～24 天），UMSR 的进水和出水 NH_4^+-N 分别平均为 301.8 mg/L 和 22.9 mg/L，去除率高达 92.4%左右。而在阶段Ⅴ的稳定运行期（第 45～56 天），系统的进水和出水 NH_4^+-N 分别平均为 302.6 mg/L 和 81.3 mg/L，NH_4^+-N 去除率下降到了 73.1%左右。当 OLR 在阶段Ⅵ升高至 1.36 kg/（$m^3 \cdot d$）（进水 COD/TN 平均为 1.28）并达到相对稳定状态后（第 76～84 天），UMSR 的进水和出水 NH_4^+-N 分别平均为 318.6 mg/L 和 164.4 mg/L，去除率仅有 48.4%左右。此时，出水 NH_4^+-N 浓度已显著超过了《畜禽养殖业污染物排放标准》的要求。

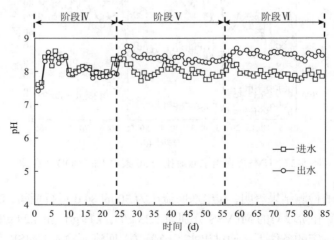

图 5-28　UMSR 在出水回流比为 30 条件下的进水和出水 pH

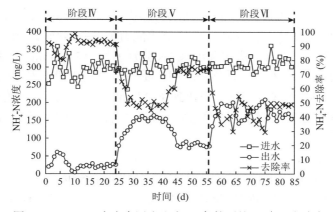

图 5-29　UMSR 在出水回流比为 30 条件下的 NH₄⁺-N 去除率

3）总氮的去除

随着 NH₄⁺-N 去除率的阶段性降低，UMSR 系统在阶段Ⅳ、阶段Ⅴ和阶段Ⅵ的 TN 去除率也呈现出阶段性下降趋势。如图 5-30 所示，UMSR 系统在阶段Ⅳ的相对稳定期（第 14~24 天），虽然 TN 去除率平均高达 91.4%，但出水中仍然检测到了 6.3 mg/L 的 NO$_x$⁻-N，其中 NO$_2$⁻-N 和 NO$_3$⁻-N 浓度分别平均为 0.8 mg/L 和 5.5 mg/L，说明在 OLR 为 0.34 kg/（m³·d）左右（进水 COD/TN 平均为 0.35）的情况下，由出水回流输送的 DO，可以满足废水中 NH₄⁺-N 氧化的需求，进而使系统达到了比较理想的 TN 去除效果。在阶段Ⅴ，OLR 提高到了 0.86 kg/（m³·d）左右（进水 COD/TN 平均为 0.82），UMSR 在稳定期（第 45~67 天）的出水 NO$_x$⁻-N 浓度也不高，为 7.9 mg/L 左右，其中 NO$_2$⁻-N 和 NO$_3$⁻-N 浓度分别平均为 3.1 mg/L 和 4.8 mg/L，但其 NH₄⁺-N 平均去除率由阶段Ⅳ的 92.4%下降到了阶段Ⅴ的 73.1%（图 5-29），因此也使系统的

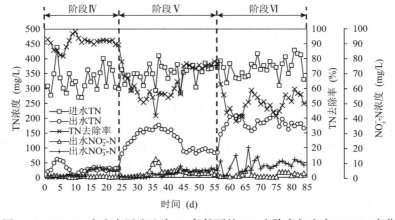

图 5-30　UMSR 在出水回流比为 30 条件下的 TN 去除率与出水 NO$_x$⁻-N 变化

TN 去除下降到了 75.4%左右。在 OLR 为 1.36 kg/（m³·d）左右（进水 COD/TN 平均为 1.28）的阶段 VI，系统对 NH$_4^+$-N 氧化能力被进一步削弱。在该阶段的稳定期（第 76～84 天），UMSR 的进水和出水 TN 分别平均为 379.4 mg/L 和 177.1 mg/L，TN 去除率只有 53.0%左右。在这一时期，UMSR 系统中没有发生明显的 NO$_2^-$-N 积累现象，而出水中 NO$_3^-$-N 浓度却达到了 9.9 mg/L。TN 去除率随 OLR 阶段性提高而显著下降的现象，同样说明自养反硝化可能是 UMSR 系统 TN 去除的主要途径之一[46]。

4）总磷的去除

在阶段 IV、阶段 V 和阶段 VI 的运行中，UMSR 系统也表现出了良好的 TP 去除效果。如图 5-31 所示，进水 TP 浓度随着进水 OLR 的阶段性提高而增加，出水 TP 浓度也有相应提高。在阶段 IV、阶段 V 和阶段 VI 的稳定期，UMSR 进水和出水的 TP 分别平均为 7.8 mg/L 和 3.3 mg/L、9.7 mg/L 和 4.6 mg/L、18.0 mg/L 和 6.2 mg/L，去除率分别稳定在 57.5%、52.5%和 65.8%左右，出水 TP 浓度均能满足国家《畜禽养殖业污染物排放标准》的要求。

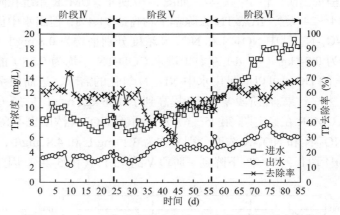

图 5-31　UMSR 在出水回流比为 30 条件下的 TP 去除率

5.3.2.4　UMSR 在出水回流比为 25 下的运行特征

如 5.3.2.3 节所述的研究表明，在出水回流比为 30 条件下的三个运行阶段（阶段 IV、阶段 V 和阶段 VI），当 UMSR 系统达到相对稳定运行状态后，只有 OLR 为 1.36 kg/（m³·d）的阶段 VI 的出水 NH$_4^+$-N 不能满足国家《畜禽养殖业污染物排放标准》（GB 18596－2001）的要求。在较高进水负荷条件下，将出水回流比进一步降低并维持为 25，继续运行 UMSR 系统 35 d。在该运行阶段，即如表 5-7 所示的阶段 VII，其 OLR 和 NLR 分别为 1.02 kg/（m³·d）和 1.10 kg/（m³·d）左右，进水 COD/TN 平均为 0.93，进水水质详见表 5-6（阶段 VII）。如图 5-32 至图 5-36 所示的 COD 和 TP 去除率、进水和出水 pH，以及 NH_4^+-N 和 TN 去除率变化规律表明，UMSR 系统在阶段Ⅶ的运行中，自第 21 天达到相对稳定状态。

1）COD 及 TP 的去除

如图 5-32 所示，在阶段Ⅶ，干清粪养猪场废水的 COD 波动较大，但 UMSR 系统表现出了良好的抗负荷冲击能力，始终保持着较高的 COD 去除率。在第 21~35 天的相对稳定运行期，UMSR 的进水和出水 COD 分别平均为 345 mg/L 和 58 mg/L，去除率维持在 83.3%左右的较高水平。经过阶段Ⅶ的运行，UMSR 系统中的生物量有了进一步提高，其 MLVSS 达到了 5.76 g/L。生物量的增长，提高了系统对 TP 的去除能力。如图 5-33 所示，在为期 15 d 的稳定运行时期，UMSR 进水和出水的 TP 分别为 15.2 mg/L 和 5.0 mg/L 左右，去除率平均为 67.0%。

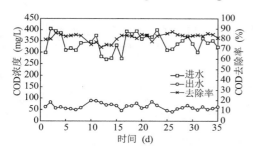 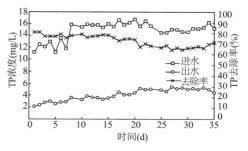

图 5-32　UMSR 在出水回流比为 25 条件下的　　图 5-33　UMSR 在出水回流比为 25 条件下的
　　　　　　COD 去除率　　　　　　　　　　　　　　　TP 去除率

2）氨氮及总氮的去除

如图 5-34 所示，在阶段Ⅶ的运行中，UMSR 的进水和出水 pH 分别位于 7.0~8.0 和 8.1~8.7 区间，适宜于硝化菌群和反硝化菌群的生长代谢[11, 12]。在该运行阶段，UMSR 系统的 OLR 较高，为 1.02 kg/（m³·d）左右（进水 COD/TN 平均为 0.93）。由于有机碳源充足，异养菌群的生长代谢对自养的 AOB 和 NOB 的竞争抑制作用较强，加之出水回流比降低造成的 DO 减少，使 UMSR 系统对 NH_4^+-N 的氧化能力受到了很大限制。如图 5-35 所示，在阶段Ⅶ的相对稳定运行期，UMSR 进水和出水的 NH_4^+-N 分别平均为 297.5 mg/L 和 139.9 mg/L，NH_4^+-N 去除率平均只有 53.0%。

NH_4^+-N 氧化能力的不足，限制了 UMSR 系统对 TN 的去除效率。如图 5-36 所示，在第 21~35 天的稳定运行期，UMSR 的进水和出水 TN 分别平均 364.6 mg/L 和 142.9 mg/L，TN 去除率为 60.8%左右。水质检测发现，在阶段Ⅶ的整个运行过程中，UMSR 系统中并没有明显的 NO_2^--N 和 NO_3^--N 积累，稳定运行期平均出水浓度分别只有 1.3 mg/L 和 1.7 mg/L。以上结果表明，在 OLR 和 NLR 分别为 1.02 kg/（m³·d）

和 1.10 kg/（m³·d）左右（进水 COD/TN 平均为 0.93）的情况下，干清粪养猪场废水经 UMSR 系统的处理，其出水 COD 和 TP 可以满足《畜禽养殖业污染物排放标准》的要求，但 NH₄⁺-N 超标严重。

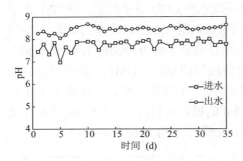

图 5-34　UMSR 在出水回流比为 25 条件下的进水和出水 pH　　图 5-35　UMSR 在出水回流比为 25 条件下的 NH₄⁺-N 去除率

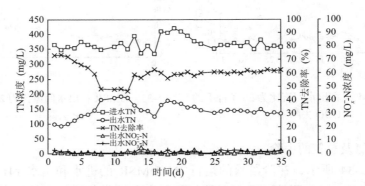

图 5-36　UMSR 在出水回流比为 30 条件下的 TN 去除率与出水 NO$_x^-$-N 变化

5.3.3　出水回流比阈值分析

如 5.1 节所述，本研究用于处理干清粪养猪场废水的 UMSR 系统，其微氧状态（DO≤1 mg/L）是通过反应器出水的曝气和回流实现的，回流水的 DO 控制在 3 mg/L 左右。因此，出水回流比的下降，将改变 UMSR 系统内的 DO 水平，并可能进一步影响到目标污染物的去除效能，甚至不能满足《畜禽养殖业污染物排放标准》（GB 18596－2001）的要求。如 5.3.2 节所述的研究表明，出水回流比对 UMSR 系统的运行特征和处理效能有较大影响，而这一影响还与干清粪养猪场废水水质（主要是 COD/TN）变化有密切关联。总体而言，进水 COD/TN 越低，UMSR 系统的处理效能越好。对 5.3.2.1 节至 5.3.2.4 节所述的研究结果进行对比分析可以发现，即便是在出水回流比高达 45 时，只要进水

COD/TN 大于 1，UMSR 系统的生物脱氮效果就不理想。在 UMSR（R1）系统污泥驯化期的最后一个阶段（表 5-3 中阶段Ⅴ），以及出水回流比调控运行的七个阶段（表 5-7）中，有四个阶段的进水 COD/TN 小于且接近于 1，分别是污泥驯化期的阶段Ⅴ（表 5-3），以及出水回流比调控运行中的阶段Ⅲ、阶段Ⅴ和阶段Ⅶ（表 5-7），其进水 COD/TN 分别为 0.84、0.94、0.82 和 0.93，出水回流比分别为 45、35、30 和 25。对 UMSR 系统在这四个阶段的相对稳定期的运行数据进行归纳和总结，结果如表 5-8 所示。

表 5-8　UMSR 在不同出水回流比条件下的主要污染物去除效率

		污泥驯化期 [a]	出水回流比调控运行期 [b]		
		阶段Ⅴ	阶段Ⅲ	阶段Ⅴ	阶段Ⅶ
	出水回流比	45	35	30	25
	进水 COD/TN	0.84±0.10	0.94±0.12	0.82±0.06	0.93±0.11
NH_4^+-N	进水负荷 [kg/（$m^3 \cdot d$）]	0.88±0.04	0.88±0.04	0.91±0.05	0.89±0.03
	去除负荷 [kg/（$m^3 \cdot d$）]	0.76±0.04	0.68±0.03	0.66±0.04	0.47±0.02
	进水（mg/L）	292.1±13.2	293.8±13.0	302.5±15.2	297.5±10.6
	出水（mg/L）	40.2±7.0	66.4±6.4	81.3±5.6	139.9±7.4
	去除率（%）	86.2±2.5	77.4±1.8	73.1±1.3	53.0±1.4
TN	进水负荷 [kg/（$m^3 \cdot d$）]	1.07±0.05	1.09±0.05	1.09±0.06	1.09±0.04
	去除负荷 [kg/（$m^3 \cdot d$）]	0.94±0.05	0.87±0.04	0.82±0.06	0.67±0.02
	进水（mg/L）	357.7±16.1	362.0±16.2	363.6±21.0	364.6±12.7
	出水（mg/L）	45.8±8.4	72.5±5.9	89.2±5.4	142.9±7.3
	去除率（%）	87.2±2.5	80.0±1.5	75.4±1.4	60.8±1.1
COD	进水负荷 [kg/（$m^3 \cdot d$）]	0.92±0.10	1.03±0.09	0.84±0.08	1.04±0.09
	去除负荷 [kg/（$m^3 \cdot d$）]	0.72±0.10	0.89±0.09	0.63±0.07	0.86±0.06
	进水（mg/L）	308±35	342±31	281±27	345±28
	出水（mg/L）	68±9	45±5	71±11	58±11
	去除率（%）	77.9±3.1	86.9±1.8	74.5±3.8	83.3±2.3

续表

		污泥驯化期 [a]	出水回流比调控运行期 [b]		
		阶段 V	阶段 III	阶段 V	阶段 VII
TP	进水负荷 [kg/(m³·d)]	0.03±0.00	0.04±0.00	0.03±0.00	0.05±0.00
	去除负荷 [kg/(m³·d)]	0.01±0.00	0.03±0.00	0.02±0.00	0.03±0.00
	进水（mg/L）	9.5±0.4	12.7±1.0	9.6±0.6	15.2±0.6
	出水（mg/L）	5.1±0.4	2.1±0.3	4.7±0.4	5.0±0.3
	去除率（%）	46.8±3.4	83.5±1.7	50.3±5.5	67.0±2.1

a：污泥培养与驯化的最后一个运行阶段，即表 5-3 所示的阶段 V；b：污泥驯化完成后的调控运行阶段，即表 5-7 所示的阶段 III、阶段 V 和阶段 VII。

由表 5-8 可知，虽然出水回流比的降低，对 UMSR 系统的 COD 和 TP 去除率有明显的影响，但其平均去除率始终可以分别保持在 74.5% 和 46.8% 以上，出水浓度完全满足《畜禽养殖业污染物排放标准》的要求。然而，在出水回流比≤30的工况下，UMSR 系统对 $NH_4^+\text{-}N$ 和 TN 的去除率显著降低，甚至不能满足《畜禽养殖业污染物排放标准》的要求。分析认为，出水回流比的降低，显著减少了由回流水向 UMSR 内的供氧量，AOB 的生长代谢因此受到了越来越强的抑制，使 $NH_4^+\text{-}N$ 去除率呈现出随出水回流比降低而下降的规律。而 $NH_4^+\text{-}N$ 氧化能力的下降，意味着作为反硝化反应电子受体的 $NO_x\text{-}N$ 越来越少，因而使 UMSR 系统的 TN 去除效率也表现出随出水回流比降低而有所下降的规律。

在污泥培养和驯化的最后一个阶段，即表 5-2 和表 5-3 所示的阶段 V，UMSR 的进水 COD/TN 和出水回流比分别为 0.84 和 45。在该工况下，UMSR 系统对 $NH_4^+\text{-}N$ 和 TN 的去除效果非常理想，出水浓度显著低于《畜禽养殖业污染物排放标准》的要求。在出水回流比调控运行的阶段 V（表 5-6 和表 5-7），尽管进水 COD/TN 同为 0.84 左右，由于出水回流比降低到了 30，使 UMSR 系统的 $NH_4^+\text{-}N$ 和 TN 去除率有了显著下降，出水 $NH_4^+\text{-}N$ 已略高于《畜禽养殖业污染物排放标准》要求的 80 mg/L。并在出水回流比调控运行的阶段 III 和阶段 VII，UMSR 的进水 COD/TN 较高，分别为 0.94 和 0.93 左右。在进水 COD/TN 几乎相同的情况下，UMSR 系统在出水回流比为 35 的阶段 III，其出水 $NH_4^+\text{-}N$ 和 TN 分别平均为 66.4 mg/L 和 72.5 mg/L，完全满足《畜禽养殖业污染物排放标准》的要求。而当回流比降低为 25 后，UMSR 系统出水的 $NH_4^+\text{-}N$ 和 TN 分别平均为 139.9 mg/L 和 142.9 mg/L，距国家要求的排放标准相去甚远。

干清粪养猪场废水中的 TN，主要以 $NH_4^+\text{-}N$ 的形式存在。在 UMSR 系统中，干清粪养猪场废水中的 $NH_4^+\text{-}N$ 最终通过生物脱氮方式得以去除。依据表 5-8 所示的数据，处理干清粪养猪场废水的 UMSR 系统，在 TN 去除率≥78%时，其出水 TN≤80 mg/L，并可以保障出水 NH_4^+-N 的达标。以出水回流比为横坐标，以 NH_4^+-N 去除率、TN 去除率和 TN 去除负荷率(removed total nitrogen loading rate，RNLR)为纵坐标作图，并分别进行二次多项式拟合。如图 5-37 所示的拟合结果说明，TN 去除率 78%对应的回流比为 32.5，对应的 NH_4^+-N 去除率为 75.3%，RNLR 可达 0.86 kg/($m^3\cdot$d)。也就是说，在 COD/TN<1 的进水条件下，将出水回流比控制在≥32.5 的水平，即可保证 UMSR 的出水 NH_4^+-N 满足《畜禽养殖业污染物排放标准》要求的 80 mg/L，并获得比较理想的生物脱氮效果。

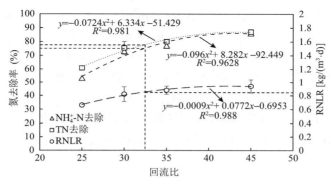

图 5-37　UMSR 系统脱氮效能与出水回流比的关系

5.4　废水碳氮比对 UMSR 处理效能的影响及控制策略

如 5.3 节所述的研究结果表明，出水回流比对 UMSR 系统的处理效能，尤其是 NH_4^+-N 氧化和 TN 去除能力有很大影响。5.4.1 节的研究结果表明，将出水回流比控制在≥32.5 的水平，即可保证 UMSR 系统在处理干清粪养猪场废水时，其出水 COD、NH_4^+-N、TN 和 TP 均可满足《畜禽养殖业污染物排放标准》(GB 18596－2001)的要求。但这一出水回流比阈值，仅适用于进水 COD/TN<1 的水质条件。因此，对于 COD/TN≥1 的干清粪养猪场废水，必须进行一定的预处理，将其 COD/TN 降低到 1 以下后，方可再由 UMSR 系统处理，以保证获得良好的 NH_4^+-N 和 TN 去除效果。基于 UMSR 系统的调控运行数据，本节重点讨论了进水 COD/TN 对 UMSR 系统处理效能的影响，并就干清粪养猪场废水 COD/TN 的控制方法进行了探讨。

5.4.1　废水碳氮比对 UMSR 处理效果的影响

根据 5.3.3 节的分析结果，采用 UMSR 系统处理干清粪养猪场废水时，必须将出水回流比控制在 32.5 及以上水平方能确保废水 NH_4^+-N 或 TN 的达标排放，但要求进水 COD/TN<1。因此，选取出水回流比在 32.5 以上的运行阶段，探讨进水 COD/TN 对 UMSR 系统处理效能的影响。研究样本包括污泥培养与驯化期的最后一个阶段，即表 5-2 和表 5-3 所示的阶段Ⅴ，以及出水回流比调控运行的阶段Ⅰ、阶段Ⅱ和段Ⅲ（表 5-6 和表 5-7）。这四个运行阶段的出水回流比分别为 45、45、35 和 35，进水 COD/TN 分别为 0.84、1.24、0.43 和 0.94。依照进水 COD/TN 依次提高的顺序，表 5-9 归纳总结了 UMSR 在上述四个阶段稳定运行期的目标污染物去除情况。

从表 5-9 所示的结果可以看出，四个运行阶段的进水 NH_4^+-N 和 TN 浓度变化不大，在 HRT 8 h 下的 NLR 均为 1.10 kg/（$m^3 \cdot d$）左右，但 OLR 相差悬殊，在进水 COD/TN 为 0.43 的运行阶段仅为 0.43 kg/（$m^3 \cdot d$）左右，而在进水 COD/TN 为 1.24 的运行阶段高达 1.42 kg/（$m^3 \cdot d$）左右。可见，干清粪养猪场废水的 COD/TN 变化，主要是由于废水中有机污染物的浓度改变所致。由进水 COD 升高导致的 OLR 增加，会刺激化能异养微生物的增殖代谢，有利于提高 UMSR 系统的 COD 去除负荷，但同时也会抑制 AOB 和 NOB 等硝化菌群，以及 AnAOB 的生长代谢[19]。因此，随着进水 COD/TN 的升高，UMSR 系统的 NH_4^+-N 氧化能力和 TN 去除效能都呈现出了下降趋势。

表 5-9　UMSR 在不同 COD/TN 条件下的污染物去除效率（出水回流比 > 32.5）

		阶段Ⅱ[a]（调控运行期）	阶段Ⅴ[b]（污泥驯化期）	阶段Ⅲ[c]（调控运行期）	阶段Ⅰ[d]（调控运行期）
	进水 COD/TN	0.43±0.08	0.84±0.10	0.94±0.12	1.24±0.12
	回流比值	35	45	35	45
	系统内 DO（mg/L）	0.5±0.2	0.5±0.1	0.5±0.1	0.5±0.2
NH_4^+-N	进水负荷[kg/（$m^3 \cdot d$）]	0.90±0.06	0.88±0.04	0.88±0.04	0.90±0.06
	去除负荷[kg/（$m^3 \cdot d$）]	0.84±0.05	0.76±0.04	0.68±0.03	0.62±0.03
	进水（mg/L）	298.9±18.7	292.1±13.2	293.8±13.0	301.3±18.8
	出水（mg/L）	20.2±5.5	40.2±7.0	66.4±6.4	94.7±7.5
	去除率（%）	93.3±1.6	86.2±2.5	77.4±1.8	68.6±0.7
TN	进水负荷[kg/（$m^3 \cdot d$）]	1.10±0.07	1.07±0.05	1.09±0.05	1.11±0.07
	去除负荷[kg/（$m^3 \cdot d$）]	1.03±0.06	0.94±0.05	0.87±0.04	0.81±0.04
	进水（mg/L）	365.5±23.0	357.7±16.1	362.0±16.2	369.5±22.7
	出水（mg/L）	22.0±5.9	45.8±8.4	72.5±5.9	100.8±8.0
	去除率（%）	94.0±1.4	87.2±2.5	80.0±1.5	72.7±0.6

续表

		阶段Ⅱ[a]（调控运行期）	阶段Ⅴ[b]（污泥驯化期）	阶段Ⅲ[c]（调控运行期）	阶段Ⅰ[d]（调控运行期）
COD	进水负荷[kg/（m³·d）]	0.43±0.07	0.92±0.10	1.03±0.09	1.42±0.10
	去除负荷[kg/（m³·d）]	0.33±0.06	0.72±0.10	0.89±0.09	1.12±0.12
	进水（mg/L）	143±24	308±35	342±31	474±33
	出水（mg/L）	33±7	68±9	45±5	100±17
	去除率（%）	77.1±2.9	77.9±3.1	86.9±1.8	78.8±4.1
TP	进水负荷[kg/（m³·d）]	0.03±0.00	0.03±0.00	0.04±0.00	0.04±0.00
	去除负荷[kg/（m³·d）]	0.02±0.00	0.01±0.00	0.03±0.00	0.03±0.00
	进水（mg/L）	8.5±0.5	9.5±0.4	12.7±1.0	14.1±1.19
	出水（mg/L）	3.1±0.2	5.1±0.4	2.1±0.3	3.8±0.48
	去除率（%）	64.2±1.9	46.8±3.4	83.5±1.7	73.1±1.5

　　a：出水回流比调控运行的阶段Ⅱ，即表 5-6 和表 5-7 所示的阶段Ⅱ；b：污泥培养与驯化的最后一个运行阶段，即表 5-2 和表 5-3 所示的阶段Ⅴ；c：出水回流比调控运行的阶段Ⅲ，即表 5-6 和表 5-7 所示的阶段Ⅲ；d：出水回流比调控运行的阶段Ⅰ，即表 5-6 和表 5-7 所示的阶段Ⅰ。

　　在进水 COD/TN 为 0.43、0.84 和 0.94 的工况下，UMSR 系统的 TN 去除率分别为 94.0%、87.2% 和 80.0% 左右，出水 NH_4^+-N 浓度满足《畜禽养殖业污染物排放标准》不大于 80 mg/L 的要求。然而，进水 COD/TN 为 1.24 的工况下，尽管 UMSR 系统的 COD 去除率仍然高达 78.8% 左右，出水平均浓度也只有 100 mg/L，但 NH_4^+-N 和 TN 的平均去除率分别为 68.6% 和 72.7%，出水浓度分别达到了 94.7 mg/L 和 100.8 mg/L，已不能满足《畜禽养殖业污染物排放标准》的要求。表 5-9 所示的结果还表明，在出水回流比不小于 35 的条件下，即便干清粪养猪场废水的 COD/TN 在 0.43～1.24 范围内有较大变化，UMSR 系统也能保持良好的 TP 去除率，最高出水浓度也只有 5.1 mg/L 左右，满足《畜禽养殖业污染物排放标准》不大于 8.0 mg/L 的要求。

5.4.2　废水碳氮比阈值分析

5.4.2.1　废水碳氮比与出水回流比交互作用对生物脱氮效果的影响

　　在 HRT 8 h 和 35℃ 的条件下，以厌氧活性污泥为接种物的 UMSR（R1）系统，在经过以较高 COD/TN 废水为进水的污泥培养（参见 5.2.1 节）和以稀释原水为进水的污泥驯化（参见 5.2.2 节）后，开始以原水为进水继续运行。为探讨废水 COD/TN 对 UMSR 系统生物脱氮效能的影响，选择 UMSR 系统在如表 5-10 所示的 8 个连续运行阶段稳定期的数据，利用响应曲面法对系统在进水 COD/TN 和回流比影响下的 NH_4^+-N 和 TN 去除率以及出水 TN 浓度等进行分析。分析中，以出水回流比（X_1）和进水 COD/TN（X_2）两个参数为自变量，以 UMSR 系统的 NH_4^+-N 去除率（Y_1）、TN 去除率（Y_2）和出水 TN 浓度（Y_3）为响应值。其中，X_1 的设置范围为 0～50，X_2 的设置范围为 0～2。采用的响应曲面回归模型如式（5-1）所示[48]。

$$Y_i = \beta_0 + \beta_1 X_1 + \beta_2 X_2 + \beta_{12} X_1 X_2 + \beta_{11} X_1^2 + \beta_{22} X_2^2 \qquad （5-1）$$

式中，X_1 和 X_2 分别为回流比和进水 COD/TN 的实测值，Y_i 为响应值，β_0 为常数项，β_1 和 β_2 为线性系数，β_{12} 为 X_1 与 X_2 的交互系数，β_{11} 和 β_{22} 分别为 X_1 和 X_2 的二次项系数。

表 5-10　UMSR 系统在 8 个连续运行阶段稳定期的特征参数及数值（平均值）

运行阶段	DO（mg/L）	NH_4^+-N 去除率（%）	TN 去除率（%）	RNLR [kg/（$m^3\cdot d$）]	出水 NH_4^+-N（mg/L）	出水 TN（mg/L）
V [a]	0.5	86.2	87.2	0.94	40.2	45.8
I [b]	0.5	68.6	72.7	0.81	94.7	100.8
II [b]	0.5	93.3	94.0	1.03	20.2	22.0
III [b]	0.5	77.4	80.0	0.87	66.4	72.5
IV [b]	0.4	92.4	91.4	0.93	22.9	29.2
V [b]	0.4	73.1	75.4	0.82	81.3	89.2
VI [b]	0.4	48.4	53.0	0.61	164.4	177.1
VII [b]	0.4	53.0	60.8	0.67	139.9	142.9

　　a：污泥培养与驯化的最后一个运行阶段，即表 5-2 和表 5-3 所示的阶段 V；b：出水回流比调控运行的各阶段，即表 5-6 和表 5-7 所示的阶段 I ～阶段 VII。

　　利用 Design Expert 8.0.6 软件（Stat-Ease Inc., Minneapolis，USA）对表 5-10 所示的实验数据进行回归分析，得到如下二次回归方程：

$$Y_1 = -25.40 + 6.89X_1 - 45.93X_2 + 1.02X_1X_2 - 0.092X_1^2 - 18.95X_2^2 \qquad （5-2）$$

$$Y_2 = 6.70 + 4.99X_1 - 35.22X_2 + 1.00X_1X_2 - 0.068X_1^2 - 21.82X_2^2 \qquad （5-3）$$

$$Y_3 = 328.20 - 17.82X_1 + 135.13X_2 - 4.34X_1X_2 + 0.25X_1^2 + 93.12X_2^2 \qquad （5-4）$$

　　对上述 3 个方程进行方差分析和系数显著性检验，结果表明，Y_1、Y_2 和 Y_3 回归方程的方差比率（F）分别为 88.41、210.34 和 179.17，可能性>F 的伴随概率 P 均<0.05，表明回归方程（5-2）、方程（5-3）和方程（5-4）对实验数据的拟合性较好，其决定系数 R^2 分别为 0.9842、0.9934 和 0.9922，说明这 3 个回归方程能分别解释 98.42%、99.34%和 99.22%响应值变化，将其用于 UMSR 系统脱氮效能的

分析和预测是可靠的。

由方程（5-2）、方程（5-3）和方程（5-4）可知，Y_1、Y_2 及 Y_3 与 X_1 的线性系数分别为 6.89、4.99 和−17.82，其 P 值均小于 0.05，分别为 0.0450、0.0273 和 0.0355；而与 X_2 的线性系数分别为−45.93、−35.22 和 135.13，其 P 值均大于 0.05，分别为 0.1304、0.0754 和 0.0847。以上结果表明，NH_4^+-N 去除率、TN 去除率和出水 TN 浓度均受出水回流比的影响更加显著。对于 Y_1、Y_2 及 Y_3，X_1 和 X_2 的交互项（X_1X_2）系数分别为 1.02、1.00 和−4.34，其 P 值也都大于 0.05，分别为 0.2174、0.0884 和 0.0799，表明出水回流比和进水 COD/TN 对 UMSR 系统 NH_4^+-N 去除、TN 去除率和出水 TN 浓度的交互作用不够显著。

5.4.2.2　基于废水碳氮比的出水回流比控制

如表 5-1 所示，在本章相关研究过程中，干清粪养猪场废水的 TN 高达 270.3～438.9 mg/L，其中的 NH_4^+-N 为 237.1～374.7 mg/L。鉴于干清粪养猪场废水的 TN 主要由 NH_4^+-N 组成，以及 UMSR 对 NH_4^+-N 去除主要是通过生物脱氮方式实现（参见 5.2 节和 5.3 节），为满足《畜禽养殖业污染物排放标准》对出水 NH_4^+-N≤80 mg/L 的要求（对出水 TN 没有明确规定）[49]，设定出水 TN 的最大值为 80 mg/L，利用 Design Expert 软件，考察在微氧条件下（DO 为 0.5 mg/L 左右），废水 COD/TN 在 0.01～2.00、出水回流比在 0～50 范围变化时对 UMSR 系统生物脱氮效果的影响，结果如表 5-11 所示。

如表 5-11 所示的分析结果表明，对于 COD/TN 超过 1.12 的干清粪养猪场废水，仅依靠出水回流比的调控，无法满足 UMSR 系统出水 TN≤80 mg/L 的要求。而对于 COD/TN≤1.12 的废水，通过出水回流比的调控，均能使 UMSR 系统的出水 TN 和 NH_4^+-N≤80 mg/L。如表 5-11 所示，在 DO 为 0.5 mg/L 左右的微氧条件下，当进水 COD/TN≤0.40 时，将出水回流比控制在 20 左右（19.18～22.27），UMSR 系统的出水 TN 即可满足不大于 80 mg/L 的要求。对于 COD/TN 为 0.50 左右的废水，为满足出水 TN≤80 mg/L 的要求，须将出水回流比提高至 25 左右

表 5-11　出水 TN≤80 mg/L 时的出水回流比和进水 COD/TN 预测结果

序号	回流比	回流比均值	进水 COD/TN	出水 TN（mg/L）	NH_4^+-N 去除率（%）	TN 去除率（%）
1	19.18		0.03	80.0	72.1	76.9
2	19.80		0.11	80.0	71.9	76.9
3	20.51	20.72	0.19	80.0	71.8	76.9
4	21.82		0.31	80.0	72.0	77.0
5	22.27		0.35	80.0	72.0	76.9

序号	回流比	回流比均值	进水 COD/TN	出水 TN（mg/L）	NH$_4^+$-N 去除率（%）	TN 去除率（%）
6	24.27	24.96	0.49	80.0	72.7	77.1
7	25.65		0.58	80.0	73.0	77.1
8	29.27		0.76	80.0	74.3	77.4
9	30.39	30.13	0.81	80.0	74.5	77.3
10	30.74		0.82	80.0	74.8	77.5
11	35.93		0.99	80.0	75.6	77.5
12	36.15	36.30	0.99	80.0	75.9	77.8
13	36.81		1.01	80.0	75.8	77.6
14	38.93		1.05	80.0	76.0	77.7
15	41.67		1.09	80.0	75.7	77.7
16	43.58		1.11	80.0	75.1	77.4
17	44.33		1.11	80.0	75.1	77.5
18	44.91		1.12	80.0	74.6	77.1
19	45.46	45.15	1.12	80.0	74.4	77.1
20	46.16		1.11	80.0	74.5	77.4
21	47.04		1.11	80.0	74.1	77.2
22	47.37		1.11	80.0	73.8	77.1
23	48.29		1.10	80.0	73.5	77.1
24	48.95		1.09	80.0	73.3	77.1

（24.27～25.65）。如果干清粪养猪场废水的 COD/TN 处于 0.76～0.82 之间，出水回流比则应进一步提高至 30 左右（29.27～30.74）。对于 COD/TN 为 1.00 左右的废水，须将回流比提高至 36 左右才能使 UMSR 系统出水 TN 满足排放要求。当干清粪养猪场废水的 COD/TN 大于 1 但不超过 1.12 时，须将出水回流比提高到 45 左右（38.93～48.95）才能保证出水 TN 的达标。

5.4.2.3　废水碳氮比阈值的验证

通过 NH$_4^+$-N 去除率、TN 去除率和出水 TN 浓度的响应曲面分析，得出了用于预测 UMSR 系统生物脱氮性能和运行状况的方程[式（5-2）、式（5-3）和式（5-4）]。为了验证方程的可靠性，选择如表 5-7 所示的出水回流比同为 30 的阶段Ⅳ、阶段Ⅴ和阶段Ⅵ为研究样本，以各阶段稳定期的运行控制参数和脱氮效果对 5.4.2.2 节获得的碳氮比阈值进行验证。

如表 5-11 所示的预测结果表明，在进水 COD/TN 为 0.76～0.82 的范围内，将出水回流比控制在 30 左右，UMSR 系统的出水 TN 为 80 mg/L，TN 和 NH_4^+-N 去除率分别为 77.4% 和 74.5%。根据 5.3.2.3 节的研究结果，处理干清粪养猪场废水的 UMSR 系统，在 TN 去除率 ≥77% 时，其出水 TN 为 80 mg/L，可以保障出水 NH_4^+-N 的达标[49]。以进水 COD/TN 为变量（x），对 UMSR 系统的 NH_4^+-N 去除率、TN 去除率和 RNLR 进行二次多项式拟合，得到了如式（5-5）、式（5-6）和式（5-7）所示的方程。计算结果表明，TN 去除率 77% 对应的进水 COD/TN 为 0.78，对应的 NH_4^+-N 去除率为 75.0%，与表 5-11 的预测结果非常吻合，证明式（5-2）、式（5-3）和式（5-4）对 UMSR 系统生物脱氮效果的预测是可靠的。

$$NH_4^+\text{-N 去除率} = -13.653x^2 - 25.09x + 102.87 \quad\quad (5\text{-}5)$$

$$TN\ \text{去除率} = -16.057x^2 - 15.128x + 98.622 \quad\quad (5\text{-}6)$$

$$RNLR = -0.2392x^2 + 0.0459x + 0.9433 \quad\quad (5\text{-}7)$$

5.4.3　干清粪养猪场废水碳氮比的调控策略

5.4.3.1　废水预处理的必要性及技术选择

有关出水回流比对 UMSR 系统处理效能影响的研究（参见 5.3 节）表明，在 HRT 8 h、35℃ 和出水回流比不小于 30 的工况下，只要干清粪养猪场废水的 COD/TN<1，即可获得比较理想的 COD、NH_4^+-N、TN 和 TP 去除效果，出水均能满足《畜禽养殖业污染物排放标准》（GB 18596−2001）的要求。如 5.4.2 节所述的有关废水碳氮比阈值的分析（参见 5.4.2 节）表明，为保障干清粪养猪场废水的达标排放，尤其是出水 NH_4^+-N 的达标率，UMSR 系统进水的 COD/TN 不宜大于 1.12。然而，如表 5-1 所示，受生猪养殖周期和季节变化的影响，干清粪养猪场废水的水质变化较大，其 COD/TN 可高达 3.36。对于 COD/TN>1.12 的干清粪养猪场废水，经 UMSR 系统处理后，虽然 COD 与 TP 可满足《畜禽养殖业污染物排放标准》的要求，但 NH_4^+-N 或 TN（主要由 NH_4^+-N 贡献）无法达到排放标准。为实现对 COD/TN>1.12 的干清粪养猪场废水的有效 NH_4^+-N 氧化和 TN 去除，必须采取适当的预处理措施，将其 COD/TN 降低到 1.12 以下。

SBR 是目前最为常见的废水生物处理技术之一，具有工艺简单、占地省、效率高、耐冲击负荷能力强和运行方式灵活等优点[50-55]。因此，笔者课题组拟定了以 SBR 作为预处理单元的 SBR-UMSR 综合处理工艺路线，拟通过 SBR 的预处理，将干清粪养猪场废水中的"过量"COD 去除，使其 COD/TN 降低到 1 以下，以保证 UMSR 系统的 NH_4^+-N 氧化和 TN 去除效能。

5.4.3.2 SBR 预处理技术的可行性

为验证采用 SBR 对 COD/TN>1 的干清粪养猪废水进行预处理的可行性，笔者课题组构建了一套有效容积为 18.5 L 的 SBR 处理系统，并在室温（20～26℃）条件下进行了启动和调控运行。用于 SBR 启动的接种污泥，为哈尔滨市某污水处理厂的二沉池活性污泥。SBR 启动后，首先在曝气时间为 30～60 min 条件下对接种污泥进行 7 个运行周期的培养驯化，使其处理效果（主要是 COD 去除）达到相对稳定。在污泥驯化后的调控运行中，SBR 运行周期为：进水 5 min，曝气 0～360 min，沉淀 60 min，排水（10.5 L）10 min。其中，曝气时间根据干清粪养猪场废水 COD 浓度及实验设计进行预设，反应系统中的 DO 控制在 2.0 mg/L 左右。在 SBR 每个运行周期开始前，均通过排泥的方式将系统中的 MLVSS 控制在 3.15 g/L 左右。在此基础上，考察了曝气时间对废水 COD/TN 以及 NH_4^+-N 氧化程度的影响。实验研究结果表明，采用 SBR 对干清粪养猪场废水的 COD/TN 进行调控，是有效且方便易行的。在此，仅列举几个实验结果，以说明 SBR 预处理的有效性和可行性。

表 5-12 所示为 SBR 在处理 COD 和 COD/TN 分别为 467 mg/L 和 1.24 的干清粪养猪场废水时，目标污染物随曝气时间改变而变化的规律。结果表明，在曝气处理的前 70 min 内，系统中的 COD 从初始的 467 mg/L 下降到了 178 mg/L，废水的 COD/TN 也随之从 1.24 降低到了 0.46。当曝气时间超过 70 min 后，废水中的 COD 随曝气时间的延续而呈现出缓慢上升的态势，废水的 COD/TN 也随之升高。在曝气处理的最初 70 min 内，系统中的 NH_4^+-N 和 TN 并无显著变化。虽然 NO_2^--N 有积累趋势，但其浓度较低，只有 4.0 mg/L。由表 5-12 可知，对于 COD/TN 为 1.24 的干清粪养猪场废水，将 SBR 的曝气时间控制为 40 min 即可将废水的 COD/TN 降低到 1.12 以下，符合微氧生物处理系统进水 COD/TN<1.12 的要求。此

表 5-12　干清粪养猪场废水（COD/TN 为 1.24）目标污染物浓度随 SBR 曝气时间的变化规律

曝气时间（min）	COD（mg/L）	NH_4^+-N（mg/L）	NO_2^--N（mg/L）	NO_3^--N（mg/L）	TN（mg/L）	COD/TN
0	467	374.7	0.1	0.5	375.3	1.24
40	247	365.1	0.3	0.3	365.7	0.67
70	178	384.1	4.0	0.2	388.3	0.46
130	210	307.1	52.0	1.1	360.1	0.58
190	236	305.7	88.0	1.7	395.4	0.60
250	268	241.0	125.9	2.2	369.0	0.73
310	278	151.2	156.4	2.2	309.8	0.90
360	315	136.7	168.8	3.1	308.6	1.02

时，废水的 COD/TN 为 0.67，其 COD、NH$_4^+$-N、NO$_x^-$-N 和 TN 分别为 247 mg/L、365.1 mg/L、0.6 mg/L 和 365.7 mg/L。

利用 SBR 系统处理 COD 和 TN 浓度分别为 535 mg/L 和 275.8 mg/L 的干清粪养猪场废水（COD/TN 为 1.94）时，目标污染物浓度随曝气时间的变化情况如表 5-13 所示。在曝气处理的前 30 min，废水 COD 浓度迅速下降至 273 mg/L，但 NH$_4^+$-N、TN 浓度变化不大，亦无 NO$_x^-$-N 积累，COD/TN 降至 1.05。在曝气时间达到 60 min 时，废水 COD 浓度和 COD/TN 分别进一步降低至 261 mg/L 和 0.86。在此情况下，进一步延长曝气时间，COD 浓度仍然会逐步降低，但变化缓慢。根据表 5-13 所示的数据，在处理 COD/TN 为 1.94 的干清粪养猪场废水时，将 SBR 的曝气时间控制为 45 min 左右，即可将废水的 COD/TN 降低到 1.12 以下，并可避免 NH$_4^+$-N 的过度氧化。

表 5-13　干清粪养猪场废水（COD/TN 为 1.94）目标污染物浓度随 SBR 曝气时间的变化规律

曝气时间（min）	COD（mg/L）	NH$_4^+$-N（mg/L）	NO$_2^-$-N（mg/L）	NO$_3^-$-N（mg/L）	TN（mg/L）	COD/TN
0	535	275.4	0.1	0.3	275.8	1.94
30	273	259.7	0.0	0.6	260.3	1.05
60	216	250.1	0.1	0.4	250.6	0.86
90	193	254.1	0.1	0.5	254.7	0.76
120	163	253.8	0.2	0.8	254.7	0.64

对于 COD/TN 更高的干清粪养猪场废水，通过 SBR 曝气处理时间的控制，同样可以实现 COD 的有效去除并避免 NH$_4^+$-N 的过度氧化。如表 5-14 所示，对于 COD 和 COD/TN 分别为 840 mg/L 和 3.36 的干清粪养猪场废水，在 SBR 曝气处理的前 75 min，废水 COD 从初始的 840 mg/L 下降到了 258 mg/L，而废水的 COD/TN 也随之从 3.36 减少到了 1.09。在后续的曝气处理中，系统中的 COD 随曝气时间的延续而呈现出缓慢上升的态势，废水的 COD/TN 也随之提高。在曝气处理的最初 75 min 内，SBR 系统中的 NH$_4^+$-N 有所降低，从初始的 249.2 mg/L 降低到了 206.6 mg/L，TN 也从 250.0 mg/L 下降到了 237.1 mg/L。此时，系统中出现了明显的 NO$_2^-$-N 积累，但其浓度也只有 29.6 mg/L。说明 75 min 的曝气时间可将原水的 COD/TN 降低到 1.12 左右，并不会使的 NH$_4^+$-N 过量氧化，达到了预处理的目标。

综上所述，采用 SBR 对 COD/TN>1.12 的干清粪养猪场废水予以预处理，通过曝气时间的调控，均可将废水的 COD/TN 降低到 1.12 以下，且不发生 NH$_4^+$-N 的过度氧化，满足 UMSR 系统取得良好 NH$_4^+$-N 氧化和生物脱氮效果的进水要求。对于 SBR 的调控，除了如表 5-12 至表 5-14 所示的曝气时间外，还应适当控制活性

污泥的有机负荷，具体为：当干清粪养猪场废水的 COD、TN 和 COD/TN 分别处于
300～600 mg/L、200～300 mg/L 和 1.5～2.0 范围时，SBR 预处理系统的污泥去除负
荷应控制在 1.4～1.6 kg COD/（kg MLSS·d）范围；对于 COD、TN 和 COD/TN 分
别为 700～1000 mg/L、200～300 mg/L 和 2.0～3.5 的干清粪养猪场废水，SBR 的
污泥去除负荷应控制在 2.0～2.3 kg COD/（kg MLSS·d）范围。由于干清粪养
猪场废水的水质水量变化较大，在 SBR 的日常运行管理中，应根据系统活性
污泥增长情况合理调整排泥量和排泥周期，使 SBR 预处理系统内的生物量处
于 2.50～3.00 g MLSS/L 之间。SBR 运行周期中的沉淀时间，应根据污泥沉降性
能予以适时调整，确保出水水质的同时，避免好氧污泥絮体进入后续的 UMSR
系统。

表 5-14 干清粪养猪场废水（COD/TN 为 3.36）目标污染物浓度随 SBR 曝气时间的变化规律

曝气时间（min）	COD（mg/L）	NH_4^+-N（mg/L）	NO_2^--N（mg/L）	NO_3^--N（mg/L）	TN（mg/L）	COD/TN
0	840	249.2	0.3	0.5	250.0	3.36
30	555	231.2	0.4	0.1	231.7	2.39
75	258	206.6	29.6	0.9	237.1	1.09
115	280	173.4	44.9	1.4	219.7	1.27
175	308	143.0	75.2	2.1	220.3	1.40
235	324	104.2	98.2	2.2	204.6	1.59

5.5 UMSR 处理系统的碳氮同步去除机制

废水生物处理系统的污染物去除效率和运行稳定性，与活性污泥的生物多样
性及微生物群落结构有着紧密联系[2, 56, 57]。与好氧活性污泥处理系统或厌氧生物
处理系统相比，微氧生物处理系统具有更为复杂的微生物群落结构[3, 58]。对于
UMSR 系统微生物群落结构的阐明，可以从微生物学角度深入了解微氧生物处理
系统对目标污染物去除的生物学机制，为系统的调控运行提供指导。

5.5.1 出水回流比与进水碳氮比影响下的群落演替

5.5.1.1 出水回流比影响下的群落结构变化

如 5.3.3 节所述，为研究出水回流比对 UMSR 系统处理效能，尤其是对 NH_4^+-N
氧化和 TN 去除能力的影响，选择了 UMSR 的四个运行阶段进行分析和讨论。
这四个运行阶段分别是：UMSR 启动与污泥培养的最后阶段，即表 5-2 和表 5-3

所示的阶段Ⅴ；表 5-6 和表 5-7 所示的出水回流比调控运行的阶段Ⅲ、阶段Ⅴ和阶段Ⅶ。如表 5-8 所示，这四个运行阶段的进水 COD/TN 均小于且接近于 1，分别为 0.84、0.94、0.82 和 0.93 左右，但出水回流比依次降低，分别为 45、35、30 和 25。结果发现，出水回流比对 UMSR 系统去除干清粪养猪场废水目标污染物的效率有显著影响。在这四个运行阶段的稳定期，从 UMSR 系统中采集活性污泥样品，分别编号为 S_{R1-V}、S_3、S_5 和 S_7。对上述 4 个污泥样品分别提取总 DNA，并对其进行高通量测序分析。

1）菌群多样性分析

基于微生物宏基因组分类测序报告，得到如表 5-15 所示的结果。当出水回流比从 45 下降到 35 后，UMSR 系统活性污泥的微生物丰度指数 Chao 1 和 ACE 分别从 S_{R1-V} 的 12481 和 18929.92 升高到了 S_3 的 12728 和 19749.52。在出水回流比进一步降低至 30 后，S_5 的 Chao 1 和 ACE 指数又有了显著提高，分别达到了 15204 和 23992.14。但是，在出水回流比仅为 25 的运行阶段，S_7 的 Chao 1 和 ACE 指数出现了大幅下降，分别只有 2619 和 3112.58。在上述 4 个不同出水回流比条件下，UMSR 系统中，代表微生物多样性的 Shannon 指数分别为 6.83、6.63、6.92 和 5.68。

表 5-15　UMSR 系统在不同出水回流比下的菌群丰度和多样性

阶段（回流比）	污泥样品	序列数		丰度与多样性指数（97%相似度）				
		原始（个）	待测（个）	OTUs（个）	Chao 1	ACE	Shannon	覆盖率（%）
Ⅴ[a]（45）	S_{R1-V}	41342	41328	5632	12481	18929.92	6.83	90.92
Ⅲ[b]（35）	S_3	36383	36373	5211	12728	19749.52	6.63	90.62
Ⅴ[b]（30）	S_5	37906	37882	6542	15204	23992.14	6.92	88.48
Ⅶ[b]（25）	S_7	19515	19512	1459	2619	3112.58	5.68	96.43

a：污泥培养与驯化的最后一个运行阶段，即表 5-2 和表 5-3 所示的阶段Ⅴ；b：污泥驯化完成后的调控运行阶段，即表 5-6 和表 5-7 所示的阶段Ⅲ、阶段Ⅴ和阶段Ⅶ。

如表 5-8 所示，在出水回流比为 45 的工况下，UMSR 系统对 NH_4^+-N 和 TN 的去除效率（分别平均为 86.2%和 87.2%）要高于其他三个阶段，但是，系统内的种群丰度和微生物多样性并不是最高的（表 5-15）。这可能是由于在较高出水回流比（45）条件下，系统内的 DO 较高，一方面促进了好氧和兼性菌群的生长，另一方面抑制了厌氧菌群的生长。当出水回流比下降至 25 时，UMSR 系统的 NH_4^+-N 和 TN 去除率大幅降低至 53.0%和 60.8%左右（表 5-8），S_7 的种群丰度和微生物群落多样性也达到最低（表 5-15），其主要原因可能是较低的出水回流比（25）降低了 UMSR 系统内的 DO，进而抑制了好氧微生物的生长。总之，过高或过低的出水回流比，都会降低 UMSR 系统的微生物多样性，有可能进一步导致活性污泥微生物群落自平衡能力或系统运行稳定性的降低。比较而言，出水回流比为 35 和 30 的运行条件，可以使 UMSR 系统获得较好的菌群丰度和相对复杂的微生物群落结构，从而具备良好的抵抗冲击负荷能力，并保持较好的目标污染物去除效果。

2）菌门和菌纲水平的聚类分析

从菌门和菌纲水平对 S_{R1-V}、S_3、S_5 和 S_7 四个活性污泥样品进行的微生物群落聚类分析结果表明，出水回流比对 UMSR 系统活性污泥微生物群落结构的影响是非常显著的。如图 5-38 所示，Proteobacteria 是 UMSR 系统活性污泥中最主要的菌门，在 S_{R1-V}、S_3、S_5 和 S_7 微生物群落中的占比（相对丰度）分别达到了 46.15%、47.71%、42.96% 和 49.88%。Firmicutes 和 Bacteroidetes 也有显著优势度，在 S_{R1-V}、S_3、S_5 和 S_7 中的相对丰度分别为 16.94% 和 10.34%、13.37% 和 7.73%、13.99% 和 10.07% 以及 16.18% 和 16.15%。随着出水回流比的阶段性降低，某些菌门的相对丰度表现出了较为明显的变化规律，如 Chlorobi，其相对丰度在出回流比 45、35、30 和 25 工况下，从 0.44% 依次提高为 2.4%、2.24% 和 3.25%。

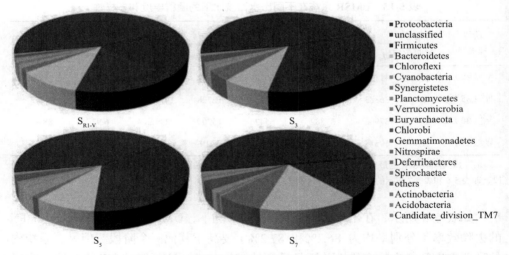

图 5-38　UMSR 系统在不同出水回流比条件下的优势菌门

S_{R1-V} 为启动与污泥驯化阶段 V 的污泥样品；S_3、S_5 和 S_7 分别为出水回流比调控运行阶段Ⅲ、阶段 V 和阶段Ⅶ的污泥样品

在优势最为显著的菌门 Proteobacteria 中，菌纲 β-Proteobacteria 的相对丰度最高，在 S_{R1-V}、S_3 和 S_7 中的占比分别为 18.12%、21.46% 和 28.47%（图 5-39）。而

在 S_5 中，最为显著的菌纲是 γ-Proteobacteria，所占比例为 14.64%。研究表明，具有脱氮除磷功能的细菌，大多分布于 β-Proteobacteria 和 γ-Proteobacteria 中[30]。

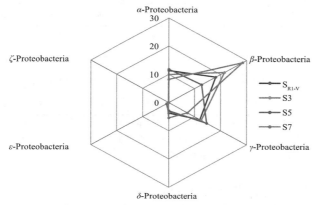

图 5-39　在不同出水回流比条件下 Proteobacteria 菌门的菌纲聚类分析

5.5.1.2　进水碳氮比影响下的群落结构变化

如表 5-9 所示的研究结果表明，将 UMSR 的出水回流比控制在 32.5 以上，方能获得良好的 NH_4^+-N 氧化和 TN 去除效果，可以保障出水的达标排放。为了解干清粪养猪场废水 COD/TN 对 UMSR 系统微生物群落结构的影响，在如表 5-9 所示的四个运行阶段稳定期（进水 COD/TN 分别为 0.84、1.24、0.43 和 0.94），分别从 UMSR 中采集活性污泥样品（标号依次为 S_{R1-V}、S_1、S_2 和 S_3），并对其进行微生物宏基因组分类测序分析。

1）菌群多样性分析

如表 5-16 所示，在进水 COD/TN 分别为 0.43、0.84、0.94 和 1.24 的运行阶段，从对应的活性污泥样品 S_2、S_{R1-V}、S_3 和 S_1 中检测到的原始序列分别为 53006、41342、36383 和 19655，经纯化获取的待测序列数分别为 52986、41328、36373 和 19651，从中确定的 OTUs 分别为 7464、5632、5211 和 1432。在出水回流比同为 35 的两个运行阶段（进水 COD/TN 分别为 0.43 和 0.94），其活性污泥的菌群丰度指数 Chao 1 分别为 17584 和 12728，ACE 分别为 27973.98 和 19749.52；而出水回流比同为 45 的两个运行阶段（进水 COD/TN 分别为 0.84 和 1.24），其指数 Chao 1 和 ACE 分别为 12481 和 18929.92 与 2326 和 2876.95。可见，在出水回流比相同的条件下，进水 COD/TN 的增加，会显著降低 UMSR 系统的菌群丰度。而表征活性污泥菌群多样性的 Shannon 指数，在出水回流比同为 35 的两个运行阶段分别为 6.87 和 6.63，在出水回流比同为 45 的两个运行阶段则分别为 6.83 和 5.34，同样表现出随进水 COD/TN 升高而下降的规律。

表 5-16 UMSR 系统在不同 COD/TN 下的菌群丰度和多样性

阶段（COD/TN）	回流比	污泥样品	序列数		丰度与多样性指数（97%相似度）				
			原始（个）	待测（个）	OTUs（个）	Chao 1	ACE 数	Shannon	覆盖率（%）
II a（0.43）	35	S₂	53006	52986	7464	17584	27973.98	6.87	90.25
V b（0.84）	45	S_{R1-V}	41342	41328	5632	12481	18929.92	6.83	90.92
III c（0.94）	35	S₃	36383	36373	5211	12728	19749.52	6.63	90.62
I d（1.24）	45	S₁	19655	19651	1432	2326	2876.95	5.34	96.72

a：出水回流比调控运行的阶段 II，即表 5-6 和表 5-7 所示的阶段 II；b：污泥培养与驯化的最有一个运行阶段，即表 5-2 和表 5-3 所示的阶段 V；c：出水回流比调控运行的阶段 III，即表 5-6 和表 5-7 所示的阶段 III；d：出水回流比调控运行的阶段 I，即表 5-6 和表 5-7 所示的阶段 I。

2）菌门和菌纲水平的菌群聚类分析

在出水回流比相同的条件下，进水 COD/TN 的改变也会对 UMSR 系统活性污泥微生物群落结构产生显著影响。如图 5-40 所示，在不同 COD/TN 条件下，Proteobacteria 始终是 UMSR 系统中优势度最高的菌门，在 S₂、S_{R1-V}、S₃ 和 S₁ 中均大量存在，而且相对丰度相似，分别为 42.88%、46.15%、47.71%和 42.35%。从其他菌门的变化情况来看，在进水 COD/TN 分别为 0.43、0.84 和 0.94 的运行阶段（COD/TN 均不超过 1.12），S₂、S_{R1-V} 和 S₃ 在微生物群落结构上并未表现出明

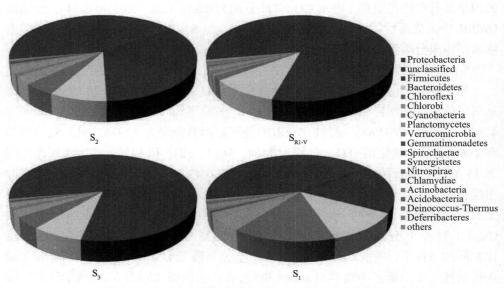

图 5-40 UMSR 系统在不同 COD/TN 条件下的优势菌门

显变化。然而，在进水 COD/TN 为 1.24 的运行阶段，活性污泥（S_1）的微生物菌群结构出现了明显变化。如，Chloroflexi 菌门在 S_2、S_{R1-V} 和 S_3 的相对丰度分别 4.84%、1.85% 和 4.57%，而在 S_1 中则高达 15.58%。相反，Cyanobacteria 菌门在 S_2、S_{R1-V} 和 S_3 中的相对丰度分别为 1.10%、1.30% 和 1.30%，但在 S_1 中仅为 0.05%。此外，在 S_1 中检出的 Actinobacteria（1.49%）和 Acidobacteria（1.14%）菌门，在 S_2、S_{R1-V} 和 S_3 中却都未检出。

具有脱氮除磷功能的细菌，大多分布于 β-和 γ-Proteobacteria 菌纲，它们是 UMSR 系统脱氮除磷功能的微生物学基础[30]。如图 5-41 所示，优势最为显著的菌门 Proteobacteria，主要菌纲包括 α-、β-和 γ-Proteobacteria 菌纲，其中，β-Proteobacteria 的优势度最为显著，在 S_2、S_{R1-V}、S_3 和 S_1 中的相对丰度分别为 15.25%、18.12%、21.46% 和 25.16%。α-Proteobacteria 在四个污泥样品中的相对丰度分别为 9.93%、11.38%、9.95% 和 6.00%，γ-Proteobacteria 分别为 12.28%、12.08%、12.57% 和 5.46%。

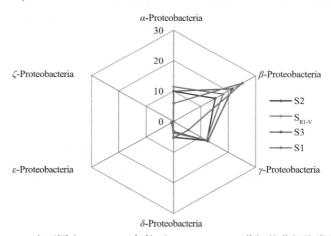

图 5-41　在不同出 COD/TN 条件下 Proteobacteria 菌门的菌纲聚类分析

5.5.2　功能菌群变化与 UMSR 系统处理效能的关系

为明晰 UMSR 系统对干清粪养猪场废水碳氮磷去除的微生物学机制，对不同出水回流比条件下的污泥样品 S_{R1-V}、S_3、S_5 和 S_7，以及不同 COD/TN 条件下的污泥样品 S_2、S_3、S_{R1-V} 和 S_1 中的功能菌群（菌属）进行了辨析，并就它们的变化与 UMSR 系统处理效能的关系进行了分析。

5.5.2.1　COD 去除的微生物学基础

如图 5-42 所示，化能异养细菌是 UMSR 系统中优势度最为显著的菌群，在 S_{R1-V}、S_3、S_5 和 S_7 中的相对丰度分别高达 19.06%、16.14%、19.31% 和 18.93%。

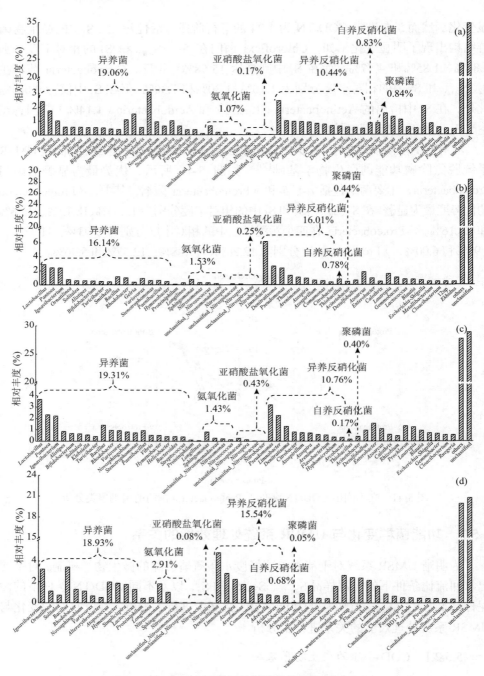

图 5-42 UMSR 系统活性污泥的菌属组成（Ⅰ）

（a）为启动与污泥驯化阶段Ⅴ的污泥样品 S_{R1-V}；（b）、（c）、（d）分别为出水回流比调控运行阶段Ⅲ、阶段Ⅴ和阶段Ⅷ的污泥样品 S_3、S_5 和 S_7

其中包括了大量专性好氧菌群，如 *Variovorax*[59]、*Novosphingobium*[60, 61]、
Stenotrophomonas[62] 和 *Altererythrobacter*[63] 等。在出水回流比分别为 45、35、30
和 25 的运行阶段,这些专性好氧菌群在活性污泥中的相对丰度分别为 4.66%（ S_{R1-V} ）、
1.50%（ S_3 ）、2.46%（ S_5 ）和 2.27%（ S_7 ）。分析认为，随着出水回流比的不断降
低，UMSR 系统中的 DO 相应减少，使这些专性好氧菌群的增殖代谢受到了越来
越强的抑制，导致其数量的逐渐减少，但仍然能够保持 1.50% 以上的优势度。大
量异养菌群尤其是代谢迅速的好氧菌群的大量存在，保证了干清粪养猪场废水
COD 在 UMSR 系统中的高效去除。因此，在进水 COD/TN 为 0.82～0.94 条件下，
即便是回流比由 45 阶段性低降低到了 25,UMSR 系统仍能保持74.5% 以上的 COD
去除率（表 5-8）。同样，如图 5-43 和图 5-44 所示，在出水回流比为 35 或 45 的
运行阶段，化能异养菌在 UMSR 系统活性污泥中始终占据绝对优势地位，其在
S_2、S_3、S_{R1-V} 和 S_1 中的相对丰度分别高达 25.32%、20.04%、19.40% 和 19.30%，
因此使 UMSR 系统始终保持了 77.1% 以上的 COD 去除率（表 5-9）。

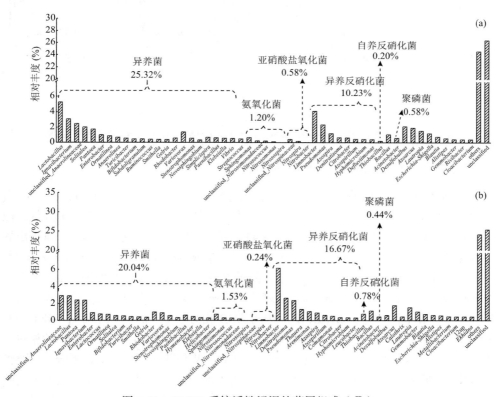

图 5-43　UMSR 系统活性污泥的菌属组成（Ⅱ）

（a）和（b）分别为出水回流比调控运行阶段Ⅱ和阶段Ⅲ的污泥样品 S_2 和 S_3

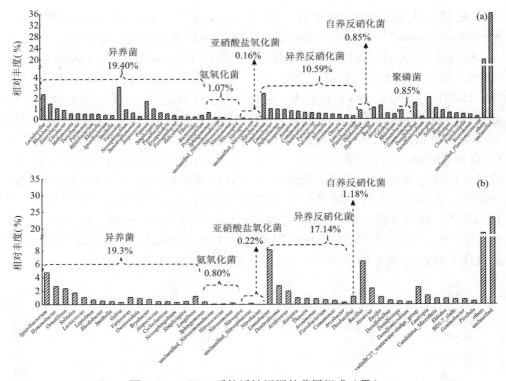

图 5-44　UMSR 系统活性污泥的菌属组成（Ⅲ）

(a)为启动与污泥驯化阶段 V 的污泥样品 $S_{R1\text{-}V}$；(b)为出水回流比调控运行阶段 Ⅰ 的污泥样品 S_1

5.5.2.2　NH$_4^+$-N 去除的微生物学基础

包括 AOB 和 NOB 在内的硝化菌群，也是对 DO 有高度依赖性的好氧微生物，由于自养代谢的特征，其生长较化能异养微生物缓慢[64]。但是，出水回流比的降低，似乎对这两类菌群的影响并不显著。如图 5-43 所示，从 UMSR 系统活性污泥中辨析出的 AOB 菌属主要有 *Sphingomonas*[33]、unclassified_*Nitrosomonadaceae*[34]、*Nitrosococcus*[35]、*Nitrosomonas*[65]和 *Nitrosospira*[66]，NOB 菌属主要包括 unclassified_*Nitrospinaceae*[67]、*Nitrospira*[37]、unclassified_*Nitrospiraceae*[68]和 *Nitrobacter*[38]。在出水回流比为 45、35、30 和 25 的条件下，$S_{R1\text{-}V}$、S_3、S_5 和 S_7 中的 AOB 相对丰度分别为 1.07%[图 5-42（a）]、1.53%[图 5-42（b）]、1.43%[图 5-42（c）]和 2.91%[图 5-42（d）]，而 NOB 的相对丰度分别为 0.17%、0.25%、0.43%和 0.08%。以上结果表明，对于 UMSR 系统，只要将系统中的 DO 控制在 1.00 mg/L 以下，无论出水回流比如何变化，系统中总会有丰富的 AOB 存在，因而表现出了良好的 NH$_4^+$-N 去除效能（表 5-8）。而 AOB 相对丰度显著高于 NOB 相对丰度的客观存在，有利于 NO$_2^-$-N 的生成和积累，为 UMSR 系统建立 Anammox 生物脱氮途径奠定了基础。

在进水 COD/TN 分别为 0.43、0.84、0.94 和 1.24 的四个运行阶段（表 5-9），
UMSR 系统的活性污泥中，也存在较多硝化菌群（图 5-43、图 5-44）。在出水回
流比同为 35，而进水 COD/TN 分别为 0.43 和 0.94 的两个运行阶段，硝化菌群
（AOB 和 NOB）在 UMSR 系统活性污泥中的相对丰度分别为 1.78%[图 5-43（a）]
和 1.77%[图 5-43（b）]；而在出水回流比同为 45，进水 COD/TN 分别为 0.84
和 1.24 的两个运行阶段，硝化菌群的相对丰度分别为 1.23%[图 5-44（a）]和
1.02%[图 5-44（b）]。分析认为，在出水回流比相同的条件下，进水 COD/TN
的升高，会促进异养微生物的生长，进而抑制硝化菌群的生长代谢，导致 UMSR
系统的 NH_4^+-N 去除率呈现出随进水 COD/TN 增加而降低的变化规律（表 5-9）[4, 44]。

5.5.2.3 TN 去除的微生物学基础

大量好氧微生物的存在，其旺盛生长代谢会消耗大量 DO，很容易在 UMSR 系
统中形成缺氧和厌氧微环境，为各类厌氧微生物的滋生创造了条件，其中也包括了
厌氧的反硝化菌群。如图 5-42 所示，在出水回流比为 45 的运行阶段，在 S_{R1-V} 中检
测 到 12 个 以 上 的 异 养 反 硝 化 菌 属，如 *Limnobacter*[69]、*Pseudomonas*[70] 和
Denitratisoma[71] 等，它们在 UMSR 系统活性污泥中的总体相对丰度高达 10.44% 左右
[图 5-42（a）]。当出水回流比降低到 35 及其以下水平后，活性污泥中的异养反硝化
菌属的优势度更加显著，在 S_3、S_5 和 S_7 中的占比分别达到了 16.01%[图 5-42（b）]、
10.76%[图 5-42（c）]和 15.54%[图 5-42（d）]。除了异养反硝化菌属，在 UMSR
系统中还检测到了自养反硝化菌属，如 *Thiobacillus*[72]。该菌属在 UMSR 系统活
性污泥中的相对丰度，在出水回流比为 45 时（S_{R1-V}）为 0.83%，当出水回流比降
低到 35 及其以下水平后，其相对丰度有了显著下降，在 S_3、S_5 和 S_7 中分别为
0.78%[图 5-42（b）]、0.17%[图 5-42（c）]和 0.68%[图 5-42（d）]。

在 S_2、S_3、S_{R1-V} 和 S_1 中，同样检测到了较高丰度的反硝化菌群（图 5-43、图 5-44）。
在出水回流比同为 35，但进水 COD/TN 分别为 0.43 和 0.94 的两个运行阶段，异养反
硝化菌群在 UMSR 系统活性污泥中的相对丰度分别为 10.23%[图 5-43（a）]和
16.67%[图 5-43（b）]，自养反硝化菌群的相对丰度分别为 0.20% 和 0.78%；在出
水回流比同为 45，但进水 COD/TN 分别为 0.84 和 1.24 的两个运行阶段，异养反
硝化菌群的比例分别为 10.59%[图 5-44（a）]和 17.14%[图 5-44（b）]，而自养反
硝化菌群的相对丰度分别为 0.85% 和 1.18%。可见，UMSR 系统中的反硝化菌群，
随着进水 COD/TN 升高呈现出增加趋势。然而，如表 5-9 所示，在出水回流比相
同的条件下，随着进水 COD/TN 的增加，UMSR 系统的 TN 去除能力反而呈现出
下降趋势。依据已知的生物脱氮理论，废水生物处理系统的生物脱氮机制，除了
全程硝化反硝化、短程硝化反硝化外，还有 AnAOB 催化的 Anammox[25, 73]。已有
的研究表明，Anammox 无须有机碳源，反应迅速，相对于全程硝化反硝化或短

程硝化反硝化脱氮更加高效[74, 75]。然而，AnAOB 的代谢活性，受 COD/TN 的影响显著，较高的 COD/TN 会对其产生显著抑制作用[19]。据此推断，在 UMSR 系统中，除全程硝化反硝化、短程硝化反硝化途径之外，还存在 Anammox 生物脱氮作用。

综上所述，微氧环境（DO<1 mg/L）的控制，在 UMSR 系统内创造了丰富的微环境，无论是好氧菌群还是厌氧菌群，也无论是化能异养菌群还是化能自养菌群，都能共存于同一污泥相中，丰富的生物多样性和复杂的微生物群落结构，奠定了碳氮磷同步去除的微生物学基础。在 UMSR 系统中，存在复杂的生物脱氮机理，通过微生物群落结构解析，可以确定全程硝化反硝化、短程硝化反硝化和自养反硝化都是重要的生物脱氮途径。这些共存的生物脱氮途径，对于 UMSR 系统生物脱氮效能的贡献有待进一步分析（参见 5.5.3 节）。

5.5.3 碳氮同步去除机制综合分析

如 5.5.2 节所述，在处理高 NH_4^+-N、低 C/N 干清粪养猪场废水的 UMSR 系统中，存在好氧氨氧化、亚硝酸盐氧化、异养反硝化和厌氧氨氧化等多种氨氮转化和脱氮作用。为全面了解微氧生物处理系统的碳氮同步去除机制，依据出水水质满足《畜禽养殖业污染物排放标准》的运行阶段的数据，对 UMSR 系统的生物脱氮途径做进一步的综合分析。这些运行阶段包括 UMSR 系统启动与污泥驯化的最后阶段（即表 5-2 和表 5-3 所示的阶段 V），以及出水回流比调控运行的阶段 II、阶段 III、阶段 IV 和阶段 V（即对应于表 5-6 和表 5-7 的各阶段）。这五个运行阶段的出水回流比分别为 45、35、35、30 和 30，NLR 分别平均为 1.07 kg/（m^3·d）、1.10 kg/（m^3·d）、1.09 kg/（m^3·d）、1.02 kg/（m^3·d）和 1.09 kg/（m^3·d），进水 COD/TN 比分别为 0.84、0.43、0.94、0.35 和 0.82。

根据 UMSR 系统的运行数据以及活性污泥微生物群落结构分析结果，可以描绘出如图 5-45 所示的四种 NH_4^+-N 转化和脱氮途径[22, 76]。包括：①氮素的同化作用，即活性污泥微生物通过吸收和细胞合成对氮素（N）的转化作用，这一生物过程需要有机或无机碳源；②全程硝化反硝化脱氮作用，即通过 $NH_4^+ \rightarrow NO_2^- \rightarrow NO_3^- \rightarrow NO_2^- \rightarrow N_2$ 途径的生物脱氮过程，去除 1 g N 需要 2.86 g COD；③短程硝化反硝化脱氮作用，即通过 $NH_4^+ \rightarrow NO_2^- \rightarrow N_2$ 途径的生物脱氮过程，去除 1 g N 需要 1.72 g COD；④厌氧氨氧化脱氮作用，即 NH_4^+ 氧化和 NO_2^- 还原过程，这是一种自养脱氮反应，不需要有机碳源作为电子供体。有机废水中的 NH_4^+-N，在生物脱氮处理系统中，也可能以 N_2O 的形式被去除[77-80]。根据对有机碳源需求较少的 NO_2^- 还原反应，通过 N_2O 途径，去除 1 g N 需要 1.14 g COD[81]。研究表明，NO_3^- 和 NO_2^- 经过反硝化作用，最终生成 N_2O 的比例，受处理系统的 pH 影响显著[77, 82]。在 pH 6.0 条件下，20%～40%的 NO_3^- 以 N_2O 的形式被去除；pH 上升到 6.5 时，这一比例会下降到 0～30%；而在 pH 7.0～9.0 的范围，所有的 NO_3^- 将以 N_2 的形式去除。在本节研究选择的 UMSR 系统的 5 个运行阶段稳定期，其进水和出水 pH 平均分别为 8.0 和 8.3（图 5-9）、8.1 和 8.0（图 5-20）、7.7 和 8.2（图 5-26）、8.1 和 7.9（图 5-28）以及 7.9 和 8.3（图 5-34）。因此，UMSR 系统产生 N_2O 的可能性很低，其生物脱氮主要以生成并释放 N_2 方式完成。

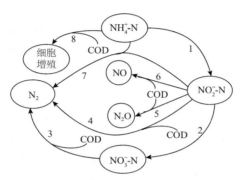

图 5-45　UMSR 系统的氨转化和脱氮途径

1.好氧氨氧化；2.NO_2^-氧化；3.NO_3^-还原，去除 1 g N 需要 2.86 g COD；4.NO_2^-还原生成 N_2，去除 1 g N 需要 1.72 g COD；5.NO_2^-还原生成 N_2O，去除 1 g N 需要 1.14 g COD；6.NO_2^-还原生成 NO，去除 1 g N 需要 0.57 g COD；7.厌氧氨氧化；8.细胞合成

相对于好氧生物处理系统，微氧生物处理系统活性污泥的生长相对缓慢，且在各阶段的稳定运行期保持相对稳定，因此，在分析 UMSR 系统生物脱氮途径对 TN 去除率贡献时，忽略生物合成即氮素同化作用[83]。由于干清粪养猪场废水的 TN 主要由 NH_4^+-N 贡献（表 5-1），假设 UMSR 系统所去除的 COD 全部用于 NH_4^+氧化产生的 NO_3^- 或 NO_2^-的还原脱氮，基于图 5-45 所示的氮素转化和脱氮途径及其对 COD 的理论需求，可以分别计算出以 N_2 为最终产物的 NO_3^- 还原或 NO_2^-还原对 UMSR 系统 NH_4^+ 去除率的理论最大值，这一最大值与 UMSR 系统 NH_4^+ 去除率的差值，则是 UMSR 系统所具有的通过 Anammox 作用去除的 NH_4^+最低值[22, 76, 81]。表 5-17 所示的结果表明，在 UMSR 系统启动与污泥驯化的最后阶段（表 5-2 和表 5-3 所示的阶段 V），以及出水回流比调控运行的阶段 II、阶段 III、阶段 IV 和阶段 V（对应于表 5-6 和表 5-7 的各阶段），通过 NO_2^-或 NO_3^- 还原代谢的 NH_4^+ 去除率，均远远低于通过 Anammox 途径的 NH_4^+ 去除率，而通过 NO_2^-还原代谢的 NH_4^+ 去除率显著高于通过 NO_3^-还原代谢的去除率。这一结果再次证明，在处理干清粪养猪场废水的 UMSR 系统中，部分氨氧化-Anammox（PA/N）是最为主要的生物脱氮途径，短程硝化反硝化也发挥着一定作用，而全程硝化反硝化的作用则十分有限[84, 85]。

表 5-17　UMSR 系统的 NH$_4^+$-N 去除途径与效能分析结果

参数（稳定期的平均值）		阶段 V^a	阶段 II^b	阶段 III^b	阶段 IV^b	阶段 V^b
回流比		45	35	35	30	30
进水 COD/TN		0.84	0.43	0.94	0.35	0.82
进水 pH		8.0	8.1	7.7	8.1	7.9
出水 pH		8.3	8.1	8.2	7.9	8.3
COD 负荷[kg/（m^3·d）]		0.92	0.43	1.03	0.34	0.84
NH$_4^+$-N 负荷[kg/（m^3·d）]		0.88	0.90	0.88	0.91	0.91
COD 去除率（%）		77.9	77.1	86.9	66.2	74.5
NH$_4^+$-N 去除率（%）		86.2	93.3	77.4	92.4	73.1
COD 去除负荷[kg/（m^3·d）]		0.72	0.33	0.89	0.23	0.63
NH$_4^+$-N 去除负荷[kg/（m^3·d）]		0.76	0.84	0.68	0.84	0.66
经短程硝化反硝化途径的 NH$_4^+$-N 去除率（%）	理论最高值^c	18.6	8.3	23.0	5.8	15.8
	Anammox 的最低贡献	67.7	85.0	54.3	86.6	57.3
经全程硝化反硝化途径的 NH$_4^+$-N 去除率（%）	理论最高值^d	8.3	3.7	10.3	2.6	7.0
	Anammox 的最低贡献	78.0	89.6	67.0	89.7	66.1

　　a：UMSR 系统启动与污泥驯化的最后阶段，即表 5-2 和表 5-3 所示的阶段 V；b：UMSR 系统出水回流比调控运行的阶段 II、阶段 III、阶段 IV 和阶段 V，对应于表 5-6 和表 5-7 的各阶段；c：不考虑细胞合成，通过 NO$_2^-$-N 反硝化去除 1 g N 理论上需要消耗 1.72 g COD；d：不考虑细胞合成，通过 NO$_3^-$-N 反硝化去除 1 g N 理论上需要消耗 2.86 g COD。

　　依据表 5-17 所示的计算，可以对 UMSR 系统去除 NH$_4^+$-N 的途径给出一个大致的定量描述。干清粪养猪场废水的 NH$_4^+$-N 以 100% 计，有 73.1%～93.3% 被 UMSR 系统去除，出水残留量为 6.7%～26.9%。其中，至少有 54.3% 的 NH$_4^+$-N 是通过 PN/A 途径被去除，通过全程硝化反硝化和短程硝化反硝化作用去除的 NH$_4^+$-N，分别最多也不过 10.3% 和 23.0%。需要说明的是，如表 5-17 所示的计算结果，是在如下假设下获得的：①UMSR 系统所去除的 COD，全面用于了 NO$_3^-$ 或 NO$_2^-$ 的还原；②全程硝化反硝化和短程硝化反硝化不会同时发生，只有其中之一与 Anammox 共存。事实上，UMSR 系统中存在大量的其他异养微生物，去除的 COD 不可能都是 NO$_3^-$ 或 NO$_2^-$ 还原的贡献。而且，全程硝化反硝化或短程硝化反硝化也不是分别与 Anammox 共存。在三种脱氮途径共存的条件下，它们会对共同的底物（NH$_4^+$）和中间产物（NO$_2^-$）发生竞争，这种竞争作用势必会导致脱氮功能微生物群落的演替，进而影响 UMSR 系统的脱氮效能。因此，为通过优化控制进一步提高微氧活性污泥系统的 NH$_4^+$-N 和 TN 去除效能，有必要对 UMSR 系统中共存的

Anammox、短程硝化反硝化和全程硝化反硝化的相互作用规律及机制开展更为深入的研究。

参 考 文 献

[1] 孟佳. UMSR 处理高氨氮低 C/N 比养猪厂废水的效能与机制. 哈尔滨: 哈尔滨工业大学博士学位论文, 2016.

[2] Shu D, He Y, Yue H, et al. Microbial structures and community functions of anaerobic sludge in six full-scale wastewater treatment plants as revealed by 454 high-throughput pyrosequencing. Bioresource Technology, 2015, 186: 163-172.

[3] Zhou Z, Qiao W, Xing C, et al. A micro-aerobic hydrolysis process for sludge *in situ* reduction: Performance and microbial community structure. Bioresource Technology, 2014, 173: 452-456.

[4] Zhi W, Ji G. Quantitative response relationships between nitrogen transformation rates and nitrogen functional genes in a tidal flow constructed wetland under C/N ratio constraints. Water Research, 2014, 64: 32-41.

[5] Ren Y, Ngo H H, Guo W S, et al. New perspectives on microbial communities and biological nitrogen removal processes in wastewater treatment systems. Bioresource Technology, 2020, 297: 122491.

[6] Akutsu Y, Li Y-Y, Tandukar M, et al. Effects of seed sludge on fermentative characteristics and microbial community structures in thermophilic hydrogen fermentation of starch. International Journal of Hydrogen Energy, 2008, 33(22): 6541-6548.

[7] Meng J, Li J L, Li J Z, et al. Effect of seed sludge on nitrogen removal in a novel upflow microaerobic sludge reactor for treating piggery wastewater. Bioresource Technology, 2016, 216: 19-27.

[8] Deore R, Kumar R, Waqqas M, et al. Selecting suitable seed sludge for anammox enrichment: Role of influent characteristics and reactor operational conditions. Bioresource Technology, 2022, 347: 126719.

[9] Obaja D, Macé S, Costa J, et al. Nitrification, denitrification and biological phosphorus removal in piggery wastewater using a sequencing batch reactor. Bioresource Technology, 2003, 87(1): 103-111.

[10] Wang Y N, Zeng Y, Chai X, et al. Ammonia nitrogen in tannery wastewater: Distribution, origin and prevention. Journal of the American Leather Chemists Association, 2012, 107(2): 40-50.

[11] 杨洋, 左剑恶, 沈平, 等. 温度、pH 值和有机物对厌氧氨氧化污泥活性的影响. 环境科学, 2006, 27(4): 691-695.

[12] Yoo H, Ahn K H, Lee H J, et al. Nitrogen removal from synthetic wastewater by simultaneous nitrification and denitrification (SND) via nitrite in an intermittently-aerated reactor. Water Research, 1999, 33(1): 145-154.

[13] Virdis B, Rabaey K, Rozendal R A, et al. Simultaneous nitrification, denitrification and carbon removal in microbial fuel cells. Water Research, 2010, 44(9): 2970-2980.

[14] Hu Z, Lotti T, de Kreuk M, et al. Nitrogen removal by a nitritation-anammox bioreactor at low

temperature. Applied and Environmental Microbiology, 2013, 79 (8): 2807-2812.

[15] Chu L, Zhang X, Yang F, et al. Treatment of domestic wastewater by using a microaerobic membrane bioreactor. Desalination, 2006, 189 (1): 181-192.

[16] Yu Y-C, Gao D-W, Tao Y. Anammox start-up in sequencing batch biofilm reactors using different inoculating sludge. Applied Microbiology and Biotechnology, 2013, 97 (13): 6057-6064.

[17] Kuba T, van Loosdrecht M, Heijnen J. Phosphorus and nitrogen removal with minimal COD requirement by integration of denitrifying dephosphatation and nitrification in a two-sludge system. Water Research, 1996, 30 (7): 1702-1710.

[18] Meng J, Li J L, Li J Z, et al. Efficiency and bacterial populations related to pollutant removal in an upflow microaerobic sludge reactor treating manure-free piggery wastewater with low COD/TN ratio. Bioresource Technology, 2016, 201: 166-173.

[19] Zhang X, Zhang H, Ye C, et al. Effect of COD/N ratio on nitrogen removal and microbial communities of CANON process in membrane bioreactors. Bioresource Technology, 2015, 189: 302-308.

[20] van Dongen U, Jetten M S, van Loosdrecht M. The SHARON®-Anammox® process for treatment of ammonium rich wastewater. Water Sience and Tchnology, 2001, 44 (1): 153-160.

[21] Surmacz-Górska J, Cichon A, Miksch K. Nitrogen removal from wastewater with high ammonia nitrogen concentration via shorter nitrification and denitrification. Water Science and Technology, 1997, 36 (10): 73-78.

[22] Li H, Zhou S, Ma W, et al. Fast start-up of ANAMMOX reactor: Operational strategy and some characteristics as indicators of reactor performance. Desalination, 2012, 286: 436-441.

[23] He S B, Xue G, Wang B Z. Factors affecting simultaneous nitrification and denitrification (SND) and its kinetics model in membrane bioreactor. Journal of Hazardous Materials, 2009, 168 (2): 704-710.

[24] van Rijn J, Tal Y, Schreier H J. Denitrification in recirculating systems: Theory and applications. Aquacultural Engineering, 2006, 34 (3): 364-376.

[25] Jetten M S, Strous M, van de Pas-Schoonen K T, et al. The anaerobic oxidation of ammonium. FEMS Microbiology Reviews, 1999, 22: 421-437.

[26] Zhang C C, Guisasola A, Baeza J A. Achieving simultaneous biological COD and phosphorus removal in a continuous anaerobic/aerobic A-stage system. Water Research, 2021, 190: 116703.

[27] Zaman M, Kim M, Nakhla G. Simultaneous nitrification-denitrifying phosphorus removal (SNDPR) at low DO for treating carbon-limited municipal wastewater. Science of the Total Environment, 2021, 760: 143387.

[28] Zhang H, Sekiguchi Y, Hanada S, et al. *Gemmatimonas aurantiaca* gen. nov., sp. nov., a Gram-negative, aerobic, polyphosphate-accumulating micro-organism, the first cultured representative of the new bacterial phylum *Gemmatimonadetes* phyl. nov. International Journal of Systematic and Evolutionary Microbiology, 2003, 53 (4): 1155-1163.

[29] Meng J, Li J L, Li J Z, et al. The role of COD/N ratio on the start-up performance and microbial mechanism of an upflow microaerobic reactor treating piggery wastewater. Journal of

Environmental Management, 2018, 217: 825-831.

[30] Yang S, Guo W, Chen Y, et al. Simultaneous nutrient removal and reduction in sludge from sewage waste using an alternating anaerobic-anoxic-microaerobic-aerobic system combining ozone/ultrasound technology. RSC Advances, 2014, 4(95): 52892-52897.

[31] Windey K, de Bo I, Verstraete W. Oxygen-limited autotrophic nitrification-denitrification (OLAND) in a rotating biological contactor treating high-salinity wastewater. Water Research, 2005, 39(18): 4512-4520.

[32] Zheng D, Deng L W, Fan Z H, et al. Influence of sand layer depth on partial nitritation as pretreatment of anaerobically digested swine wastewater prior to anammox. Bioresource Technology, 2012, 104: 274-279.

[33] Zheng X S, Yang H, Li D T. Change of microbial populations in a suspended-sludge reactor performing completely autotrophic N-removal. World Journal of Microbiology & Biotechnology, 2005, 21(6-7): 843-850.

[34] Prosser J I, Head I M, Stein L Y. The Family *Nitrosomonadaceae*. *In*: Rosenberg E, et al. The Prokaryotes: Alphaproteobacteria and Betaproteobacteria. Berlin, Heidelberg: Springer, 2014: 901-918.

[35] Ward B, Perry M. Immunofluorescent assay for the marine ammonium-oxidizing bacterium *Nitrosococcus oceanus*. Applied and Environmental Microbiology, 1980, 39(4): 913-918.

[36] Igarashi N, Moriyama H, Fujiwara T, et al. The 2.8 Å structure of hydroxylamine oxidoreductase from a nitrifying chemoautotrophic bacterium, *Nitrosomonas europaea*. Nature Structural & Molecular Biology, 1997, 4(4): 276-784.

[37] Daims H, Nielsen P, Nielsen J, et al. Novel *Nitrospira*-like bacteria as dominant nitrite-oxidizers in biofilms from wastewater treatment plants: Diversity and in situ physiology. Water Science and Technology, 2000, 41(4-5): 85-90.

[38] Both G J, Gerards S, Laanbroek H J. Kinetics of nitrite oxidation in two *Nitrobacter* species grown in nitrite-limited chemostats. Archives of Microbiology, 1992, 157: 436-441.

[39] Barker P S, Dold P L. Denitrification behaviour in biological excess phosphorus removal activated sludge systems. Water Research, 1996, 30(4): 769-780.

[40] Wentzel M, Lötter L, Loewenthal R, et al. Metabolic behaviour of *Acinetobacter* spp. in enhanced biological phosphorus removal: A biochemical model. Water SA, 1986, 12(4): 209-224.

[41] Jin R, Yang G, Ma C, et al. Influence of effluent recirculation on the performance of Anammox process. Chemical Engineering Journal, 2012, 200: 176-185.

[42] Yuan Z, Oehmen A, Ingildsen P. Control of nitrate recirculation flow in predenitrification systems. Water Science and Technology, 2002, 45(4-5): 29-36.

[43] He L S, Liu H L, Xi B D, et al. Effects of effluent recirculation in vertical-flow constructed wetland on treatment efficiency of livestock wastewater. Water Science and Technology, 2006, 54(11-12): 137-146.

[44] Ji G, Zhi W, Tan Y. Association of nitrogen micro-cycle functional genes in subsurface wastewater infiltration systems. Ecological Engineering, 2012, 44: 269-277.

[45] Strous M, Kuenen J G, Jetten M S. Key physiology of anaerobic ammonium oxidation. Applied and Environmental Microbiology, 1999, 65(7): 3248-3250.

[46] Wang C, Zhao Y, Xie B, et al. Nitrogen removal pathway of anaerobic ammonium oxidation in on-site aged refuse bioreactor. Bioresource Technology, 2014, 159: 266-271.

[47] Ling J, Chen S. Impact of organic carbon on nitrification performance of different biofilters. Aquacultural Engineering, 2005, 33(2): 150-162.

[48] Yue Z B, Yu H Q, Harada H, et al. Optimization of anaerobic acidogenesis of an aquatic plant, *Canna indica* L., by rumen cultures. Water Research, 2007, 41(11): 2361-2370.

[49] 国家环境保护总局, 国家质量监督检验检疫总局. 畜禽养殖业污染物排放标准（GB 18596—2001）. 2001.12.28. http://www.mee.gov.cn/ywgz/fgbz/bz/bzwb/shjbh/swrwpfbz/200301/W020061027519473982116.pdf.

[50] 赵君楠, 孟昭福, 孟祥至, 等. SBR处理高浓度养猪废水工艺条件. 环境工程学报, 2013, 12: 4854-4860.

[51] 颜智勇, 吴根义, 刘宇赜, 等. UASB/SBR/化学混凝工艺处理养猪废水. 中国给水排水, 2007, 14: 66-68.

[52] 张布云, 闵祥发, 李玖龄, 等. 好氧-微氧两级 SBR 系统处理高氨氮低碳氮比养猪场废水. 给水排水, 2020, 56(S2): 195-200,206.

[53] Deng L W, Zheng P, Chen Z A. Anaerobic digestion and post-treatment of swine wastewater using IC-SBR process with bypass of raw wastewater. Process Biochemistry, 2006, 41(4): 965-969.

[54] Lo K V, Liao P H. A full-scale sequencing batch reactor system for swine wastewater treatment. Journal of Environmental Science and Health Part B, 2007, 42(2): 237-240.

[55] Su J J, Chang Y C, Huang S M. Ammonium reduction from piggery wastewater using immobilized ammonium-reducing bacteria with a full-scale sequencing batch reactor on farm. Water Science and Technology, 2014, 69(4): 840-846.

[56] Meng J, Li J L, Li J Z, et al. The effects of influent and operational conditions on nitrogen removal in an upflow microaerobic sludge blanket system: A model-based evaluation. Bioresource Technology, 2020, 296: 122225.

[57] Meng J, Liu T, Zhao J, et al. Assessing the stability of one-stage PN/A process through experimental and modelling investigations. Science of the Total Environment, 2021, 801: 149740.

[58] Li J L, Li J Z, Meng J, et al. Understanding of signaling molecule controlled anammox through regulating C/N ratio. Bioresource Technology, 2020, 315: 123863.

[59] Prasad B, Suresh S. Biodegradation of phthalate esters by *Variovorax* sp. Apcbee Procedia, 2012, 1: 16-21.

[60] Sohn J H, Kwon K K, Kang J H, et al. *Novosphingobium pentaromativorans* sp. nov., a high-molecular-mass polycyclic aromatic hydrocarbon-degrading bacterium isolated from estuarine sediment. International Journal of Systematic and Evolutionary Microbiology, 2004, 54(5): 1483-1487.

[61] Kertesz M A, Kawasaki A. Hydrocarbon-Degrading Sphingomonads: *Sphingomonas*, *Sphingobium*, *Novosphingobium*, and *Sphingopyxis*. *In*: Timmis K N. Handbook of Hydrocarbon

and Lipid Microbiology. Berlin, Heidelberg: Springer, 2010: 1693-1705.

[62] Binks P R, Nicklin S, Bruce N C. Degradation of hexahydro-1, 3, 5-trinitro-1, 3, 5-triazine (RDX) by *Stenotrophomonas maltophilia* PB1. Applied and Environmental Microbiology, 1995, 61 (4): 1318-1322.

[63] Park S C, Baik K S, Choe H N, et al. *Altererythrobacter namhicola* sp. nov. and *Altererythrobacter aestuarii* sp. nov., isolated from seawater. International Journal of Systematic and Evolutionary Microbiology, 2011, 61 (4): 709-715.

[64] Ni B J, Yu H Q, Sun Y J. Modeling simultaneous autotrophic and heterotrophic growth in aerobic granules. Water Research, 2008, 42 (6): 1583-1594.

[65] Bock E, Schmidt I, Stüven R, et al. Nitrogen loss caused by denitrifying *Nitrosomonas* cells using ammonium or hydrogen as electron donors and nitrite as electron acceptor. Archives of Microbiology, 1995, 163 (1): 16-20.

[66] Hollibaugh J T, Bano N, Ducklow H W. Widespread distribution in polar oceans of a 16S rRNA gene sequence with affinity to *Nitrosospira*-like ammonia-oxidizing bacteria. Applied and Environmental Microbiology, 2002, 68 (3): 1478-1484.

[67] Watson S W, Waterbury J B. Characteristics of two marine nitrite oxidizing bacteria, *Nitrospina gracilis* nov. gen. nov. sp. and *Nitrococcus mobilis* nov. gen. nov. sp. Archiv für Mikrobiologie, 1971, 77: 203-230.

[68] Daims H. The Family *Nitrospiraceae*. *In*: Rosenberg E, DeLong E F, Lory S, et al. The Prokaryotes. Berlin, Heidelberg: Springer. 2014: 733-749.

[69] Song B, Kerkhof L J, Häggblom M M. Characterization of bacterial consortia capable of degrading 4-chlorobenzoate and 4-bromobenzoate under denitrifying conditions. FEMS Microbiology Letters, 2002, 213 (2): 183-188.

[70] Koike I, Hattori A. Energy yield of denitrification: An estimate from growth yield in continuous cultures of *Pseudomonas denitrificans* under nitrate-, nitrite- and nitrous oxide-limited conditions. Microbiology, 1975, 88 (1): 11-19.

[71] Fahrbach M, Kuever J, Meinke R, et al. *Denitratisoma oestradiolicum* gen. nov., sp. nov., a 17beta-oestradiol-degrading, denitrifying betaproteobacterium. International Journal of Systematic and Evolutionary Microbiology, 2006, 56 (7): 1547-1552.

[72] Claus G, Kutzner H J. Physiology and kinetics of autotrophic denitrification by *Thiobacillus denitrificans*. Applied Microbiology and Biotechnology, 1985, 22 (4): 283-288.

[73] Abeling U, Seyfried C F. Anaerobic-aerobic treatment of high-strength ammonium wastewater - nitrogen removal via nitrite. Water Science and Technology, 1992, 26 (5-6): 1007-1015.

[74] Yamamoto T, Takaki K, Koyama T, et al. Novel partial nitritation treatment for anaerobic digestion liquor of swine wastewater using swim-bed technology. Journal of Bioscience and Bioengineering, 2006, 102 (6): 497-503.

[75] Molinuevo B, García M C, Karakashev D, et al. Anammox for ammonia removal from pig manure effluents: Effect of organic matter content on process performance. Bioresource Technology, 2009, 100 (7): 2171-2175.

[76] Meng J, Li J L, Li J Z, et al. Nitrogen removal from low COD/TN ratio manure-free piggery

wastewater within an upflow microaerobic sludge reactor. Bioresource Technology, 2015, 198: 884-890.

[77] Pan Y, Ye L, Ni B J, et al. Effect of pH on N_2O reduction and accumulation during denitrification by methanol utilizing denitrifiers. Water Research, 2012, 46(15): 4832-4840.

[78] Kampschreur M J, Temmink H, Kleerebezem R, et al. Nitrous oxide emission during wastewater treatment. Water Research, 2009, 43(17): 4093-4103.

[79] Mezzari M P, da Silva M L, Nicoloso R S, et al. Assessment of N_2O emission from a photobioreactor treating ammonia-rich swine wastewater digestate. Bioresource Technology, 2013, 149: 327-332.

[80] Tallec G, Garnier J, Billen G, et al. Nitrous oxide emissions from denitrifying activated sludge of urban wastewater treatment plants, under anoxia and low oxygenation. Bioresource Technology, 2008, 99(7): 2200-2209.

[81] Saggar S, Jha N, Deslippe J, et al. Denitrification and N_2O ： N_2 production in temperate grasslands: Processes, measurements, modelling and mitigating negative impacts. Science of the Total Environment, 2013, 465: 173-195.

[82] 李鹏章, 王淑莹, 彭永臻, 等. COD/N 与 pH 值对短程硝化反硝化过程中 N_2O 产生的影响. 中国环境科学, 2014, 34(8): 2003-2009.

[83] Hu X, Xie L, Shim H, et al. Biological nutrient removal in a full scale anoxic/anaerobic/aerobic/ pre-anoxic-MBR plant for low C/N ratio municipal wastewater treatment. Chinese Journal of Chemical Engineering, 2014, 22(4): 447-454.

[84] Li J Z, Meng J, Li J L, et al. The effect and biological mechanism of COD/TN ratio on nitrogen removal in a novel upflow microaerobic sludge reactor treating manure-free piggery wastewater. Bioresource Technology, 2016, 209: 360-368.

[85] Meng J, Li J L, Li J Z. Effect of reflux ratio on nitrogen removal in a novel upflow microaerobic sludge reactor treating piggery wastewater with high ammonium and low COD/TN ratio: Efficiency and quantitative molecular mechanism. Bioresource Technology, 2017, 243: 922-931.

第6章

干清粪养猪场废水处理技术扩展研究

针对规模化养猪场废水的高 NH_4^+-N、低 C/N 特征，及其处理存的生物脱氮难题，笔者课题组提出并分别研发了土壤-木片生物滤池（第 2 章）、填料床 A/O 处理系统（第 3 章、第 4 章）和升流式微氧活性污泥系统等工艺（第 5 章），在一定控制条件下，均能在无须外加有机碳源的情况下，实现养猪场废水的有效生物脱氮，出水满足《畜禽养殖业污染物排放标准》（GB 18596－2001）的要求[1]。为进一步提高所研发工艺的技术经济性和实用性，笔者课题组对填料床 A/O 处理系统和升流式微氧活性污泥系统开展了拓展研究。在拓展研究中，主要考察了：①填料床 A/O 处理系统在常温下的启动运行及包括抗生素在内的主要污染物的去除特征；②升流式微氧活性污泥系统随着温度降低对污染物去除效能的变化；③生物膜对升流式微氧处理系统的效能强化。鉴于 SBR 技术在养猪场废水处理工程中的广泛应用，在拓展研究中，还开展了好氧-微氧两级 SBR 技术研究。本章将对以上拓展研究的主要成果予以总结和介绍。

6.1 填料床 A/O 系统在常温下的启动运行特征与效能

在有关枯木填料床 A/O 系统处理干清粪养猪场废水的效能与脱氮机制研究（第 3 章）基础上，笔者课题组构建了 PVC 填料床 A/O 处理系统（HAOBR 系统），并通过启动和调控运行，同样实现了干清粪养猪场废水 COD、NH_4^+-N、TN 和 TP 的同步高效去除（第 4 章）。在 HRT 20 h、出水回流比 50% 和 32℃的工况下，在进水 COD、NH_4^+-N、TN 和 TP 分别平均为 326 mg/L、234.8 mg/L、271.3 mg/L 和 21.8 mg/L 时，HAOBR 系统对它们的去除率分别维持在 75.8%、99.5%、86.6% 和 68.6% 左右，出水浓度分别平均为 76 mg/L、1.2 mg/L、35.9 mg/L 和 6.8 mg/L，完全满足《畜禽养殖业污染物排放标准》的要求（参见 4.4.2 节）。为提高填料床 A/O 处理系统的技术经济性，笔者课题组采用如 4.2.2 节所述的启动运行条件，考察了 HAOBR 系统在 25℃下的启动与长期运行特征及主要污染物去除效能。

为了预防传染病和促进畜禽生长，集约化畜禽养殖场都会使用大量兽用抗生素[2-4]。然而，由于动物吸收和体内降解率较低，大约30%～90%的施用抗生素会以药物最初形态或代谢物的形式排出体外，并进入养殖场废水，是自然环境抗生素及其抗性菌（antibiotic resistant bacteria，ARB）和抗性基因（antibiotic resistance gene，ARG）的重要污染源[5-7]。抗生素是一类持久性环境污染物，具有生物活性和生物累积性，由于自然降解速率缓慢，在环境中有不断累积趋势[8]。抗生素的长期存在，会导致微生物产生耐药性，最终对生态系统和人体健康造成威胁，是危害公共健康的全球性问题[9, 10]。因此，在 HAOBR 系统于 25℃下启动和长期运行期间，还跟踪检测和分析了抗生素在系统内的变化特征。

6.1.1　HAOBR 在常温下的启动和运行调控

对于 HAOBR 系统（图 5-1）在常温下的启动和持续运行，控制参数为：HRT 36 h、出水回流比 200%、污泥接种量（MLVSS）2.00 g/L、好氧格室 DO 2.0～2.5 mg/L，系统内温度维持为（25±1）℃。依据干清粪养猪场废水 COD 和 NH_4^+-N 浓度，将 HAOBR 系统在常温下的启动运行划分为五个阶段，其中阶段Ⅰ、阶段Ⅱ和阶段Ⅲ为 HAOBR 系统的启动运行阶段，阶段Ⅳ和阶段Ⅴ为 HAOBR 系统持续稳定运行时期，各阶段进水水质如表 6-1 所示。

表 6-1　HAOBR 系统在常温下的启动与调控运行阶段及进水水质

	阶段	时间（d）	COD（mg/L）	NH_4^+-N（mg/L）	NO_2^--N（mg/L）	NO_3^--N（mg/L）	TN（mg/L）	pH	COD/TN
启动期	Ⅰ	1～30	221±109	208.1±57.1	0±0.1	0.6±0.7	208.7±57.5	8.1±0.2	1.1±0.4
	Ⅱ	31～48	1104±75	463.9±29.7	0	3.4±2.1	466.5±29.9	8.2±0.2	2.4±0.2
	Ⅲ	49～60	747±54	377.6±38.0	0±0.1	2.5±1.4	380.2±39.2	8.4±0.2	2.0±0.1
稳定期	Ⅳ	61～71	703±62	405.0±40.2	0.1±0.2	2.3±1.6	407.4±40.7	8.4±0.3	1.7±0.1
	Ⅴ	72～90	522±54	282.8±93.2	0.1±0.1	2.1±2.4	284.9±92.7	8.5±0.3	2.0±0.5

6.1.2　HAOBR 系统在常温下启动运行的常规污染物去除特征

6.1.2.1　COD 去除

如表 6-1 所示，HAOBR 系统在常温下的启动运行，共计 60 d，随着进水水质的变化，将其启动过程划分为三个运行阶段。由于用于 HAOBR 系统启动的接种污泥为取自城市污水处理厂二沉池的新鲜污泥，具有良好的代谢活性，使处理系统在启动之初即表现出了一定的 COD 去除率。如图 6-1 所示，在 HAOBR 系统启动运行的阶段 I 初期，随着运行的持续，COD 去除率迅速上升，并在第 16 天后达到了相对稳定。在相对稳定的第 16～30 天，尽管进水 COD 浓度在 126.7～376.6 mg/L 之间有较大波动，HAOBR 系统对 COD 的去除率稳定在 80.7%左右，去除负荷平均为 0.18 kg/（m³·d），出水浓度一直保持在 45.4 mg/L 左右，优于《畜禽养殖业污染物排放标准》的要求。

在 HAOBR 系统启动运行的阶段 II，由于生猪养殖周期的变化，干清粪养猪场废水 COD 大幅提高到了 1104 mg/L 左右，但并未对系统的 COD 去除效能产生显著影响。如图 6-1 所示，在为期 18 d 的阶段 II，HAOBR 系统的 COD 去除率始终维持在 88.5%左右，出水浓度平均为 127 mg/L，平均去除负荷达到了 0.98 kg/（m³·d）。这一结果表明，HAOBR 系统可以在更高的 COD 负荷下运行并取得良好的 COD 去除效果。因此，当干清粪养猪场废水的 COD 在阶段 III 骤降到 747 mg/L 左右后，HAOBR 系统仍然保持了 86.8%左右的 COD 去除率，出水浓度平均只有 98.8 mg/L，去除负荷平均为 0.65 kg/（m³·d）。

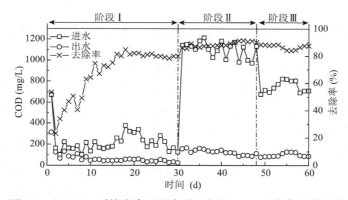

图 6-1　HAOBR 系统在常温下启动运行的 COD 去除率变化规律

以上结果表明，在 HRT 36 h 与出水回流比 200%的条件下，即便是在 25℃下，HAOBR 系统在去除 COD 效能方面仍然是出色的，启动运行 16 d 即可到达 COD 去除率的相对稳定，在进水浓度高达 1104 mg/L 左右时，也能保证出水的达标排放。

6.1.2.2　NH_4^+-N 去除

与 COD 去除率的变化不同，HAOBR 系统的 NH_4^+-N 去除率，在启动运行的三个阶段呈现出逐步上升趋势。如图 6-2 所示，在 HAOBR 系统启动运行的前 7 d，由于生长较为缓慢的硝化菌群尚未得到充分富集，NH_4^+-N 去除率仅在 13.8%左右。

在随后的第 8~12 天运行中，HAOBR 系统对 NH_4^+-N 的去除效能迅速增加，在第 12 天达到了 71.4%。然而，随着进水 NH_4^+-N 浓度的升高，处理系统对 NH_4^+-N 的去除率在第 20 天跌入低谷，但很快得到恢复并在第 16 天以后的运行中保持了相对稳定。在阶段 I 的最后 15 d（第 16~30 天），HAOBR 的进水和出水 NH_4^+-N 浓度分别平均为 228.0 mg/L 和 82.1 mg/L，去除率和去除负荷分别平均为 64.0% 和 0.15 kg/（$m^3 \cdot d$）。

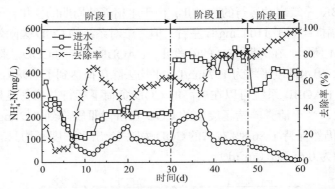

图 6-2　HAOBR 系统在常温下启动运行的 NH_4^+-N 去除率变化规律

在启动运行的阶段 II，由于干清粪养猪场废水 NH_4^+-N 浓度的成倍升高（463.9 mg/L 左右），使 HAOBR 系统的 NH_4^+-N 去除效能受到了一定影响，至第 37 天下降到了 50.7%。之后，系统对 NH_4^+-N 的去除率迅速攀升并在第 41 天后再次达到了相对稳定。在相对稳定的第 41~48 天里，HAOBR 的进出水 NH_4^+-N 浓度分别平均为 466.7 mg/L 和 89.9 mg/L，去除率平均为 80.6%，去除负荷平均为 0.38 kg/（$m^3 \cdot d$）。经过阶段 I 和阶段 II 的持续运行，接种污泥得到了良好驯化，其中的硝化菌群也得到了足够富集。因此，在进入阶段 III 后，HAOBR 系统的 NH_4^+-N 去除率表现出持续升高趋势。至阶段 III 结束时（第 60 天），HAOBR 的进水和出水 NH_4^+-N 浓度分别为 396.7 mg/L 和 9.3 mg/L，去除率和去除负荷分别高达 97.7% 和 0.39 kg/（$m^3 \cdot d$），出水 NH_4^+-N 浓度完全满足《畜禽养殖业污染物排放标准》的要求。

6.1.2.3　NO_x^--N 与 pH 变化规律

对 NO_x^--N 的跟踪检测结果（图 6-3）表明，在 HAOBR 系统的启动运行时期，系统中出现了阶段性的 NO_2^--N 和 NO_3^--N 积累现象。在阶段 I 末期，HAOBR 出水 NO_2^--N 和 NO_3^--N 浓度分别为 10.0 mg/L 和 80.0 mg/L 左右；在阶段 II 末期，NO_2^--N 浓度升高至 40 mg/L，而 NO_3^--N 浓度降低到了 40 mg/L；至启动运行阶段 III 结束时，HAOBR 出水中的 NO_2^--N 和 NO_3^--N 浓度分别只有 2.4 mg/L 和 29.4 mg/L。尽

管 NH_4^+-N 去除率（图 6-2）和出水 NO_x^--N 浓度（图 6-3）均有显著变化，但 HAOBR 的出水 pH 始终稳定在 8.27 左右（图 6-4），为 AOB、NOB、异养反硝化和 AnAOB 等生物脱氮功能菌群的富集创造了适宜的酸碱环境[11, 12]。

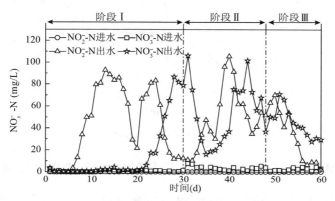

图 6-3　HAOBR 系统在常温下启动运行的 NO_x^--N 变化规律

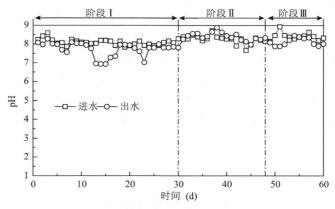

图 6-4　HAOBR 系统在常温下启动运行的 pH 变化规律

6.1.2.4　TN 去除

由于干清粪养猪场废水的 TN 主要有 NH_4^+-N 贡献（表 6-1），而系统中又没有出现接近进水 NH_4^+-N 浓度的 NO_x^--N 积累现象（图 6-2、图 6-3），HAOBR 系统对 TN 的去除率呈现出与 NH_4^+-N 去除率高度一致的变化规律。如图 6-5 所示，在阶段 Ⅰ 和阶段 Ⅱ 的相对稳定运行期，HAOBR 的进水 TN 分别约为 200 mg/L 和 450 mg/L，出水浓度分别平均为 181.6 mg/L 和 181.7 mg/L，TN 去除率分别平均为 19.2% 和 65.2%，TN 去除负荷分别平均为 0.04 kg/（m³·d）和 0.34 kg/（m³·d）。至阶段 Ⅲ 结束时，HAOBR 系统的进水和出水 TN 分别为 400 mg/L 和 41.1 mg/L，去除率高度 89.7%，TN 去除负荷也随之提高到了 0.36 kg/（m³·d）。

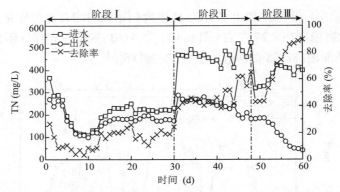

图 6-5　HAOBR 系统在常温下启动运行的 TN 去除率变化规律

6.1.3　HAOBR 系统在常温下持续运行的常规污染物去除效能

如 6.1.2 节和 6.1.3 节所述，HAOBR 系统在 HRT 32 h、出水回流比 200%、25℃和好氧格室 DO 为 2.0～2.5 mg/L 等条件下启动，经过 60 d 的持续运行，基本达到了相对稳定状态，对 COD（图 6-1）、NH_4^+-N（图 6-2）和 TN（图 6-5）的去除率分别达到了 86.8%、97.7%和 89.7%左右，出水浓度完全满足了《畜禽养殖业污染物排放标准》的排放要求。在前期启动运行 60 d 的基础上，对 HAOBR 系统又持续运行了 30 d，以考察其在常温（25℃）下的连续运行特征与污染物去除效能。在为期 30 d 的 HAOBR 系统持续运行中，依据进水水质划分为两个阶段，即阶段Ⅳ（第 61～71 天）和阶段Ⅴ（第 72～90 天），各阶段进水水质如表 6-1所示。

6.1.3.1　常规污染物去除

如图 6-6 所示，在 HAOBR 系统持续运行的阶段Ⅳ和阶段Ⅴ，干清粪养猪场

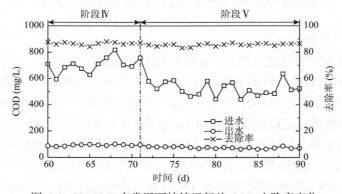

图 6-6　HAOBR 在常温下持续运行的 COD 去除率变化

废水的 COD 浓度差别较大，平均浓度分别为 703 mg/L 和 522 mg/L，但 HAOBR 系统对 COD 去除效率始终保持相对稳定。在阶段Ⅳ和阶段Ⅴ运行中，HAOBR 系统对 COD 的平均去除率分别为 86.6%和85.7%，去除负荷分别平均为 0.61 kg/（m³·d）和 0.45 kg/（m³·d），出水浓度始终保持在 82 mg/L 左右，优于《畜禽养殖业污染物排放标准》的要求。

在阶段Ⅳ和阶段Ⅴ的连续运行过程中，干清粪养猪场废水的 NH_4^+-N 浓度差别也很显著，平均分别为 405.0 mg/L 和 282.8 mg/L（表 6-1）。而 HAOBR 系统对 NH_4^+-N 的去除率始终维持在较高水平（图 6-7），在阶段Ⅳ和阶段Ⅴ分别平均为 98.2%和 98.3%，去除负荷分别平均为 0.39kg/（m³·d）和 0.28kg/（m³·d），出水 NH_4^+-N 浓度分别只有 7.2 mg/L 和 4.8 mg/L 左右，完全满足《畜禽养殖业污染物排放标准》规定的不大于 80.0 mg/L 的排放要求。

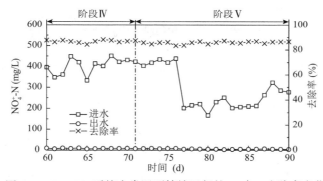

图 6-7　HAOBR 系统在常温下持续运行的 NH_4^+-N 去除率变化

为了解 HAOBR 系统中的氮素转化情况，在连续运行的阶段Ⅳ和阶段Ⅴ，跟踪检测了处理系统的进水和出水 NO_x^--N 变化情况。如图 6-8 所示，在连续运行的阶段Ⅳ和阶段Ⅴ，干清粪养猪场废水的 NO_2^--N 和 NO_3^--N 含量很低，最高浓度分别也只有 0.5 mg/L 和 6.3 mg/L。出水 NO_2^--N 浓度虽较进水有所增加但依然很低（1.0 mg/L 左右），但出水 NO_3^--N 增加显著，在 30 d 的连续运行中维持在 31.4 mg/L 左右。在进水 NH_4^+-N 浓度高达 166.5～451.1 mg/L、去除率高达 98.0%以上（图 6-7）的情况下，HAOBR 系统并未出现明显的 NO_2^--N 积累，却有 31.4 mg/L 的 NO_3^--N 的残留（图 6-8）。这一特征非常符合如式（1-1）所示的 Anammox 反应特征[13]。因此推断，在 HAOBR 系统内可能存在 PN/A 生物脱氮机制，并对系统的 NH_4^+-N 和 TN 去除做出了重要贡献[14, 15]。

在考察 NH_4^+-N 和 NO_x^--N 变化规律的同时，同期对 HAOBR 的进水和出水 TN 及其去除情况进行了跟踪检测。如图 6-9 所示的结果表明，HAOBR 出水 TN 的变化规律与如图 6-7 所示的 NH_4^+-N 变化规律高度一致。在阶段Ⅳ和阶段Ⅴ，HAOBR 进水 TN 浓度分别平均为 407.4 mg/L 和 284.9 mg/L，而出水浓度分别平均为 39.9 mg/L 和 37.2 mg/L，平均去除率分别高达 90.1%和 85.8%，平均去除负荷分别为 0.37 kg/（$m^3 \cdot d$）和 0.25 kg/（$m^3 \cdot d$）。NH_4^+-N（图 6-7）与 TN（图 6-9）的同步高效去除，以及适量 NO_3^--N 的积累（图 6-8）和适宜的酸碱环境（图 6-10）再次说明，HAOBR 系统在为期 30 d 的持续运行中，发生了显著的 Anammox 反应，并对系统 TN 的去除做出了重要贡献[15, 16]。

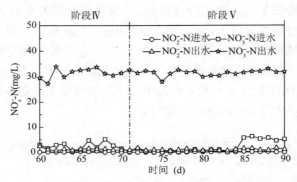

图 6-8　HAOBR 系统在常温下持续运行的进水和出水 NO_x^--N 变化规律

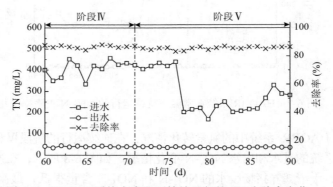

图 6-9　HAOBR 系统在常温下持续运行的 TN 去除率变化

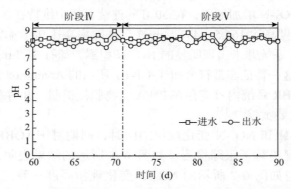

图 6-10　HAOBR 系统在常温下持续运行的进水和出水 pH 变化规律

6.1.3.2　不同温度下 HAOBR 系统处理效能的对比分析

如 4.3.1 节所述,在 HRT 36 h、出水回流比 200%、污泥接种量(MLVSS)2.00 g/L、好氧格室 DO 2.0~2.5 mg/L 等条件下,HAOBR 系统在 32℃下启动运行,对 COD 的去除可在第 10 天后达到相对稳定(图 4-3),对 NH_4^+-N(图 4-5)和 TN(图 4-7)的去除也可在第 25 天后达到相对稳定。而在 25℃条件下启动时(其他条件相同,参见 6.1.3.1 节),HAOBR 系统对 COD 的去除在运行第 16 天后才达到相对稳定(图 6-1),对于 NH_4^+-N(图 6-2)和 TN(图 6-5)的去除,则呈现出阶段性上升趋势,直到第 60 天启动运行结束时,方达到比较理想的去除效率。显然,HAOBR 系统在常温下的启动进程相对缓慢,但因维持系统稳定所需的热能消耗大幅降低,在长期运行中,成本效益更加显著。

为了解 HAOBR 系统在不同温度下的处理效能,对 32℃启动运行末期的相对稳定期(图 4-3、图 4-5 和图 4-7 所示的第 25~45 天)数据,以及 25℃条件下启动并达到相对稳定状态后(图 6-6、图 6-7 和图 6-9 所示的阶段Ⅳ和阶段Ⅴ)的数据进行了归纳总结,结果如表 6-2 所示。结果表明,尽管 HAOBR 系统在 32℃下

表 6-2　HAOBR 系统在 32℃和 25℃下的污染物去除效能(平均值)

运行条件	温度(℃)	35	25	25
	HRT(h)	36	36	36
	出水回流比(%)	200	200	200
	进水 COD/TN	1.2	1.7	1.8
COD	进水浓度(mg/L)	254	703	522
	出水浓度(mg/L)	33	84	75
	去除率(%)	86.8	86.6	85.7
	去除负荷[kg/(m³·d)]	0.15	0.61	0.45
NH_4^+-N	进水浓度(mg/L)	237.8	405.0	282.8
	出水浓度(mg/L)	ND	7.2	4.8
	去除率(%)	≈100	98.2	98.3
	去除负荷[kg/(m³·d)]	0.16	0.39	0.28
TN	进水浓度(mg/L)	288.4	407.4	284.9
	出水浓度(mg/L)	25.1	39.9	37.2
	去除率(%)	91.3	90.1	85.8
	去除负荷[kg/(m³·d)]	0.18	0.37	0.25

ND:未检测出。

可以更快启动并达到稳定状态，但在启动后的持续运行中，在25℃下同样可以保持优良的 COD、NH₄⁺-N 和 TN 去除效率，出水水质优于《畜禽养殖业污染物排放标准》的要求。如表 6-2 所示，在其他条件相同的情况下，即便在 25℃下的进水浓度更高，HAOBR 系统的出水 COD、NH₄⁺-N 和 TN 浓度也与 32℃下的相近。更高的去除负荷，则说明 HAOBR 系统在 25℃下可在更短的 HRT 条件下稳定运行并取得良好去除效率。但是，在 25℃下最为经济可行的 HRT 仍须进一步探讨。

6.1.4 HAOBR 系统在常温下的抗生素去除特征

如图 6-1 至图 6-5 所示，在 HRT 36 h、出水回流比 200%、MLVSS 2.00 g/L、好氧格室 DO 2.0～2.5 mg/L 和 25℃的工况下，处理干清粪养猪场废水的 HAOBR 系统，可在 16 d 后达到 COD 去除率的相对稳定状态。在 HAOBR 系统的运行进入如表 6-1 所示的阶段 II 后（第 31～90 天），在第 40、50、60、70、80 和 90 天，分别采集进水和出水水样，对 HAOBR 系统去除兽用抗生素的效果进行了初步考察。所检测的抗生素包括四环素类抗生素（tetracycline antibiotics，TCs）、氟喹诺酮类抗生素（fluoroquinolone antibiotics，FQs）和磺胺类抗生素（sulfonamide antibiotics，SAs）三大类共计 12 种抗生素。其中，TCs 包括四环素（tetracycline，TC）、土霉素（oxytetracycline，OTC）、金霉素（chlorotetracycline，CTC）和强力霉素（doxycycline，DXC），FQs 包括恩诺沙星（enrofloxacin，ENR）、环丙沙星（ciprofloxacin，CIP）、诺氟沙星（norfloxacin，NOR）和氧氟沙星（ofloxacin，OFC），SAs 包括磺胺嘧啶（sulfadiazine，SD）、磺胺甲基嘧啶（sulfamerazine，SMT）、磺胺二甲嘧啶（sulfadimidine，SMD）和磺胺甲噁唑（sulfamethoxazole，SMX）。

6.1.4.1 四环素类抗生素的去除

如图 6-11 所示，四种 TCs，即 CTC、OTC、TC 和 DXC 在干清粪养猪场废水中的检出率为 100%，其浓度分别在 1.88～6.29 μg/L、0.47～2.60 μg/L、0.24～2.33 μg/L 和 0～0.64 μg/L 范围内有较大波动。四种 TCs 在 HAOBR 系统进水和出水中的总浓度分别为 3.97～9.22 μg/L 和 1.57～3.95 μg/L。可见，HAOBR 系统对于干清粪养猪场废水中的 TCs 具有较为显著的去除效果。如图 6-11 所示，随着 HAOBR 系统的持续运行，对 TCs 的去除率呈现逐渐上升的趋势，至第 90 天达到了 74.8%。比较而言，在四种 TCs 中，CTC 在 HAOBR 系统中的去除率最高，对四种 TCs 总去除量的贡献率平均为 68.8%；其次为 TC 和 OTC，对 TCs 去除总量的贡献率分别平均为 15.5% 和 13.9%；DXC 去除的贡献率最低，平均仅为 2.21%。可见，由于分子结构的差异，即便是同属四环素类抗生素，CTC、TC、OTC 和 DXC 在 HAOBR 系统中的降解和去除也表现出了较大差异[17]。

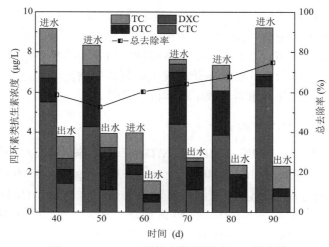

图 6-11 HAOBR 系统在常温下对 TCs 的去除

6.1.4.2 氟喹诺酮类抗生素的去除

包括 ENR、CIP、NOR 和 OFC 在内的四种 FQs，在干清粪养猪场废水中均有检出，其中以 ENR 的含量最高（0.41～4.41 μg/L），CIP 次之（0.52～3.20 μg/L），而 NOR 和 OFC 含量较低，分别为 0～1.79 μg/L 和 0.24～1.15 μg/L。如图 6-12 所示，在为期 60 d 的连续运行中，HAOBR 系统进水中四种 FQs 的总浓度在 2.18～9.54 μg/L 范围波动，而出水浓度均高于进水浓度，处于 3.21～11.84 μg/L 之间。与进水浓度相比，在出水中的 ENR 浓度增加了 0.02～2.91 μg/L，CIP 和 OFC 分别增加了 0.15～0.93 μg/L 和 0.41～0.85 μg/L，NOR 增加最少，但也有 0.06～0.40 μg/L 的增量。

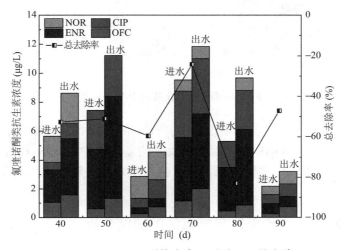

图 6-12 HAOBR 系统在常温下对 FQs 的去除

分析认为，HAOBR 系统对 FQs 的"负去除"现象，可能是由如下原因造成：①存在于养猪场废水中的一些 FQs，可能会与其他化合物结合而未被检出，进入 HAOBR 系统后，以结合态存在的抗生素因微生物外酶的水解作用而游离，进而在出水中被检出[18]；②HAOBR 系统中发生的复杂生物化学过程，可将抗生素分解的中间产物逆向转化并重新合成了母体抗生素[19]。

6.1.4.3 磺胺类抗生素的去除

四种 SAs，即 SD、SMX、SMD 和 SMT 在干清粪养猪场废水中均有检出，其浓度分别为 0.09～0.85 μg/L、0～0.64 μg/L、0～0.72 μg/L 和 0～0.19 μg/L，总浓度为 0.30～1.58 μg/L。如图 6-13 所示，在启动运行的第 40 天，HAOBR 系统对四种 SAs 的总去除率不足 40%，但在第 50 天达到了 93.4%，并在其后的运行中维持在了 93.3%左右。比较而言，HAOBR 系统对 SD 的去除效果最佳，出水浓度仅为 0～0.16 μg/L。出水中 SMD 和 SMT 的浓度分别为 0～0.05 μg/L 和 0～0.01μg/L，出水中并未检测出 SMT。

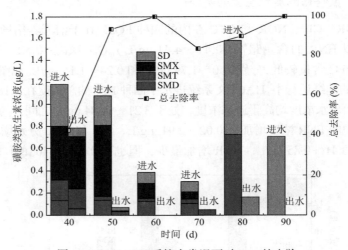

图 6-13　HAOBR 系统在常温下对 SAs 的去除

综上所述，在干清粪养猪场废水中，TCs 和 FQs 的检出浓度较高，而 SAs 的检出浓度较低。HAOBR 系统对干清粪养猪场废水中的 TCs 和 SAs 均有较好的去除效果，但对 FQs 去除效果不佳，甚至呈现负去除规律，在今后研究中应予以重视[20]。

6.1.5　HAOBR 系统厌氧区与好氧区的功能分析

如 4.4 节所述，在 HRT 20～36 h、出水回流比 50%～200%、好氧格室 DO 2.5 mg/L

和32℃的工况下，HAOBR系统均能有效处理干清粪养猪场废水，出水COD、NH_4^+-N、TN和TP均能满足《畜禽养殖业污染物排放标准》的要求。对于HAOBR系统（图4-1）的格室功能解析结果（表4-12）表明，位于系统前端的两个厌氧格室始终是COD去除的主要功能区，而位于系统后端的两个好氧格室，则是NH_4^+-N和TN去除的主要功能区。如6.1.2节和6.1.3节所述，在25℃条件下，HAOBR系统经过60 d的启动运行后，也达到了相对稳定状态，在后续30 d（表6-1所示的阶段Ⅳ和阶段Ⅴ）的持续运行中，出水COD、NH_4^+-N和TN均满足《畜禽养殖业污染物排放标准》的要求。为了解干清粪养猪场废水主要污染物在HAOBR系统中的去除过程，对如表6-1所示的阶段Ⅳ和阶段Ⅴ运行数据进行了总结分析。

6.1.5.1　厌氧区和好氧区对碳氮的去除

如表6-3所示，在25℃条件下，HAOBR系统（图4-1）的厌氧区（前两个格室）和好氧区（后两个格室），其主要功能与32℃条件下相比并未发生变化。在HRT 36 h、出水回流比200%、好氧格室DO 2.0～2.5 mg/L和25℃的工况下，尽管阶段Ⅳ和阶段Ⅴ的进水水质差异较大，厌氧区始终是去除干清粪养猪场废水COD的主要

表6-3　HAOBR系统在启动成功后的持续运行中的COD、NH_4^+-N和TN去除效能

		阶段Ⅳ[a]		阶段Ⅴ[b]	
		厌氧区[c]	好氧区[d]	厌氧区[c]	好氧区[d]
COD	进水（mg/L）	296.9±23.0	161.8±10.9	223.9±21.9	116.2±11.5
	出水（mg/L）	161.8±10.9	93.7±5.9	116.2±11.5	74.7±7.3
	去除量（mg/L）	135.1±15.1	68.1±9.5	107.8±15.2	41.4±10.1
	去除贡献率（%）	66.5±3.4	33.5±3.4	72.2±6.1	27.8±6.1
NH_4^+-N	进水（mg/L）	139.8±13.7	117.5±14.4	97.4±31.9	77.4±29.9
	出水（mg/L）	117.5±14.4	7.2±1.5	77.4±29.9	4.8±1.6
	去除量（mg/L）	22.3±4.8	110.3±13.9	20.0±6.9	72.7±28.6
	去除贡献率（%）	17.0±3.9	83.0±3.9	22.7±8.5	77.3±8.5
TN	进水（mg/L）	162.4±14.0	126.6±14.2	119.7±31.6	85.6±30.0
	出水（mg/L）	126.6±14.2	39.9±2.7	85.6±30.0	37.2±1.9
	去除量（mg/L）	35.8±6.0	86.7±14.0	34.2±6.8	48.4±28.9
	去除贡献率（%）	29.5±5.4	70.5±5.4	45.3±13.9	54.7±13.9

　a：表6-1所示的阶段Ⅳ；b：表6-1所示的阶段Ⅴ；c：图4-1所示的前两个格室；d：图4-1所示的后两个格室。

功能区域，在阶段Ⅳ和阶段Ⅴ对 HAOBR 系统去除 COD 的贡献率分别平均为 66.5%和72.2%，而其后的好氧区的贡献率分别只有33.5%和27.8%左右。与32℃ 下的去除效果（表4-12）相似，位于 HAOBR 系统后端的两个好氧格室（好氧区），在去除干清粪养猪场废水 NH_4^+-N 和 TN 方面发挥了主要作用。如表6-3所示，在阶段Ⅳ和阶段Ⅴ，好氧区对 HAOBR 系统去除 NH_4^+-N 的贡献率分别平均为83.0% 和77.3%，而厌氧区的贡献分别只有17.0%和22.7%左右；对于干清粪养猪场废水 TN 的去除，好氧区的贡献率分别平均为70.5%和54.7%，而厌氧区的分别为29.5% 和45.3%。有关 HAOBR 系统的碳氮同步去除机制，请参见4.5节，在此不再赘述。

6.1.5.2　厌氧区和好氧区对抗生素的降解

基于 6.1.4 节所述的 HAOBR 系统对干清粪养猪场废水中兽用抗生素的去除效果，以及各格室进水和出水抗生素浓度的检测结果[21]，对 HAOBR 系统厌氧区和好氧区的抗生素去除效能进行了归纳总结。如表6-4所示，HAOBR 系统对 TCs、FQs 和 SAs 均有显著的降解或"逆向合成"作用。在连续运行的 60 d 里（表6-1的阶段Ⅳ和阶段Ⅴ），HAOBR 系统厌氧区和好氧区的进水 TCs 总浓度（TC、DXC、OTC、CTC 之和）分别平均为 9.3 μg/L 和 7.1 μg/L，出水浓度分别平均为 7.1 μg/L 和 5.9 μg/L，厌氧区和好氧区对系统降解 TCs 的贡献率分别为 66.1%和33.9%左右。

表 6-4　HAOBR 系统在启动成功后的持续运行中的抗生素降解效能

		厌氧区 [a]	好氧区 [b]
四环素类抗生素（TCs）	进水（μg/L）	9.3±8.0	7.1±7.4
	出水（μg/L）	7.1±7.4	5.9±7.3
	降解量（μg/L）	2.1±1.9	1.3±1.4
	贡献率 [c]（%）	66.1±4.6	33.9±4.6
氟喹诺酮类抗生素（FQs）	进水（μg/L）	7.5±3.5	8.0±3.9
	出水（μg/L）	8.0±3.9	8.8±4.3
	降解量（μg/L）	−0.5±0.5	−0.8±0.5
	贡献率 [c]（%）	−35.2±7.2	−64.8±7.2
磺胺类抗生素（SAs）	进水（μg/L）	1.1±1.2	0.5±0.5
	出水（μg/L）	0.5±0.5	0.2±0.3
	降解量 [c]（μg/L）	0.6±0.8	0.3±0.4
	贡献率（%）	73.1±11.9	26.9±11.9

a：图4-1所示的 HAOBR 系统的前两个格室；b：图4-1所示的 HAOBR 系统的后两个格室；c：厌氧区或好氧区的抗生素降解量与 HAOBR 系统总降解量的质量百分比。

SAs 在厌氧区和好氧区进水中的总浓度（SD、SMX、SMT、SMD 之和）较低，分别平均为 1.1 μg/L 和 0.5 μg/L，出水浓度分别平均为 0.5 μg/L 和 0.2 μg/L，厌氧区和好氧区对 HAOBR 系统降解 SAs 的贡献率分别平均为 73.1% 和 26.9%。以上结果表明，TCs 和 SAs 两类抗生素在 HAOBR 系统中均能得到有效降解，其中有 65% 以上是在厌氧区得到降解。也就是说，对于 TCs 和 SAs 两类抗生素在废水生物处理系统中的降解，厌氧环境更为有利，但具体降解与去除机制有待进一步研究。

与 TCs 和 SAs 的降解去除相反，FQs 在 HAOBR 系统中呈现为"逆向合成"现象。在连续运行的 60 d 里，厌氧区和好氧区进水中的 FQs 总浓度（NOR、CIP、ENR、OFC 之和）分别平均为 7.5 μg/L 和 8.0 μg/L，而出水浓度则分别升高到了 8.0 μg/L 和 8.8 μg/L 左右，分别增加了 0.5 μg/L 和 0.8 μg/L。关于 FQs 在 HAOBR 系统中呈现"负去除"现象的原因，在前文 6.1.4.2 节已有所分析。已有研究证明，养猪场废水中的抗生素种类可达 19 种之多[22]，而本研究仅对其中的 12 种进行了检测和分析。分析认为，在处理养猪场废水的 HAOBR 系统中，微生物种类丰富（参见 4.5 节），其复杂且相互交织的生化反应，有可能把抗生素代谢产物逆向转化为被检测的抗生素[23, 24]。再者，抗生素通过动物体内的某些特殊过程与其他化合物结合并排出体外，而这些化合物在 HAOBR 系统中得到分解并将抗生素母体释放进入废水[25, 26]。例如，SMD 易于与动物体内的碳水化合物结合，在排泄后的一段时间内，由于碳水化合物的降解，SMD 会被重新释放[27, 28]。此外，养猪场废水中很可能存在一些在结构上与 FQs 相似的其他抗生素或中间代谢产物，这种情况也会导致 FQs 在 HAOBR 系统中呈现"负去除"现象[29]。还有一种可能，就是原本被活性污泥或生物膜吸附的抗生素，在持续运行中被解析而重新进入废水[30, 31]。有关上述分析的正确性，还须更多的研究予以辨析和证明。

6.2　生物膜对升流式微氧处理系统的效能强化

在第 5 章所述的研究中，针对干清粪养猪场废水所具有的 NH_4^+-N 浓度高、C/N 低和水质变化大的特点，以及采用传统 A/O 工艺处理该废水面临的生物脱氮难题，以微氧生物处理理论为指导，研究出了升流式微氧活性污泥反应器（UMSR），并通过启动与调控运行，实现了干清粪养猪场废水的 COD、NH_4^+-N 和 TN 的同步有效去除。鉴于生物膜可有效提高废水生物处理系统的生物量、处理效能和耐负荷冲击能力[32]，笔者课题组对如图 5-1 所示的 UMSR 处理系统进行了改进，即通过在反应区增设填料床的方式构建了升流式微氧生物膜反应器（upflow microaerobic biofilm reactor，UMBR），并通过启动和调控运行考察了其处理干清粪养猪场废水的效能。

6.2.1　UMBR 系统的启动与运行调控

　　图 6-14 所示为笔者课题组构建的 UMBR 处理系统，其运行方式与 UMSR 系统相同（参见 5.1 节）。在 UMBR 反应区，由规格为 $\Phi16\ mm\times10\ mm$ 的 PVC 填料构建的填料床，高 0.2 m，自然堆积孔隙率为 95% 左右。UMBR 系统的启动，采用与 UMSR 系统启动时相同的控制条件，即 HRT 8 h、（35±1）℃、出水回流比 45、反应区 DO 为 0.5 mg/L 左右等。用于 UMBR 启动的接种污泥，为取自 UMSR 系统的微氧活性污泥（参见第 5 章），接种量 MLVSS 为 0.65 g/L（MLSS 1.19 g/L）。污泥采集时，UMSR 系统的进水 COD、NH_4^+-N、NO_2^--N、NO_3^--N、TN 和 pH 分别为 114 mg/L、294.1 mg/L、0.2 mg/L、0.3 mg/L、328.1 mg/L 和 8.1，COD、NH_4^+-N 和 TN 的去除率分别为 66.2%、92.4% 和 91.4%。

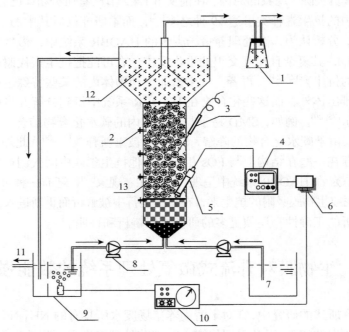

图 6-14　UMBR 装置及废水处理系统示意图

1.水封瓶；2.取样口；3.温度探头；4.溶解氧仪；5.溶解氧探头；6.电脑；7.进水箱；
8.蠕动泵；9.蓄水箱；10.曝气装置；11.出水；12.三相分离器；13.填料

　　对于 UMBR 的启动和调控运行，共计 258 d，依据温度和出水回流比的不同，划分为 6 个阶段，各运行阶段的进水水质和运行控制参数分别如表 6-5 和表 6-6 所示。在 UMBR 启动成功后的持续运行中，即在表 6-5 和表 6-6 所示的阶段Ⅱ～阶段Ⅵ，与前期已经启动成功并达到稳定运行的一套 UMSR 系统平行运行，两者在调控运行阶段、控制参数及进水水质等方面保持一致。

表 6-5　UMBR 系统的启动与调控运行阶段及进水水质

阶段	运行时间（d）	COD（mg/L）	NH₄⁺-N（mg/L）	NO₂⁻-N（mg/L）	NO₃⁻-N（mg/L）	TN（mg/L）	TP（mg/L）	pH
I	39（启动）	411±107	304.0±14.2	0.2±0.1	6.7±6.2	365.1±30.8	13.4±3.7	8.0±0.1
II	45	461±35	305.1±20.3	0.1±0.1	1.5±0.8	374.0±24.4	15.6±1.8	7.8±0.3
III	77	347±43	302.1±19.0	0.1±0.2	2.1±1.3	371.3±23.1	15.1±2.5	7.7±0.2
IV	31	171±65	226.6±21.4	0.1±0.1	0.4±0.2	227.1±21.3	17.0±2.5	8.0±0.1
V	24	275±28	306.1±39.9	0.1±0.0	0.5±0.2	306.8±39.9	18.0±3.7	8.0±0.1
VI	42	246±131	262.9±74.6	0.1±0.0	0.9±0.5	263.9±74.8	20.7±4.8	7.9±0.2

表 6-6　UMBR 系统的启动和调控运行阶段及控制参数

阶段	运行时间（d）	温度（℃）	HRT（h）	回流比	COD/TN	COD 负荷 [kg/（m³·d）]	TN 负荷 [kg/（m³·d）]
I	39（启动）	35±1	8	45：1	1.13±0.29	1.23±0.32	1.10±0.09
II	45	35±1	8	45：1	1.24±0.12	1.38±0.11	1.12±0.07
III	77	35±1	8	45：1	0.94±0.11	1.04±0.13	1.11±0.07
IV	31	27±1	8	45：1	0.76±0.27	0.51±0.20	0.68±0.06
V	24	27±1	8	35：1	0.90±0.17	0.82±0.08	0.92±0.12
VI	42	27±1	8	25：1	0.93±0.48	0.74±0.39	0.79±0.22

6.2.2　UMBR 系统的启动运行特征

6.2.2.1　COD 的去除

UMBR 在 HRT 8 h、35℃和回流比为 45 的条件下启动，其 OLR 和 NLR 分别为 1.23 kg/（m³·d）和 1.10 kg/（m³·d）左右，进水 COD/TN 为 1.13。由于用于启动的接种污泥是取自处理同一养猪场废水的 UMSR（参见 6.2.1 节），UMBR 系统的 COD、NH₄⁺-N、TN 和 TP 去除率均很快达到了相对稳定。

如图 6-15 所示，尽管接种污泥已在相似微氧环境下得到了充分驯化，但反应器的变更及接种污泥的操作，使 UMBR 在启动运行的前 8 天呈现出逐渐下降趋势。在第 8 天以后的运行中，UMBR 系统的 COD 去除率迅速上升，并在第 25 天后达到了相对稳定。在第 26～39 天的相对稳定运行期，UMBR 的进水和出水 COD 浓度分别平均为 492 mg/L 和 127 mg/L，去除率稳定在 74.3%左右。COD 去除率的相对稳定，说明 UMBR 系统中的生物量（主要是生物膜）和微生物代谢活性也达到了动态平衡。在启动阶段末期，可以观察到有大量生物膜在填料表面上着生，

UMBR 系统中以生物膜形式存在的 MLVSS 高达 6.23 g/L，远大于启动之初的接种量 0.64 g/L。这一结果证明，填料床的设置，有效提高了升流式微氧处理系统的生物量，为其处理效能的提高奠定了基础。

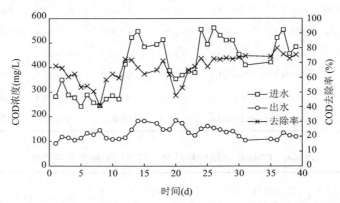

图 6-15　UMBR 系统在启动运行阶段的进水和出水 COD 及去除率变化规律

6.2.2.2　氨氮的去除

由于生物膜生长对氮源的大量需求以及微生物的 NH_4^+-N 氧化作用，使 UMBR 系统在启动之初即表现出了一定的 NH_4^+-N 去除效能。如图 6-16 所示，在启动运行的初始阶段，UMBR 系统对 NH_4^+-N 的去除率波动较大，但随着运行时间的延续而逐步趋稳，最终在第 26 天以后与 COD 去除率（图 6-15）同步达到了相对稳定。在第 26～39 天的相对稳定期，UMBR 的进水和出水 NH_4^+-N 分别平均为 306.5 mg/L 和 158.4 mg/L，去除率仅有 48.2%左右。

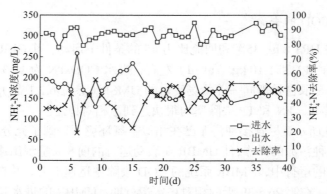

图 6-16　UMBR 系统在启动运行阶段的进水和出水 NH_4^+-N 及去除率变化规律

对 NO_x^--N 的跟踪检测结果表明，在 UMBR 系统的启动运行阶段，出现了阶段性的 NO_x^--N 积累。如图 6-17 所示，在启动运行的第 3～11 天和第 19～23 天，

NO_2^--N 的积累非常显著，但在第 24 天后，其浓度大幅下降，并自第 30 天后稳定在了 1.3 mg/L 左右的较低水平。UMBR 系统中的 NO_3^--N 浓度表现出了与 NO_2^--N 浓度相反的变化趋势。每当 NO_2^--N 浓度下降时，NO_3^--N 浓度就会升高，反之亦然。在第 30～39 天的相对稳定期，NO_3^--N 在出水中的浓度平均为 22.4 mg/L。虽然 UMBR 系统中出现了一定程度的 NO_x^--N 积累，但在启动运行阶段末的相对稳定期，NO_2^--N 与 NO_3^--N 之和也不过 23.7 mg/L，而在此期间的进水 NH_4^+-N 高达 302.1 mg/L 左右，去除率仅有 48.2% 左右（图 6-16）。显然，虽然经过了 39 d 的运行，UMBR 系统对 NH_4^+-N 的氧化能力仍处于较低水平。由于大量 NH_4^+-N 的残留以及低水平的 NO_x^--N 积累，使 UMBR 系统的出水 pH 始终较高，在启动运行阶段平均为 8.6，明显高于进水的平均值 7.9（图 6-18）。

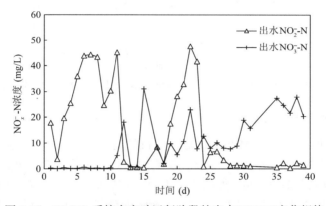

图 6-17　UMBR 系统在启动运行阶段的出水 NO_x^--N 变化规律

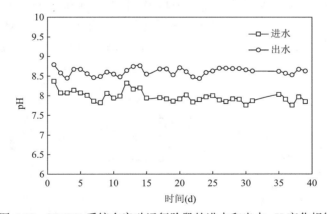

图 6-18　UMBR 系统在启动运行阶段的进水和出水 pH 变化规律

6.2.2.3　总氮的去除

UMBR 系统在启动运行的初期，对干清粪养猪场废水 TN 的去除率也表现出了较大波动性。随着 NH$_4^+$-N 去除率的逐步稳定（图 6-16），TN 去除率也在同一时期达到了相对稳定（图 6-19）。然而，较低的 NH$_4^+$-N 氧化率，极大限制了 UMBR 系统对 TN 的去除能力。如图 6-19 所示，在第 26～39 天的相对稳定期，UMBR 的进水 TN 平均为 377.6 mg/L，出水中残留的 TN 约为 177.8 mg/L，TN 去除率平均只有 52.8%。

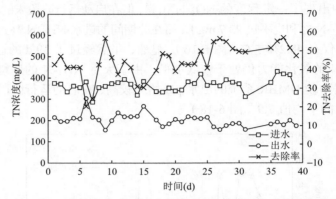

图 6-19　UMBR 系统在启动运行阶段的进水和出水 TN 及去除率变化规律

6.2.2.4　总磷的去除

如图 6-15 所示，在 UMBR 系统启动运行的前 8 d，其 COD 去除率呈现出逐渐下降趋势，说明接种污泥的异养生长代谢能力受到了显著影响，而活性污泥生长对 TP 的摄取能力也会随之降低。如图 6-20 所示，在启动运行的最初 6（d）里，UMBR 系统对 TP 的去除率从第 1 天的 38.5% 迅速降低到了 4.1%。随着运行的持续，活性污泥逐渐适应了 UMBR 的内环境，填料表面的生物膜也逐渐形成并迅速生长。因此，自第 6 天之后，尽管进水 TP 因水质变化而不断上升，但 UMBR 系统对 TP 的去除率迅速攀升，并在第 26～39 天的运行中保持了相对稳定。在第 26～39 天

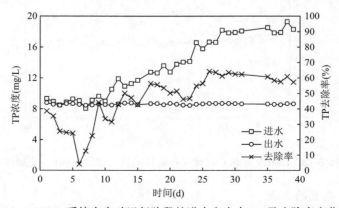

图 6-20　UMBR 系统在启动运行阶段的进水和出水 TP 及去除率变化规律

的相对稳定运行期，UMBR 的进水 TP 平均为 17.9 mg/L，平均去除率为 61.1%，出水 TP 维持在 7.0 mg/L 左右。

6.2.3　UMBR 系统的调控运行及效能分析

6.2.2 节的研究表明，以 UMSR 的活性污泥为接种物，在 HRT 8 h、35℃、回流比 45 等条件下，UMBR 可在 30 d 内启动成功并达到相对稳定运行状态。在相对稳定运行期，UMBR 的出水 COD 和 TP 分别为 127 mg/L 和 7.0 mg/L，可以满足《畜禽养殖业污染物排放标准》的要求，但出水 NH_4^+-N 高达 158.4 mg/L 左右，远远高于排放标准。为进一步提高 UMBR 系统的处理效能，尤其是 NH_4^+-N 氧化和生物脱氮效能，在 UMBR 系统启动成功后，对其进行了为期 219 d 的出水回流比与温度调控运行（表 6-5 和表 6-6 所示的阶段 Ⅱ 至阶段 Ⅵ），并随着干清粪养猪场废水水质的变化，考察了 COD/TN 对系统处理效能的影响。在此，仅对各运行阶段的相对稳定期数据予以归纳总结和分析。

6.2.3.1　进水水质对 UMBR 系统运行特征的影响

由第 5 章的研究可知，干清粪养猪场废水的 COD/TN 对升流式微氧生物系统的污染物去除效能，尤其是 NH_4^+-N 氧化和 TN 去除能力有很大影响。因此，在 UMBR 启动成功并达到稳定运行后，保持 HRT 8 h、回流比 45 和 35℃不变，首先考察了干清粪养猪场废水水质（COD/TN）对 UMBR 系统运行特征的影响。根据进水水质的不同，UMBR 系统在回流比 45 条件下的调控运行分为三个阶段，即表 6-5 和表 6-6 所示的阶段 Ⅱ（35℃）、阶段 Ⅲ（35℃）和阶段 Ⅳ（27℃）。表 6-7 中归纳总结了在上述三个阶段末的相对稳定期，UMBR 系统对目标污染物的去除情况。

如表 6-7 所示，受干清粪养猪场废水水质的影响，UMBR 在阶段 Ⅱ、阶段 Ⅲ 和阶段 Ⅳ 的稳定运行期（分别持续运行 13 d、20 d 和 10 d），其 OLR 分别为 1.42 kg/（m³·d）、1.05 kg/（m³·d）和 0.51 kg/（m³·d）左右，NLR 分别为 1.11 kg/（m³·d）、1.12 kg/（m³·d）和 0.62 kg/（m³·d）左右，进水 COD/TN 依次降低，分别为 1.28、0.94 和 0.68。如 6.2.2.1 节所述，在 HRT 8 h、回流比 45 和 35℃的工况下，UMBR 系统启动并达到稳定运行时，仅生物膜的 MLVSS 就高达 6.23 g/L。因此，在干清粪养猪场废水 COD 浓度较低的情况下，有机碳源成为生物膜生长代谢的限制因素，导致 UMBR 系统的 COD 去除率呈现出随进水 COD 浓度降低而下降的现象。如表 6-7 所示，在阶段 Ⅱ、阶段 Ⅲ 和阶段 Ⅳ 的相对稳定期，UMBR 的进水 COD 分别平均为 474 mg/L、351 mg/L 和 139 mg/L 左右，系统的 COD 去除率依次平均为 75.9%、73.2%和 36.3%。尽管如此，在阶段 Ⅱ、阶段 Ⅲ 和阶段 Ⅳ 稳定运行期间，UMBR 的出水 COD 分别为 114 mg/L、93 mg/L 和 87 mg/L，均能满足《畜禽养殖业污染物排放标准》的要求。

表 6-7   UMBR 系统在不同进水 COD/TN 下的污染物去除效能

		阶段 II[a]（13 d）[b]	阶段 III[a]（20 d）[b]	阶段 IV[a]（10 d）[b]
运行条件	出水回流比	45	45	45
	进水 COD/TN	1.28±0.10	0.94±0.07	0.68±0.16
	温度（℃）	35	35	27
COD	进水（mg/L）	474±33	351±35	139±33
	出水（mg/L）	114±10	93±16	87±13
	去除率（%）	75.9±2.4	73.2±5.4	36.3±9.1
	进水负荷[kg/（m³·d）]	1.42±0.10	1.05±0.11	0.51±0.20
	去除负荷[kg/（m³·d）]	1.08±0.10	0.77±0.11	0.16±0.07
TP	进水（mg/L）	14.1±1.2	15.5±0.7	17.0±2.5
	出水（mg/L）	6.1±0.7	7.4±0.3	7.6±1.9
	去除率（%）	57.1±2.4	52.4±2.3	55.7±7.8
	进水负荷[kg/（m³·d）]	0.05±0.00	0.04±0.00	0.06±0.00
	去除负荷[kg/（m³·d）]	0.02±0.00	0.02±0.00	0.03±0.00
NH_4^+-N	进水（mg/L）	301.3±18.8	304.8±20.0	207.5±20.0
	出水（mg/L）	133.5±8.9	124.2±13.3	12.2±7.1
	去除率（%）	55.6±2.2	59.3±2.5	94.3±3.1
	进水负荷[kg/（m³·d）]	0.90±0.06	0.91±0.06	0.62±0.06
	去除负荷[kg/（m³·d）]	0.50±0.04	0.54±0.03	0.59±0.05
NO_2^--N	进水（mg/L）	0.1±0.0	0.0±0.0	0.1±0.1
	出水（mg/L）	5.6±2.4	26.0±8.0	56.6±3.0
NO_3^--N	进水（mg/L）	1.5±0.8	1.5±1.0	0.4±0.4
	出水（mg/L））	21.0±3.8	25.6±3.1	11.1±1.6
TN	进水（mg/L）	369.5±22.7	373.7±24.6	208.0±20.0
	出水（mg/L）	160.1±9.1	175.8±10.8	80.0±6.7
	去除率（%）	56.6±2.1	52.9±2.6	61.4±3.2
	进水负荷[kg/（m³·d）]	1.11±0.07	1.12±0.07	0.62±0.06
	去除负荷[kg/（m³·d）]	0.63±0.05	0.59±0.06	0.38±0.05

a：表 6-5 和表 6-6 所示的阶段 II、阶段 III 和阶段 IV；b：各运行阶段的相对稳定期持续时间。

尽管干清粪养猪场废水水质波动较大，UMBR 系统始终保持了良好的 TP 去除效能。在阶段 Ⅱ、阶段 Ⅲ 和阶段 Ⅳ 的相对稳定期，进水 TP 在 14.1～17.0 mg/L 的范围波动，UMBR 的出水 TP 分别平均为 6.1 mg/L、7.4 mg/L 和 7.6 mg/L，均满足《畜禽养殖业污染物排放标准》规定的 TP≤8.0 mg/L 的要求。

随着干清粪养猪场废水 COD/TN 的阶段性降低，UMBR 中的异养微生物的生长代谢受到了越来越严重的限制，而化能自养微生物（包括 AOB 和 NOB 等硝化细菌）趁势壮大，使系统的 NH_4^+-N 氧化能力呈现出阶段性上升趋势。如表 6-7 所示，在阶段 Ⅱ 和阶段 Ⅲ 的相对稳定期，UMBR 系统的 NH_4^+-N 去除率分别平均为 55.6% 和 59.3%，但在阶段 Ⅳ 的相对稳定期，NH_4^+-N 去除率大幅提升到了 94.3% 左右。较低的去除率，导致 UMBR 在阶段 Ⅱ 和阶段 Ⅲ 的出水 NH_4^+-N 分别高达 133.5 mg/L 和 124.2 mg/L，未能满足不大于 80 mg/L 的排放要求[1]。在进水 COD/TN 为 0.76 左右的阶段 Ⅳ，UMBR 系统的出水 NH_4^+-N 平均仅有 12.2 mg/L，优于《畜禽养殖业污染物排放标准》的要求。

伴随 NH_4^+-N 去除率的提高，UMBR 的出水 NO_x^--N 浓度也有所升高，但并未发生大量积累现象。如表 6-7 所示，在阶段 Ⅱ、阶段 Ⅲ 和阶段 Ⅳ 的相对稳定期，UMBR 系统出水 NO_x^--N 浓度分别为 26.6 mg/L、51.6 mg/L 和 67.7 mg/L。其中，NO_2^--N 和浓度呈现阶段性上升趋势，在阶段 Ⅱ、阶段 Ⅲ 和阶段 Ⅳ 的相对稳定期依次为 5.6 mg/L、26.0 mg/L 和 56.6 mg/L 左右；而 NO_3^--N 浓度在阶段 Ⅲ 最高（平均 25.6 mg/L），在阶段 Ⅱ 和阶段 Ⅳ 较低，分别平均为 21.0 mg/L 和 11.1 mg/L。同 UMSR 系统一样（参见 5.3 节），UMBR 系统对 TN 的去除率与 NH_4^+-N 去除率表现出高度一致性。在阶段 Ⅱ、阶段 Ⅲ 和阶段 Ⅳ 的相对稳定期，UMBR 的进水 TN 浓度分别平均为 369.5 mg/L、373.7 mg/L 和 208.0 mg/L，出水浓度分别为 160.1 mg/L、175.8 mg/L 和 80.0 mg/L 左右，其 TN 去除率分别平均为 56.6%、52.9% 和 61.4%。在高 NH_4^+-N 和低 COD/TN 的水质条件下，50% 以上的 NH_4^+-N 和 TN 去除率，以及低水平的 NO_x^--N 积累，说明 UMBR 系统还可能存在 Anammox 作用，并在生物脱氮过程中发挥着重要作用[33]。

6.2.3.2　出水回流比的调控运行效果

如表 6-7 所示的结果表明，UMBR 系统即便在 27℃ 条件下（阶段 Ⅳ）处理干清粪养猪场废水，同样可以稳定高效地去除 COD、NH_4^+-N、TN 和 TP，出水浓度均能满足《畜禽养殖业污染物排放标准》的要求。处理温度的降低，可有效减少能量消耗，降低废水处理成本，提高 UMBR 系统的技术经济性。在 6.2.3.1 节的研究基础上，将 UMBR 系统温度保持在 27℃，开展了出水回流比调控运行研究，以期通过出水回流比的降低，进一步提高 UMBR 工艺的技术经济性。如表 6-5 和表 6-6 所示，在 27℃ 下对于 UMBR 系统的出水回流比调控，包括阶段 Ⅴ 和阶段 Ⅵ

两个阶段，其出水回流比分别为 35 和 25。表 6-8 总结了 UMBR 系统在这两个阶段相对稳定期的目标污染物去除情况，并与阶段Ⅲ（出水回流比 45，35℃）的目标污染物去除效果进行了对比。

如表 6-8 所示，在出水回流比分别为 45、35 和 25 的阶段Ⅲ（35℃）、阶段Ⅴ（27℃）和阶段Ⅵ（27℃）的稳定运行期，UMBR 的进水 COD 分别平均为 351 mg/L、271 mg/L 和 173 mg/L，去除率分别为 73.2%、73.5% 和 57.5% 左右，出水 COD 分别维持在 93 mg/L、72 mg/L 和 72 mg/L 左右。由于进水浓度的阶段性降低，UMBR 系统的 COD 去除负荷随之降低，在阶段Ⅲ、阶段Ⅴ和阶段Ⅵ的稳定运行期分别平均为 0.77 kg/（$m^3 \cdot d$）、0.60 kg/（$m^3 \cdot d$）和 0.30 kg/（$m^3 \cdot d$）。伴随 COD 的去除，UMBR 系统也表现出了良好的 TP 去除效能。在阶段Ⅲ、阶段Ⅴ和阶段Ⅵ的稳定运行期，UMBR 的进水 TP 分别平均为 15.5 mg/L、18.0 mg/L 和 20.7 mg/L，出水 TP 分别平均为 7.4 mg/L、7.9 mg/L 和 7.9 mg/L，TP 去除率分别保持在 52.4%、56.1% 和 60.8% 左右。以上结果说明，在 HRT 8 h、27℃和 OLR 0.52 kg/（$m^3 \cdot d$）条件下，即便出水回流比降低至 25，UMBR 系统的出水 COD 和 TP 浓度均能满足《畜禽养殖业污染物排放标准》的要求。

随着出水回流比的阶段性降低，UMBR 系统对 NH_4^+-N 的去除率呈现出上升趋势。如表 6-8 所示，在出水回流比分别为 45、35 和 25 的阶段Ⅲ、阶段Ⅴ和阶段Ⅵ的稳定运行期，UMBR 的进水和出水 NH_4^+-N 分别平均为 304.8 mg/L 和 124.2 mg/L、336.7 mg/L 和 23.2 mg/L 以及 282.8 mg/L 和 8.4 mg/L，去除率分别为 59.3%、93.1% 和 97.2% 左右。由于 UMBR 内的微氧环境是由部分出水曝气并回流予以实现和维持的（图 6-14），出水回流比的降低，势必导致 UMBR 内的 DO 下降，在此情况下出现的 NH_4^+-N 去除率不降反升的现象，说明好氧氨氧化不是 NH_4^+-N 去除的唯一途径，还可能与 AnAOB 的存在及其 Anammox 代谢有关[34]。

在出水回流比较高（45）的阶段Ⅲ，UMBR 内的 DO 水平相对较高，自养和异养的厌氧反硝化菌群活性可能因此受到了一定程度的抑制，使 UMBR 系统出现了明显的 NO_x^--N 积累趋势，出水 NO_2^--N 和 NO_3^--N 浓度分别达到了 26.0 mg/L 和 25.6 mg/L。在进水 NH_4^+-N 高达 304.8 mg/L 左右，而在进水 COD/TN 仅为 0.94 左右的条件下，较低的 NH_4^+-N 去除率（59.3%）以及明显的 NO_x^--N 积累现象，说明 UMBR 系统的硝化反硝化作用受到了很大限制，Anammox 的代谢也欠佳，因此显著制约了系统的 TN 去除效率[35, 36]。如表 6-8 所示，在阶段Ⅲ的稳定运行期，UMBR 系统的进水和出水 TN 分别平均为 373.7 mg/L 和 175.8 mg/L，去除率仅为 52.9% 左右。当出水回流比降低到 35 后（阶段Ⅴ），较低的 DO 水平限制了 NOB 的生长代谢，而化能异养菌群的生长代谢也因 0.81 左右的进水 COD/TN 受到抑制，自养的 AOB 和 AnAOB 因此得以进一步富集，使 UMBR 系统表现出了优良的生物脱氮效能[35]。在阶段 V 的稳定运行期，UMBR 的进水和出水 TN 分别平均为 337.4 mg/L 和 34.1 mg/L，去除率高达 89.9%左右。在这一时期，UMBR 系统的 NO_x^--N 积累现象消失，出水 NO_x^--N 浓度仅为 10.9 mg/L 左右（NO_2^--N 和 NO_3^--N 分别平均为 9.4 mg/L 和 1.5 mg/L）。在出水回流比下降至 25 后（阶段 VI），由于 DO 总供给量的减少和进水 COD/TN 的降低，AnAOB 菌群的生长代谢得到进一步加强，使得 NH_4^+-N 和 TN 能够通过 PN/A 途径得以有效去除[37]。因此，在阶段 VI 的稳定运行期，UMBR 系统仍然保持了 84.2%左右的 TN 去除效率，出水浓度平均仅为 41.1 mg/L。由于 AnAOB 的 Anammox 代谢活性以及低 COD/TN 对异养反硝化菌群的抑制，使 UMBR 出水中的 NO_2^--N 和 NO_3^--N 浓度稍有升高，分别为 11.7 mg/L 和 20.9 mg/L。

表 6-8　UMBR 系统在不同工况下的污染物去除效能

		阶段 III[a]（20 d）[b]	阶段 V[a]（14 d）[b]	阶段 VI[a]（14 d）[b]
运行条件	出水回流比	45	35	25
	进水 COD/TN	0.94±0.07	0.81±0.05	0.64±0.29
	温度（℃）	35±1	27±1	27±1
COD	进水（mg/L）	351±35	271±13	173±72
	出水（mg/L）	93±16	72±19	72±30
	去除率（%）	73.2±5.4	73.5±6.9	57.5±11.2
	进水负荷[kg/（m³·d）]	1.05±0.11	0.81±0.04	0.52±0.21
	去除负荷[kg/（m³·d）]	0.77±0.11	0.60±0.07	0.30±0.14
TP	进水（mg/L）	15.5±0.7	18.0±3.7	20.7±4.8
	出水（mg/L）	7.4±0.3	7.9±1.0	7.9±1.3
	去除率（%）	52.4±2.3	56.1±5.5	60.8±6.9
	进水负荷[kg/（m³·d）]	0.04±0.00	0.05±0.00	0.06±0.00
	去除负荷[kg/（m³·d）]	0.02±0.00	0.02±0.00	0.04±0.00
NH_4^+-N	进水（mg/L）	304.8±20.0	336.7±14.8	282.8±63.9
	出水（mg/L）	124.2±13.3	23.2±5.5	8.4±9.4
	去除率（%）	59.3±2.5	93.1±1.57	97.2±3.3
	进水负荷[kg/（m³·d）]	0.91±0.06	1.01±0.12	0.85±0.19
	去除负荷[kg/（m³·d）]	0.54±0.03	0.94±0.05	0.82±0.18
NO_2^--N	进水（mg/L）	0.0±0.0	0.1±1.0	0.1±0.0
	出水（mg/L）	26.0±8.0	9.4±3.5	11.7±9.5

		阶段Ⅲ[a]（20 d）[b]	阶段Ⅴ[a]（14 d）[b]	阶段Ⅵ[a]（14 d）[b]
NO$_3^-$-N	进水（mg/L）	1.5±1.0	0.5±0.2	0.9±0.5
	出水（mg/L）	25.6±3.1	1.5±0.9	20.9±7.9
TN	进水（mg/L）	373.7±24.6	337.4±14.7	283.8±64.1
	出水（mg/L）	175.8±10.8	34.1±6.0	41.1±10.0
	去除率（%）	52.9±2.6	89.9±1.6	84.2±6.2
	进水负荷[kg/（m^3·d）]	1.12±0.07	1.01±0.04	0.85±0.19
	去除负荷[kg/（m^3·d）]	0.59±0.06	0.91±0.04	0.73±0.21

a：表 6-5 和表 6-6 所示的阶段Ⅲ、阶段Ⅴ和阶段Ⅵ；b：各运行阶段的相对稳定期持续时间。

在第 5 章研究表明，对于 COD/TN<1 的干清粪养猪场废水，采用 UMSR 系统进行处理，在 HRT 8 h 和 35℃条件下，须将出水回流比控制在≥32.5 的水平，才能保证出水 NH$_4^+$-N 和 TN 满足排放要求（参见 5.2.3 节）。而在 UMSR 基础上改进而成的 UMBR 系统，即便在 HRT 8 h、27℃和出水回流比不小于 25 的工况下，对于 COD/TN 为 0.93 左右的干清粪养猪场废水，也能获得良好的 COD、NH$_4^+$-N 和 TP 去除效果，出水浓度均能满足《畜禽养殖业污染物排放标准》的要求，并能维持优良的生物脱氮性能[38]。可见，填料床的布设以及生物膜的着生，显著提高了升流式微氧生物处理系统的效能，可以在较低的出水回流比和温度下稳定运行，并达到比较理想的生物脱氮效果，更加经济高效。

6.3 UMSR 与 UMBR 系统在较低温度下的
运行特征与效能

如 1.1 节所述，在受纳土地资源不足以及土地承载能力有限的情况下，许多规模化养猪场废水不得不面临直接排入地表水体的尴尬局面。对于直接排入自然水体的畜禽养殖场废水，国家有较《畜禽养殖业污染物排放标准》（GB 18596－2001）更加严格的要求[1, 39]。在第 2～5 章，以及本章前序各节的研究中，多次介绍了干清粪养猪场废水的水质情况。尽管干清粪养猪场废水水质随着生猪养殖周期和季节更迭而有很大波动，但均具有高 NH$_4^+$-N 和低 C/N 的特征。由于有机物（电子供体）的严重不足，采用传统硝化反硝化技术予以处理，在无外源有机碳源供给的情况下，很难获得良好的生物脱氮效果（参见 1.5.1 节），成为养猪场废水处理亟待解决的共性问题。针对干清粪养猪场废水的水质特征，笔者课题组研发出了 UMSR 处理工艺（参见第 5 章）和 UMBR 处理工艺（参见 6.2 节）。这两种处理工艺，均具有工艺流程短、处理效率高、剩余污泥产量少、基建投资省等优点，但也存在出水回流率高、需要较高温度（27℃以上）维持系统高效稳定运行等不足，过高的能耗使其技术经济较差。针对因出水回流造成的高能耗问题，笔者课题组通过调控运行优化了 UMSR 系统（参见 5.3 节）和 UMBR 系统（参见 6.2 节）的出水回流比，降低了运行能耗，提高了技术经济性。为进一步降低升流式微氧生物处理系统的能耗，笔者课题组探讨了 UMSR 和 UMBR 系统在较低温度（≤25℃）下的运行特征和处理效能[38, 40]。

6.3.1　温度降低对 UMSR 系统运行特征及处理效能的影响

6.3.1.1　UMSR 系统的温度调控运行方法

为了解 UMSR 系统在较低温度下处理干清粪养猪废水的可行性，笔者课题组探讨了温度阶段性降低对 UMSR 系统运行特征及处理效能的影响。研究过程中，通过 SBR 预处理的方式，将干清粪养猪场废水的 COD/TN 调控在 1 以下（参见 5.4.3 节）。对于 UMSR 系统的温度调控运行共计 121 d，保持 HRT 8 h 和出水回流比 45 不变，依据温度划分为四个阶段，各阶段的进水水质及控制条件分别如表 6-9 和表 6-10 所示。其中，阶段Ⅰ是将 UMSR 系统的运行温度从前期的 35℃降低并维持在 27℃，直到达到出水水质的相对稳定；阶段Ⅱ、阶段Ⅲ和阶段Ⅳ，分别将 UMSR 系统的温度调节并维持在 27℃、23℃和 20℃下持续运行。

表 6-9　UMSR 系统的温度调控运行阶段及进水水质

阶段	运行时间（d）	COD（mg/L）	NH_4^+-N（mg/L）	NO_2^--N（mg/L）	NO_3^--N（mg/L）	TN（mg/L）	TP（mg/L）	pH
Ⅰ	1～31	171±65	226.6±26.9	0.1±0.1	0.9±0.5	227.1±21.3	20.7±4.9	8.0±0.1
Ⅱ	32～55	275±28	306.1±39.9	0.1±0.1	0.6±0.2	306.8±39.9	19.7±2.1	8.0±0.1
Ⅲ	56～79	283±42	295.5±53.8	0.1±0.1	0.5±0.2	296.3±53.8	17.9±3.7	8.0±0.1
Ⅳ	80～121	246±131	262.9±74.6	0.1±0.1	0.4±0.2	263.9±74.8	17.0±2.5	7.9±0.2

表 6-10　UMSR 系统的温度调控运行阶段及控制参数

阶段	运行时间(d)	温度（℃）	HRT（h）	回流比	COD/TN	COD 负荷 [kg/（m³·d）]	TN 负荷 [kg/（m³·d）]
Ⅰ	1～31	27±1	8	45：1	0.76±0.26	0.51±0.20	0.68±0.06
Ⅱ	32～55	27±1	8	45：1	0.91±0.17	0.82±0.08	0.92±0.12
Ⅲ	56～79	23±1	8	45：1	0.97±0.14	0.85±0.13	0.89±0.16
Ⅳ	80～121	20±1	8	45：1	0.98±0.48	0.74±0.39	0.79±0.22

6.3.1.2　COD 去除率随温度阶段性降低的变化规律

如图 6-21 所示，由于温度从前期的 35℃降低到了 27℃，UMSR 系统对 COD 的去除性能在阶段 Ⅰ 的初期明显下降。随着运行时间的延续，UMSR 系统对 COD 的去除率在波动中逐渐回升，并在第 22～31 天的运行中稳定在了 70.1%左右。为提高 UMSR 内活性污泥的代谢活性，在阶段 Ⅰ 末进行了一次排泥操作，使系统中的生物量（MLVSS）从 3.89 g/L 降低至了 2.56 g/L。在阶段 Ⅱ，UMSR 系统的温度仍保持在 27℃，而 OLR 由阶段 Ⅰ 的 0.51 kg/（m³·d）提高到了 0.82 kg/（m³·d）。当 UMSR 系统在阶段 Ⅱ 达到相对稳定后（第 42～55 天），其 COD 去除率提高到了 79.9%左右。可见，适当的排泥操作，有利于改善 UMSR 系统的 COD 去除性能。

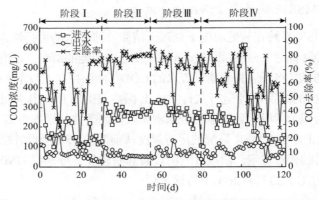

图 6-21　UMSR 系统 COD 去除率随温度阶段性降低的变化规律

如图 6-21 所示，温度的每一次降低，都会导致 UMSR 系统 COD 去除性能的下降，但最终都能达到相对稳定。在温度为 23℃的阶段 Ⅲ，UMSR 系统保持了良好的 COD 去除性能，在第 71～79 天的相对稳定运行期，COD 平均去除率仍然达到了 71.2%，此时系统中的 MLVSS 增加到了 3.14 g/L 左右。然而，当系统运行温度进一步降低至 20℃（阶段 Ⅳ）后，COD 去除率显著下降，在第 112～121 天的相对稳定运行期，尽管 3.01 g/L 的 MLVSS 与阶段 Ⅲ 的相近，但 COD 平均去除率仅为 53.4%。UMSR 系统在阶段 Ⅰ（27℃）、阶段 Ⅱ（27℃）、阶段 Ⅲ（23℃）和阶段 Ⅳ（23℃）的相对稳定运行期，UMSR 系统的 COD 去除负荷分别为 0.30 kg/(m³·d)、0.64 kg/（m³·d）、0.55 kg/（m³·d）和 0.22 kg/（m³·d）左右，出水 COD 浓度分别平均为 41 mg/L、53 mg/L、70 mg/L 和 62 mg/L，均优于《畜禽养殖业污染物排放标准》要求的 400 mg/L。

6.3.1.3　氨氮去除率随温度阶段性降低的变化规律

如图 6-22 所示，由于温度从 32℃降低为 27℃的变化，UMSR 系统在运行阶段 I 的初期，对 NH_4^+-N 去除率较低，但随着运行时间的延续迅速提升，但波动较大，直到第 23 天后（第 23～31 天）才达到相对稳定，平均为 98.6%。由于排泥操作，UMSR 系统的 NH_4^+-N 去除性能在阶段 II 初期有所下降，但很快得以恢复，并在第 42～55 天的稳定运行期达到了 94.5% 左右。进入温度为 23℃ 的运行阶段 III 后，UMSR 系统的 NH_4^+-N 去除率呈现出持续下降趋势，在第 61 天降至了 84.6%。但在其后的运行中，UMSR 系统的 NH_4^+-N 去除性能又得到了逐渐恢复并在第 71～79 天期间保持了相对稳定，平均去除率为 95.9%。当运行温度在阶段 IV 进一步降低至 20℃ 后，UMSR 系统仍可保持较高的 NH_4^+-N 去除效果，在稳定运行期（第 112～121 天）的 NH_4^+-N 去除率维持在 97.5% 左右。

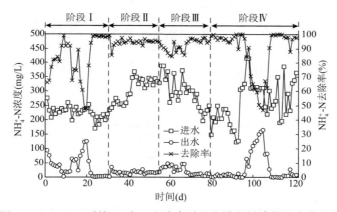

图 6-22　UMSR 系统 NH_4^+-N 去除率随温度阶段性降低的变化规律

由图 6-21 和图 6-22 可以观察到，在阶段 IV 运行的第 100～107 天，进水 COD 和 NH_4^+-N 浓度突然升高。在这一冲击负荷影响下，UMSR 系统的 NH_4^+-N 去除率在第 105 天下降到了 46.9%。但在负荷冲击过后，NH_4^+-N 去除性能随之恢复。这一现象说明，UMSR 系统具有较好的抵抗冲击负荷的能力。在阶段 I ～阶段 IV 的相对稳定期，UMSR 系统的 NH_4^+-N 去除负荷分别达到了 0.61 kg/（m^3·d）、0.96 kg/（m^3·d）、0.71 kg/（m^3·d）和 0.85 kg/（m^3·d），出水 NH_4^+-N 浓度分别为 3.0 mg/L、18.0 mg/L、10.3 mg/L 和 7.1 mg/L，均远低于《畜禽养殖业污染物排放标准》要求的限值 80 mg/L。可见，运行温度从 27℃ 至 20℃ 的阶段性下降，并未对 UMSR 系统的 NH_4^+-N 去除效能产明显影响。

6.3.1.4　总氮去除率随温度阶段性降低的变化规律

如图 6-23 所示，UMSR 系统在温度阶段性降低的运行过程中，其 TN 去除率呈现出与 NH_4^+-N 去除率（图 6-22）类似的变化规律。在 NLR 为 0.68 kg/（m^3·d）左右的阶段 I，UMSR 系统对 TN 的去除率在波动中逐渐上升，并最终稳定在了

87.3% 左右。此时，UMSR 系统有一定的 NO_x-N 积累现象，在阶段 Ⅰ 末期，出水 NO_2^--N 和 NO_3^--N 浓度分别达到了 6.5 mg/L 和 16.7 mg/L 左右（图 6-24）。在温度同为 27℃的阶段 Ⅱ，UMSR 系统的 NLR 随水质变化升高到了 0.92 kg/（$m^3 \cdot d$）左右，TN 去除率有了显著提高。在第 42～55 天的相对稳定运行期，UMSR 系统的 TN 去除率达到了 92.3% 左右。此时，系统内 NO_x-N 积累现象消失，在该阶段的稳定运行期，UMSR 系统的出水 NO_2^--N 和 NO_3^--N 平均浓度分别仅为 3.5 mg/L 和 4.1 mg/L（图 6-24）。

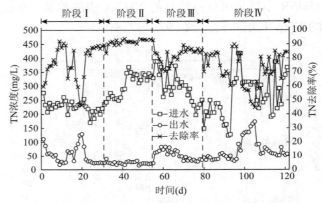

图 6-23　UMSR 系统 TN 去除率随温度阶段性降低的变化规律

　　然而，当运行温度在阶段 Ⅲ 降至 23℃以后，UMSR 系统的 TN 去除性能受到一定影响，在第 61 天下降至 70.6%，但在此后的运行中得以逐步恢复。在阶段 Ⅲ 的稳定运行期内（第 71～79 天），UMSR 进水和出水 TN 浓度分别为 296.3 mg/L 和 35.8 mg/L 左右，平均去除率仍然高达 85.6% 左右。在该运行时期，尽管 NH_4^+-N（图 6-22）和 TN（图 6-23）去除率均较高，但 UMSR 系统的 NO_3^--N 积累现象明显，平均浓度达到了 20.7 mg/L，而 NO_2^--N 浓度仅有 4.9 mg/L（图 6-24）。运行温度在阶段 Ⅳ 进一步降低到 20℃后，UMSR 系统的 TN 去除效能受到了较为显著的影响，在第 108～121 天的相对稳定运行期，TN 去除率平均为 77.9% 左右，显著低于运行温度为 27℃和 23℃条件下的去除率。在该时期，UMSR 系统的 NO_3^--N 积累更为突出，出水浓度高达 46.9 mg/L 左右，而出水 NO_2^--N 浓度仅为 5.7 mg/L 左右。与 NH_4^+-N 去除（图 6-22）变化规律相似，由于进水浓度的突然升高，UMSR 系统在第 100～107 天的 TN 去除率受到了较为显著的影响，但在负荷冲击之后很快便得以恢复，再次说明 UMSR 系统具有良好的抗冲击负荷的能力。

　　第 5 章的研究表明，UMSR 系统对于干清粪养猪场废水的 TN 去除，主要是通过 PN/A 途径实现的（参见 5.5 节）。而以上结果表明，随着温度从 27℃阶段性地降低至 20℃，UMSR 系统的 TN 去除率呈现逐步下降趋势，同时伴随 NO_3^--N 积累逐渐严重的现象。这种现象可能与 AOB、NOB、AnAOB 等的温度适应性有关[41, 42]。已有研究表明，AnAOB 对温度变化比较敏感，随着温度的降低，其生长代谢会受到越来越显著的抑制，而 NOB 在较低温度下（如 20℃）则会表现出较 AnAOB 更快的生长速率[43, 44]。也许正是 NOB 对底物 NO_2^--N 的竞争优势，使 UMSR 的出水 NO_3^--N 浓度呈现出随温度降低而逐步升高的现象（图 6-24）。在阶段Ⅰ、阶段Ⅱ、阶段Ⅲ和阶段Ⅳ的稳定运行期，UMSR 系统的平均 RNLR 分别为 0.55 kg/（m^3·d）、0.94 kg/（m^3·d）、0.64 kg/（m^3·d）和 0.69 kg/（m^3·d），出水 TN 浓度分别平均为 26.2 mg/L、24.8 mg/L、35.8 mg/L 和 59.7 mg/L。

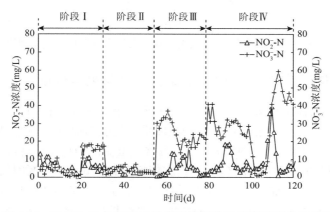

图 6-24　UMSR 出水 NO_x^--N 浓度随温度阶段性降低的变化规律

6.3.1.5　总磷去除率随温度阶段性降低的变化规律

废水生物处理系统对 TP 的去除，主要是由活性污泥微生物吸收与细胞合成，并通过剩余污泥排放实现的。因此，阶段性排泥或污泥龄的控制，是废水生物处理系统 TP 去除效率的重要保障措施[45, 46]。如 6.3.1.2 节所述，在 UMSR 系统运行的阶段Ⅰ结束时，通过排泥操作将系统中的 MLVSS 从 3.89 g/L 降低到了 2.56 g/L。检测发现，在阶段Ⅲ结束时，UMSR 系统中的 MLVSS 恢复并增加到了 3.14 g/L。伴随生物量的增长，UMSR 系统表现出了良好的 TP 去除性能，在阶段Ⅱ（27℃）和阶段Ⅲ（23℃）的相对稳定期，平均去除率分别为 59.2% 和 59.3%，出水浓度分别平均为 7.5 mg/L 和 8.0 mg/L（图 6-25），均满足《畜禽养殖业污染物排放标准》的要求。在温度为 20℃ 的运行阶段Ⅳ，UMSR 系统的 OLR 由阶段Ⅲ的 0.85 kg/（m^3·d）降低到了 0.74 kg/（m^3·d）左右（表 6-10）。在温度和营养水平降低的双重作用下，活性污泥的生长代谢受到较大影响，使 UMSR 系统的生物量在阶段Ⅳ末降低到了 3.01 g/L，TP 去除率也随之降低到了 48.0% 左右，出水浓度升高到了 10.41 mg/L（图 6-25），超过了《畜禽养殖业污染物排放标准》要求的 8.0 mg/L。为提高 UMSR 系统在较低温度（20℃）下的 TP 去除率，通过阶段性排泥操作或污泥龄控制，以保持活性污泥的适度生长是非常必要的[40]。

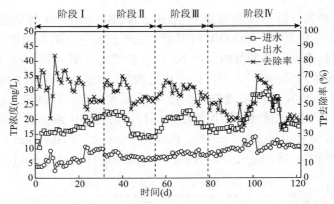

图 6-25　UMSR 系统 TP 去除率随温度阶段性降低的变化规律

6.3.2　UMSR 系统在 20℃以下的运行特征与处理效能

如 6.3.1 节所述的研究表明，在出水回流比 45、HRT 8 h 的运行条件下，当运行温度从 35℃分阶段降低至 20℃，UMSR 系统仍能够保持良好的 COD、NH_4^+-N、TN 和 TP 的去除效率，出水可以满足《畜禽养殖业污染物排放标准》的要求。然而，位于我国北方地区的养猪场，其排放废水温度低于 20℃的情况比较普遍，尤其是在寒冷季节更加突出。通过加热以维持 UMSR 系统处理效能的方式，势必会增加废水处理成本。为了解 UMSR 系统在更低温度下运行的可能性，笔者课题组进一步考察了 UMSR 系统在 20℃以下水温条件下的运行特征与生物脱氮效能[40]。

6.3.2.1　UMSR 系统的温度调控运行方法

对于 UMSR 系统在 20℃以下的运行特征与处理效能研究，是在如 6.3.1 节所述的实验研究之后继续开展的。本节所述的对于 UMSR 系统的温度调控运行，共计 130 d。依据所控制的水温条件，划分为三个阶段，各阶段的运行时间、进水水质及控制参数如表 6-11 和表 6-12 所示。其中，UMSR 系统的进水，为 SBR 预处理后的干清粪养猪场废水，其 COD/TN 均在 1 以下（参见 5.4.3 节）。

表 6-11　UMSR 系统在较低温度下的调控运行阶段及进水水质

阶段	运行时间（d）	COD（mg/L）	NH_4^+-N（mg/L）	NO_2^--N（mg/L）	NO_3^--N（mg/L）	TN（mg/L）	pH
I	67	244±60	294.3±21.1	0.1±0.1	0.5±0.6	294.9±21.0	8.0±0.2
II	39	206±18	297.4±28.2	0.1±0.1	0.9±0.6	298.0±28.3	8.0±0.2
III	24	206±37	282.6±25.5	0.1±0.1	0.3±0.2	283.1±25.5	8.0±0.2

表 6-12　UMSR 系统在较低温度下的调控运行阶段及控制参数

阶段	运行时间（d）	温度（℃）	HRT（h）	回流比	COD/TN	COD 负荷 [kg/（m³·d）]	TN 负荷 [kg/（m³·d）]
Ⅰ	67	17	8	45∶1	0.83±0.26	0.73±0.18	0.88±0.06
Ⅱ	39	15	8	45∶1	0.70±0.06	0.62±0.05	0.89±0.08
Ⅲ	24	20	8	45∶1	0.76±0.15	0.62±0.11	0.85±0.08

6.3.2.2　COD 去除效能

如表 6-11 和表 6-12 所示，UMSR 系统在温度降低为 17℃的阶段Ⅰ，持续运行了 67 d。如图 6-26 所示，在阶段Ⅰ初期，UMSR 系统的 COD 去除性能受温度降低的影响而有所下降。随着系统的持续运行，UMSR 系统对废水 COD 的去除率有所恢复并逐渐趋于稳定。在第Ⅰ阶段的最后 14 d（第 54～67 天），UMSR 的进水和出水 COD 浓度分别平均为 190 mg/L 和 71 mg/L，COD 的平均去除率为62.4%，去除负荷为 0.36 kg/（m³·d）左右。此时，UMSR 内的生物量（以 MLVSS计）也从运行初期的 3.38 g/L 增加到 7.44 g/L。在进入运行阶段Ⅱ前，通过排泥操作将 UMSR 内的 MLVSS 下调为 6.50 g/L。在温度为 15℃的阶段Ⅱ，温度的降低再次对 UMSR 系统的 COD 去除性能产生了显著影响，但最终达到了相对稳定。在第 97～107 天的相对稳定运行期，UMSR 的进水和出水 COD 浓度分别平均为199 mg/L 和 78 mg/L，COD 去除率和去除负荷分别维持在 60.7%和 0.36 kg/（m³·d）左右。虽然经过了 39 d 的运行，UMSR 内的 MLVSS 在阶段Ⅱ结束时为 6.78 g/L，较该运行阶段初期的 6.50 g/L 没有显著增加，说明活性污泥在 15℃条件下生长代谢较慢。当运行温度在阶段Ⅲ回升到 20℃后，UMSR 系统的 COD 去除率随之提高，并很快达到了相对稳定。在阶段Ⅲ的相对稳定运行期（第 121～130 天），UMSR的进水和出水 COD 浓度分别平均为 221 mg/L 和 84 mg/L，COD 去除率能够维持

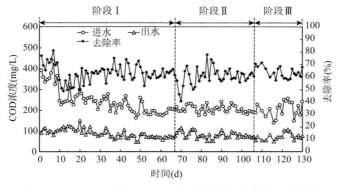

图 6-26　UMSR 系统 COD 去除率随温度改变的变化规律

在 61.8%左右，去除负荷达到了 0.41 kg/（$m^3 \cdot d$）左右。温度的升高也加速了系统内微生物生长代谢，MLVSS 从阶段Ⅲ运行初期的 6.78 g/L 增加到了 10.92 g/L。

以上结果表明，在温度不低于 15℃的条件下，UMSR 系统可保持良好的 COD 去除性能，出水浓度均能满足《畜禽养殖业污染物排放标准》的要求，而较高的活性污泥持有量，为系统在较低温度下的稳定运行和 COD 去除提供了保障。

6.3.2.3　氨氮去除效能

相对于 COD 的去除，温度由 20℃分阶段降低到 15℃的变化，对 UMSR 系统的 NH_4^+-N 去除产生了更加显著的影响。如图 6-27 所示，在运行温度由前期的 20℃降低到 17℃后（阶段Ⅰ），UMSR 系统的 NH_4^+-N 去除率迅速下降，在第 15 天时低至 12.1%。随着运行时间的延续，NH_4^+-N 去除率在波动中逐渐恢复并达到相对稳定。在第 54~67 天的稳定运行期，UMSR 的进水 NH_4^+-N 浓度和 NH_4^+-N 去除率分别平均为 286.7 mg/L 和 80.7%，出水浓度为 55.5 mg/左右，完全满足《畜禽养殖废水排放标准》的要求。进入温度为 15℃的阶段Ⅱ后，UMSR 系统的 NH_4^+-N 的去除性能显著下降，在第 97~107 天的相对稳定期，NH_4^+-N 去除率仅为 61.8%左右，出水 NH_4^+-N 浓度达到了 110.1 mg/L 左右，超过了《畜禽养殖业污染物排放标准》规定的 80.0 mg/L 限值。

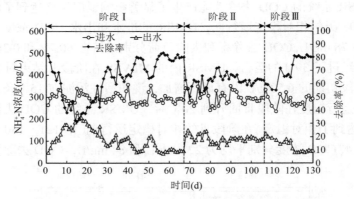

图 6-27　UMSR 系统 NH_4^+-N 去除率随温度改变的变化规律

当运行温度在阶段Ⅲ回升到 20℃后，UMSR 系统的 NH_4^+-N 去除性能在 5 d 内即得到了恢复，并达到了相对稳定。在第 121~130 天的相对稳定运行期，UMSR 进水和出水 NH_4^+-N 浓度分别平均为 277.1 mg/L、53.3 mg/L，NH_4^+-N 去除率维持在 80.8%左右，去除负荷为 0.67 kg/（$m^3 \cdot d$）左右。

6.3.2.4　总氮去除效能

与 NH_4^+-N 去除率的变化规律（图 6-27）相似，UMSR 系统对 TN 的去除率

（图 6-28），在阶段 I 初期也因温度降低而显著下降，但自第 15 天后开始逐渐回升，并在最后 14 d 的运行中保持了相对稳定。如图 6-28 所示，在阶段 I 的相对稳定运行期（第 54~67 天），UMSR 的进水和出水 TN 浓度分别为 287.3 mg/L 和 82.7 mg/L 左右，平均去除率和去除负荷分别为 71.2% 和 0.61 kg/（m³·d）。水质检测结果表明，在阶段 I 运行期间，UMSR 系统未出现 NO_2^--N 积累现象，但在稳定运行期间出现了 NO_3^--N 积累，浓度达到了 25.7 mg/L 左右（图 6-29）。

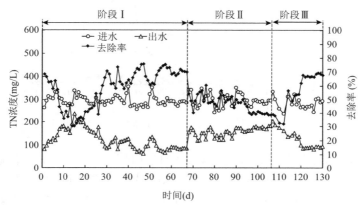

图 6-28　UMSR 系统 TN 去除率随温度改变的变化规律

当运行温度在阶段 II 进一步降低到 15℃ 以后，UMSR 系统的 TN 去除性能持续降低（图 6-28）。在阶段 II 结束时，UMSR 的进水和出水 TN 分别为 296.6 mg/L 和 182.6 mg/L，去除率仅有 38.5%，最后 14 d（第 97~107 天）的 TN 去除负荷也只有 0.34 kg/（m³·d）左右。有研究表明，在不低于 20℃ 的环境条件下，AOB 的比生长速率要大于 NOB，而在低于 20℃ 的条件下，AOB 的比生长速率则小于 NOB[42, 47]。因此，在温度为 15℃ 的阶段 II，UMSR 的出水 NO_3^--N 浓度表现出持续上升趋势，在该阶段结束时达到了 69.6 mg/L，而 NO_2^--N 浓度仅为 2.2 mg/L（图 6-29）。在 COD/TN 仅为 0.70（表 6-12）的条件下，TN 去除率的持续下降，说明 UMSR 系统中的 AnAOB 的生长代谢也受到了严重抑制[41-44]。

自运行温度在阶段 III 回升至 20℃ 以后，UMSR 系统的 TN 去除率迅速提高并在第 121~130 天的运行中保持了相对稳定。在该相对稳定时期，UMSR 的进水和出水 TN 浓度分别平均为 277.5 mg/L 和 89.9 mg/L，TN 去除率维持在 67.5% 左右，去除负荷平均为 0.56 kg/（m³·d）。在温度升至 20℃ 以后，UMSR 系统的出水 NO_3^--N 浓度随之降低，并与 TN 去除率同步达到了相对稳定。在第 121~130 天的运行中，UMSR 的出水 NO_3^--N 浓度平均为 35.5 mg/L，而 NO_2^--N 浓度只有 1.38 mg/L 左右。以上结果表明，UMSR 系统的 PN/A 耦合代谢活性在温度回升到 20℃后得到了迅速恢复,进而使系统重新呈现出了优良的生物脱氮效能。

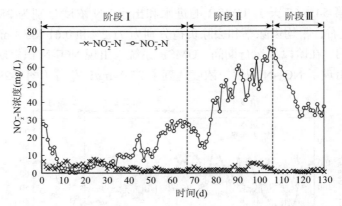

图 6-29　UMSR 系统出水 NO$_x^-$-N 浓度随温度改变的变化规律

　　综上所述,在干清粪养猪场废水 COD/TN<1 的情况下,UMSR 系统可在 17℃下达到稳定运行,出水 COD 和 NH$_4^+$-N 可以满足《畜禽养殖业污染物排放标准》的要求。如果水温低于 17℃,会导致 UMSR 系统 NH$_4^+$-N 和 TN 去除效能的显著下降,在工程应用中应谨慎处置。在 UMSR 系统运行中,如果出现短期的温度下降,在 39 d 内采取措施将温度调控到 17℃以上,系统的 NH$_4^+$-N 和 TN 去除效能可以得到及时恢复。

6.3.3　UMBR 系统在常温下的运行特征与处理效能

　　如表 6-8 所示,UMBR 系统在 HRT 8 h、27℃、出水回流比 25、OLR 0.52 kg/(m³·d)和 NH$_4^+$-N 负荷 0.85 kg/(m³·d)的工况下,对干清粪养猪场废水 COD、NH$_4^+$-N、TN 和 TP 的去除率分别为 57.5%、97.2%、84.2%和 60.8%左右,出水浓度满足《畜禽养殖业污染物排放标准》的要求。在此基础上,笔者课题组对 UMBR 系统在常温(25℃)下的运行特征及去除效能进行了考察。

6.3.3.1　UMBR 的运行控制

　　在如表 6-5 和表 6-6 所示的阶段Ⅵ结束后,维持出水回流比 25 不变,将运行温度调整并维持在 25℃,分阶段考察 HRT 改变对 UMBR 系统处理效能的影响。对 UMBR 系统的 HRT 调控运行,共计 253 d,分为四个阶段,HRT 分别为 8 h(阶段Ⅰ)、6 h(阶段Ⅱ)、6 h(阶段Ⅲ)和 10 h(阶段Ⅳ)。各阶段的运行控制参数和进水水质分别如表 6-13 和表 6-14 所示。

表 6-13　UMBR 系统在常温下的调控运行阶段及控制参数

阶段	运行时间（d）	温度（℃）	HRT（h）	回流比	COD/TN	COD 负荷 [kg/（m³·d）]	TN 负荷 [kg/（m³·d）]	MLVSS[a]（g/L）
I	87	25	8	25	0.84±0.21	0.74±0.18	0.88±0.07	9.42
II	77	25	6	25	0.69±0.11	0.80±0.11	1.17±0.08	23.10
III	31	25	6	25	0.81±0.15	0.87±0.14	1.07±0.07	16.00
IV	58	25	10	25	0.81±0.17	0.46±0.08	0.60±0.07	9.31

a：在各阶段稳定运行期测得的包括悬浮污泥和生物膜在内的总体生物量。

表 6-14　UMBR 系统在常温下的调控运行阶段及进水水质

阶段	运行时间（d）	COD（mg/L）	NH_4^+-N（mg/L）	NO_2^--N（mg/L）	NO_3^--N（mg/L）	TN（mg/L）	pH
I	1～87	248±61	293.4±22.8	0.1±0.1	0.5±0.6	294.0±22.8	8.0±0.2
II	88～164	199±28	291.9±28.0	0.1±0.1	0.9±0.6	293.5±28.1	8.0±0.2
III	165～195	217±36	268.1±18.2	0.1±0.1	0.3±0.2	268.5±18.2	8.2±0.1
IV	196～253	193±35	251.2±31.1	0.1±0.1	0.6±0.4	251.9±31.0	8.2±0.2

6.3.3.2　HRT 变化对 COD 去除的影响

如图 6-30 所示，UMBR 系统在 HRT 为 8 h 的阶段 I 总共运行了 87 d。由于水温较前一运行阶段（27℃）仅有 2℃的降低，UMBR 系统的 COD 去除效率并未受到显著影响，但随水质变化而有较大波动。在阶段 I 的最后 11 d（第 77～87 天），UMBR 的进水和出水 COD 浓度相对稳定，分别平均为 191 mg/L 和 77 mg/L，平均去除率为 59.4%，去除负荷约 0.34 kg/（m³·d）。对生物量（以 MLVSS 计）的检测结果表明，UMBR 内的 MLVSS 在阶段 I 没有显著变化，在初期和末期分别为 9.66 g/L 和 9.42 g/L。

由于 HRT 从阶段 I 的 8 h 降低到了 6 h，UMBR 系统的 COD 去除率在阶段 II 初期迅速下降，之后虽有恢复但波动较大，直至第 147 天后才保持相对稳定。在阶段 II 的相对稳定运行期（第 147～164 天），UMBR 的进水和出水 COD 浓度分别平均为 213 mg/L 和 113 mg/L，去除率为 47.2%左右，去除负荷平均为 0.30 kg/（m³·d）。在阶段 II 运行末期，UMBR 内的 MLVSS 大幅增加到了 23.10 g/L，并在填料床中观察到了堵塞和短流现象，这可能是造成 COD 去除率下降的重要原因。为此，在阶段 III 伊始，通过排泥操作将 UMBR 内的 MLVSS 减少到了 11.50 g/L。如图 6-30 所示，经过排泥操作后，UMBR 系统在 HRT 同为 6 h 的阶段 III 初期，其 COD 去除率迅速上升，但在第 170 天后再次出现了下降趋势。在阶段Ⅲ的第 186~195 天，UMBR 的进水 COD 浓度平均为 219 mg/L，出水浓度和去除率相对稳定，分别平均为 114 mg/L 和 47.9%，去除负荷为 0.32 kg/（$m^3 \cdot d$）左右。与阶段Ⅱ相比，UMBR 系统在阶段Ⅲ最终达到的 COD 去除率和去除负荷并无显著改善。生物量检测发现，UMBR 内的 MLVSS 在阶段Ⅲ末期重新增加到了 16.00 g/L，并在填料床中观察到堵塞和短流现象。

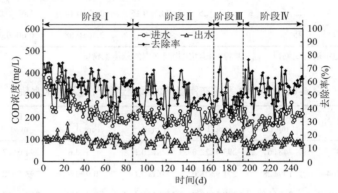

图 6-30　常温下 UMBR 系统 COD 去除率随 HRT 改变的变化规律

为解决填料床堵塞和短流问题，在运行阶段Ⅳ开始时，对于 UMBR 系统的运行做了如下调整：将填料床的填料取出 1/4，同时排出 1/4 悬浮污泥，使 UMBR 内的总生物量（以 MLVSS 计）降低到 11.08 g/L，为避免以上操作给 UMBR 系统处理效能造成的影响，将 HRT 增加到 10 h。如图 6-30 所示，经过上述操作后，UMBR 系统的 COD 去除效能得到了显著改善，在第 244~253 天的相对稳定期，UMBR 的进水和出水 COD 浓度分别平均为 206 mg/L 和 84 mg/L，COD 去除率和去除负荷分别提高到了 59.0% 和 0.36 kg/（$m^3 \cdot d$）左右。在阶段Ⅳ末期，UMBR 内的总生物量为 9.31 g/L，填料床中未观察到堵塞和短流现象。以上结果表明，填料密度和悬浮污泥的适当减少，有效避免了填料床堵塞和短流现象的发生，使 UMBR 系统恢复并保持了良好的 COD 去除效能。

6.3.3.3　HRT 变化对氨氮去除的影响

与前一运行阶段（表 6-5 和表 6-6 所示的阶段Ⅵ）相比，UMBR 系统在常温（25℃）下的调控运行，虽然只有 2℃的温差，但对系统的 NH_4^+-N 去除效能产生了明显冲击。如图 6-31 所示，UMBR 系统在 25℃条件下运行的阶段Ⅰ初期，其 NH_4^+-N 去除率迅速下降，在第 9 天降至最低，仅有 33.5%。经过一定时间的适应，UMBR 系统的 NH_4^+-N 去除率自第 35 天后在振荡中不断回升，并在第 77 天后达到了相对稳定状态。在第 77~87 天的相对稳定期，UMBR 的进水 NH_4^+-N 浓度和

NH_4^+-N 去除率分别平均为 287.6 mg/L 和 87.7%，去除负荷平均为 0.76 kg/（m^3·d），出水浓度仅为 35.3 mg/L 左右，满足《畜禽养殖业污染物排放标准》的要求。

当 HRT 在阶段 II 缩短到 6 h 后，UMBR 系统的 NH_4^+-N 去除效能再次受到显著影响，之后虽有回升，但始终较阶段 I 稳定期的低。在第 147～164 天的相对稳定期，UMBR 系统对 NH_4^+-N 的去除率和去除负荷分别为 59.1% 和 0.65 kg/（m^3·d）左右，出水浓度平均为 110 mg/L，超过了《畜禽养殖业污染物排放标准》要求的 80 mg/L 限值。经过排泥操作，UMBR 系统的 NH_4^+-N 去除效能在阶段 III 初期有了显著回升，但很快又出现了持续下降趋势。尽管 UMBR 系统的 NH_4^+-N 去除率在该阶段的末期（第 186～195 天）达到了相对稳定，但仅有 39.4% 左右，去除负荷也只有 0.43 kg/（m^3·d）左右，出水 NH_4^+-N 浓度也较阶段 II 更高。

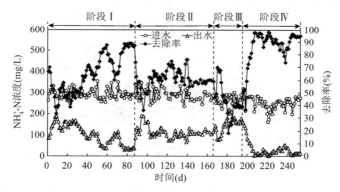

图 6-31　常温下 UMBR 系统 NH_4^+-N 去除率随 HRT 改变的变化规律

在填料密度和悬浮污泥减少到阶段 III 原有的 3/4 后，填料床堵塞和短流现象消失，有效地改善了系统的传质效能，同时 HRT 的延长增加了污染物以及溶解氧与微生物之间的接触反应时间，使 UMBR 系统的 NH_4^+-N 去除效能在阶段 IV 很快得到了恢复。在第 244～253 天的稳定运行期，UMBR 的进水 NH_4^+-N 浓度平均为 257.1 mg/L，去除率高达 95.3% 左右，去除负荷平均为 0.59 kg/（m^3·d），平均出水浓度仅为 12.2 mg/L，完全满足《畜禽养殖业污染物排放标准》的要求。

6.3.3.4　HRT 变化对 TN 去除的影响

由于 PN/A 是 UMBR 系统去除 TN 的主要途径（参见 5.5 节），其 TN 去除率表现出了与 NH_4^+-N 去除率变化相似的规律。如图 6-32 所示，在 HRT 为 8 h 的阶段 I 的相对稳定运行期（第 77～87 天），UMBR 系统进水和出水 TN 浓度分别平均为 288.1 mg/L 和 44.2 mg/L，去除率平均为 84.7%，去除负荷为 0.73 kg/（m^3·d）左右。在该稳定运行期，UMBR 出水的 NO_2^--N 和 NO_3^--N 浓度分别为 2.1 mg/L 和 6.78 mg/L 左右（图 6-33），NO_3^--N 积累率平均为 68.6%，符合 PN/A 生物脱氮特征[35, 36]。在 HRT 同为 6 h 的阶段 II 和阶段 III 的相对稳定运行期，随着 NH$_4^+$-N 去除率的降低（图 6-31），UMBR 系统的 TN 去除率也分别下降到了 57.5% 和 38.2% 左右（图 6-32），去除负荷分别平均为 0.64 kg/（m³·d）和 0.32 kg/（m³·d），且未观察到有明显的 NO$_3^-$-N 积累现象（图 6-33）。在 HRT 为 10 h 的阶段 IV，随着 NH$_4^+$-N 去除率的迅速恢复（图 6-31），UMBR 系统的 TN 去除率也随着快速上升并在第 244~253 天保持了相对稳定。如图 6-32 所示，在阶段 IV 的相对稳定运行期，UMBR 的进水和出水 TN 浓度分别平均为 257.6 mg/L 和 31.4 mg/L，去除率和去除负荷分别提高到了 87.8% 和 0.54 kg/（m³·d）左右。在该稳定运行期，UMBR 的出水 NO$_2^-$-N 浓度平均只有 2.2 mg/L，而 NO$_3^-$-N 浓度平均高达 17.0 mg/L，NO$_3^-$-N 积累率达到了 87.1%（图 6-33）。这一结果说明，因 HRT 较短和填料床堵塞造成的 TN 处理效能的下降，在阶段 IV 得到了及时修复，并保持了高效的 PN/A 生物脱氮效能[35, 36]。

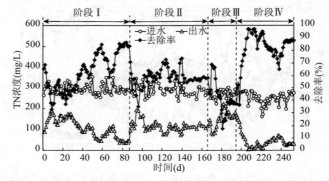

图 6-32 常温下 UMBR 系统 TN 去除率随 HRT 改变的变化规律

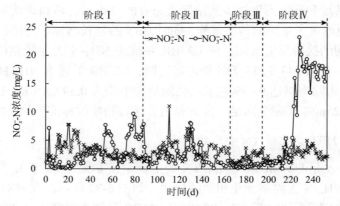

图 6-33 常温下 UMBR 出水 NO$_x$-N 浓度随 HRT 改变的变化规律

6.3.1 节至 6.3.3 节的拓展研究表明，UMSR 系统可在 HRT 8 h、20℃ 和出水回流比为 45 的条件下长期稳定运行，在干清粪养猪场废水 COD/TN<1 的情况下，

UMSR 系统的出水 COD、NH_4^+-N 和 TP 均可满足《畜禽养殖业污染物排放标准》的要求。由于填料床的布设，UMBR 系统的处理效能和运行稳定性较 UMSR 系统均有所提高，可在 HRT 8 h、25℃和出水回流比为 25 的条件下长期稳定运行，出水 COD 和 NH_4^+-N 均满足《畜禽养殖业污染物排放标准》的要求，并保持了优良的生物脱氮效能。出水回流比和运行温度（水温）的大幅降低，显著减少了升流式微氧生物处理系统的运行能耗，为其工程应用提供了更为广阔的空间。

6.4 升流式微氧生物处理系统的改良及处理效能

经过如 6.2 节和 6.3 节所述的拓展研究,大幅降低了升流式微氧生物处理系统的出水回流比和运行温度（水温），显著减少了运行能耗。然而，无论是 UMSR 系统（参见图 5-1）还是 UMBR 系统（图 6-14），均采用部分出水曝气并回流的方式营造并维持反应器内的微氧状态，部分出水的充分曝气（DO≥3 mg/L）以及高达 25 的出水回流比（出水回流率 2500%），仍会产生大量能耗。为解决能耗过高的问题，笔者课题组对升流式微氧生物处理系统进行了改良，即在原 UMSR 和 UMBR 的底部增置曝气室，并通过它向反应器内直接曝气，同时取消出水曝气及回流设施，由此构建了内曝气升流式微氧反应器（internal aeration microaerobic reactor，IAMR）[48]。笔者课题组通过以 UMSR 为基础改良的 IAMR 处理系统的启动运行，评估了升流式微氧生物处理系统在直接曝气和无出水回流状态下处理干清粪养猪场废水的可行性和效能，并对其生物脱氮机制进行了探讨[49]。

6.4.1 IAMR 系统及其启动运行方法

6.4.1.1 IAMR 处理系统

图 6-34 所示为 IAMR 系统实验装置示意图。其中，反应器 IAMR 由有机玻璃制成，其总容积和反应区容积分别约为 10 L 和 7.0 L，反应区的直径和高度分别为 90 mm 和 1100 mm，位于反应区之上的气-液-固三相分离区容积约为 3.0 L。在 IAMR 底部，设有一个曝气室，其容积约 0.25 L，其内安装有微孔管用于曝气，微孔管中的压力控制在 15～20 kPa。由曝气管逸出的气泡在曝气室内相互碰撞，以降低其上升速度，然后通过室顶盖的微孔（0.05～0.1 mm）进入反应区。废水通过蠕动泵由 IAMR 底部进入反应区，在气泡的扰动下，反应区的泥水混合液得到充分混合。为在反应区营造出 DO 为 0.3 mg/L 的微氧环境，曝气流速由转子流量计控制在 0.20～0.44 L/min 的范围。IAMR 内的温度由外部缠绕的电热丝与温控仪控制在 32℃左右。

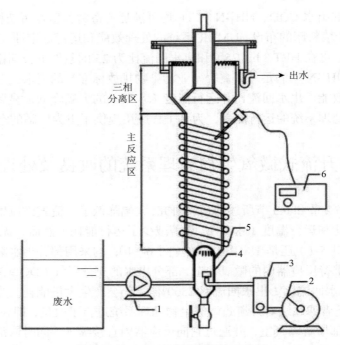

图 6-34　IAMR 废水处理系统示意图

1.蠕动泵；2.曝气泵；3.转子流量计；4.曝气室；5.电热丝；6.温控装置

6.4.1.2　实验用水及接种污泥

实验所用的干清粪养猪场废水，取自哈尔滨市某种猪场，其水质随着养殖周期的转换而有较大波动。在 IAMR 系统启动运行的前 73 d，废水的 COD、NH_4^+-N 和 TN 浓度分别为 253～597 mg/L、176.0～239.6 mg/L 和 208.4～344.9 mg/L；在其后的运行中，废水的 COD、NH_4^+-N 和 TN 浓度分别为 630～958 mg/L、201.9～319.2 mg/L 和 242.3～403.2 mg/L。

用于启动 IAMR 系统的接种污泥，取自哈尔滨市某市政污水处理厂的二沉池。在 IAMR 系统启动时，反应器内的 MLSS 和 MLVSS 分别为 3.30 g/L 和 1.80 g/L。

6.4.1.3　IAMR 的启动运行控制

对于 IAMR 系统的启动运行，采用的是逐步提高进水 NH_4^+-N 浓度的方法，以逐步富集生物脱氮相关功能菌群，共计 140 d。依据进水 NH_4^+-N 浓度将其划分为五个运行阶段，各阶段进水水质如表 6-15 所示。其中，在阶段 I，取自养猪场的干清粪废水，通过稀释将其 NH_4^+-N 浓度控制在 100.0 mg/L 左右，同时通过添加淀粉的方式将废水 COD 调整为 300 mg/L 左右。为使接种污泥尽快得到驯化，IAMR

系统在阶段 I 采用间歇方式运行，每个运行周期 70 min，包括进水 10 min、曝气 55 min 和沉淀 5 min。每次进水 3 L，由反应器底部泵入，同时由反应器顶部排出同样体积的废水。

表 6-15　IAMR 系统的启动运行阶段及进水水质

阶段	运行时间（d）	COD（mg/L）	NH₄⁺-N（mg/L）	NO₂⁻-N（mg/L）	NO₃⁻-N（mg/L）	TN（mg/L）	pH	COD/TN	MLVSS*（g/L）
I	1～35	294±18	100.7±8.1	0.1±0.2	0.5±0.3	126.7±11.4	8.0±0.2	2.33±0.21	3.83
II	36～65	300±15	105.7±8.5	0.1±0.1	0.7±0.4	138.1±15.2	5.3±0.2	2.21±0.26	4.23
III	66～79	314±113	127.2±24.2	0.2±0.1	0.78±0.4	158.3±33.2	8.3±0.2	1.94±0.37	1.77
IV	80～114	293±15	147.8±7.4	0.2±0.1	0.7±0.3	201.6±26.2	8.3±0.2	1.48±0.19	3.88
V	115～140	253±38	232.9±23.3	0.1±0.1	2.2±1.2	325.3±39.0	8.6±0.2	0.79±0.16	5.02

*为各阶段末期测得的生物量。

自第 36 天开始的阶段 II 以及其后的阶段 III、阶段 IV 和阶段 V，IAMR 系统均以连续流模式持续运行，HRT 均为 8 h，DO 均为 0.3 mg/L 左右。在阶段 II，采用与阶段 I 同样的方法对干清粪养猪场废水进行稀释和 COD 调整，IAMR 的进水水质亦与阶段 I 相似（表 6-15）。在阶段 III，仅对干清粪养猪场废水进行 2 倍稀释，不再对 COD 进行调节。由于进水 COD 浓度的剧烈波动，丝状菌在 IAMR 内大量增殖，并在阶段 III 末期发生了严重的污泥膨胀[50]。

第 5 章有关 UMSR 系统的研究表明，在 COD/TN<1 的条件下，可在处理系统中形成以 PN/A 为主要途径的生物脱氮机制（参见 5.4.2 节）。为此，在 IAMR 系统运行的阶段 IV 和阶段 V，以 SBR 对干清粪养猪场的废水进行了预处理（参见 5.4.3 节），以降低其 COD 浓度。为解决丝状菌大量繁殖造成的污泥膨胀问题，在阶段 IV 的前 14 d 运行中，采用每天向 IAMR 内投加 2.5 g FeSO₄·7H₂O 的方法，以提高污泥的沉降性能[51]。为避免再次出现丝状菌引起的污泥膨胀现象，在阶段 IV 的运行过程中，仍然采用投加淀粉的方式将进水的 COD 浓度调整为 300 mg/L 左右。进入运行阶段 V 后，不再对 SBR 预处理后的水进行任何调节，而直接用作 IAMR 的进水，其 COD/TN 为 0.8 左右，水质如表 6-15 所示。

6.4.2　IAMR 系统的启动运行特征与处理效能

6.4.2.1　COD 去除效能

IAMR 系统在启动时首先以间歇模式运行，进水 COD、NH₄⁺-N 和 TN 浓度分别为 294 mg/L、100.7 mg/L 和 126.7 mg/L 左右（表 6-15）。如图 6-35 所示，在运

行阶段 I 的前 6 d，IAMR 系统的 COD 去除率快速地从 58.7%提高到了 83.5%，并在随后的 29 d（第 7～35 天）运行中稳定在了 83.4%左右。在阶段 I 结束时，IAMR 内的 MLVSS 也从启动之初的 1.80 g/L 增加到了 3.83 g/L。以上结果说明，接种污泥可以比较快地适应 IAMR 内的微氧环境。

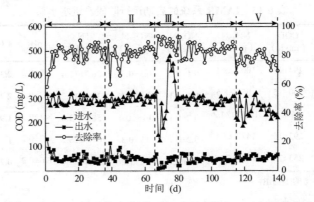

图 6-35　IAMR 系统在启动运行过程中的 COD 去除率变化

如图 6-35 所示，由间歇流到连续流运行模式的改变，使 IAMR 系统的 COD 去除率在阶段 II 的前 11 d 出现了较大波动，但在随后的 18 d（第 47～65 天）保持了相对稳定，平均为 83.4%。尽管在阶段 III 末期发生了丝状菌污泥膨胀，IAMR 系统在阶段 III、阶段 IV 和阶段 V 仍然保持了良好的 COD 去除效能。在以 SBR 预处理的干清粪养猪场废水为进水的阶段 V，IAMR 系统的 COD 去除率虽有波动，但相对稳定。在阶段 V 的第 126～140 天，IAMR 系统的 COD 去除率和去除负荷分别平均为 77.9%和 0.61 kg/（$m^3 \cdot d$），出水浓度仅有 56 mg/L 左右。

6.4.2.2　氨氮与总氮去除效能

如图 6-35 所示，在 IAMR 系统间歇运行的阶段 I，仅仅经过 6 d 的运行即达到了 83.4%左右的 COD 去除率。但 IAMR 系统在阶段 I 的 NH_4^+-N（图 6-36）和 TN（图 6-37）去除率始终不高，分别只有 26.3%和 23.3%左右。自从阶段 II 开始以连续流模式运行后，IAMR 系统的 NH_4^+-N 去除率在阶段 II 的前 13 d 迅速从 33.3%上升到了 84.6%。在阶段 II 的相对稳定运行期（第 56～65 天），IAMR 系统的 NH_4^+-N 和 TN 去除率分别达到了 73.3%和 66.3%左右，NH_4^+-N 去除负荷也达到了 0.30 kg/（$m^3 \cdot d$）左右。进入运行阶段 III 后，尽管进水 NH_4^+-N 有了显著提高，IAMR 系统的 NH_4^+-N 去除率并未受到显著影响。在该阶段的最后 6 d（第 74～79 天），IAMR 的进水 NH_4^+-N 浓度和去除率分别平均为 153.4 mg/L 和 67.2%，去除负荷平均值与阶段 II 稳定期的 0.30 kg/（$m^3 \cdot d$）相同。由于进水 COD 浓度在阶段Ⅲ出现了短暂大幅升高现象，造成了丝状菌污泥膨胀和污泥流失。在阶段Ⅲ结束时，IAMR 内的 MLVSS 从阶段Ⅱ末期的 4.23 g/L 下降到了 1.77 g/L。大量生物量的流失，使 IAMR 系统的 NH_4^+-N 和 TN 去除率在阶段Ⅳ的前 3 d 显著下降。由于适量 $FeSO_4 \cdot 7H_2O$ 的投加（参见 6.4.1.3 节），污泥丝状膨胀问题得以解决，IAMR 系统的 NH_4^+-N 和 TN 去除率也随之恢复。在阶段Ⅳ的最后 10 d（第 105～114 天），IAMR 系统的 NH_4^+-N 和 TN 去除率保持了相对稳定，分别平均为 76.7% 和 68.9%。

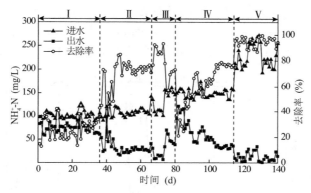

图 6-36　IAMR 系统在启动运行过程中的 NH_4^+-N 去除率变化

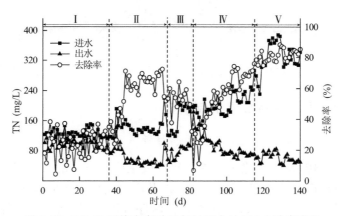

图 6-37　IAMR 系统在启动运行过程中的 TN 去除率变化

进入运行阶段Ⅴ后，干清粪养猪场废水经 SBR 预处理后直接进入 IAMR。经 SBR 预处理后，干清粪养猪场废水的 NH_4^+-N 和 TN 分别平均为 232.9 mg/L 和 325.3 mg/L，COD/TN 也下降到了 0.79 左右（表 6-15）。与阶段Ⅳ相比，尽管阶段Ⅴ的进水 NH_4^+-N 和 TN 均有显著提高，而 COD/TN 也有显著降低，但在阶段Ⅴ的最后 15 d（第 126～140 天），IAMR 系统的 NH_4^+-N 和 TN 去除率分别平均高达 94.6% 和 82.6%。在阶段 V 的相对稳定运行期（第 126~140 天），IAMR 系统的 NH₄⁺-N 和 TN 去除负荷分别达到了 0.67 kg/（m³·d）和 0.83 kg/（m³·d）左右，出水浓度分别平均为 13.1 mg/L 和 58.2 mg/L，完全满足《畜禽养殖业污染物排放标准》的要求。

如 6.4.1.2 节所述及表 6-15 所示，干清粪养猪场废水的 TN 主要由 NH₄⁺-N 贡献。TN 去除率（图 6-37）与 NH₄⁺-N 去除率（图 6-36）的变化规律高度一致的现象，说明 NH₄⁺-N 氧化是 IAMR 系统生物脱氮的关键。水质检测发现，IAMR 系统在阶段 V 出现了显著的 NO₃⁻-N 积累现象。如图 6-38 所示，在阶段 V 的相对稳定期（第 126~140 天），IAMR 系统的出水 NO₃⁻-N 浓度平均达到了 25.3 mg/L，而 NO₂⁻-N 浓度平均仅有 1.1 mg/L。这一结果表明，Anammox 是 IAMR 系统最为重要的生物脱氮途径[36,37]。有关 IAMR 系统的生物脱氮机制，将在 6.4.3 节予以进一步剖析。

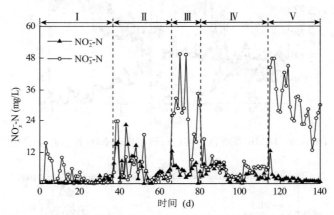

图 6-38　IAMR 系统在启动运行过程中的出水 NOₓ⁻-N 浓度变化

6.4.3　IAMR 系统生物脱氮机制解析

6.4.3.1　微生物群落结构与典型菌属解析

为了解 IAMR 系统去除干清粪养猪场废主要污染物的内在机制，首先对接种污泥（取自市政污水处理厂二沉池）以及启动运行五个阶段（表 6-15）末期的活性污泥样品分别进行 16S rDNA 扩增测序分析，并以各活性污泥样品中的相对丰度位于前 25 的菌属为基础，构建了细菌分类和系统发育树。其中，将接种污泥以及如表 6-15 所示的运行阶段 Ⅰ、阶段 Ⅱ、阶段 Ⅲ、阶段 Ⅳ 和阶段 Ⅴ 末期的活性污泥样品分别标记为 S0、S1、S2、S3、S4 和 S5。如图 6-39 所示，从污泥样品中检出的菌属，几乎有一半属于 Planctomycetes 和 Proteobacteria 两个菌门。作为 AnAOB 菌属的 *Candidatus Kuenenia*，属于 Planctomycetes 菌门，在所有污泥样品中均有检出[52]。其中，*Candidatus Kuenenia* 在阶段 V 活性污泥样品

（S5）中的相对丰度最高，达到了 0.63%。这一结果说明，在 IAMR 系统启动运行过程中，接种污泥中的 AnAOB 逐步得到了富集。在 Planctomycetes 菌门的其他菌属，大都分类于 Planctomycetaceae 菌科，而该菌科的一些菌属，如 *Planctomyces* 和 *Pirellula* 等常与 AnAOB 共存[53]。如图 6-39 所示，在所有污泥样品的 Proteobacteria 菌门中，*β*-proteobacteria 菌纲的相对丰度都是最高的。已有研究表明，*β*-proteobacteria 菌纲的许多菌属具有异养反硝化功能，如 *Ottowia*、*Methyloversatilis* 和 *Lautropia* 等[54-57]。在 IAMR 系统的活性污泥样品中，还检测到了其他具有生物脱氮功能的菌属，如 *Hyphomicrobium*、*Rhodobacter*、*Ignavibacterium* 和 *Longilinea* 等[58, 59]。

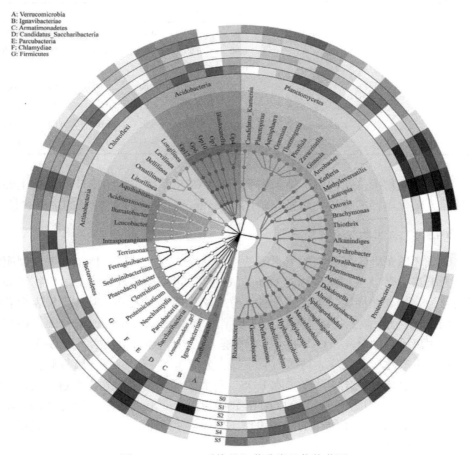

图 6-39　IAMR 系统的细菌分类及优势菌属

由于 AOB 的相对丰度较低，因此未在图 6-39 所示的细菌分类与系统发育树中体现出来。而事实上，有两个典型的 AOB 菌属，即 *Nitrosomonas* 和 *Nitrosospira*

从 IAMR 系统的活性污泥中检出。如表 6-16 所示，在 IAMR 系统的活性污泥中，除了 AOB，还存在大量的 NOB 菌属，如 *Nitrospira* 和 *Nitrobacter*。其中，*Nitrospira* 的相对丰度较高，在接种污泥（S0）和阶段Ⅴ活性污泥样品（S5）中分别达到了 0.56% 和 0.21%。在接种污泥和 IAMR 系统活性污泥样品中，还普遍检测到了一些异养硝化好氧反硝化菌属，如 *Hydrogenophaga*、*Comamonas* 和 *Pseudomonas* 等，它们的相对丰度在阶段Ⅴ活性污泥样品中分别达到了 0.25%、0.14% 和 0.06%[60, 61]。

表 6-16 IAMR 系统中的硝化细菌及其相对丰度

功能分类	菌属	相对丰度（%）					
		S0	S1	S2	S3	S4	S5
AOB	*Nitrosomonas*	0.03	0.04	0.03	0.07	0.01	0.00
	Nitrosospira	0.00	0.00	0.00	0.00	0.00	0.00
NOB	*Nitrospira*	0.56	0.08	0.03	0.01	0.09	0.21
	Nitrobacter	0.00	0.00	0.00	0.00	0.00	0.00
Heterotrophic	*Hydrogenophaga*	0.01	0.24	0.02	0.01	0.22	0.25
	Comamonas	0.07	0.01	0.01	0.03	0.04	0.14
	Pseudomonas	0.02	0.02	0.06	0.06	0.17	0.06

以上微生物菌落结构解析结果表明，在 IAMR 系统中，NH_4^+-N 的氧化主要是通过异养硝化途径实现的，而异养硝化-Anammox 可能是生物脱氮的主要途径。

6.4.3.2 微生物组表现型分析

微氧环境是处于好氧与厌氧之间的一种状态，因此其微生物组的表现型应该是更为丰富的[62]。依据微生物对 DO 的依赖性，可将微氧环境中的微生物组表现型划分为好氧、兼性厌氧和厌氧三种，分别简称为好氧表型、兼性厌氧表型和厌氧表型。DO 进入微生物细胞后，可产生活性氧（reactive oxygen species，ROS），如超氧阴离子自由基（·O_2^-）、羟基自由基（·OH）和过氧化氢（H_2O_2）等，使微生物产生氧化应激反应，对厌氧微生物十分有害[63, 64]。但一些厌氧微生物（如乳酸菌）可合成过氧化酶来去除 ROS，进而表现出一定的氧化胁迫耐受性[65]。基于 16S rDNA 扩增测序获得的 OUTs 数据与信息，笔者课题组利用 BugBase 数据库对 IAMR 系统微生物组的四种表型（好氧表型、兼性厌氧表型、厌氧表型和氧化胁迫耐受表型）变化进行了分析[66]。

如图 6-40 所示的结果表明，在 IAMR 系统运行的五个阶段（表 6-15），好氧表型在微氧活性污泥微生物组中始终处于绝对优势地位。与接种污泥（S0）相比，阶段Ⅰ末期的活性污泥样品（S1）中的好氧表型与氧化胁迫耐受表型的相对丰度均有显著增加，它们旺盛的生长代谢，使 IAMR 系统在阶段 I 最后 29 d 的运行中，保持了 83.5%左右的 COD 去除率（图 6-35）。在阶段 Ⅱ，IAMR 系统以连续流模式运行 30 d 后，其活性污泥样品（S2）微生物组中的好氧表型、兼性厌氧表型和厌氧表型的相对丰度与 S1 相比没有显著改变。因此，在阶段 Ⅱ 的相对稳定期，IAMR 系统的 COD 去除率（83.4%左右）与阶段 I 稳定期的 83.5%非常接近。尽管 IAMR 系统活性污泥的氧化胁迫耐受表型在阶段 Ⅱ 由 53.4%下降到了 37.2%，但仍然显著高于接种污泥 S0。

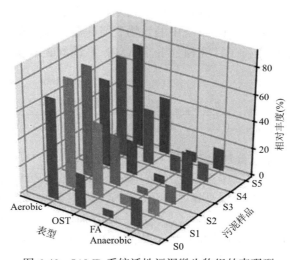

图 6-40　IAMR 系统活性污泥微生物组的表现型

Aerobic：好氧表型；OST：氧化胁迫耐受表型；FA：兼性厌氧表型，Anaerobic：厌氧表型

在 IAMR 系统运行的阶段 Ⅲ 末期，其活性污泥（S3）中的好氧表型相对丰度，从阶段 Ⅱ 末期的 82.1%（S2）显著下降到了 64.8%。分析认为，这一结果可能与发生在第 79 天左右的丝状污泥膨胀所造成的大量污泥流失有关。伴随好氧表型相对丰度的降低，活性污泥的氧化胁迫耐受表型也从 S2 的 37.2%下降到了 25.0%。活性污泥对于氧化胁迫耐受能力的下降，不利于厌氧反硝化菌群的生长代谢，因此在 IAMR 系统运行阶段 Ⅲ 观察到了明显的 NO_x^--N 积累现象（图 6-38）。随着丝状污泥膨胀的消失，微氧活性污泥微生物组中的好氧表型相对丰度在阶段 Ⅳ 末期达到了 74.0%（阶段 Ⅳ 末期活性污泥样品 S4），在阶段 Ⅴ 末期进一步提高到了 75.9%（阶段 Ⅴ 末的活性污泥样品 S5）。随着好氧表型相对丰度的升高，兼性厌氧表型的相对丰度也从阶段 Ⅲ 末期的 6.1%（S3）大幅增加到了 12.6%（S4），使 IAMR 系统中的异养硝化-好氧反硝化菌群的相对丰度显著高于阶段 I 、阶段 Ⅱ 和阶段 Ⅲ（表 6-16）。在进水 COD/TN 平均仅为 0.79 的阶段 Ⅴ（表 6-15），兼性厌氧表型的相对丰度从 S4 的 12.6%显著降低到了 7.8%，最可能的原因是有机碳源的不足，

严重抑制了异养硝化-好氧反硝化菌群的生长代谢。

　　以上结果说明，IAMR 系统的接种污泥，经过微氧环境的驯化，具备了更强的氧化胁迫耐受性，有利于异养反硝化和 AnAOB 等生物脱氮相关功能菌群的生存，最终使 IAMR 系统表现出了优良的生物脱氮效能（参见 6.4.2.2 节）。

6.4.3.3　生物脱氮途径解析

　　微生物菌落结构（表 6-16）及微生物组表型（图 6-40）分析结果表明，在 IAMR 系统中共栖着 AOB、NOB、AnAOB 菌群，以及异养反硝化和异养硝化-好氧反硝化菌群。为了解发生在 IAMR 系统中的生物脱氮途径，对其在 140 d 启动运行过程中的碳氮质量平衡进行了计算和分析。IAMR 系统的碳素和氮素质量平衡可用式（6-1）表达。

$$\frac{C_{\text{removal}}}{N_{\text{removal}}} = \frac{C_{\text{nitrite,deN}} + C_{\text{nitrate,deN}} + C_{\text{heN}} + C_{\text{g}} + C_{\text{x}}}{N_{\text{nitrite,deN}} + N_{\text{nitrate,deN}} + N_{\text{Anammox}} + N_{\text{g}} + N_{\text{o}}} \tag{6-1}$$

式中，C_{removal} 和 N_{removal} 分别为 IAMR 系统去除的 COD 和 TN（g/d）；$C_{\text{nitrite,deN}}$ 和 $C_{\text{nitrate,deN}}$ 分别是由异养反硝化细菌将 NO_2^--N 和 NO_3^--N 还原为 N_2 所消耗的 COD（g/d）；C_{heN}、C_{g} 和 C_{x} 分别是异养硝化、微生物生长和异养降解所去除的 COD（g/d）；$N_{\text{nitrite,deN}}$、$N_{\text{nitrate,deN}}$、N_{Anammox}、N_{g}、N_{o} 分别是 NO_2^--N 异养还原、NO_3^--N 异养还原、Anammox、微生物生长以及其他自养反硝化去除的 TN（g/d）。其中，NO_2^--N 异养还原反应、NO_3^--N 异养还原反应和 Anammox 反应分别如式（6-2）、式（6-3）、式（6-4）所示（未反映生物合成）[67-69]。

$$NO_3^- + 1.25[CH_2O] \longrightarrow 0.5N_2 + 1.25HCO_3^- + 1.25H^+ \tag{6-2}$$

$$NO_2^- + 0.75[CH_2O] \longrightarrow 0.5N_2 + 0.75HCO_3^- + 0.75H^+ \tag{6-3}$$

$$NH_3 + 1.32NO_2^- + H^+ \longrightarrow 0.26NO_3^- + 1.02N_2 + 2H_2O \tag{6-4}$$

　　由式（6-2）和式（6-3）可知，$C_{\text{nitrate,deN}}/N_{\text{nitrate,deN}}$ 和 $C_{\text{nitrite,deN}}/N_{\text{nitrite,deN}}$ 的理论值分别为 2.86 和 1.71。由式（6-4）可知，在 Anammox 反应中，TN 去除量与底物（NO_2^--N+NH_4^+-N）消耗量的比值，即 $\Delta TN / \Delta(NO_2^-\text{-N}+NH_4^+\text{-N})$ 为 0.88，而产物 NO_3^--N 与底物消耗量的比值，即 $\Delta NO_3^-\text{-N} / \Delta(NO_2^-\text{-N}+NH_4^+\text{-N})$ 为 0.11。如表 6-15 所示，在 IAMR 系统的进水中，NO_2^--N 和 NO_3^--N 的含量很少，而 NH_4^+-N 浓度很高。也就是说，IAMR 系统出水中的 NO_2^--N 应该由 NH_4^+-N 氧化而来。因此，IAMR 系统经由 Anammox 脱氮的 $\Delta TN / \Delta NH_4^+\text{-N}$ 和 $\Delta NO_3^-\text{-N} / \Delta NH_4^+\text{-N}$，应分别

与 0.88 和 0.11 接近。由于活性污泥在微氧条件下的生长缓慢，故在 IAMR 系统的碳氮质量衡算中予以忽略[62, 70]。而且，异养硝化以及有机物的好氧分解和厌氧分解均不会对 IAMR 系统的 TN 去除有所贡献。因此，式（6-1）可简化为

$$\frac{C_{removal}}{N_{removal}} \geqslant \frac{1.71C_{nitrite,deN} + 2.86C_{nitrate,deN}}{N_{nitrite,deN} + N_{nitrate,deN} + N_{Anammox} + N_o} \quad (6-5)$$

图 6-41 显示的是 IAMR 系统在为期 140 d 的启动运行中，有关生物脱氮的化学计量系数计算结果及变化规律。由图 6-41(a)可见，随着运行时间的延续，IAMR 系统的 $C_{removal}/N_{removal}$ 是逐渐降低的。在启动运行的最后 15 d（第 126～140 天），$C_{removal}/N_{removal}$ 平均仅有 0.73。如果 IAMR 系统的 TN 去除全部是由 NO_3^--N 或 NO_2^--N 的异养反硝化（产物为 N_2）实现，至少还得有 74% 或 57% 的 TN 去除才能满足式（6-5）所示的平衡。可见，在 IAMR 系统中，一定有 Anammox（$N_{Anammox}$）或其他自养脱氮（N_o）途径的存在。

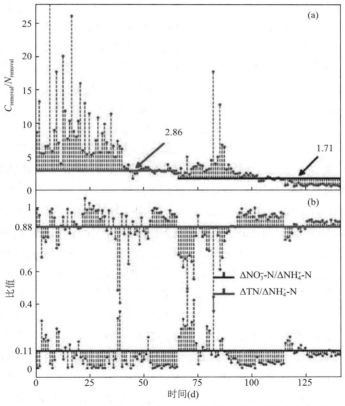

图 6-41　IAMR 系统生物脱氮的化学计量系数及其变化规律

实际上, 在 IAMR 系统中的确检测到了 AnAOB 菌群 (*Candidatus Kuenenia*) 的存在 (图 6-39)。为评估 IAMR 系统的 Anammox 功效, 进一步计算了处理系统的 $\Delta TN / \Delta NH_4^+-N$ 和 $\Delta NO_3^- - N / \Delta NH_4^+-N$。如图 6-41 (b) 所示, 在 IAMR 系统启动运行的 140 d 里, 其 $\Delta TN / \Delta NH_4^+-N$ 和 $\Delta NO_3^- - N / \Delta NH_4^+-N$ 始终比较接近 Anammox 反应的理论值 (分别为 0.88 和 0.11)。在启动运行的最后 15 d (第 126～140 天), IAMR 系统的 $\Delta TN / \Delta NH_4^+-N$ 和 $\Delta NO_3^- - N / \Delta NH_4^+-N$ 分别平均为 0.91 和 0.09。这一结果表明, Anammox 的确在 IAMR 系统生物脱氮中发挥了关键作用。综合考虑 NH_4^+-N 的异养硝化作用 (参见 6.4.3.1 节), 可以确认异养硝化-Anammox 是 IAMR 系统的主要生物脱氮机制。

6.4.4　IAMR 系统处理效能的比较分析

如 6.4.1 节至 6.4.3 节所述的研究结果表明, 由 UMSR 系统 (图 5-1) 改良而构建的 IAMR 系统 (图 6-34), 在内曝气和无出水回流的条件下处理干清粪养猪场废水, 仍然可以取得优良的 COD、NH_4^+-N 和 TN 去除效果。为了解 IAMR 系统的技术优势, 将其处理效能与 UMSR 系统 (图 5-1) 和 UMBR 系统 (图 6-14) 进行了比较分析。比较分析中所用的数据, 取自各系统启动成功并达到良好处理效能的稳定期, 分别是: IAMR 系统启动运行阶段 V (表 6-15), 稳定期为第 126～140 天; UMSR 系统 (R1) 启动运行阶段 V (表 5-4), 稳定期为 149～161 天; UMBR 系统启动运行阶段 V (表 6-8), 稳定期为第 26～39 天。在进行污泥去除负荷计算时所用到的生物量, 均为各阶段末期测得的 MLVSS。

如表 6-17 所示的结果表明, 由于 IAMR 系统的进水浓度较低, 其 COD、NH_4^+-N 和 TN 去除负荷均比 UMSR 系统和 UMBR 系统低, 但 IAMR 系统的污泥去除负荷与 UMSR 系统和 UMBR 系统的相当。IAMR 系统、UMSR 系统和 UMBR 系统的化学计量系数 $\Delta COD/\Delta TN$, 分别平均为 0.73、0.77 和 0.66, 均显著低于 NO_3^--N 反硝化反应的理论值 2.86 或 NO_2^--N 反硝化反应的理论值 1.71。这一结果说明, 升流式微氧生物处理系统, 其突出的 NH_4^+-N 和 TN 去除性能, 不可能仅由全程硝化反硝化或短程硝化反硝化途径实现。在 5.5 节、6.2 节和 6.4.3 节的研究中已经明确, PN/A 是升流式微氧生物处理系统去除 NH_4^+-N 和 TN 的主要途径。理论上, PN/A 的 $\Delta TN / \Delta NH_4^+-N$ 和 $\Delta NO_3^--N / \Delta NH_4^+-N$ 分别为 0.88 和 0.11[67]。由表 6-17 可见, UMSR 系统的 $\Delta TN / \Delta NH_4^+-N$ 和 $\Delta NO_3^--N / \Delta NH_4^+-N$ 分别为 0.98 和 0.01, UMBR 系统的分别为 0.97 和 0, 而 IAMR 系统的分别为 0.91 和 0.09。比较而言, IAMR 系统的 $\Delta TN / \Delta NH_4^+-N$ 和 $\Delta NO_3^--N / \Delta NH_4^+-N$ 更接近理论值。这一结果说明, IAMR 系统通过 PN/A 途径的生物脱氮性能, 比 UMSR 系统和 UMBR 系统更加突出。

表 6-17　IAMR 系统与 UMSR 系统和 UMBR 系统处理效能的综合比较

		IAMR 系统	UMSR 系统	UMBR 系统
运行条件	温度（℃）	32	35	27
	HRT（h）	8	8	8
	出水回流比	0	45	35
	DO（mg/L）	0.3	0.5	0.5
	MLVSS（g/L）	4.7	5.2	6.1
COD	进水（mg/L）	259±31	308±35	271±13
	出水（mg/L）	56±9	68±9	72±19
	进水负荷[kg/（m³·d）]	0.78±0.09	0.92±0.10	0.81±0.04
	去除负荷[kg/（m³·d）]	0.61±0.10	0.72±0.10	0.60±0.07
	污泥去除负荷[kg/（kgMLVSS·d）]	0.13±0.02	0.14±0.02	0.10±0.01
NH_4^+-N	进水（mg/L）	235.5±24	292.1±13.2	336.7±14.8
	出水（mg/L）	13.1±11.0	40.2±7.0	23.2±5.5
	进水负荷[kg/（m³·d）]	0.71±0.08	0.88±0.04	1.01±0.12
	去除负荷[kg/（m³·d）]	0.67±0.06	0.76±0.04	0.94±0.05
	污泥去除负荷[kg/（kgMLVSS·d）]	0.14±0.01	0.14±0.01	0.15±0.01
TN	进水（mg/L）	335.2±30.2	357.7±16.1	337.4±14.7
	出水（mg/L）	58.2±13.4	45.8±8.4	34.1±6.0
	进水负荷[kg/（m³·d）]	1.01±0.09	1.07±0.05	1.01±0.04
	去除负荷[kg/（m³·d）]	0.83±0.08	0.94±0.05	0.91±0.04
	污泥去除负荷[kg/（kgMLVSS·d）]	0.18±0.02	0.18±0.01	0.15±0.01
生物脱氮化学计量系数	ΔCOD/ΔTN	0.73±0.12	0.77±0.12	0.66±0.08
	$ΔTN/ΔNH_4^+$-N	0.91±0.01	0.98±0.01	0.97±0.01
	$ΔNO_3$-N$/ΔNH_4^+$-N	0.09±0.01	0.01±0.01	0.00±0.00

　　基于 UMSR 系统改良而构建的 IAMR 系统，其目的是通过曝气方式的改进和出水回流的取消，降低升流式微氧生物处理系统的能耗，提高其处理干清粪养猪场废水的技术经济性。借助双膜传质模型（double-film mass transfer model）和氧气（O_2）传质平衡（mass transport balance），对 IAMR 系统、UMSR 系统和 UMBR 系统的耗氧量进行了计算和比较分析。双膜传质模型的表达如式（6-6）和式（6-7）所示，式（6-8）为传质平衡的表达[71]。

$$W_{Ow} = K_{wa} A_b \left(C_{w,eq} - C_{w,\infty} \right) \qquad （6-6）$$

$$A_b = \frac{3Q_a t_b}{R_b} \tag{6-7}$$

$$V_L \frac{dC_O}{dt} = W_{Ow} - R_m + Q_I \left(C_{O,in} - C_{O,out} \right) = 0 \tag{6-8}$$

式中，W_{Ow} 为 O_2 从气相到液相的传质速率（mg/h），而 K_{wa} 为 O_2 从气相到液相的总传质系数（mm/h）；A_b 为气泡的表面积（mm^2），$C_{w,eq}$ 为 25℃下的饱和溶解氧浓度（8.11 mg/L），$C_{w,\infty}$ 为液相溶解氧浓度（mg/L）；Q_a 为曝气空气流速（L/s），t_b 为气泡在反应系统中的停留时间（s），R_b 为气泡直径（mm）；V_L 为反应器的有效容积（L），C_O 为反应器内混合液的 DO（mg/L）；R_m 为微生物的 O_2 吸收速率（mg/h），Q_I 为进水或出水的流速（L/h），$C_{O,in}$ 和 $C_{O,out}$ 分别为进水和出水的 DO（mg/L）。在反应系统中，O_2 的质量传输相对稳定，dC_O/dt 为 0。

在 IAMR、UMSR 和 UMBR 系统中，Q_a 都要远大于 Q_I，由 Q_I 引起的 DO 变化忽略不计。假设 R_m 在三个废水处理系统相同，则 IAMR 系统在 O_2 传输和空气消耗上与 UMSR 系统或 UMBR 系统之间的关系可表达为

$$\frac{3Q_{a,I} t_b}{R_b} K_{wa} \left(8.11 - C_{w,\infty} \right) = \frac{3Q_{a,U} t_b}{R_b} K_{wa} \left(8.11 - C_{w,\infty} \right) \tag{6-9}$$

式中，$Q_{a,I}$ 为 IAMR 系统的曝气空气流速，$Q_{a,U}$ 为 UMSR 系统或 UMBR 系统的曝气空气流速。由于 t_b 和 R_b 均取决于处理系统的曝气装置和反应器高度，而 K_{wa} 与废水水质特性相关。因此，t_b、R_b 和 K_{wa} 对于 IAMR、UMSR 和 UMBR 系统可以认为是相同的。

如图 5-1 和图 6-14 所示，UMSR 系统和 UMBR 系统均采用出水曝气并回流的方式营造且维持反应器内的微氧环境，并须将回流水的 DO（$C_{w,\infty}$）控制在不低于 3.0 mg/L 的水平[72, 73]。比较而言，IAMR 系统（图 6-34）采用了内曝气的方式营造并维持反应器内的微氧环境，$C_{w,\infty}$ 仅为 0.3 mg/L 即可满足要求。最终计算结果表明，在中温和 HRT 8 h 条件下处理干清粪养猪场废水并保障出水水质达标，IAMR 系统的空气供给量较 UMSR 和 UMBR 系统至少减少 35%，凸显了其经济性。

6.5 好氧-微氧两级 SBR 系统处理干清粪养猪场废水的效能

SBR 工艺是常见废水生物处理技术之一，具有工艺流程短、工程造价低、操作和维护管理方便、处理效率高、耐冲击负荷能力强、可有效控制活性污泥膨胀、具

有良好的脱氮除磷效果等优点。然而，由于养猪场废水具有高 NH_4^+-N 和低 C/N 的特点，采用常规 SBR 工艺很难获得良好的生物脱氮效果，因此常与物化预处理、厌氧处理、稳定塘处理等技术联用，工艺流程及运行管理的复杂化，不仅增加了工程建设投资，也提高了废水处理成本[74-77]。针对干清粪养猪场废水水质特点及生物脱氮难题而研发的 UMSR 工艺（参见第 5 章）、UMBR 工艺（参见 6.2 节）和 IAMR 工艺（参见 6.4 节），均能在常温和 HRT 8 h 条件下获得优良的 COD、NH_4^+-N 和 TN 去除效果，出水水质完全满足《畜禽养殖业污染物排放标准》（GB 18596−2001）的要求[1]。然而，无论是 UMSR 和 UMBR 系统，还是改良后的 IAMR 系统，对干清粪养猪场废水的水质（主要是 COD/TN）变化比较敏感，当 COD/TN>1.2 时，其生物脱氮效率既会受到显著影响，甚至出水 NH_4^+-N 浓度不能满足排放标准[78]。因此，在采用升流式微氧生物处理系统处理干清粪养猪场废水时，采取了以 SBR 对原水进行预处理的策略，将废水的 COD/TN 降低到 1.0 以下（参见 5.4.3 节）。在以上研究的启发下，笔者课题组提出了以好氧-微氧两级 SBR 处理干清粪养猪场废水的技术思路，即利用一级好氧 SBR 将废水中的大部分 COD 去除，稳定水质，将 COD/TN 控制在 1.2 以下，以抑制化能异养微生物在二级微氧 SBR 中的大量增殖，为厌氧氨氧化等自养生物脱氮微生物创造有利生长环境；二级微氧 SBR 利用微氧条件富集 AOB 和 AnAOB 菌群，以实现 NH_4^+-N 部分氧化和 Anammox 的偶联，进而达到经济高效生物脱氮的目的。为验证该技术的可行性，笔者课题组构建了好氧-微氧两级 SBR 系统，并通过启动和调控运行，对其处理干清粪养猪场废水的效能，尤其是生物脱氮性能进行了考察[79]。

6.5.1　好氧-微氧两级 SBR 处理系统

如图 6-42 所示，用于处理干清粪养猪场废水的好氧-微氧两级 SBR 系统，由一个好氧的 SBR（简称一级好氧 SBR）和一个微氧的 SBR（简称二级微氧 SBR）串联而成。一级好氧 SBR 和二级微氧 SBR 的结构和外形尺寸相同，均由有机玻璃筒制成，其直径为 200 mm，有效高度为 240 mm，有效容积为 8 L。在反应区下方设置有一个容积为 0.5 L 的锥体，在其上缘设置了一个 10 cm 长的微孔曝气管，曝气量由空气流量计调节。在距反应器底部锥体上缘 120 mm 处设有排水口，用于废水排放。二级微氧 SBR 以间歇曝气方式运行，为避免曝气间歇期的污泥沉降并保障泥水的良好混合，增设了搅拌装置，搅拌桨直径 10 cm。两个 SBR 的周期性运行均通过 PLC 编程控制运行。

如图 6-42 所示，养猪场废水由一台蠕动泵计量并泵入一级好氧 SBR，出水由电磁阀排入一个 10 L 的中间蓄水池。中间蓄水池的废水，通过另一台蠕动泵计量并泵入二级微氧 SBR，出水由电磁阀排入一个 10 L 的蓄水池。两套反应器外壁均缠有电热丝，通过温控装置将反应温度控制在（30±1）℃。

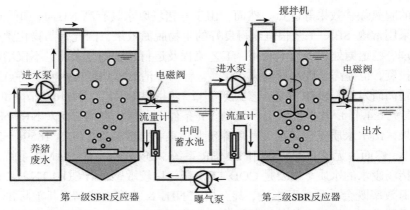

图 6-42 好氧-微氧两级 SBR 废水处理系统示意图

6.5.2 好氧-微氧两级 SBR 系统的启动与运行调控

6.5.2.1 一级好氧 SBR 的启动与运行调控

一级好氧 SBR 的主要功能是对干清粪养猪场废水的 COD/TN 进行调节，也就是去除部分 COD，并避免 NH_4^+-N 的好氧氧化，降低 COD/TN 至 1.2 以下，为二级微氧 SBR 富集 AOB 和 AnAOB 创造条件。用于启动一级好氧 SBR 的接种污泥，取自当地某城市污水处理厂二沉池，MLVSS/MLSS 为 0.56，接种量 MLVSS 约 4.0 g/L。污泥接种完成后，一级好氧 SBR 在 30℃和 DO 4.0 mg/L 左右条件下启动运行，共计 203 d，包括污泥驯化、固定曝气时长运行和调控曝气时长运行三个阶段，各启动运行阶段的控制条件如表 6-18 所示，各运行阶段的干清粪养猪场废水水质参见表 6-19。其中，在阶段Ⅲ（调控曝气时长阶段），为了应对进水 COD 波动造成的亚硝酸盐积累或出水 COD 过高的现象，依据进水 COD 浓度调整曝气期时长，当进水 COD 浓度在 650～1000 mg/L 时，曝气时间为 145 min，运行周期为 3 h，反应器的容积负荷为 2.6～4.0 kg/($m^3 \cdot d$)；当进水 COD 浓度在 1000～1700 mg/L 时，曝气时间为 205 min，运行周期为 4 h，反应器的容积负荷为 3.0～5.3 kg/($m^3 \cdot d$)。

表 6-18 一级好氧 SBR 的启动运行阶段及控制条件

阶段	运行方式	运行时间（d）	周期（h）	换水比	周期循环阶段（min）			
					进水	曝气	沉淀	出水
阶段Ⅰ	污泥驯化	1～10	6	0.5	15	325	25	10
阶段Ⅱ	固定曝气时长	11～110	4	0.5	15	205	25	10
阶段Ⅲ	调控曝气时长	111～203	3～4	0.5	15	145～205	25	10

表 6-19　一级好氧 SBR 启动运行各阶段的进水水质

阶段	运行时间（d）	COD（mg/L）	NH$_4^+$-N（mg/L）	TN（mg/L）	COD 负荷[kg/（m³·d）]	COD/TN
阶段 I	1～10	1138±129	481.1±22.3	483.1±21.5	2.28±0.26	2.4±0.3
阶段 II	11～120	951±252	458.7±90.0	460.5±90.1	2.85±0.76	2.2±0.6
阶段 III	121～203	1176±307	529.3±84.8	537.0±94.5	3.53±0.92	2.3±0.5

6.5.2.2　二级微氧 SBR 的启动与运行调控

二级微氧 SBR 的设计目标，主要是富集 AOB 和 AnAOB 菌群，并通过 PN/A 途径实现 NH$_4^+$-N 和 TN 的经济高效去除。用于二级微氧 SBR 启动的接种污泥，取自如 6.4 节所述的 IAMR 系统的运行阶段 V（表 6-15）末期，其 MLVSS/MLSS 为 0.64，接种量 MLVSS 约为 2.0 g/L。二级微氧 SBR 是在一级好氧 SBR 运行到第 94 天时开始启动，共计运行 109 d，依据进水 NH$_4^+$-N 浓度分为四个阶段。其中，阶段 I、阶段 II 和阶段 III，以稀释的一级 SBR 出水为进水，进水 NH$_4^+$-N 浓度分别为 179.2 mg/L、249.1 mg/L 和 365.1 mg/L 左右，运行时间分别为 13 d、24 d 和 47 d；阶段 IV，直接以一级 SBR 的出水为进水持续运行 25 d，其 NH$_4^+$-N 浓度平均为 434.8 mg/L。在四个阶段的运行中，二级微氧 SBR 的运行周期均为 8 h，时期设置为：进水 15 min，曝气 450 min，沉淀 25min，排水 5 min。在 450 min 的曝气时期，采用曝气 30 min、续停曝气 30 min 的循环方式，将反应系统控制在 DO 为 0.2～0.3 mg/L 的微氧状态。在进水和曝气时期，开启搅拌器，转速 60 r/min。二级微氧 SBR 各阶段进水水质如表 6-20 所示。

表 6-20　二级微氧 SBR 的启动运行阶段及进水水质

阶段	时间（d）	COD（mg/L）	NH$_4^+$-N（mg/L）	TN（mg/L）	COD 负荷[kg/（m³·d）]	TN 负荷[kg/（m³·d）]	COD/TN
阶段 I	1～13	173±21	179.2±16.9	180.5±16.8	0.26±0.03	0.27±0.03	0.9±0.2
阶段 II	14～37	181±26	249.1±20.6	250.0±20.5	0.27±0.04	0.38±0.03	0.7±0.2
阶段 III	38～84	228±59	365.1±29.1	365.9±29.2	0.34±0.08	0.55±0.05	0.6±0.2
阶段 IV	84～109	279±54	434.8±34.8	435.9±34.9	0.42±0.08	0.65±0.05	0.6±0.1

6.5.3　一级好氧 SBR 的启动运行特征

一级好氧 SBR 在 MLVSS 4.0 g/L、运行周期 6 h（曝气期 325 min）、DO 4 mg/L 和 30℃等条件下启动，对接种污泥进行驯化。由于接种污泥为取自市政污水处理厂二沉池的新鲜污泥，一级好氧 SBR 在启动初期即表现出了良好的 COD 去除效率。如图 6-43（a）所示，在为期 10 d 的污泥驯化期，干清粪养猪场废水的 COD 在 900～1200 mg/L 之间波动，而一级好氧 SBR 的 COD 去除率始终维持在 76.4% 以上。由于化能异养菌群生长代谢对氮源的需求，一级好氧 SBR 在污泥驯化期也表现出了一定的 NH_4^+-N[图 6-43（b）]和 TN[图 6-43（d）]去除效能，但去除率分别最高也不过 23.0% 和 23.1%。在污泥驯化期结束时（第 10 d），一级好氧 SBR 对 COD、NH_4^+-N 和 TN 的去除率为 85.2%、2.2% 和 2.1%，出水浓度分别为 188 mg/L、459.0 mg/L 和 461.1 mg/L，COD/TN 为 0.41。可见，经过 10 d 的污泥驯化，一级好氧 SBR 的接种活性污泥已得到了良好驯化，化能异养代谢旺盛，而 NH_4^+-N 未出现过度氧化现象，达到了去除 COD 以降低干清粪养猪场废水 COD/TN 的目的。

在阶段 I 的污泥驯化完成后，一级好氧 SBR 进入运行阶段 II（第 11～120 天）。在该运行阶段，干清粪养猪场废水的浓度有所下降，废水的 COD/TN 平均值也从阶段 I 的 2.4 降低到了 2.2（表 6-19）。为此，在阶段 II 的运行中，将一级好氧 SBR 运行周期中的曝气期时长，从阶段 I 的 325 min 下调到了 205 min。由于曝气时间的缩短，一级好氧 SBR 的 COD 去除率出现了暂时性下降，但自第 26 天后恢复并维持在了 67.9% 左右，出水浓度平均为 323 mg/L[图 6-43（a）]。尽管 DO 和曝气时间相同，由于进水 COD 的较大波动，在运行第 11～65 天和第 100～115 天之间均出现了显著的 NH_4^+-N 氧化现象，导致一级好氧 SBR 的 NH_4^+-N 去除率升高[图 6-43（b）]和 NO_2^--N[图 6-43（c）]积累。

为避免 NH_4^+-N 的过度氧化，在一级好氧 SBR 的运行阶段 III（第 121～203 天），采用了依据进水 COD 浓度调控曝气期时长的运行措施（表 6-18）。图 6-43 的运行结果表明，在运行阶段 III，一级好氧 SBR 的进水 COD[图 6-43（a）]、NH_4^+-N[图 6-43（b）]和 TN[图 6-43（d）]浓度分别平均为 1176 mg/L、529.3 mg/L 和 537.0 mg/L，出水浓度分别平均为 366 mg/L、479.9 mg/L 和 486.8 mg/L，去除率分别为 68.0%、9.1% 和 9.0% 左右，出水 COD/TN 平均为 0.75。可见，通过曝气期时长的调控，完全可以使一级好氧 SBR 达到大幅去除 COD、降低 COD/TN，并避免 NH_4^+-N 过度氧化的目的。

在一级好氧 SBR 的整个启动运行过程中，除个别时期出现了显著的 NH_4^+-N 氧化[图 6-43（b）]和 NO_2^--N[图 6-43（c）]积累外，均表现出了一定的 NH_4^+-N 和 TN 去除能力。分析认为，这部分去除的 NH_4^+-N 和 TN 主要是由微生物同化作用贡献的。检测结果表明，一级好氧 SBR 中的 MLVSS，虽然在污泥驯化的阶段 I 结束时由启动时的 4.0 g/L 降低到了 3.79 g/L，但在阶段 II 和阶段 III 结束时，分别达到了 4.28 g/L 和 4.27 g/L。

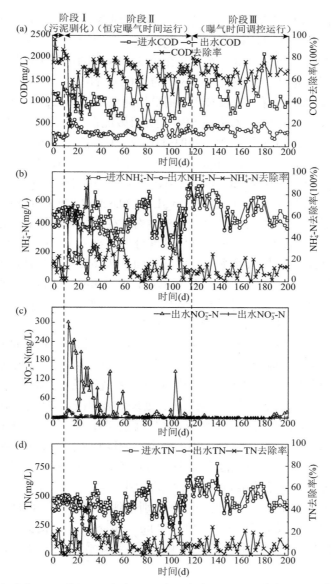

图 6-43 一级好氧 SBR 的 COD（a）、NH$_4^+$-N（b）、NO$_x^-$-N（c）和 TN（d）变化规律

6.5.4 二级微氧 SBR 的启动运行特征

二级微氧 SBR 的启动运行,始于一级好氧 SBR 启动运行的第 94 天,共计 109 d,启动运行的控制条件、阶段划分和进水水质如 6.5.2.2 节所述。如图 6-44 所示,尽管接种污泥已在 IAMR 系统中得到了驯化,但在二级微氧 SBR 启动运行的

初期，其代谢活性仍然受到了一定影响，使处理系统的 COD[图 6-44（a）]、NH$_4^+$-N[图 6-44（b）]和 TN[图 6-44（d）]去除率在运行阶段Ⅰ（表 6-20）初期出现了短暂下降趋势，但很快得到恢复并在第 5～13 天的运行中保持了相对稳定。在阶段Ⅰ的相对稳定期，二级微氧 SBR 的 COD、NH$_4^+$-N 和 TN 去除率分别为 67.0%、81.7%和 67.7%左右，出水浓度分别平均为 58 mg/L、32.3 mg/L 和 57.4 mg/L。

由于进水浓度的提高，二级微氧 SBR 的处理效能在阶段Ⅱ（第 14～37 天）和阶段Ⅲ（第 38～84 天）初期均出现了暂时性下降，但都能很快恢复并再次达到相对稳定。如图 6-44 所示，在阶段Ⅱ的相对稳定期（第 24～37 天），二级微氧 SBR 的进水和出水 COD[图 6-44（a）]、NH$_4^+$-N[图 6-44（b）]和 TN[图 6-44（d）]浓度分别平均为 175 mg/L 和 50 mg/L、253.0 mg/L 和 29.6 mg/L、253.5 mg/L 和 84.9 mg/L，去除率分别维持在 71.7%、88.3%和 66.5%左右。在阶段Ⅲ的相对稳定期（第 70～84 天），尽管进水 COD、NH$_4^+$-N 和 TN 浓度分别提高到了 272 mg/L、365.1 mg/L 和 366.9 mg/L 左右，平均去除率却分别增加到了 72.6%、93.3%和 85.6%左右，使出水浓度分别降低到了 71 mg/L、24.7 mg/L 和 52.5 mg/L 左右。可见，经过 70 d 的启动运行，接种污泥已得到了充分驯化，使二级微氧 SBR 不仅保持了优良的 COD 去除效能，生物脱氮性能也有了大幅提高。

进入运行阶段Ⅳ后（第 85～109 天），不再对二级微氧 SBR 的进水，即一级好氧 SBR 的出水进行稀释和其他任何调节。水质的显著改变，尤其是 NH$_4^+$-N 和 TN 浓度的显著增加，虽然再次对二级微氧 SBE 系统造成了一定冲击，但相对于阶段Ⅱ和阶段Ⅲ，这一冲击造成的影响较小，处理效能的恢复也更加迅速（图 6-44）。如图 6-44（a）所示，在第 96～109 天的相对稳定期，虽然进水 COD 浓度波动很大（平均 262 mg/L），但二级微氧 SBR 的出水浓度和去除率相对稳定，分别平均为 67 mg/L 和 73.5%，COD 去除负荷平均为 0.29 kg/（m³·d）。在阶段Ⅳ的相对稳定期，尽管进水 NH$_4^+$-N[图 6-44（b）]和 TN[图 6-44（d）]的平均浓度高达 415.2 mg/L 和 416.4 mg/L，但平均去除率分别达到了 93.0%和 83.8%，去除负荷也随之分别增加到了 0.58 kg/（m³·d）和 0.52 kg/（m³·d），出水浓度仅为 29.3 mg/L 和 67.6 mg/L 左右，完全满足《畜禽养殖业污染物排放标准》（GB 18596－2001）的要求。

在二级微氧 SBR 启动运行的 109 d 里，其 NH$_4^+$-N[图 6-44(b)]和 TN[图 6-44(d)]的去除率变化规律保持了高度一致，且出水中的 NO$_2^-$-N 残留量极少[图 6-44（c）]。然而，在二级微氧 SBR 的出水中，始终有较多的 NO$_3^-$-N 检出[图 6-44（c）]，且明显受到进水 COD 浓度[图 6-44(a)]的影响而不断波动。如 6.4.3.3 节所述，在 Anammox 反应中，ΔNO_3^--N/$\Delta\left(NO_2^-\text{-N}+NH_4^+\text{-N}\right)$ 的理论值为 0.11。在 NO$_2^-$-N 浓度很低而 NH$_4^+$-N 浓度很高时，$\Delta\Delta NO_3^-$-N/ΔNH_4^+-N 应接近于理论值 0.11。经计算，在二级微

氧 SBR 启动运行阶段Ⅲ和阶段Ⅳ的相对稳定期，其 $\Delta NO_3^- \text{-} N/\Delta NH_4^+ \text{-} N$ 分别平均为 0.08 和 0.09，均接近且稍低于理论值 0.11。这一结果说明，在二级微氧 SBR 中，最终实现了以 PN/A 为主要途径的生物脱氮机制，但也同时存在少量的其他生物脱氮途径，如异养反硝化和微生物细胞合成等[37, 49, 80]。

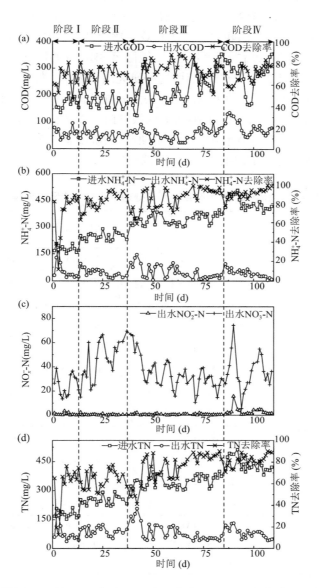

图 6-44 二级微氧 SBR 的 COD（a）、NH_4^+-N（b）、NO_x^--N（c）和 TN（d）变化规律

6.5.5 好氧-微氧两级 SBR 系统的处理效能

如前文所述，采用好氧-微氧两级 SBR 处理干清粪养猪场废水的技术思路，是利用一级好氧 SBR 将废水中的大部分 COD 去除，稳定水质，并将 COD/TN 控制在 1.2 以下，为厌氧氨氧化等自养生物脱氮微生物在后续的二级微氧 SBR 中富集创造条件；二级微氧 SBR 利用微氧条件富集 AOB 和 AnAOB 菌群，通过 NH_4^+-N 部分氧化和 Anammox 的偶联达到经济高效生物脱氮的目的。如 6.5.2 节所述，在一级好氧 SBR 启动运行后的第 94 天，二级微氧 SBR 开始启动运行，两者串联运行共计 109 d。而 6.5.3 节和 6.5.4 节所述的研究结果表明，好氧-微氧两级 SBR 系统达到了设计的预期目标，在保障 COD 去除效能的同时，实现了以 PN/A 为主要途径的高效生物脱氮。为了解好氧-微氧两级 SBR 系统处理干清粪养猪场废水的整体效能，对其在处理原水阶段（表 6-18 所示的阶段Ⅲ，表 6-20 所示的阶段Ⅳ）的相对稳定期数据进行了归纳总结，结果如表 6-21 所示。

表 6-21　好氧-微氧两级 SBR 系统处理干清粪养猪场废水的效能

		一级好氧 SBR	二级微氧 SBR	两级 SBR 系统
COD	进水（mg/L）	954±101	262±61	954±101
	出水（mg/L）	288±60	67±14	67±14
	进水负荷[kg/（m³·d）]	2.86±0.30	0.39±0.09	2.86±0.30
	去除负荷[kg/（m³·d）]	2.00±0.26	0.29±0.08	1.33±0.14
NH_4^+-N	进水（mg/L）	456.2±21.7	415.2±17.1	456.2±21.7
	出水（mg/L）	401.2±19.1	29.3±15.0	29.3±15.0
	进水负荷[kg/（m³·d）]	1.37±0.07	0.62±0.03	1.37±0.07
	去除负荷[kg/（m³·d）]	0.17±0.04	0.58±0.03	0.63±0.04
TN	进水（mg/L）	457.8±22.2	416.5±17.8	457.8±22.2
	出水（mg/L）	417.0±10.7	67.6±17.4	67.6±17.4
	进水负荷[kg/（m³·d）]	1.37±0.07	0.62±0.03	1.37±0.07
	去除负荷[kg/（m³·d）]	0.12±0.05	0.52±0.03	0.58±0.03
生物脱氮化学计量系数	$\Delta COD/\Delta TN$	18.1±4.6	0.6±0.2	2.3±0.2
	$\Delta TN/\Delta NH_4^+$-N	0.7±0.2	0.9±0.0	0.9±0.0
	ΔNO_3^--N/ΔNH_4^+-N	0.1±0.1	0.1±0.0	0.1±0.0

如表 6-21 所示的结果表明，在干清粪养猪场废水 COD、NH_4^+-N 和 TN 分别

平均为 954 mg/L、456.2 mg/L 和 457.8 mg/L 的情况下，好氧-微氧两级 SBR 系统对其去除负荷分别为 1.33 kg/（m³·d）、0.63 kg/（m³·d）和 0.58 kg/（m³·d）左右，出水浓度分别平均为 67 mg/L、29.3 mg/L 和 67.6 mg/L，完全满足《畜禽养殖业污染物排放标准》（GB 18596−2001）的要求[1]。

如表 6-21 所示，一级好氧 SBR 的 COD 去除负荷平均高达 2.00 kg/（m³·d），而二级微氧 SBR 的仅有 0.29 kg/（m³·d）。相反，一级好氧 SBR 中的 NH_4^+-N 氧化得到很好控制，NH_4^+-N 去除负荷平均仅为 0.17 kg/（m³·d），远远低于二级微氧 SBR 的 0.58 kg/（m³·d）。由于干清粪养猪场废水的 TN 主要由 NH_4^+-N 贡献，在 NH_4^+-N 氧化得到有效控制的情况下，一级好氧 SBR 的 TN 去除负荷也很低，平均为 0.12 kg/（m³·d），而二级微氧 SBR 达到了 0.52 kg/（m³·d）。可见，在好氧-微氧两级 SBR 系统中，一级好氧 SBR 充分发挥了 COD 去除功能，而二级微氧 SBR 主要承担了生物脱氮功能。

如图 6-43 所示，在一级好氧 SBR 运行的最后稳定期，出水中的 NO_2^--N 和 NO_3^--N 浓度都很低，也说明其中的 NH_4^+-N 氧化得到了有效控制。而在同时期的二级微氧 SBR 中，发生了明显的 NO_3^--N 积累现象，虽然出水中的 NO_2^--N 浓度仍然很低，平均仅有 2.5 mg/L，但出水 NO_3^--N 浓度达到了 36.4 mg/L 左右（图 6-44）。在二级微氧 SBR 中，其生物脱氮化学计量学参数 $\Delta TN/\Delta NH_4^+$ - N 和 ΔNO_3^- - N/ΔNH_4^+ - N 分别为 0.9 和 0.1，非常接近 Anammox 反应的理论值 0.88 和 0.11，证明二级微氧 SBR 的主要生物脱氮机制为 PN/A 途径（具体分析参见 6.4.3.3 节和 6.6.4 节）。

综上所述，以好氧-微氧两级 SBR 系统处理高 NH_4^+-N、低 COD/TN 干清粪养猪场废水，实现碳氮同步高效去除的技术思路是可行的。以城镇污水处理厂二沉池污泥为接种物，可以快速启动一级好氧 SBR，依据进水浓度对曝气反应时间的实时调控，可在保证大量去除 COD 的同时，避免 NH_4^+-N 过度氧化，将废水的 COD/TN 控制在 1 以下；而二级微氧 SBR 的微氧环境以及较低的进水 COD/TN，可有效抑制化能异养菌群和 NOB 菌群的生长，使 AOB 和 AnAOB 菌群得到有效富集，实现了以 PN/N 为主要途径的高效生物脱氮。在一级好氧 SBR 和二级微氧 SBR 的运行周期分别控制为 3.0～4.0 h 和 8.0 h，即曝气反应时间分别为 145～205 min 和 450 min 等控制条件下，两级 SBR 系统的 COD、NH_4^+-N 和 TN 去除率分别可达 93.0%、93.4% 和 84.8% 左右，出水浓度分别维持在 67 mg/L、29.3 mg/L 和 67.6 mg/L 左右，均优于《畜禽养殖业污染物排放标准》要求的排放标准。

参 考 文 献

[1] 国家环境保护总局, 国家质量监督检验检疫总局. 畜禽养殖业污染物排放标准 (GB 18596−2001). 2001.

[2] Kim C, Ryu H-D, Chung E G, et al. A review of analytical procedures for the simultaneous determination of medically important veterinary antibiotics in environmental water: Sample preparation, liquid chromatography, and mass spectrometry. Journal of Environmental Management, 2018, 217: 629-645.

[3] Hou J, Wan W, Mao D, et al. Occurrence and distribution of sulfonamides, tetracyclines, quinolones, macrolides, and nitrofurans in livestock manure and amended soils of Northern China. Environmental Science and Pollution Research, 2015, 22: 4545-4554.

[4] 王云鹏, 马越. 养殖业抗生素的使用及其潜在危害. 中国抗生素杂志, 2008, 33 (9): 519-522.

[5] Chen J, Liu Y-S, Zhang J-N, et al. Removal of antibiotics from piggery wastewater by biological aerated flter system: Treatment efficiency and biodegradation kinetics. Bioresource Technology, 2017, 238: 70-77.

[6] van Boeckel T P, Brower C, Gilbert M, et al. Global trends in antimicrobial use in food animals. Proceedings of the National Academy of Sciences, 2015, 112 (18): 5649-5654.

[7] Lu X-F, Zhou Y, Zhang J, et al. Determination of fluoroquinolones in cattle manure-based biogas residue by ultrasonic-enhanced microwave-assisted extraction followed by online solid phase extraction-ultra-high performance liquid chromatography-tandem mass spectrometry. Journal of Chromatography B, 2018, 1086: 166-175.

[8] Perez-Lemus N, Lopez-Serna R, Perez-Elvira S I, et al. Analytical methodologies for the determination of pharmaceuticals and personal care products (PPCPs) in sewage sludge: A critical review. Analytica Chimica Acta, 2019, 1083, 19-40.

[9] Landers T F, Cohen B, Wittum T E, et al. A review of antibiotic use in food animals: Perspective, policy, and potential. Public Health Reports, 2012, 127: 4-22.

[10] Jiang X, Ellabaan M M H, Charusanti P, et al. Dissemination of antibiotic resistance genes from antibiotic producers to pathogens. Nature Communications, 2017, 8 (1): 15784.

[11] Yoo H, Ahn K H, Lee H J, et al. Nitrogen removal from synthetic wastewater by simultaneous nitrification and denitrification (SND) via nitrite in an intermittently-aerated reactor. Water Research, 1999, 33 (1): 145-154.

[12] Jin R C, Yang G F, Yu J J, et al. The inhibition of the anammox process: A review. Chemical Engineering Journal, 2012, 197: 67-79.

[13] Jetten M S, Strous M, Pas-Schoonen K T, et al. The anaerobic oxidation of ammonium. FEMS Microbiology Reviews, 1998, 22 (5): 421-437.

[14] Deng K W, Tang L G, Li J L, et al. Practicing anammox in a novel hybrid anaerobic-aerobic baffled reactor for treating high-strength ammonium piggery wastewater with low COD/TN ratio. Bioresource Technology, 2019, 294: 122193.

[15] Li J Z, Deng K W, Li J L, et al. Nitrogen removal and bacterial mechanism in a hybrid anoxic/oxic baffled reactor affected by shortening HRT in treating manure-free piggery wastewater. International Biodeterioration & Biodegradation, 2021, 163: 105284.

[16] Li J, Deng K, Meng J, et al. Synergistic denitrification, partial nitrification-Anammox in a novel A^2/O^2 reactor for efficient nitrogen removal from low C/N wastewater. Journal of Environmental Management, 2022, 302: 114069.

[17] Wang S, Ma X, Wang Y, et al. Piggery wastewater treatment by aerobic granular sludge: granulation process and antibiotics and antibiotic-resistant bacteria removal and transport. Bioresource Technology, 2019, 273: 350-357.

[18] Kumar V, Johnson A C, Nakada N, et al. De-conjugation behavior of conjugated estrogens in the raw sewage, activated sludge and river water. Journal of Hazardous Materials, 2012, 227: 49-54.

[19] Sarmah A K, Meyer M T, Boxall A B. A global perspective on the use, sales, exposure pathways, occurrence, fate and effects of veterinary antibiotics (VAs) in the environment. Chemosphere, 2006, 65 (5): 725-759.

[20] Bao H, Liu M, Li X, et al. Removal of nutrients and veterinary antibiotics from manure-free piggery wastewater in a packed-bed A/O process at normal atmospheric temperature. Environmental Technology, 2021, online: DOI: 10. 1080/09593330. 2021. 1979107.

[21] 刘敏. 填料床 A/O 系统处理干清粪养猪废水的性能研究. 沈阳: 辽宁大学硕士学位论文, 2021.

[22] Han Y F, Yang L Y, Chen X M, et al. Removal of veterinary antibiotics from swine wastewater using anaerobic and aerobic biodegradation. Science of the Total Environment, 2020, 709: 136094.

[23] Zhang Y H, Wang L, Xiong Z K, et al. Removal of antibiotic resistance genes from post-treated swine wastewater by mFe/nCu system. Chemical Engineering Journal, 2020, 400: 125953.

[24] Cheng D L, Ngo H H, Guo W S, et al. A critical review on antibiotics and hormones in swine wastewater: Water pollution problems and control approaches. Journal of Hazardous Materials, 2020, 387: 121682.

[25] Cheng D L, Ngo H H, Guo W S, et al. Applying a new pomelo peel derived biochar in microbial fell cell for enhancing sulfonamide antibiotics removal in swine wastewater. Bioresource Technology, 2020, 318: 123886.

[26] Wang X C, Chen Z L, Shen J M, et al. Effect of carbon source on pollutant removal and microbial community dynamics in treatment of swine wastewater containing antibiotics by aerobic granular sludge. Chemosphere, 2020, 260: 127544.

[27] Liao J, Liu C X, Liu L, et al. Influence of hydraulic retention time on behavior of antibiotics and antibiotic resistance genes in aerobic granular reactor treating biogas slurry. Frontiers of Environmental Science & Engineering, 2019, 13 (3): 31.

[28] Liu L, You Q Y, Fan H Y, et al. Behavior of antibiotics and antibiotic resistance genes in aerobic granular reactors: Interrelation with biomass concentration. International Biodeterioration & Biodegradation, 2019, 139: 18-23.

[29] Cui E P, Gao F, Liu Y, et al. Amendment soil with biochar to control antibiotic resistance genes under unconventional water resources irrigation: Proceed with caution. Environmental Pollution, 2018, 240: 475-484.

[30] Wang R, Feng F, Chai Y F, et al. Screening and quantitation of residual antibiotics in two different swine wastewater treatment systems during warm and cold seasons. Science of the Total Environment, 2019, 660: 1542-1554.

[31] Cai J S, Ye Z L, Ye C S, et al. Struvite crystallization induced the discrepant transports of antibiotics and antibiotic resistance genes in phosphorus recovery from swine wastewater. Environmental Pollution, 2020, 266 (2): 115361.

[32] Tsushima I, Ogasawara Y, Kindaichi T, et al. Development of high-rate anaerobic ammonium-oxidizing（Anammox）biofilm reactors. Water Research, 2007, 41（8）: 1623-1634.

[33] Strous M, Fuerst J A, Kramer E H, et al. Missing lithotroph identified as new planctomycete. Nature, 1999, 400（6743）: 446-449.

[34] van Loosdrecht M, Jetten M. Microbiological conversions in nitrogen removal. Water Science and Technology, 1998, 38（1）: 1-7.

[35] Li J Z, Meng J, Li J L, et al. The effect and biological mechanism of COD/TN ratio on nitrogen removal in a novel upflow microaerobic sludge reactor treating manure-free piggery wastewater. Bioresource Technology, 2016, 209: 360-368.

[36] Meng J, Li J L, Li J Z. Effect of reflux ratio on nitrogen removal in a novel upflow microaerobic sludge reactor treating piggery wastewater with high ammonium and low COD/TN ratio: Efficiency and quantitative molecular mechanism. Bioresource Technology, 2017, 243: 922-931.

[37] Meng J, Liu T, Zhao J, et al. Assessing the stability of one-stage PN/A process through experimental and modelling investigations. Science of the Total Environment, 2021, 801: 149740.

[38] 王成. 升流式微氧反应器处理低 C/N 比养猪废水效能. 哈尔滨: 哈尔滨工业大学硕士学位论文, 2016.

[39] 国家环境保护总局, 国家质量监督检验检疫总局. 城镇污水处理厂污染物排放标准（GB 18918—2002）. 2002. https://www.mee.gov.cn/ywgz/fgbz/bz/bzwb/shjbh/swrwpfbz/200307/t2003 0701_66529.shtml.

[40] 何佳敏. 高氨氮低碳氮比养猪废水微氧处理系统的调控运行与效能. 哈尔滨: 哈尔滨工业大学硕士学位论文, 2017.

[41] Ding S, Zheng P, Lu H F, et al. Ecological characteristics of anaerobic ammonia oxidizing bacteria. Applied Microbiology and Biotecology, 2013, 92: 1841-1849.

[42] Braker G, Schwarz J, Conrad R. Influence of temperature on the composition and activity of denitrifying soil communities. FEMS Microbiology Ecology, 2010, 73: 134-148.

[43] Li C, Liu S, Ma T, et al. Simultaneous nitrification, denitrification and phosphorus removal in a sequencing batch reactor（SBR）under low temperature. Chemosphere, 2019, 229: 132-141.

[44] Ishimoto C, Waki M, Soda S. Adaptation of anammox granules in swine wastewater treatment to low temperatures at a full-scale simultaneous partial nitrification, Anammox, and denitrification plant. Chemosphere, 2021, 282: 131027.

[45] Zhang C C, Guisasola A, Baeza J A. Achieving simultaneous biological COD and phosphorus removal in a continuous anaerobic/aerobic A-stage system. Water Research, 2021, 190: 116703.

[46] Zaman M, Kim M, Nakhla G. Simultaneous nitrification-denitrifying phosphorus removal（SNDPR）at low DO for treating carbon-limited municipal wastewater. Science of the Total Environment, 2021, 760: 143387.

[47] 何佳敏, 孟佳, 张永, 等. 温度降低对 UMSR 处理高氨氮低碳氮比养猪废水效能的影响. 化工学报, 2017, 68（5）: 2074-2080.

[48] 李建政, 孙振举, 孟佳, 等. 升流式内循环微生物反应器. 中国: ZL201720956210.7, 2018.

03. 09.

[49] Sun Z J, Li J Z, Fan Y Y, et al. Efficiency and mechanism of nitrogen removal from piggery wastewater in an improved microaerobic process. Science of the Total Environment, 2021, 774: 144925.

[50] 侯金财, 黄力群, 方铮, 等. A/O-MBR 工艺丝状菌膨胀的发生及其控制. 中国给水排水, 2012, 28(23):1-4.

[51] Agridiotis V, Forster C, Carliell-Marquet C. Addition of al and fe salts during treatment of paper mill effluents to improve activated sludge settlement characteristics. Bioresource Technology, 2007, 98: 2926-2934.

[52] Fuerst J A. Planctomycetes - new models for microbial cells and activities. *In*: Kurtböke I. Microbial Resources: From Functional Existence in Nature to Applications. Queensland: Academic Press, 2017: 1-27.

[53] Bae H, Park K S, Chung Y C, et al. Distribution of anammox bacteria in domestic WWTPs and their enrichments evaluated by real-time quantitative PCR. Process Biochemistry, 2010, 45: 323-334.

[54] Willems A. The family Comamonadaceae. *In*: Rosenberg E, DeLong E. F, Lory S, et al. The Prokaryotes: Alphaproteobacteria and Betaproteobacteria. Berlin, Heidelberg: Springer, 2014: 777-851.

[55] Sampaio D S, Almeida J R B, de Jesus H E, et al. Distribution of anaerobic hydrocarbon-degrading bacteria in soils from King George Island, aritime Antarctica. Environmental Microbiology, 2017, 74: 810-820.

[56] Zhu C, Wang H, Yan Q, et al. Enhanced denitrification at biocathode facilitated with biohydrogen production in a three-chambered bioelectrochemical system(BES)reactor. Chemical Engineering Journal, 2017, 312: 360-366.

[57] Tan W A, Parales R E. Hydrocarbon degradation by Betaproteobacteria. *In*: McGenity T J. Taxonomy, Genomics and Ecophysiology of Hydrocarbon-Degrading Microbes. Cham: Springer, 2019: 1-18.

[58] Baytshtok V, Lu H, Park H, et al. Impact of varying electron donors on the molecular microbial ecology and biokinetics of methylotrophic denitrifying bacteria. Biotechnology and Bioengineering, 2009, 102: 1527-1536.

[59] Zhang L, Zhang C, Hu C, et al. Sulfur-based mixotrophic denitrification corresponding to different electron donors and microbial profiling in anoxic fluidized-bed membrane bioreactors. Water Research, 2015, 85: 422-431.

[60] Joo H S, Hirai M, Shoda M. Characteristics of ammonium removal by heterotrophic nitrification-aerobic denitrification by Alcaligenes faecalis no. 4. Journal of Bioscience and Bioengineering, 2005, 100: 184-191.

[61] 苏婉昀, 高俊发, 赵红梅. 异养硝化-好氧反硝化菌的研究进展. 工业水处理, 2013, 33(12): 1-5.

[62] Yang F, Wang J, Gu C, et al. Submicron magnetite-enhanced tribromophenol removal and methanogenesis under microaerobic condition. Journal of Chemical Technology and Biotechnology, 2019, 94: 730-738.

[63] Plumlee G S, Ziegler T L. The medical geochemistry of dusts, soils, and other earth materials. Treatise on Geochemistry, 2007, 9: 1-61.

[64] Handa N, Bhardwaj R, Kaur H, et al. Chapter 7 - Selenium: An Antioxidative Protectant in Plants Under Stress. *In*: Ahmad P. Plant Metal Interaction: Emerging Remediation Techniques. Chennai, India: Elsevier, 2016: 179-207.

[65] Higuchi M, Yamamoto Y, Kamio Y, Molecular biology of oxygen tolerance in lactic acid bacteria: functions of NADH oxidases and Dpr in oxidative stress. Journal of Bioscience and Bioengineering. 2000, 90 (5): 484-493.

[66] Ward T, Larson J, Meulemans J, et al. Bugbase predicts organism-level microbiome phenotypes. bioRxiv, 2017: 133462.

[67] Windey K, Bo I D, Verstraete W. Oxygen-limited autotrophic nitrification–denitrification (OLAND) in a rotating biological contactor treating high-salinity wastewater. Water Research, 2005, 39: 4512-4520.

[68] Chung J, Bae W, Lee Y W, et al. Shortcut biological nitrogen removal in hybrid biofilm/suspended growth reactors. Process Biochemistry, 2007, 42: 320-328.

[69] Saggar S, Jha N, Deslippe J, et al. Denitrification and $N_2O : N_2$ production in temperate grasslands: processes, measurements, modelling and mitigating negative impacts. Science of Total Environment, 2013, 465 (SI): 173-195.

[70] Chen Q, Wu W, Qi D, et al. Review on microaeration-based anaerobic digestion: State of the art, challenges, and prospectives. Science of Total Environment, 2020, 710: 136388.

[71] Logan B E. Environmental transport processes. 2th ed. Hoboken, New Jersey: John Wiley & Sons, 2012.

[72] Meng J, Li J L, Li J Z, et al. Nitrogen removal from low COD/TN ratio manure-free piggery wastewater within an upflow microaerobic sludge reactor. Bioresource Technology, 2015, 198: 884-890.

[73] Meng J, Li J L, Li J Z, et al. Enhanced nitrogen removal from piggery wastewater with high NH_4^+ and low COD/TN ratio in a novel upflow microaerobic biofilm reactor. Bioresource Technology, 2018, 249: 935-942.

[74] 马晓冬, 张星梓, 胡玉洪, 等. 畜禽养殖废水处理方法的研究进展. 再生资源与循环经济, 2019, 12 (1): 31-33, 37.

[75] 施洁莹, 翟竟余, 王泉源, 等. 规模化养猪废水处理工程设计与运行研究. 环境科学与管理, 2017, 42 (3): 74-78.

[76] 郑效旭, 李慧莉, 徐圣君, 等. SBR 串联生物强化稳定塘处理养猪废水工艺优化. 环境工程学报, 2020, 14 (6): 1503-1511.

[77] 吴浩楠. 基于短程同步硝化反硝化技术的养猪废水处理工程调试研究. 重庆: 重庆大学硕士学位论文, 2017.

[78] Meng J, Li J L, Li J Z, et al. The role of COD/N ratio on the start-up performance and microbial mechanism of an upflow microaerobic reactor treating piggery wastewater. Journal of Environmental Management, 2018, 217: 825-831.

[79] 张布云. 好氧-微氧两级 SBR 处理养猪废水技术研究. 哈尔滨: 哈尔滨工业大学硕士学位论

文, 2020.

[80] Tian Y J, Li J Z, Fan Y Y, et al. Performance and nitrogen removal mechanism in a novel aerobic-microaerobic combined process treating manure-free piggery wastewater. Bioresource Technology, 2022, 345: 126494.

第 7 章

养猪场废水处理工程技术方案案例

针对我国规模化养猪场废水的水质水量特征以及废水处理面临的生物脱氮难题，笔者课题组自 2010 年开始开展规模化养猪场废水处理技术及设备研发工作，并积极与环保企业和生猪养殖企业合作，推进技术的工程应用。以研发的土壤-木片生物滤池（参见第 2 章）、填料床 A/O 系统（参见第 2 章、第 3 章和 6.1 节）、升流式微氧生物处理系统（参见第 5 章和 6.2～6.4 节）、好氧-微氧两级 SBR 系统（参见 6.5 节）等技术为支撑，先后为多家生猪养殖企业的废水处理工程提供了技术方案、工程初步设计及工程调试等技术服务。本章从中选择了三个比较典型的北方地区规模化养猪场废水处理工程，就其工程技术方案予以简要介绍，以供参考。

7.1 某养猪场水泡粪粪水处理工程技术方案

东北某畜牧有限公司，致力于开发和发展本地民猪优势资源，打造集东北民猪繁育、饲养、屠宰、保鲜、销售于一体的地方名牌企业。该公司拟建养猪场的年出栏量为 5 万头，存栏量为 2.3 万头。为节省人力和用水量，拟建养猪场的猪舍全部采用水泡粪工艺予以管理，日排放粪尿及冲洗水（以下简称粪水）共计 230 t。为减少污染，同时考虑废水的资源化综合利用，公司拟建设一座粪水资源化处理站，使排放废水达到《畜禽养殖业污染物排放标准》（GB 18596－2001）的要求，同时要求 70% 回用于农田灌溉和猪舍冲洗。按照企业的要求，根据以往的工程经验，在参照国内外先进成熟、运行稳定的废水处理技术基础上，灵活应用笔者课题组研发的土壤-木片生物滤池专利技术[1-3]、UASB-生物滤池工艺[4]及养猪废水厌氧消化液亚硝化技术[5]等，对该拟建养猪场的粪水处理工程进行了技术方案设计（2013 年），摘录介绍如下。

7.1.1 粪水处理规模及方案设计依据

7.1.1.1 粪水处理规模

根据《畜禽养殖业污染治理工程技术规范》（HJ 497－2009），猪粪排泄量为每头 2 kg/d，猪尿排泄量每头 3.3 kg/d。拟建养猪场生猪存栏 2.3 万头，猪粪排泄量为 46 t/d，猪尿排泄量 69 t/d，冲洗水排放量 115 t/d。因此，本方案确定的粪水处理规模为 230 t/d。

7.1.1.2　粪水处理工程设计依据

本技术方案的设计依据，主要包括《室外排水设计规范》（GB 50014－2006）、《建筑给水排水设计规范》（GB 50015－2003）、《建筑结构荷载规范》（GB 50009－2012）、《给水排水工程构筑物结构设计规范》（GB 50069－2002）、《混凝土结构设计规范》（GB 50010－2010）、《建筑结构可靠度设计统一标准》（GB 50068－2001）、《工业企业设计卫生标准》（GBZ 1－2010）、《采暖通风和空气调节设计规范》（GB 50019－2003）、《建筑地基基础工程施工质量验收规范》（GB 50202－2002）、《供配电系统设计规范》（GB 50052－2009）、《低压配电设计规范》（GB 50054－2011）、《建筑物防雷设计规范》（GB 50057－2010）、《电力装置的继电保护和自动装置设计规范》（GB/T 50062－2008）、《工业企业照明设计标准》（GB 50034－92）、《地下工程防水技术规范》（GB 50108－2008）、《工程建设标准强制性条文》（2010 年版）、《建筑抗震设计规范》（GB 50011－2010）、《建筑地基基础设计规范》（GB 50007－2011）、《混凝土结构工程施工质量的验收规范》（GB 50204－2002）、《建设项目经济评价方法与参数》（第三版）、《畜禽养殖业污染治理工程技术规范》（HJ 497－2009）、《沼气工程技术规范》（NY/T 1220.1～5－2006）、《规模化畜禽养殖场沼气工程设计规范》（NY/T 1222－2006）、《小型火力发电厂设计规范》（GB 50049－2011）、《城镇供热管网设计规范》（CJJ 34－2010）、《热电联产项目可行性研究技术规定》（2001 年修订版）、《生物有机肥国家标准》（NY 884－2012），以及其他国家和地方有关法规、规程和规定。

7.1.1.3　粪水处理工程设计范围

本技术方案涉及的工程设计范围，包括拟建养猪场粪水综合处理站界区内的治理工艺、土建工程、管道工程、设备及安装工程、电气工程、自控工程、暖通工程、给水排水工程、消防工程及道路绿化等，不包含粪水收集和输送系统及非标机械的设计。粪水及给水进口从处理站界区边线开始计算，动力线从处理站主控柜进线开始计算，排水至指定排污口止。

7.1.2　粪水水质分析及设计水质

猪舍的水泡粪工艺管理模式，是以冲洗水将粪尿等冲入并暂存于猪舍下方的粪水收集池，定期排放，一般为 10～15 d。拟建养猪场有猪舍 11 个，对其粪水收集池的排空，将采用顺序操作的方式，每天排空 1～2 个。因此，进入粪水处理站的废水，具有间歇排放的特点，但日排放量相对稳定。猪舍粪水的 COD 和总固体（total solid，TS）含量很高，由于长时间浸泡，很多固体有机物会在粪水收集池中水解并发酵，造成排放粪水的 NH_4^+-N、TKN 和 TP 浓度也很高[6]。由于粪水收集池起到了一定的水质水量调节作用，每天排入处理站的粪水水质相对稳定。

根据企业对回用水的水质要求以及《畜禽养殖业污染物排放标准》（GB 18596－2001），本方案拟定的进水、回用水及排放出水的水质如表 7-1 所示。

表 7-1 粪水处理站设计的进水、回用水及排放出水水质

序号	项目	进水	回用水	排放出水
1	COD（mg/L）	43000	≤600	≤400
2	BOD₅（mg/L）	32000	≤200	≤150
3	TS（mg/L）	32000	≤200	≤200
4	NH_4^+-N（mg/L）	900	≤250	≤80
5	TKN（mg/L）	1000	—	—
6	TP（mg/L）	200	≤80	≤8
7	pH	7.0~8.5	—	—
8	大肠菌群数（个/100 mL）	—	≤1000	≤1000
9	蛔虫卵（个/L）	—	≤2.0	≤2.0

7.1.3 关键技术的选择

7.1.3.1 主体工艺及其单元技术的选择

1）主体工艺的选择

处理工艺是否合理直接关系到处理系统的处理效果、运行稳定性、建设投资和运行成本等。因此，必须结合实际情况，综合考虑各方面因素，慎重选择适宜的处理工艺，以达到处理效果和经济效益俱佳的目的。如 7.1.2 节所述，由水泡粪工艺所产生的猪舍粪水，其 SS、COD、NH_4^+-N 和 TP 浓度均很高，富含有机物和植物性营养物质。根据 7.1.1 节所述的设计依据和设计原则，立足于粪水的能源化和资源化，本方案采用了以生化处理为主体的综合处理技术，也就是以粪水均质化预处理-两级厌氧消化-两级生物滤池为主体的综合处理工艺。

对粪水首先进行均质化预处理的目的，是将其中的大颗粒物质搅碎并使混合液处于相对均匀状态，以利于后续厌氧消化效能的提高，并保护后续设备的运行，降低堵塞风险。经均质化预处理后的粪水，其 COD 和 SS 均高达 30000 mg/L，但

可生化性好。因此，在均质化预处理后，采用适宜于高 SS 废水处理的升流式厌氧固体反应器（upflow anaerobic solid-state reactor，UASR）对粪水进行沼气发酵[7]。经过 UASR 发酵并回收沼气后，对其出水进行固液分离，液体部分进入 UASB 进一步发酵处理并回收沼气，回收的固体物则进行堆肥处理。经 UASR 和 UASB 两级厌氧处理后，粪水中的大部分 SS 和 COD 得以去除，后续采用两级 SWBF 继续处理。一级 SWBF 的出水，部分经消毒后回用于冲洗猪舍或作为液体有机肥回用农田，剩余部分经二级 SWBF 处理后达标排放。本方案中采用的生物滤池 SWBF，为笔者课题组研发的土壤-木片生物滤池，运行成本低，废水处理效果好[1-4]。

　　2）主要生化处理单元的设计参数

　　（1）一级厌氧 UASR：单位体积产气率 1.3 $m^3/$（$m^3 \cdot d$），上升流速 0.05 m/h。

　　（2）二级厌氧 UASB：容积负荷 10.5 kg/（$m^3 \cdot d$），上升流速 0.6 m/h。

　　（3）一级 SWBF：表面水力负荷 0.47 $m^3/$（$m^2 \cdot d$），滤床高度 2 m。

　　（4）二级 SWBF：表面水力负荷 0.14 $m^3/$（$m^2 \cdot d$），滤床高度 2 m。

7.1.3.2　配套工艺的选择

　　1）污泥处理工艺

　　养猪场粪水经 UASR 和 UASB 厌氧发酵后产生的沼渣，成分复杂，既有未及发酵的颗粒有机物，亦有大量厌氧微生物，即便经过沉淀池的固液分离，其含水率仍然较高。本方案采用污泥浓缩池和污泥干化棚相结合的方式对沼渣进行干化处理，干化后的沼渣，可以固体肥的形式用作蔬菜大棚种植和土壤改良等。

　　2）异味处理工艺

　　养猪场的异味主要来源于猪舍的通风换气，其总量和浓度都较高，单独设置臭气处理系统成本较高。为降低工程投资，本方案将猪舍排风口排出的污染空气予以收集，并通过管道引入废水处理主体工艺的 SWBF 单元进行处理，不仅可以解决臭气处理问题，还可缓解 SWBF 在寒冷季节的温度过低问题，提高处理效率。

　　3）沼气净化及利用设备

　　在本方案中，沼气主要由 UASR 和 UASB 两个厌氧处理单元产生。采用以单燃烧式沼气发电机组和沼气锅炉为主体的沼气利用系统进行能量转化。沼气发电机组及沼气锅炉配有余热交换装置，在提供电力的同时，也用于冬季猪舍、废水处理车间的采暖及废水处理系统的加热。

　　由养猪场粪水发酵产生的沼气，含有 H_2S 等有害杂质成分，燃烧利用前须予以净化处理。本方案采用的沼气净化系统，主要包括脱硫装置、气水分离器、凝水器、沼气阻火装置，以及沼气计量、除湿、除尘等主要设备，并统一设置在沼气净化间内。采用双膜储气柜对所产沼气进行暂时存储，储气柜的构造形式是双层球膜结构，同时配有调压风机和沼气输送风机等设备，沼气输送采用自动化控制系统予以调控。

7.1.4 工艺设计

7.1.4.1 工艺流程及说明

在确定养猪场粪水处理主体工艺及其单元技术（参见 7.1.3 节）基础上，本方案制定了如图 7-1 所示的总体工艺流程，主要由粪水均质化预处理、生化处理、污泥处理和沼气利用等子系统组成（平面布置及高程图略），以下分别予以简要说明。

1）粪水均质预处理

来自于猪舍粪水收集池的所有粪水，首先进入养猪场粪水处理站的均质调节池，通过配置的机械搅拌设施将其中的大颗粒物质搅碎并混合均匀，沉淀泥渣排出后干化处理，均质混合液进入后续生化处理系统进行处理。

2）废水处理

均质化调节池的混合液，由提升泵送入由 UASR 和 UASB 构成的两级厌氧消化系统进行处理，以去除 SS、COD 和回收沼气为主要目的。其中，UASR 设计为底部进水、顶部出水，出水流入一级沉淀池；一级沉淀池中的沉淀物排入污泥浓缩池，部分上清液以液态肥形式回用于温室大棚和农田，剩余部分流入 UASB 进行二级厌氧消化处理；UASB 出水进入二级沉淀池，上清液的一部分用于温室大棚和农田施肥，其余部分进入后续的两级 SWBF。一级 SWBF 的主要功能是继续去除 COD，同时去除大部分 NH_4^+-N，出水进入中间储水池，其中的 70% 经过紫外线消毒后用作回用水（表 7-1），其余 30% 再次由提升泵提升至二级 SWBF 处理。二级 SWBF 的出水流入除磷池，通过投加化学药剂（碳酸钙及铁盐）的方法去除超标的 TP。除磷池上清液流入清水池，经消毒后达标排放。从 UASR 和 UASB 排出的沼渣，以及各级沉淀池的沉淀物，集中排入污泥浓缩池浓缩，待进一步资源化处理。

3）污泥处理

由 UASR、UASB 和各级沉淀池收集的沼渣和剩余污泥，排入污泥浓缩池进行重力浓缩，再由污泥泵排入污泥干化棚进行干化及堆肥处理。污泥浓缩池的上清液，回流至均质调节池。

4）沼气利用

由 UASR 和 UASB 产生的沼气，通过管道统一收集后，进入脱硫装置去除 H_2S 等杂质，再经过气水分离器、凝水器进行脱水除尘处理。净化后的沼气进入储气柜，通过调压风机和沼气输送风机等设备送入发电机组或沼气锅炉进行热电联产，其中的热能用于猪舍、废水处理系统以及温室大棚的冬季加热保温，夏季多余沼气通过沼气火炬系统燃烧，整个系统在自动化控制系统控制下运行。

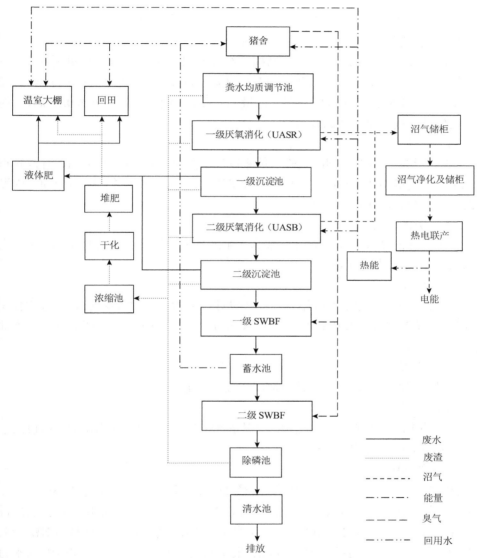

图 7-1　养猪场粪水处理总体工艺流程

5）异味处理

在猪舍通风机外设置联通风管，风管埋地并联通，输入两级 SWBF 与废水一并处理。SWBF 做埋地处理，外设轴流风机，滤池上方构筑保温板房，起到冬季保温及减少臭气扩散作用。板房上方设高空排放口，将处理后尾气高空排放。

7.1.4.2 主要构筑物及设计参数

1）均质调节池

均质调节池 1 座，半地下钢砼结构，有效容积 200 m³；配置机械搅拌系统 1 套，其中，立式搅拌机 1 台，功率 5 kW，转数 10 r/min；配置一级提升泵 4 台（2 用 2 备），型号为 50WQ10-15-0.75，流量 10 m³/h，扬程 15 m，功率 0.75 kW。池内设液位计，提升泵为间歇式运行。

2）UASR

UASR 2 座，半地下钢砼结构，单座设计参数为：有效深度 10 m，有效容积 800 m³，产气量 1024 m³/d，HRT 7 d。底部进水，池顶加盖并做密封处理，内设辅助加热系统，池底设污泥斗。

3）一级沉淀池

一级沉淀池 2 座，单座设计参数为：半地下钢砼结构，有效容积 30 m³，表面积 12.5 m²。内设整流桶。

4）UASB

UASB 2 座，半地下钢砼结构，单座设计参数为：有效水深 10 m，有效容积 80 m³，HRT 16.7 h，OLR 10.5 kg/（m³·d），产气量 439.5 m³/d。底部进水，顶部设三相分离器。

5）二级沉淀池

二级沉淀池 2 座，单座设计参数同一级沉淀池。

6）配水井

配水井 1 座，半地下钢砼结构，有效容积 6.28 m³。配水井为矩形，内设出水槽，可向后续两座生物滤池配水。

7）两级 SWBF

SWBF 滤池 2 座，地下钢砼结构，直径 25 m，填料层高度 2 m，填料为 4～7 cm 木条混合泥炭土；承托层厚度 1 m，材质为 10 cm 左右的方形木块；衬托层内设置布气系统，池顶上方设置布水系统；布水系统采用旋转布水器，型号为 XBS-25，布水管直径 159 mm，小孔直径 20 mm，最小水头压力 8 kPa。一级 SWBF 的水力负荷为 0.47 m³/（m²·d），二级 SWBF 的水力负荷为 0.14 m³/（m²·d）。

布气系统埋设于承托层内，布气管采用穿孔管，管口向下，布气系统总管与场区猪舍通风管联通。池底中心设出水管，出水管延伸至池外后设回水弯。两座 SWBF 可交替作为一级或二级生物滤池运行。

8）中间储水池

中间储水池 1 座，地下钢砼结构，有效容积 200 m³，内置提升泵 2 台（1 用

1 备）为回用系统供水，型号为 50WQ10-15-0.75，流量 10 m³/h，扬程 15 m，功率 0.75 kW。

9）清水池

清水池 1 座，与除磷池合建，地下钢砼结构，有效容积 100 m³，池底设一定坡度，并设渣泥斗。配备加药装置 1 套。

10）污泥浓缩池

污泥浓缩池 1 座，钢砼结构，总有效容积 15 m³，污泥总量 15 m³/d，停留时间 24 h。内设提升泵井，并用溢流墙隔开。配置上清液提升泵 1 台，型号为 50WQ10-15-0.75，功率 0.75 kW；配置污泥提升泵 1 台，型号为 50WQ10-15-0.75，功率 0.75 kW。

11）污泥干化棚

用于浓缩后的沼渣干化处理，并兼具储存功能。面积 200 m²，全钢结构。棚内配置：螺杆泵 2 台（1 用 1 备），型号为 LG25-1，压力 0.6 MPa，功率 1.5 kW；板框压滤机 2 台（1 用 1 备），型号为 BMYJ50/810-UM-1。

12）设备间

总面积 300 m²，砖混结构，设沼气净化设备间、沼气利用间和锅炉房。沼气净化设备间的主要设备包括：脱硫塔 2 套（室外），气水分离器 2 台，凝水器 2 台，阻火器 2 台；沼气利用间的主要设备包括：沼气发电机组 2 台，沼气锅炉系统 1 套。

13）储气系统

储气系统的储气柜采用双层球膜结构，数量为 2 套，单套设计参数为：尺寸为 Φ12.0 m × 10.0 m，有效容积 1000 m³。配备沼气输送风机 2 台，沼气输送控制系统 1 套。储气柜采用钢砼基础，并作密封处理。

14）综合用房

主要是控制间、值班室等，50 m²，砖混结构。

7.1.4.3　主要配套设备

该养猪场粪水处理工程的主要配套设备详见表 7-2。

7.1.4.4　处理效果预测

根据以往工程经验，以及笔者课题组相关研究成果，对如图 7-1 所示的养猪场粪水处理系统的各功能单元的处理效果进行评估和预测，结果如表 7-3 所示。

表 7-2　粪水处理系统主要设备一览表

序号	名称	规格型号	数量	备注
1	搅拌器	立式，5 kW，转速 10 r/min	1 台	
2	提升泵	Q=10 m³/h，0.75 kW	8 台	
3	USR 加热装置	换热效率 65%	2 套	
4	沉淀池整流桶	自制	4 套	
5	旋转布水器	Φ25 m	2 台	
6	管道式紫外消毒器	DN50	1 台	
7	加药设备	Q=10 L/h	1 套	
8	脱硫装置	Q=100 m³/h	2 套	
9	气水分离器	DN50	2 台	
10	管道凝水器	DN50	2 台	
11	双膜储气系统	Φ12.0 m × 10.0 m，1000 m³	2 套	
12	沼气加压风机	Q=250 m³/h，80 kPa，30 kW	2 台	1 用 1 备
13	火炬系统	Q=500 m³/h	1 套	
14	沼气发电机组	N=200 kW	2 台	
15	螺杆泵	LG25-1	2 台	1 用 1 备
16	板框压滤机	BMYJ50/810-UM-1	2 台	1 用 1 备
17	沼气锅炉系统	WNS1-1.0-Q	1 套	
18	轴流风机	N=0.55 kW	1 台	
19	钢板水箱	V=3 m³	1 台	
20	立式直通除污器	DN150，Φ414，1.0 MPa	1 台	
21	温度传感器	PT100，0~100℃	16 台	
22	压力传感器	–5~5 kPa，带现场显示	10 台	
23	液位传感器	差压式，0~10 m	8 台	
24	流量传感器	热式质量流量计	6 台	
25	沼气分析仪	同时检测 CH_4、CO_2、H_2S、O_2	1 台	
26	PLC 及控制柜	定制	1 台	
27	工控机	工业 PC，操作台	1 台	
28	编程软件	Biogas Optimizer	1 套	

表 7-3　养猪场粪水处理系统各单元处理效果预测

工艺单元	COD		TS		TKN		TN		TP	
	去除率（%）	出水（mg/L）	去除率（%）	出水（mg/L）	去除率（%）	出水（mg/L）	去除率（%）	出水（mg/L）	去除率（%）	出水（mg/L）
均质调节池	20	34400	40	19200	10	900	0	1000	5	190
UASR	75	8600	80	3840	20	720	10	900	10	171
一级沉淀池	20	6880	30	2688	5	684	5	855	5	162
UASB	70	2064	60	1075	10	616	5	812	40	97
二级沉淀池	15	1754	20	860	5	584	0	812	0	97
一级 SWBF	70	526	80	172	60	234	60	325	50	49
二级 SWBF	60	211	25	129	80	47	50	162	30	34
除磷池	5	200	20	103	0	47	0	162	80	7

7.1.5　建筑结构与电气自控设计

7.1.5.1　建筑与结构设计

1）钢砼水池及钢砼工程

水池采用抗渗混凝土施工，严格控制混凝土的级配，按当地质量主管部门的要求作好配比，防水硅中掺入羟基磷灰石高效防水剂，抗渗等级 S6。

2）砖砌体工程

综合用房结构采用砖混结构，±0.000 m 以上墙体采用 MU10 红砖和 M 7.5 混合砂浆砌筑，墙身采用 240 砖墙。±0.000 m 以下墙体采用钢筋混凝土结构。

3）屋面工程

综合机房屋面均采用有组织排水，设女儿墙，采用柔性卷材防水。

4）装饰工程

综合机房装饰如下，有特殊要求者，按设计施工。

（1）内墙面：抹混合砂浆，刷大白两遍；

（2）外墙面：抹水泥砂浆，刷乳白色外墙涂料两遍；

（3）门：行车大门为保温平开钢木大门，其他均为木门；

（4）窗：均为塑钢窗；

（5）顶棚：抹灰喷白；

（6）地面：行车的房间采用混凝土地面，其他为水泥地面。

7.1.5.2 电气及自控设计

1）设计依据及范围

设计依据：建设单位提供资料，工艺及其他专业提供的电气设计要求、电气设计规范及标准。

设计范围：处理站内的低压配电，工艺参数测量与自动控制，照明配电。

2）配电设计

供电电源：本工程低压电源由建设单位提供，用电负荷为二级，采用双电源供电。

供电系统：电源电压为 380/220 V/50 Hz，三相四线制供电。低压配电室电源进户处做重复接地，接地电阻小于 4 Ω，污水处理站内用电设备为三相五线制供电。

功率因数补偿：在低压配电室集中进行功率因数自动补偿，至 0.9 以上。

控制与信号：电动机（潜水泵）为两地控制。配电室内的控制柜为集中控制，根据实际需要在设备附近设置就地控制按钮。电器控制与减压起动元件集中安装在控制柜内。

保护接地系统：按《建筑物防雷设计规范》（GB 50057－2010），建筑物属三类防雷建筑；所用金属管道、用电设备的金属外壳、穿线钢管、电缆桥架均与接地系统做可靠连接，系统接地电阻小于 4 Ω。

3）电力设计

配电系统：动力设备采用放射式供电。

设备选择：泵房等灰尘潮湿场所电器设备按防水防潮式考虑。

导线选择与线路敷设：电源线采用 YJV-1KV 铜芯电力电缆，干线在电缆桥架内敷设，支线穿钢管敷设，控制线路采用 KVV-1KV 型控制电缆敷设。仪器仪表信号电缆采用 RVVP 屏蔽电缆。

4）电气照明设计

供电电源：照明电源由低压配电室提供，电源线采用 YJV-1KV 铜芯电缆，单电源供电，电源为三相五线制，380/220 V/50 Hz。

照明光源：配电室、控制室等办公室采用荧光灯照明，泵房等采用防水防尘白炽灯或钠灯照明，厂区及池顶照明采用投光灯。

导线选择：照明箱电源线采用 YJV-1KV 铜芯电缆，分支线采用 BV-500V 铜芯塑料线穿阻燃塑料管暗敷设或钢管明敷设。

设备安装：照明箱分别设置在配电室，照明箱暗设，底距地 1.3 m 安装，开关距地 1.4 m 暗设。

5）工艺参数测量与报警

水位测量：在液位波动的水池内安装液位计，二次仪表安装在现场仪表盘上，并将信号传送至控制室的仪表柜上显示。

流量测量：在污水和污泥管道上安装电磁流量计，二次仪表安装在综合用房内仪表盘上，并将信号传送至中控制室仪表柜上显示。在总排水口设置一套明渠流量计。沼气总管上安装沼气流量计，二次仪表安装在沼气设备间仪表盘上，将信号传送至中控室仪表柜上显示。

压力测量：在污水、污泥、沼气管道上安装压力表。

6）设备状态监测与自动控制

设备运行状态：各用电设备的运行状态信号在配电控制室内显示。

设备自动控制：各提升泵启闭，由调节池浮子液位计自动控制，自动转换运行，并有上下液位报警。

7）用电负荷

工程用电负荷计算如表 7-4 所示。

表 7-4　工程用电负荷计算表（2013 年）

序号	设备名称	设备功率（kW）	数量（台套）	其中备用（台套）	功率（kW·h/d）	备注
1	搅拌机	5	1		120	
2	提升泵	0.75	8	3	90	
3	管道式紫外消毒器	0.05	1		1.2	
4	加药设备	0.01	1		0.24	
5	气柜系统	3	2	1	72	
6	沼气加压风机	30	2	1	600	每天运行 20 小时
7	螺杆泵	0.75	2	1	4	
8	锅炉系统		1		100	只冬季运行 6 个月
12	轴流风机	0.55	1		13.2	
合计	冬季 1000.64 kW·h/d 夏季 900.64 kW·h/d					

7.1.6　工程投资估算

7.1.6.1　投资估算依据

（1）国家发改委和建设部颁发的《建设项目经济评价方法与参数》（2006 年）及国家计委办公厅发行的《投资项目可行性研究指南（试用版）》（2002 年）；

（2）建筑工程费用依据：《黑龙江省建筑工程概算定额》和《黑龙江省建筑工

程费用定额》，并参照当地同类工程造价情况估算；

（3）设备购置费用依据：生产厂家提供的设备数量、报价，并包括设备运杂费；

（4）安装工程费用依据：《黑龙江省安装工程概算定额》、《建筑材料工业建筑工程预算定额》和《黑龙江省安装工程费用定额》；

（5）其他费用按有关规定及实际情况估算。

7.1.6.2　投资估算

工程总投资 1817.50 万元，其中，固定资产投资 1785.5 万元，流动资金 32 万元。固定资产投资，即项目建设投资估算，详见表 7-5。

表 7-5　工程投资估算表（万元）

序号	项目	建筑工程费	安装工程费	设备购置费	工器具费	其他费用	合计	合计比例
1	工程费用	677.94	354.00	407.14	—	—	1439.08	80.60%
2	工程建设其他费用					218.35	218.35	12.23%
2.1	计入固定资产的土地费							0.00%
2.2	待摊投资					218.35	218.35	12.23%
2.3	无形资产							0.00%
	工程费用和工程建设其他费用小计	677.94	354.00	407.14		218.35	1657.43	92.83%
3	预备费	—	—	—		128.07	128.07	7.17%
3.1	基本预备费					82.87	82.87	4.64%
3.2	涨价预备费					45.20	45.20	2.83%
4	总计	677.94	354.00	407.14	—	364.42	1785.50	100.00%
	各项费用占总估算价值的比例	37.97%	19.83%	22.80%	0.00%	19.40%	100.00%	—

注：该工程预算完成于 2013 年。

7.1.7　粪水处理设施运营费用估算

7.1.7.1　基础数据

（1）工程使用期限为 20 年，其中建设期 1 年，生产期 19 年。

（2）生产负荷以达产生产负荷 100% 计。

（3）社会折现率取 4%。

（4）外购原材料费：①活化剂、稳定剂、微量元素等取平均价格 10000 元/t，3 t/年，每年 3 万元；②颗粒有机肥包装物价格以 100 元/t 计，400 t/年，每年 4 万元；

③自来水价格 1.99 元/t，按回用水与液态有机肥 1∶1 利用，每年回用水 2.94 万 t，折算节约用水费用 5.86 万元/年。总用水量为 8.4 万 t/年，实际用自来水 5.46 万 t/年。每年实际自来水费用 10.87 万元。

（5）燃料动力费：①电价格 0.51 元/（kW·h），每年盈余电量 169.77 万度，每年折算价格 86.58 万元；②柴油价格 6000 元/t，1 t/年，每年 0.6 万元。

（6）工资及福利费：工程运营定员 8 人，平均工资为 3000 元/（月·人）（14% 福利费和 1.5%职工教育经费及 2%工会经费均包含在内），工资成本 28.8 万元/年。

（7）维护及修理费：按固定资产总额的 2%估算：1785.50 万元×2%=35.71 万元。

（8）固定资产折旧估算：固定资产净残值率为 4%；经计算，固定资产净残值为 1037.85 万元，每年折旧额为 39.35 万元。

（9）无形资产、递延资产估算及摊销：本项目无资本化无形资产和递延资产。

（10）其他费用：按其他制造费用、其他管理费用、其他营业费用之和计算，每年 14.69 万元。

7.1.7.2　运营费用估算

通过总外购原料、外购燃料及动力费用、工资及福利费、维护及修理费用、固定资产折旧和其他费用等估算，得到如表 7-6 所示的工程运营成本估算结果。该工程运营的年总成本费用为 130.97 万元，包括固定成本 112.5 万元/年和可变成本 18.47 万元/年，其中年运营成本 91.62 万元。

表 7-6　粪水处理设施运营成本估算

	项目	费用（万元/年）
1	外购原材料费	17.87
2	外购燃料及动力费	0.60
3	工资及福利费	28.80
4	维护及修理费	35.71
5	其他费用	8.64
6	运营成本	91.62
7	折旧费	39.35
8	总成本费用	130.97
	可变成本	18.47
	固定成本	112.50

7.1.8 工程效益分析

7.1.8.1 经济效益

在养猪场粪污资源化综合处理中，会有颗粒有机肥、回用水（含液态肥）、沼气和电能等 4 类产品产出。在物料平衡计算基础上，对这些主要产品的产量及产生的效益进行了估算,结果为：年产生物颗粒有机肥 0.04 万 t，年回用水（含液态肥）5.88 万 t，年产沼气量 106.83 m³，年发电量 208.12 万度。该项目建成达产后，由上述产品的销售或自用，每年可产生 304.6 万元的直接经济效益。

7.1.8.2 环境效益

项目建成后，日处理养猪场水泡粪 230 t/d，处理后的废水有 70%回用，另有 30%依照《畜禽养殖业污染物排放标准》（GB 18596－2001）达标排放，有效地保护了生态环境。在粪水处理过程中，所产生的沼渣和剩余污泥，以有机肥料的形式还田利用，能够改善生态环境，促进土壤改良；因沼气发电（208.12 万度/年），可节省标准煤 624.42 t/年。盈余电量不仅使运营成本减少 86.13 万元/年，同时还可减排 CO_2 0.16 万 t/年。

7.2 某养猪场干清粪废水处理设施升级改造技术方案

北方某生猪养殖企业，位于黑龙江省北部山林区，年平均气温仅 0.44℃，冰冻期长达半年。该地区年平均降水量 640 mm 左右，水资源丰富，水系发达。该企业采取“繁育场+舍饲+林下轮牧”的养殖模式进行标准化养殖，生猪存栏量 2.3 万头，另有能繁母猪 1200 头，猪舍管理均采用水冲粪工艺。该养猪场原有配套废水处理设施 1 套，采用“水解酸化-接触氧化”为主体的生物处理工艺。响应节能减排的国家战略，该养猪场将猪舍清粪模式改进为干清粪工艺，以减少粪污排放和冲洗用水量，并利用回收猪粪进行堆肥生产。由于工艺设计的缺陷和排放标准的提高，原废水处理设施无法实现废水的达标排放，须对其进行技术升级改造。根据企业的要求，升级改造工程须充分利用已有条件，并尽可能降低废水处理成本。从可持续发展的角度考虑，业主提出处理设施的最终出水，要力争实现对 TN 的控制，以保护水质优良的自然水体。受该生猪养殖企业委托，笔者课题组运用如第 3 章和第 4 章以及 6.1 节所述的有关填料床 A/O 处理技术的研究成果，对其原有废水处理设施进行技术升级改造方案设计（2018 年），摘录介绍如下[8]。

7.2.1　工程概况

7.2.1.1　原废水处理工程概况

1）废水处理设施

该养猪场原有废水处理工程的构筑物，均为地下设计（表 7-7）。配套设备与设施均位于地下构筑物上方的综合厂房中，主要包括罗茨鼓风机 4 台，污水泵 4 台，加药室及配套二氧化氯发生器 1 台。

表 7-7　养猪场废水处理站原有构筑物一览表

序号	名称	规格	数量	材料	备注
1	集水池	5000 mm×5000 mm×5900 mm	3	钢砼	地下结构
2	调节池	12000 mm×6000 mm×5900 mm	1	钢砼	地下结构
3	提升池	12000 mm×2000 mm×5900 mm	1	钢砼	地下结构
4	水解酸化池	12000 mm×4000 mm×5900 mm	1	钢砼	地下结构
5	接触氧化池	12000 mm×3500 mm×5900 mm	3	钢砼	地下结构
6	接触氧化池	12000 mm×3000 mm×5900 mm	1	钢砼	地下结构
7	斜管沉淀池	—	1	钢砼	地下结构
8	蓄水池	5000 mm×3750 mm×5900 mm	1	钢砼	地下结构
9	消毒池	5000 mm×2000 mm×5900 mm	1	钢砼	地下结构

2）工艺流程

原废水处理工程的工艺流程如图 7-2 所示。猪舍产生的粪水和少量生活污水，经场区管道进入第一集水池，然后经泵提升进入第二、三集水池。第三集水池的出水，自流进入废水处理站的调节池（可容纳养猪场一天的粪水排放量），进行水质水量的调蓄。调节池的出水，自流进入提升池，经泵提升进入水解酸化池。废水经水解酸化单元处理，自流进入接触氧化池，池中安装了弹性立体填料，池底设置有空气扩散系统。接触氧化池的出水，自流进入斜管沉淀池，上清液流入消毒池，经消毒后排放。

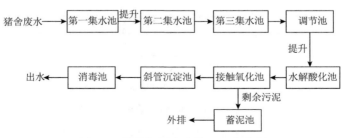

图 7-2　养猪场原废水处理工艺流程

7.2.1.2 升级改造目标

本升级改造工程的首要目标，是通过废水处理设施的技术升级，增强设施与设备运行的可靠性，有效处理养猪场产生的干清粪废水，并实现达标排放。改造工程，还应通过合理的工艺设计，使运行管理更为方便，尽可能地降低投资成本和运行成本，并减少污泥、温室气体、噪声等二次污染的产生。

水质水量监测结果表明，该养猪场产生的干清粪废水接近 350 m^3/d，其 COD、BOD_5、SS、NH_4^+-N、TN 和 TP 分别平均为 2500 mg/L、800 mg/L、1600 mg/L、550 mg/L、680 mg/L 和 30 mg/L。该养猪场的废水处理，在升级改造前执行的是《畜禽养殖业污染物排放标准》（GB 18596－2001）（表 7-8）。地方政府从保护水源地角度出发，加强了对有机物排放的管控。如表 7-8 所示，管控前的 COD、BOD_5 和 SS 的排放浓度限值分别为 400 mg/L、150 mg/L 和 200 mg/L，管控后分别为 100 mg/L、30 mg/L 和 30 mg/L，对于 NH_4^+-N 和 TP 仍然执行《畜禽养殖业污染物排放标准》。尽管未对废水处理工程升级后的 TN 排放做出具体要求，从保护水源地和企业可持续发展角度考虑，改造工程应力争实现对 TN 排放浓度的控制。

表 7-8　养猪场废水处理设施升级改造前后的排放水质要求

	BOD_5（mg/L）	COD（mg/L）	SS（mg/L）	NH_4^+-N（mg/L）	TP（mg/L）	粪大肠菌数（个/mL）	蛔虫卵（个/L）
改造前（最高值）	150	400	200	80	8.0	10000	2.0
改造后（最高值）	30	100	30	80	8.0	10000	2.0

7.2.1.3 升级改造工程的设计范围及设计依据

本升级改造工程的设计范围，从废水进入废水处理站的集水池开始，至处理后废水的消毒外排为止。主要包括废水处理设施的水处理工艺设计、污泥处理工艺设计、构筑物工程设计及设备选型，以及暖通设计、电气与自控设计等。升级改造工程的主要设计依据参见表 7-9。

表 7-9　养猪场废水处理工程升级改造方案设计的主要依据

	相关法规、规范与文件
1	《中华人民共和国水法》（2016）
2	《中华人民共和国水污染防治法》（2018）
3	《中华人民共和国固体废物污染环境防治法》（2016）
4	《室外排水设计规范》（GB 50014－2006）

相关法规、规范与文件	
5	《室外给水设计规范》（GB 50013－2006）
6	《城镇污水处理厂运行、维护及安全技术规程》（CJJ 60－2011）
7	《生物接触氧化法污水处理工程技术规范》（HJ 2009－2011）
8	《生物接触氧化法设计规程》（CECS 128：2001）
9	《水污染治理工程技术导则》（HJ 2015－2012）
10	《工业建筑供暖通风与空气调节设计规范》（GB 50019－2015）
11	《化工采暖通风与空气调节设计规范》（HG/T 20698－2009）
12	《工业企业噪声控制设计规范》（GB/T 50087－2013）
13	《地下工程防水技术规范》（GB 50108－2008）
14	该养猪场相关环境影响评价文件
15	同行业污水处理工程的设计及运行经验

7.2.2　原废水处理工程存在的主要问题及升级改造关键技术

7.2.2.1　原处理工程主要问题分析

在进行升级改造工程设计之前，实地勘察了原有废水处理设施的运行情况，并对原设计工艺流程（图 7-2）及工艺设计参数进行了系统分析，发现以下主要问题。

1）预处理措施不足

原废水处理设施，在水解酸化池之前建有一座容积约为 855 m³ 的调节池，废水储留时间长达 2.4 d，造成大量沉渣沉积，不仅减少了有效容积，还显著提高了废水的 COD 和 SS。废水由调节池进入后续生化处理（水解酸化和接触氧化）前，未采取其他有效的预处理措施。尽管比重较大的固体颗粒物可在调节池沉淀，但废水的 SS 浓度依然很高，不仅增加了后续生化处理单元的负荷，还造成了管道系统的堵塞。

2）生化处理单元设计存在缺陷

（1）在水冲粪的猪舍管理模式下，进入废水处理站调节池的废水 COD 高达 10000 mg/L 以上，即便采用干清粪工艺后，猪舍产生的废水 COD 仍有 2500 mg/L 左右。在原废水处理工艺中，废水经调节池均化水质后直接进入水解酸化池。由于水解酸化池的处理效能有限，废水的 COD 去除主要由后续的接触氧化处理单元承担。在较高的 COD 浓度和较高去除负荷要求下，接触氧化处理需要大量氧气（曝气）供给，较高的能耗提高了废水处理成本。

（2）在原有的工程设计中，生物接触氧化处理单元还须承担脱氮除磷功能。在猪舍管理模式改进为干清粪工艺后，废水的 COD/TN 平均为 3.68，在这一水质条件下，生物接触氧化处理单元的生物脱氮效能受到严重限制[9-11]。为使排水 NH_4^+-N 浓度满足《畜禽养殖业污染物排放标准》要求的限值 80 mg/L，只有采用更长的 HRT 将 NH_4^+-N 氧化为 NO_x^--N，进一步增加了处理成本[12]。此外，仅靠生物膜的老化脱落和排放，生物接触氧化处理单元的除磷效果也不佳。对已有设备进行再利用评估后发现，鼓风机的风压甚至达不到接触氧化池的有效水深，设备选型存在较大问题。

（3）原有废水处理工程，在生化处理之后选用了斜管沉淀池进行泥水分离（图 7-2）。然而，原有斜管沉淀池的设计及运行均存在明显问题，污泥上浮频发，严重影响了泥水分离效果和出水水质[13]。

3）辅助工艺欠缺

（1）养猪场所在地区，年平均气温仅 0.44℃，冰冻期长达半年，排入废水处理站的废水温度常处于 10℃以下。尽管原有工程将废水生化处理单元均设计为地下结构，但并未采取有效的废水升温和保温措施。在 10℃以下的水温条件下，微生物的生长代谢活性受到极大限制，导致水解酸化池和生物接触氧化池的处理效果始终不尽人意。

（2）原有废水处理工程，未对污泥处理处置进行相关设计，产生的剩余污泥直接丢弃，不符合相关环保规定。

7.2.2.2　工程升级改造关键技术分析

对养猪场废水处理技术研究与应用现状的调查结果表明，现有养猪场废水处理工艺采用的基本流程一般为"固液分离-调节池-厌氧-好氧-深度处理"[8]。常用生物处理技术，如 A/O、SBR 和周期循环活性污泥工艺（cyclic activated sludge system，CASS）等，均具有较好的 COD 去除效果，但对 NH_4^+-N 和 TN 的去除效率有限[14-16]。由于干清粪养猪场废水具有高 NH_4^+-N 和低 COD/TN 的特征，采用传统的硝化反硝化生物脱氮工艺，不仅能耗高，生物脱氮效率也很难保障。为提高废水生物处理系统的脱氮效能，在实际工程中，除了延长曝气时间以氧化大量 NH_4^+-N 外，也常采取外加有机碳源的方式为 NO_x^--N 的反硝化反应提供电子供体，进一步增加了废水处理成本[12, 17, 18]。因此，对于干清粪养猪场废水的处理，NH_4^+-N 和 TN 的经济高效去除是关键所在。

针对干清粪废水高 NH_4^+-N 和低 COD/TN 的特征，及其处理面临的生物脱氮难题，笔者课题组先后研发了枯木填料床 A/O 处理工艺（参见第 3 章）和 PVC 填料床 A/O 处理工艺（参见第 4 章），并对填料床 A/O 系统在常温下的运行特征与效能进行了研究（参见 6.1 节）。研究结果表明，无论是以枯木为填料还是以 PVC

为填料构建的填料床 A/O 系统，都能实现干清粪养猪场废水碳氮磷的同步高效去除，出水均能满足甚至优于《畜禽养殖业污染物排放标准》的要求。在所研发的填料床 A/O 系统中，干清粪废水的 COD 主要在系统前端的厌氧段去除，而在后端的好氧工艺段，实现了以 PN/A 为主要途径的生物脱氮，大幅降低曝气能耗的同时，实现了 NH_4^+-N 和 TN 的高效去除。本升级改造工程的技术方案，正是基于笔者课题组的这些最新研究成果而设计。

7.2.2.3　A/O 生物接触氧化处理养猪场废水的实验验证

为给技术改造提供更为可靠的工艺与设计参数，笔者课题组利用以 PVC 填料构建的 HAOBR 系统（图 4-1）对该养猪场干清粪废水进行了处理，以验证 A/O 生物接触氧化工艺的可靠性，并对其处理效能，尤其是生物脱氮效能进行评估。

1）实验方法

在验证实验中，待处理废水均取自已经完成干清粪工艺整改的猪舍废水检查井，其 COD 在 2213～2459 mg/L 之间。废水在进入 HAOBR 系统前，首先经过混凝预处理，使其 COD 和 NH_4^+-N 平均浓度分别为 1331 mg/L 和 542.4 mg/L，具体水质如表 7-10 所示。用于启动 HAOBR 系统的接种污泥，取自当地市政污水处理厂生化处理工艺段的污泥回流井，污泥接种量（以 MLSS 计）约为 4.2 g/L。

表 7-10　HAOBR 系统验证实验的废水水质

	COD（mg/L）	NH_4^+-N（mg/L）	NO_2^--N（mg/L）	NO_3^--N（mg/L）	TN（mg/L）
平均值	1331（±152）	532.2（±27.6）	0.1（±0.1）	2.7（±1.5）	639.8（±34.8）
最大值	1633	584.9	0.2	4.4	729.7
最小值	1100	484.6	未检出	0.1	571.9

HAOBR 系统在 HRT 36 h、回流比 200%和 25℃的工况下启动运行，共分两个阶段。为对接种污泥进行驯化，在 HAOBR 系统的第 1 运行阶段，将如表 7-10 所示的废水稀释 1 倍，直到处理效果达到相对稳定；在第 2 阶段的运行中，不再对废水进行稀释。

2）实验结果及分析

表 7-11 总结了 HAOBR 系统在第 2 运行阶段达到相对稳定运行后的处理效果。结果表明，在 HAOBR 系统中，位于系统前端的厌氧段是去除干清粪废水 COD 的主要功能单元，而位于系统后端的好氧段是 NH_4^+-N 和 TN 去除的主要功能单元。在 HRT 36 h、回流比 200%和 25℃的工况下，厌氧段和好氧段对 HAOBR 系统去

除 COD 的贡献率分别为 54.7% 和 45.3% 左右,对 NH_4^+-N 去除的贡献率分别为 6.8% 和 93.2% 左右,对 TN 去除贡献率分别为 14.3% 和 85.7% 左右。这一结果与第 3 章和第 4 章以及 6.1 节的研究结果一致,证明将前期研发的 HAOBR 技术用于本养猪场废水处理设施的技术升级改造是切实可靠的。

表 7-11　HAOBR 系统处理干清粪废水的效能

	项目	COD	NH_4^+-N	NO_2^--N	NO_3^--N	TN
HAOBR 系统	进水(mg/L)	1339±100	535.6±10.6	0.2±0.1	1.9±0.7	639.1±19.8
	出水(mg/L)	66±11	38.3±15.7	18.0±2.7	2.2±1.3	70.6±19.4
	削减量(g/d)	20.6±1.1	7.8±0.3	−0.3±0.0	0.0	9.1±0.4
厌氧段	进水(mg/L)	492±25	204.6±12.2	12.3±1.8	2.1±1.0	260.8±15.2
	出水(mg/L)	260±45	193.7±13.7	0.2±0.1	2.0±0.3	234.0±17.4
	削减量(g/d)	10.5±2.2	0.4±0.3	0.6±0.1	0.0	1.3±0.5
好氧段	进水(mg/L)	260±45	193.7±13.7	0.2±0.1	2.0±0.3	234.0±17.4
	出水(mg/L)	68±10	39.3±15.8	18.4±2.5	2.0±1.0	71.6±19.4
	削减量(g/d)	9.2±1.8	7.4±0.3	-0.9±0.1	0.0	7.8±0.7

7.2.3　升级改造工程的工艺比选

7.2.3.1　预处理工艺

对于预处理工艺的选择,重点考虑了以下几点:①在干清粪的猪舍管理模式下,猪舍的废水排放是间歇的。受生猪养殖周期和季节更迭的影响,养猪场排放的废水水质亦呈现周期性变化。为保证废水处理系统的连续稳定运行,必须设置调节池,对废水水量进行调节并均化水质。②虽然该养猪场的猪舍采用了人工清粪,但猪舍冲洗所产生的废水,仍然会含有较多的粪污和饲料残渣等。一些比重较大的颗粒物,容易通过沉淀去除,但比重与水接近的颗粒物,很难通过普通的重力沉淀去除。因此,在预处理工艺中,应关注 TS 的强化去除。③粪污及尿液是干清粪废水 TP 的主要来源。该养猪场废水的 TP 高达 30 mg/L 左右,而填料床生物处理系统的 TP 去除效能有限。因此,在废水生化处理之前,还应考虑前置除磷问题。

在养猪场废水预处理工艺中,应用较多的技术有沉砂池、初沉池、调节池、格栅(筛网)、固液分离机和气浮等[17-20]。综合考虑以上因素,本技术方案拟定了"调节池+固液分离+混凝气浮"的预处理工艺。其中,调节池用于均化水质水量,并在生物处理单元发生事故或检修时存储一部分水量;固液分离单元,利用固液分离机的机械压滤实现固液分离；混凝气浮单元，采用加药的方法实现前置除磷，并进一步去除废水中的 SS。为避免给后续生化处理系统造成冲击，在预处理系统末端设置缓冲池。

7.2.3.2 生化处理工艺

如 7.2.2.2 节所述，对于养猪场干清粪废水的处理，COD 去除不是难点，经济高效的 NH_4^+-N 去除和生物脱氮才是关键技术问题，而 PN/A 被认为是目前最为经济高效的 NH_4^+-N 和 TN 同步去除途径[21, 22]。在废水生物处理系统中，COD 的去除主要是通过化能异养微生物的呼吸和发酵作用实现的，而它们的旺盛生长和代谢，会对生长缓慢的 AOB 和 AnAOB 等自养菌群产生显著抑制[23-26]。因此，在废水生物处理系统中，如何协调化能异养菌群与生物脱氮功能菌群的生长代谢，以实现碳氮同步高效去除的目的，一直是废水处理工程实践面临的技术难题。

针对干清粪养猪场废水高 NH_4^+-N 和低 COD/TN 的特征，及其处理面临的生物脱氮难题，笔者课题组成功研发出了填料床 A/O 处理工艺（参见第 3 章和第 4 章），并在常温下实现了碳氮磷的高效同步去除（参见 6.1 节）。填料床 A/O 系统处理干清粪废水的实验验证结果（参见 7.2.2.3 节）表明，在 HRT 36 h、回流比 200% 和 25℃ 的工况下，采用填料床 A/O 系统处理该养猪场干清粪废水，可以实现 COD、NH_4^+-N 和 TN 的高效同步去除，出水浓度（表 7-11）完全满足企业对排放水质的要求（表 7-8）。因此，在该养猪场废水处理设施升级改造工程中，优先选择了 HAOBR 系统作为生化处理系统的核心技术。

对养猪场原有废水处理构筑物的分析表明，采用本方案设计的工艺流程（参见 7.2.4.1 节）对原有水解酸化池和接触化氧化池进行改造后，仍有较大的容量冗余。在此情况下，本设计方案在 A/O 生物接触氧化池前保留了部分水解酸化池。这一设计，在不增加土建工程的条件下，至少可从两个方面保障后续处理单元及整体系统的运行稳定性和处理效能。一是进一步稳定 A/O 生物接触氧化的进水水质，可在很大程度上避免水质波动过大对处理效能造成的影响；二是进一步提高废水的可生化性，提高 A/O 生物接触氧化系统厌氧工艺段的 COD 去除率，有利于 AOB 和 AnAOB 等自养生物脱氮功能菌群在好氧工艺段的富集培养，进而建立以 PN/A 为主要途径的生物脱氮机制。

综上所述，本设计方案，最终确定以"水解酸化+A/O 生物接触氧化"作为干清粪废水处理的生化处理工艺。

7.2.3.3 泥水分离工艺

在废水处理工程中，用于泥水分离的沉淀池，以平流式沉淀池、辐流式沉淀池和竖流式沉淀池更为常见[27]。平流式沉淀池和辐流式沉淀池一般用于大中型污水处理工程中，而竖流式沉淀池在小型水处理工程中应用较多。竖流式沉淀池虽然具有施工难度较大、造价较其他种类沉淀池高的不足，但其沉淀效果好，悬浮物去除效率高[28]。对于本升级改造工程，废水处理量为 350 m³/d，规模较小，但废水 SS 高，对出水 SS 要求也较高（表 7-8），选用竖流式沉淀池对生化处理系统流出的泥水混合液进行泥水分离比较适宜。

7.2.3.4　消毒工艺

经过预处理、生化处理和泥水分离之后，干清粪废水的 COD、BOD$_5$、NH$_4^+$-N 和 TP 等指标应已达到排放要求（表 7-8），但在排放前，还须进行消毒处理，以去除废水中的病原微生物。鉴于原废水处理工程已配置了一台二氧化氯发生器，且工作状态良好，从充分利用已有设备的角度考虑，本方案确定以二氧化氯消毒技术对排放前废水进行消毒处理。

7.2.3.5　污泥处理处置工艺

在本升级改造工程中，废水处理过程产生的污泥，主要有三个来源。一是在固液分离单元产生的废渣，二是混凝气浮工艺单元产生的浮渣，三是沉淀池排出的剩余污泥。为处理处置猪舍产生的大量粪便，该养猪场已建成一座配套的好氧堆肥厂。相对于养猪场的粪便产量，废水处理站产生的污泥较少，且以有机质为主要成分，适宜堆肥处理。因此，本技术方案不再单独设置污泥最终处理处置单元，而是将固液分离单元产生的废渣，以及浓缩和脱水处理后的污泥送至堆肥车间进行混合堆肥。

7.2.4　工艺流程设计及处理效果预测

7.2.4.1　工艺流程设计

通过原废水处理工程存在的主要问题及升级改造关键技术分析与研究（参见 7.2.2 节），基于升级改造工程的工艺比选（参见 7.2.3 节），本方案确定了"集水池-固液分离-曝气调节池-混凝气浮-缓冲池-水解酸化-A/O 生物接触氧化-沉淀-接触消毒"的干清粪废水综合处理工艺，总体工艺流程如图 7-3 所示，说明如下。

养猪场猪舍排出的废水，经场区管道收集进入集水池，密度较大的沙砾等在此处沉淀，以免对后续处理设备造成损伤。集水池中的废水，经过提升进入固液分离机，以去除废水中残留的粪便、饲料、毛发等体积较大的固体颗粒物。固液分离机，根据来水情况间歇运行，出水进入调节池，蓄水量为 350 m³，以保证后续处理设施的连续流运行。调节池中的废水，经提升进入混凝气浮设备，分别以聚合氯化铝（polyaluminium chloride，PAC）和聚丙烯酰胺（polyscrylamide，PAM）

为混凝剂和助凝剂，实现前置除磷，并强化 SS 的去除。混凝气浮出水进入缓冲池，避免给后续生化处理系统造成冲击。

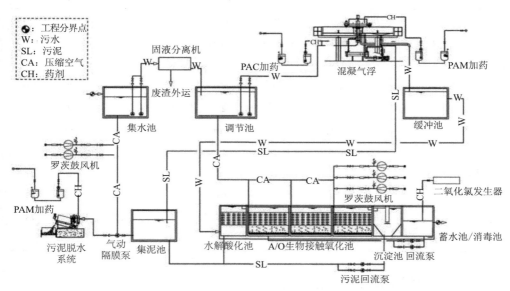

图 7-3　升级改造工程的废水处理工艺流程

缓冲池出水流入水解酸化池，降解大分子有机物，提升废水的可生化性，并将有机氮转化为 NH_4^+-N。水解酸化池的出水，进入 A/O 生物接触氧化池。A/O 生物接触氧化池的厌氧单元，以去除 COD 为主要功能，而好氧单元则以 NH_4^+-N 氧化和生物脱氮为主要功能。A/O 接触氧化池的出水在竖流式沉淀池中实现泥水分离，沉淀污泥排入储泥池，上清液进入蓄水池。蓄水池中设废水回流泵，将废水回流至 A/O 接触氧化池首端的厌氧段，以实现 NO_x^--N 的反硝化脱氮。在缓冲池、水解酸化池和 A/O 生物接触氧化池的底部布设换热盘管，通过地源热泵系统对生物反应池进行加热保温，以保证生物处理所需温度（25℃）。

蓄水池出水进入消毒池，利用二氧化氯和氯气混合物对废水进行接触消毒，最后排放。由混凝气浮处理单元产生浮渣和沉淀池收集的剩余污泥，集中收集于集泥池，经叠螺脱水机浓缩和脱水后，与固液分离处理单元产生废渣一起送至粪便堆肥车间进行无害化处理，滤液排入集水池。

7.2.4.2　污染物去除率预测

根据原废水处理设施的运行效果记录和以往工程经验，以及实验验证结果（参见 7.2.2.3 节），对如图 7-3 所示的主要工艺单元的污染物去除率进行了评估和预测，结果如表 7-12 所示。

表 7-12　升级改造工程各工艺单元的污染物去除率预测

工艺单元		COD	BOD$_5$	SS	NH$_4^+$-N	TN	TP
集水池	出水（mg/L）	2500	800	1600	550	30	680
固液分离	出水（mg/L）	2500	800	320	550	30	680
	去除率（%）	—	—	80			
混凝气浮	出水（mg/L）	1500	600	32	523	9	646
	去除率（%）	40	25	90	5	70	5
水解酸化	出水（mg/L）	1200	510		523		614
	去除率（%）	20	15				5
A/O 接触氧化	出水（mg/L）	60	26		42	6	74
	去除率（%）	95	95		92	40	88
沉淀池	出水（mg/L）	60	26	20	53	6	78
	去除率（%）		—	30			

7.2.5　升级改造工程的工艺设计

7.2.5.1　预处理工艺

本设计方案的预处理工艺，主要包括集水池、固液分离系统、曝气调节池、混凝气浮系统和缓冲池（图 7-3）。

1）集水池

集水池 1 座，地下钢砼结构，由原第一集水池（表 7-7）改建，$L×B×H$=5000 mm×5000 mm×5900 mm。以地面为±0.000 mm，有效高程为–5900～–900 mm，有效容积 125 m^3。池底布设穿孔管，由罗茨鼓风机鼓入空气，搅拌和均化水质。

主要配套：①废水提升泵 2 台，均为常用设备，型号 65-WQ30-10-2.2，流量 30 m^3/h，扬程 10 m，功率 2.2 kW，每天运行时间平均 8 h；②电磁流量计 1 台，用于集水池提升泵出水管，设备参数：DN65、Q_{max}=50 m^3/h；③智能型超声波液位计 1 台，用于监测集水池水位，监测范围 0～15 m，并反馈至可编程逻辑控制器（programmable logic controller，PLC），控制提升泵的启闭；④池底布设的穿孔管，ABS 材质，ϕ63 mm，由罗茨鼓风机曝气，空气流量为 1.25 m^3/min；⑤BC5003 型罗茨鼓风机（Ⅰ）2 台，1 用 1 备，向集水池穿孔管通入空气，同时为集泥池配套的气动隔膜泵提供动力，流量 2.76 m^3/min，风压 7.0 m 水柱，功率 6.5 kW。

2）固液分离系统

新增 XGF-2000 型斜筛式固液分离机 1 台，主要包括振动分离系统、送料挤压系统和自动清洗系统，总功率 7.5 kW，处理能力 50～60 m^3/h，每天工作平均 8 h。

3）曝气调节池

曝气调节池 1 座，地下钢砼结构，由原调节池（表 7-7）改建，$L×B×H=$ 12000 mm×6000 mm×5900 mm，以地面为±0.000 mm，有效高程为−5900～−900 mm，有效容积 360 m³，HRT 24.7 h。池底布设穿孔管，由罗茨鼓风机（Ⅰ）鼓入空气，搅拌和均化水质。

主要配套：①废水提升泵 2 台，1 用 1 备，24 h 运行；型号 50-WQ15-12-1.1，流量 15 m³/h，扬程 12 m，功率 1.1 kW；②智能型超声波液位计 1 台，用于监测水位，监测范围 0～15 m，并反馈至 PLC 控制系统，控制提升泵的启闭；③池底穿孔管，ABS 材质，ϕ63 mm，空气流量 3.6 m³/min。

4）混凝气浮设备

CQF15 高效纳米浅层气浮机 1 台，主要包括驱动电机、刮渣机、溶气水泵和空压机，总功率 3.4 kW，最大处理流量 15 m³/h，24 h 运行。

主要配套：QJY-500 型全自动加药装置 2 套，用于 PAC 和 PAM 的投加，最大出液量 500 L/h，干粉投加量 0～30 kg/h。

5）缓冲池

设置缓冲池 1 座，地下钢砼结构，由原第二集水池（表 7-7）改建，$L×B×H=$ 5000 mm×5000 mm×5900 mm，以地面为±0.000 mm，有效高程为−5900～−400 mm，有效容积 138 m³，HRT 9.5 h。

主要配套：池底安装换热盘管，用于水体加热与保温，水温控制在 25℃左右。

7.2.5.2　生化处理工艺

本设计方案的生化处理工艺，主要包括水解酸化池、A/O 生物接触氧化池、竖流式沉淀池和蓄水池（图 7-3）。

1）水解酸化池

水解酸化池 1 座，地下钢砼结构，由原提升池（表 7-7）改建，$L×B×H=$ 12000 mm×2000 mm×5900 mm，池底设置排泥口。以地面为±0.000 mm，有效高程为−5900～−500 mm，有效容积 129.6 m³，HRT 8.9 h。

主要配套：池底安装换热盘管，用于水体加热与保温，水温控制在 25℃左右。

2）A/O 生物接触氧化系统

本设计方案的 A/O 生物接触氧化系统，地下钢砼结构，由原接触氧化池（表 7-7）改建。原接触氧化池有 3 个，单池尺寸为（$L×B×H$）12000 mm×3500 mm×5900 mm，总容积为 743.4 m³，满足 HRT 36 h 的设计要求。改建后的接触氧化系统，由 9 个单元格室构成，单元格室做 0.5 m 超高设计，有效容积约为 71.82 m³。其中，前 8 个格室改造为 A/O 生物接触氧化系统，第 9 个格室设置为过水廊道。在 A/O 生物接触氧化系统的 8 个格室中，1～3 格室的有效高程为−5900～−700 mm，第 4～6 格室的为–5900～–800 mm，第 7～8 个格室的为–5900～–900 mm，总 HRT 为 37.3 h；每个单元格室均设置有填料床，底部均设置排泥口；填料床高程为–4650～–1650 mm，填充体积为 320 m³，由 ϕ12 cm 的组合悬浮球构成，悬浮球内装有方形聚氨酯填料；每个单元格室底部均安装空气扩散装置，其中前 4 个单元格室以厌氧模式运行，必要时可利用空气扩散装置进行搅拌；后 4 个单元格室采用好氧方式运行，DO 控制在 2～3 mg/L。

主要配套：①罗茨鼓风机（Ⅱ）3 台，2 用 1 备，型号为 BC5006，单台风量 9.24 m³/min，压力 0.6 kgf/cm²，转数 1750 r/min，功率 15 kW；②采用微孔膜片曝气器作为空气扩散器，单个曝气器的尺寸为 ϕ215 mm，服务面积取 0.25 m²/个；每个格室按照 7×7 的阵列安装微孔膜片曝气器 49 个，共计 392 个；③在厌氧池底安装换热盘管，用于水体加热与保温，水温控制在 25℃左右。

3）泥水分离工艺

设置竖流式沉淀池 1 座，地下钢砼结构，在原斜板沉淀池位置新建。设计表面负荷 1.0 m³/（m²·h），$L×B×H$=3800 mm×3800 mm×4000 mm，沉淀时间 3.9 h。

主要配套：①污泥回流泵 2 台，1 用 1 备，型号 50-WL15-12-1.1，流量 15 m³/h，扬程 12 m，功率 1.1 kW。②电磁流量计 1 台，用于污泥回流泵出水管，设备参数：DN80，Q_{max}=30 m³/h；③三角堰集水槽 1 套，304 不锈钢材质；④沉淀池中心管为 DN500、304 不锈钢材质。

4）蓄水池

蓄水池 1 座，地下钢砼结构，由原蓄水池（表 7-7）改建，$L×B×H$=5000 mm×3750 mm×5900 mm，以地面为±0.000 mm，有效高程为–5900～–2100 mm，有效容积为 72 m³。

主要配套：①出水回流泵 2 台，1 用 1 备，型号 65-WL30-15-3，流量 30 m³/h，扬程 15 m，功率 3 kW；②智能型超声波液位计 1 台，用于监测蓄水池水位，监测范围 0～15 m，并反馈至 PLC 控制系统，控制回流泵的启闭；③电磁流量计 1 台，用于蓄水池回流泵出水管，设备参数：DN80，Q_{max} = 50 m³/h。

7.2.5.3　消毒工艺

设置消毒池 1 座，地下钢砼结构，由原消毒池（表 7-7）改建，$L×B×H$=5000 mm×2000 mm×5900 mm，有效高程为–3900～–2700 mm。原有普利斯 XY-300 型二氧化氯发生器 1 台，以氯酸钠和盐酸为原料，生成二氧化氯和氯气混合溶液，有效氯产量 300 g/h，配电功率 1.0 kW。

7.2.5.4　污泥处理系统

设置污泥集泥池 1 座，地下钢砼结构，由原第三集水池（表 7-7）改建，$L×B×H$=

5000 mm×5000 mm×5900 mm，以地面为±0.000 mm，有效高程为–5900～–900 mm，有效容积为 125 m³。

主要配套：①PJDL-251 型叠螺脱水机 1 台，处理量 20～40 kg/h，功率 1.0 kW；②叠螺脱水机配套污泥输送机 1 台，功率 3 kW；③QJY-500 型全自动加药装置 1 套，用以投加 PAM，强化脱水效果，最大出液量 500 L/h，干粉投加量 0～30 kg/h；④QYB-40 型气动隔膜泵 1 台，将蓄泥池中的污泥提升至叠螺脱水机，最大流量 8 m³/h，最大吸程 7 m，最大空气消耗量 0.6 m³/min，由罗茨鼓风机（Ⅰ）提供动力；⑤定制活动式污泥储存箱 1 个，暂时存放处理后的污泥，材质为 304 不锈钢。

7.2.5.5　工艺设备一览表

升级改造工程废水处理配套设备如表 7-13 所示。

表 7-13　升级改造工程工艺设备一览表

序号	名称	规格型号	数量	备注
1	集水池提升泵	65-WQ30-10-2.2	2 台	
2	调节池提升泵	50-WQ15-12-1.1	2 台	1 用 1 备
3	硝化液回流泵	65-WL30-15-3	2 台	1 用 1 备
4	污泥回流泵	50-WL15-12-1.1	2 台	1 用 1 备
5	电磁流量计	DN65，Q_{max}=50 m³/h	1 台	
		DN80，Q_{max}=30 m³/h	1 台	
		DN65，Q_{max}=50 m³/h	1 台	
6	超声波液位计	智能型（0～15 m）	3 台	
7	全自动加药装置	QJY-500	3 套	
8	固液分离机	XGF-2000	1 套	
9	高效浅层气浮设备	CQF15	1 套	
10	罗茨鼓风机（Ⅰ）	BC5003	2 台	1 用 1 备
11	罗茨鼓风机（Ⅱ）	BC5006	3 台	2 用 1 备
12	风量计	DN100，Q_{max}=10 m³/min	2 台	
13	三角堰集水槽	SS304	2 套	
14	膜片微孔曝气器	ϕ215 mm	392 套	
15	DO 在线监测仪		3 套	
16	叠螺脱水机	PJDL-251	1 套	

序号	名称	规格型号	数量	备注
17	污泥输送机	$N=3$ kW	1 台	与脱水机配套
18	污泥储存箱	定制	1 个	
19	气动隔膜泵	QBY-40	1 台	
20	二氧化氯发生器	普利斯 XY-300	1 台	原有设备
21	配电柜	定制		

7.2.6 暖通与电气自控设计

7.2.6.1 暖通

1）通风

本升级改造工程的废水处理构筑物，均为地下钢砼结构，配套设备和设施则设置在地下构筑物上方的厂房内（参见 7.2.5 节）。混凝气浮加药设备、污泥脱水加药设备以及消毒室均有可能存在有毒有害气体，车间内安装机械通风设备，每小时换气 6～12 次。包括水解酸化池和 A/O 生物接触氧化池在内的废水生化处理单元，可能会产生少量沼气，但不具有回收价值。本方案对水解酸化池和厌氧处理单元进行密封设计，安装排气管道，高空排放。

2）供暖

养猪场地处黑龙江省北部山地林区，猪舍冲洗均采用地下水。即便在夏季，猪舍排放进入废水处理站的废水温度也不会高于 10℃。为保障废水生物处理系统的效能，必须对废水进行加温，将水温提升并保持在 25℃左右。鉴于养猪场所在地禁止使用燃煤锅炉的规定，在笔者课题组建议下，该生猪养殖企业购置并安装了地源热泵系统，为企业办公用房、废水处理车间和猪舍供暖，并满足废水处理站对废水加热和保温的需求。本方案在废水处理系统的缓冲池、水解酸化池和厌氧生物接触氧化池底部，设置了换热盘管，通过地源热泵系统为废水加热保温（25℃）。

7.2.6.2 电气及自控

本方案的电气与自控设计，主要包括废水处理工程耗电设备的配电设计、相关工艺参数的在线监测与自动化控制，以及设备运行状态监测与自动化控制。电源为 380/220 V 低压电源，由养猪场提供，设计用电负荷为二级。此外，养猪场备有发电机组，作为电网供电异常时的备用电源。水处理车间，采用白炽灯照明，对所有用电设备进行接地处理。根据用电设备参数，本工程耗电设备总容量 96.7 kW，工作容量 70.0 kW，用电负荷计算详见表 7-14。

表 7-14　升级改造工程用电负荷一览表

序号	设备名称	设备功率（kW）	数量（台）	其中备用（台）	备注
1	集水池提升泵	2.2	2	0	
2	调节池提升泵	1.1	2	1	
3	污泥回流泵	1.1	2	1	
4	硝化液回流泵	3.0	2	1	
5	固液分离机	7.5	1	0	包括配套所有设备
6	混凝气浮设备	3.4	1	0	包括配套所有设备
7	全自动加药装置	1.0	3	0	
8	罗茨鼓风机 I	6.5	2	1	调节池配套
9	罗茨鼓风机 II	15.0	3	1	A/O 配套
10	叠螺脱水机	1.0	1	0	包括配套所有设备
11	污泥输送机	3.0	1	0	
12	二氧化氯发生器	1.0	1	0	
13	其他合计	5.0			
14	总容量	96.7			
15	工作容量	70.0			

　　本方案采用 PLC 及相关检测仪表进行自动化控制管理，相关控制主要包括流量和水位。在集水池、调节池和蓄水池安装超声波液位仪，对水位进行实时监测，现场仪表显示数据传至 PLC 控制系统，根据设定的水位控制泵的运行状态。在集水池提升泵、调节池提升泵和出水回流泵的出水管上安装电磁流量计，现场仪表显示数据传至 PLC 控制系统，当数据超出正常值时，系统发出警示。所有耗电设备的运行状态，均可被实时监测，当设备异常断电时，会自动调整备用设备进入运行状态并发出警报，所有设备均设有现场开关和集中控制。

7.2.7　工程投资估算

　　本工程的投资费用主要由工程直接费和间接费两部分组成。工程直接费（一类费用）包括土建工程直接费和安装工程直接费。其中，土建工程直接费为新建、改建构筑物费用，安装工程直接费为相关设备购置所产生的费用，工程间接费（二类费用）包括工程设计费、调试费和设备安装费等。

7.2.7.1 工程直接费用

1）土建工程投资

本升级改造工程的土建工程，主要包括集水池、曝气调节池、缓冲池、水解酸化池、A/O 生物接触氧化池、消毒池、蓄水池和集泥池（图 7-3）的改建，以及沉淀池、药库、配电和控制间的新建。经计算和统计，本升级改造工程的土建工程直接费用共计 28.5 万元。

2）设备及材料购置

经过对原有设备参数的核定以及运行状态的评估，仅有二氧化氯发生器尚可继续使用，其余设备（表 7-13）均需重新购置。经统计，安装工程直接费用共计 94.6 万元。

7.2.7.2 工程间接费用及总投资

工程总投资包含工程直接费和间接费两部分，其中的直接费用如 7.2.7.1 节所述。依据相关设计规范和要求（表 7-9），本升级改造工程的间接费用为 15.9 万元，工程总投资为 139.0 万元。计费方法及计算结果参见表 7-15。

表 7-15　升级改造工程的间接费及总投资

项目编号	项目	计费方法	费用（万元）
①	土建工程直接费		28.5
②	安装工程直接费		94.6
③	工程设计、调试费	（①+②）×5%	6.2
④	安装费	②×8%	7.6
⑤	综合税金	（①+③+④）×5%	2.1
⑥	工程间接费	③+④+⑤	15.9
⑦	工程总投资	①+②+⑥	139.0

7.2.8　运行费用估算与效益分析

7.2.8.1 运行费用估算

对于废水处理设施的运行费用估算，可分为废水处理直接费和废水处理综合费。其中，废水处理直接费是直接用于水处理的费用，包括动力电耗、药剂消耗、人工成本和每年的检修费用，废水处理综合费是废水处理直接费与处理设施折旧费之和。

1）动力电耗费用

经过对耗电设备（表 7-13）的统计，升级改造后的废水处理设施，耗电总量为 1370（kW·h）/d。以当时农业用电价格 0.45 元/（kW·h）计，升级改造后的废水处理设施，其每天电费为 1370（kW·h）/d×0.45 元/（kW·h）=616.5 元/d，折合吨水费用为 1.76 元/m³。

2）药剂消耗费用

本废水处理工程在运行过程中消耗的药品，主要有 PAC、PAM（阳离子型）、氯酸钠和盐酸。经实验确定，混凝气浮阶段，PAC 的吨水用量为 0.2 kg/m³，每天消耗量为 70 kg/d；PAC 的吨水用量为 0.02 kg/m³，每天消耗量为 7 kg/d。PAC 和 PAM 的价格分别以 2400 元/t 和 10000 元/t 计，则混凝气浮工艺段的药剂消耗费用为 238 元/d。污泥脱水的 PAM 用量按 100 g/m³ 污泥（含水率 99%）计算，则污泥脱水的 PAM 消耗费用为 127.5 元/d。二氧化氯发生器每产生 1 g 有效氯须消耗 0.65 g 氯化钠和 1.3 g 盐酸，氯酸钠和盐酸的价格分别按 700 元/t 和 2000 元/t 计算，消毒药品消耗费用为 16.0 元/d。废水处理站每日自来水用量为 5 t/d，水费按 2.5 元/t 计算，费用为 7.5 元/d。综合上述各项，升级改造后的废水处理设施，因药剂投加而产生的费用，折合吨水成本为 1.11 元/m³。

3）人工成本

改建后的废水处理设施，须配备 2 名专职人员进行运行管理，其他人员由养猪场管理人员兼任。新增专职人员的工资福利等以每人 3500 元/月计，折合吨水费用为 0.67 元/m³。

4）检修维护费用

改建后的废水处理设施，每年的检修维护费用按工程直接费的 1% 计算，每年须 12310 元，折合吨水费用为 0.10 元/m³。

5）折旧费

废水处理设施的折旧年限以平均 20 年计，折合吨水费用为 0.48 元/m³。

6）养猪场废水处理直接费与综合费

本养猪废水处理工程的水处理直接费用为 3.64 元/m³，综合费用为 4.12 元/m³。

7.2.8.2　效益分析

1）直接经济效益

2018 年 1 月 1 日起开始实施的《中华人民共和国环境保护税法》及《中华人民共和国环境保护税法实施条例》规定，对排污单位要依法征收环境保护税。该养猪场未对污染物进行有效处理处置之前，应缴纳相应数额的环保税。现根据相关规定对该养猪场应缴环境保护税进行计算，税额按最低的 1.4 元/当量计时，每年应缴费用为 94.9 万元。升级改造工程实施并正常运行后，排放废水水质完全达标，环境保护税得以免除。而升级改造工程的年运营管理费用，以废水处理综合费用计时为 52.6 万元，可为企业减少约 42.3 万元/年的经济负担。

2）环境效益

经计算，升级改造工程实施并达到正常运行后，每年可减排 COD 306.6 t、NH_4^+-N 60.0 t、TP 2.8 t 和 SS 200.6 t，对受纳水体和区域环境起到了很好的保护作用，具有良好的环境效益。此外，技术的先进性、污染物去除的高效性和经济性，使该养猪场废水处理设施的升级改造具有很好的工程示范作用，新技术的推广应用，将产生更为广泛的经济效益、环境效益和社会效益。

7.3 某养猪场干清粪废水处理工程技术方案

中原某养猪场，由于养殖规模的扩大以及猪舍清粪工艺的改变，须新建配套废水处理设施一套。规模扩大后的养猪场，生猪存栏量 1.0 万～1.5 万头，所有猪舍均采用干清粪工艺进行管理。对于新建废水处理设施的出水，须满足国家《畜禽养殖业污染物排放标准》（GB 18596－2001）的要求。受企业委托并根据企业对新建废水处理设施的要求，笔者课题组应用如 6.5 节所述的有关好氧-微氧两级 SBR 技术的最新研究成果，针对该养猪场废水处理开展工程技术方案设计（2021年），摘录介绍如下[29]。

7.3.1 设计的水量水质及范围

7.3.1.1 设计的水量和水质

依据《畜禽养殖业污染物排放标准》（GB 18596－2001）中的"集约化畜禽养殖业干清粪工艺最高允许排水量"计算，该养猪场猪舍排放废水为 270 m^3/d，设计流量为 11.25 m^3/h。基于该养猪场废水水质实测结果，设计进水和出水水质如表 7-16 所示。设计出水水质执行《畜禽养殖业污染物排放标准》中集约化畜禽养殖业水污染物最高允许日均排放浓度（表 7-16）。考虑到更加严格的地方废水排放标准以及企业的持续稳定发展，本设计力求实现优于《畜禽养殖业污染物排放标准》的出水水质。

表 7-16 养猪场干清粪废水处理工程设计的进水和出水水质

	COD（mg/L）	BOD$_5$（mg/L）	SS（mg/L）	NH_4^+-N（mg/L）	TP（mg/L）	粪大肠菌群数（个/100 mL）	蛔虫卵（个/L）	pH
进水	1600	800	2400	550	30	144000	—	6.0～9.0
出水	400	150	200	80	8	1000	2.0	—

7.3.1.2　设计依据与设计范围

1）设计依据

本方案设计的主要依据参见表 7-17。

表 7-17　养猪场干清粪废水处理工程技术方案设计的主要依据

	相关法规、规范与文件
1	《中华人民共和国环境保护法》（2015）
2	《中华人民共和国水污染防治法》（2018）
3	《建设项目环境保护管理条例》（2017）
4	《室外排水设计规范》（GB 50014－2021）
5	《室外给水设计规范》（GB 50013－2018）
6	《城镇污水处理厂运行、维护及安全技术规程》（CJJ 60－2011）
7	《畜禽养殖业污染物排放标准》（GB 18596－2001）
8	《畜禽养殖业污染治理工程技术规范》（HJ 497－2009）
9	《畜禽养殖业污染防治技术规范》（HJ/T 81－2001）
10	《水污染治理工程技术导则》（HJ 2015－2012）
11	《工业建筑供暖通风与空气调节设计规范》（GB 50019－2015）
12	《化工采暖通风与空气调节设计规范》（HG/T 20698－2009）
13	《工业企业噪声控制设计规范》（GB/T 50087－2013）
14	《畜禽粪便无害化处理技术规范》（NY/T 1168－2006）

2）设计范围

本方案的设计范围从收集原厌氧消化池废水开始，至废水经过消毒达标排放为止。主要包括废水处理设施的工艺设计、污泥处理设施的工艺设计、构筑物工程设计、设备选型、电气与自控设计等。

7.3.2　工艺流程设计及说明

7.3.2.1　工艺流程

针对该养猪场干清粪废水的水质以及排放水质要求（表 7-16），本方案设计的废水处理设施的总体工艺流程如图 7-4 所示。养猪场干清粪废水，经管道或明沟流入集水池，而后流入调节池均衡水质水量；均质后的废水提升至好氧 SBR，出水经中间水池进入微氧 SBR；微氧 SBR 的出水，进入混凝沉淀池，沉淀池上清液经消毒后达标排放。由两级 SBR 排放的剩余污泥和沉淀池产生的泥渣，排入储泥池，浓缩后压滤脱水。

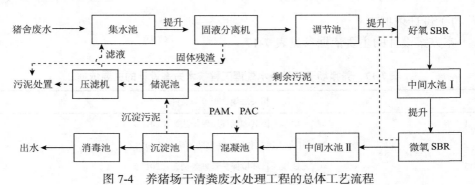

图 7-4 养猪场干清粪废水处理工程的总体工艺流程

7.3.2.2 工艺说明

养猪场猪舍排出的干清粪废水，由管道收集并进入集水池，并通过沉淀作用去除密度较大的砂砾等，以免对后续处理设备造成损伤。集水池中的废水，经过提升进入固液分离机，去除废水中尺寸较大的粪便、毛发、饲料残渣等固体颗粒物，以保障后续管道系统及各处理单元的水流畅通。固液分离后的废水流入调节池，蓄水量为养猪场猪舍一天的总排水量（270 m³），在后续处理单元进行必要的检修维护时，还可起到废水暂存作用。

调节池的出水，经提升进入好氧 SBR 池，利用化能异养菌群的好氧呼吸作用，去除废水中的大部分 COD，并控制 NH_4^+-N 不会发生过度氧化，使出水 COD/TN 维持在一个比较稳定且较低的范围，为在二级微氧 SBR 中富集培养 AOB 和 AnAOB 等生物脱氮功能菌群创造有利条件。由于好氧 SBR 和微氧 SBR 在运行周期及处理时间上均存在差异，在两者之间设置中间水池 I 用于蓄存和调节水量，保障一级和二级 SBR 的协调运行。一级好氧 SBR 的出水，以重力流进入中间水池 I，再由水泵输送进入二级微氧 SBR，通过 AOB 和 AnAOB 等生物脱氮功能菌群富集，建立 PN/A 生物脱氮途径，以有效去除 NH_4^+-N 和 TN。微氧 SBR 的出水，以重力流进入中间水池 II 进行水量调蓄，以保障后续处理单元的连续进水。

混凝池和沉淀池以连续流模式运行，并通过投加 PAM 和 PAC 的方式，强化去除废水中的 TP 和 SS。沉淀池出水流入消毒池，利用次氯酸钠对出水进行消毒处理，保障排放废水的卫生细菌学指标满足《畜禽养殖业污染物排放标准》。

由两级 SBR 排放的剩余污泥和沉淀池产生的泥渣，集中收集于储泥池，经厢式压滤机脱水后外运处置，滤液排入集水池。

7.3.3　工艺设计及效果预测

7.3.3.1　工艺设计

1）集水池

集水池 1 座，半地下钢砼结构，$L×B×H$=4200 mm×4200 mm×4500 mm，有效容积 70 m³，HRT 6.2 h。

主要配套：①废水提升泵 2 台，1 用 1 备，型号 50-WQ12-8-0.75，流量 12 m³/h，扬程 8 m，功率 0.75 kw；②超声波液位计 1 台，用于监测池内水位，监测范围 0～15 m，监测信号实时反馈至 PLC 控制系统，用于控制固液分离机的启闭。

2）固液分离机

NSL-1200 型斜筛式固液分离机 1 台，处理能力 20～35 m³/h，主机功率 3 kW，水泵功率 3 kW。配套水池：$L×B×H$=2170 mm×1500 mm×1470 mm。

3）调节池

调节池 1 座，半地下钢砼结构，$L×B×H$=9000 mm×7500 mm×4500 mm，有效容积 270 m³，HRT 24.0 h。

主要配套：①废水提升泵 2 台，1 用 1 备，型号 50-WQ12-8-0.75，流量 12 m³/h，扬程 8 m，功率 0.75 kw；②超声波液位计 1 台，用于水位实时监测，监测范围 0～6 m；③电磁流量计 1 台，用于调节池提升泵出水管，设备参数 DN80，Q_{max}=30m³/h；④池底铺设穿孔曝气管进行预曝气，直径 ϕ63 mm，曝气量按气水比 5∶1 计，所需风量为 0.94 m³/min。鼓风机与好氧 SBR 池共用。

4）好氧 SBR 池

好氧 SBR 池 1 座（4 格），半地下钢砼结构，$L×B×H$=8000 mm×6000 mm×5500 mm。设计超高 0.5 m，实际有效容积 240 m³，排水比为 1/2，每天运行 3 个周期，每周期 8 h，其中进水 2.0 h，曝气时间根据进水负荷可在 2.0～4.0 h 内调整，DO 控制在 3.0 mg/L 左右，沉淀时间 1.0 h，排水时间 1.0 h。

主要配套：①微孔曝气盘，ϕ215 mm，服务面积 0.3 m²/个，每个格室按照 5×8 的阵列安装 40 个，共计 160 个；②污泥提升泵 2 台，1 用 1 备，型号 50-WL10-9-1.1，流量 10 m³/h，扬程 9 m，功率 1.1 kW；③超声波液位仪 4 台，用于实时监测各格室水位，监测范围 0～6 m；④浮筒式滗水器 4 台，型号 BFS-65，通过电磁排水阀接入 PLC 控制；⑤进水电动阀 4 个，DN80；⑥进气电动阀 4 个，DN80；⑦曝气量按气水比 20∶1 计，所需风量 3.75 m³/min；⑧罗茨鼓风机 2 台（与调节池预曝气共用），1 用 1 备，型号 FSR80，流量 4.7 m³/min，风压 53.9 kPa，功率 7.5 kW；⑨潜水搅拌器，每格 2 台，共计 8 台，型号 QJB0.85/8-260/3-740/S，叶轮直径 ϕ260 mm，叶轮转速 740 r/min，功率 0.85 kW。

5）中间水池Ⅰ

在两级 SBR 间设中间水池 1 座，半地下钢砼结构，$L×B×H$=4000 mm×3500 mm×5500 mm，有效容积 70 m³。

主要配套：①废水提升泵 2 台，1 用 1 备，型号 50-WQ12-8-0.75，流量 12 m³/h，扬程 8 m，功率 0.75 kW；②超声波液位仪 1 台，监测范围 0～6 m。

6）微氧 SBR 池

微氧 SBR 池一座（6 格），半地下钢混结构，$L×B×H$=9000 mm×6000 mm×5500 mm。设计超高 0.5 m，实际有效容积 270 m³。排水比为 1/2，每天运行 2 个周期，每周期 12 h，其中进水 2.0 h、曝气 8.0 h、沉淀 1.0 h、排水时间 1.0 h。在曝气期，采用曝气 30 min 续停曝气 30 min 的方式循环运行，曝气时 DO 控制在 0.2～0.3 mg/L。每个格室设置搅拌机，在曝气间隔期持续搅拌。

主要配套：①微孔曝气盘，ϕ215 mm，服务面积 0.3 m²/个，每个格室按照 6×5 的阵列安装 30 个，共计 180 个；②污泥提升泵 2 台，1 用 1 备，型号 50-WL10-9-0.75，流量 10 m³/h，扬程 9 m，功率 0.75 kW；③超声波液位仪 6 台，用于实时监测各格室水位，监测范围 0～6 m；④浮筒式滗水器 6 台，型号 BFS-45，通过电磁排水阀接入 PLC 控制；⑤立式搅拌机 6 台，型号 BLD09-11-0.55，功率 0.55 kW；⑥进水电动阀 6 个，DN50；⑦进气电动阀 6 个，DN50；⑧曝气量按气水比 5∶1 计，所需风量 0.94 m³/min。罗茨鼓风机 2 台，1 用 1 备，型号 FSR50，流量 1.03 m³/min，风压 53.9 kPa，功率 2.2 kW。

7）中间水池Ⅱ

中间水池（Ⅱ）1 座，地下钢砼结构，用于调蓄微氧 SBR 出水，$L×B×H$=5000 mm×3000 mm×3500 mm，有效体积 45 m³。

主要配套：①废水提升泵 2 台，1 用 1 备，型号 50-WQ12-8-0.75，流量 12 m³/h，扬程 8 m，功率 0.75 kW；②超声波液位仪 1 台，监测范围 0～6 m。

8）混凝池

混凝池 1 座，半地下钢砼结构，$L×B×H$=1250 mm×1250 mm×3000 mm，有效池深 2.5 m，有效体积 3.9 m³，设计流量 11.25 m³/h，HRT 20 min。混凝池内设机械搅拌器 1 台，功率 0.55 kW。

9）沉淀池

斜管沉淀池 1 座，半地下钢砼结构，$L×B×H$=4500 mm×2500 mm×4500 mm，有效容积 34 m³，HRT 3.0 h，表面负荷 1.0 m³/（m²·h）。

主要配套：①蜂窝斜管填料，聚丙烯材质，ϕ50 mm，总体积 9.8 m³；②斜管填料支架 1 套，碳钢材质，表面防腐。

10）消毒池

消毒池 1 座，地下钢砼结构，$L×B×H$=2250 mm×1000 mm×3500 mm，有效容

积 6.75 m³，HRT 0.6 h。

11）储泥池

用于污泥浓缩的储泥池 1 座，地下钢砼结构，$L×B×H$=2000 mm×2000 mm×3500 mm，有效容积 12 m³。

12）综合处理间

综合处理间 1 座，包括污泥处理设备、除臭设备、加药装置、配电控制室、值班室等。综合处理间采用地上框架结构，平面尺寸 $L×B$ = 12000 mm×7500mm，高度 4500 mm。设置污泥处理系统 1 套，将剩余污泥脱水后，运至粪污处理车间进行统一发酵处置。

主要设备：①污泥螺杆泵 2 台，1 用 1 备，型号 G25-1，流量 2 m³/h，压力 0.6 MPa，功率 1.5 kW；②液位计 1 台，用于实时监测储泥池内水位，监测范围 0～6 m；③叠螺式脱水机 1 台，型号 TECH-102，绝干污泥处理量 6～9 kg/h，功率 0.62 kW；④活性氧离子除臭设备 1 套（含进气风机），型号 TH-LZ1000，功率 2 kW；⑤PAC 投加装置 1 套，功率 1.1 kW；⑥PAM 投加装置 1 套，功率 1.5 kW；⑦次氯酸钠投加装置 1 套，功率 1.1 kW。

7.3.3.2 主要构筑物及主要设备统计

1）主要建构筑物

工程主要构筑物详见表 7-18。

表 7-18 养猪场干清粪废水处理工程主要构筑物一览表

序号	名称	规格	单位	数量	备注
1	集水池	4200 mm×4200 mm×4500 mm	座	1	钢砼
2	调节池	9000 mm×7500 mm×4500 mm	座	1	钢砼
3	好氧 SBR 池	8000 mm×6000 mm×5500 mm	座	1	钢砼
4	中间水池 Ⅰ	4000 mm×3500 mm×5500 mm	座	1	钢砼
5	微氧 SBR 池	9000 mm×6000 mm×5500 mm	座	1	钢砼
6	中间水池 Ⅱ	5000 mm×3000 mm×3500 mm	座	1	钢砼
7	混凝池	1250 mm×1250 mm×3000 mm	座	1	钢砼
8	沉淀池	4500 mm×2500 mm×4500 mm	座	1	钢砼
9	消毒池	2250 mm×1000 mm×3500 mm	座	1	钢砼
10	储泥池	2000 mm×2000 mm×3500 mm	座	1	钢砼
11	综合处理间	12000 mm×7500 mm×4500 mm	座	1	框架

2）工程主要设备

工程主要设备参见表 7-19。

表 7-19　养猪场干清粪废水处理工程主要设备一览表

序号	设备名称	规格型号	单位	数量	备注
1	集水池提升泵	50-WQ12-8-0.75，流量 12 m^3/h，扬程 8 m，功率 0.75 kW	台	2	1 用 1 备
2	固液分离机	NSL-1200 型，N＝（3+3）kW	台	1	成套设备
3	调节池提升泵	50-WQ12-8-0.75，流量 12 m^3/h，扬程 8 m，功率 0.75 kW	台	2	1 用 1 备
4	好氧 SBR 池微孔曝气盘	ϕ215 mm	套	160	
5	好氧 SBR 池污泥提升泵	50-WL10-9-1.1，流量 10 m^3/h，扬程 9 m，功率 1.1 kW	台	2	1 用 1 备
6	浮筒式滗水器	BFS-65	台	4	
7	罗茨风机 I	FSR80，流量 4.7 m^3/min，风压 53.9 kPa，功率 7.5 kW	台	2	1 用 1 备
8	潜水搅拌器	QJB0.85/8-260/3-740/S	台	8	
9	中间水池 I 提升泵	50-WQ12-8-0.75，流量 12 m^3/h，扬程 8 m，功率 0.75 kW	台	2	1 用 1 备
10	微氧 SBR 池微孔曝气盘	ϕ215 mm	套	180	
11	微氧 SBR 池污泥提升泵	50-WL10-9-1.1，流量 10 m^3/h，扬程 9 m，功率 1.1 kW	台	2	1 用 1 备
12	浮筒式滗水器	BFS-45	台	6	
13	罗茨风机 II	FSR 50，流量 1.03 m^3/min，风压 53.9 kPa，功率 2.2 kW	台	2	1 用 1 备
14	中间水池 II 提升泵	50-WQ12-8-0.75，流量 12 m^3/h，扬程 8 m，功率 0.75 kW	台	2	1 用 1 备
15	混凝池机械搅拌器	功率 0.55 kW	台	1	
16	蜂窝斜管填料	ϕ 50 mm	m^3	9.8	配套支架
17	叠螺式脱水机	TECH-102，功率 0.62 kW	台	1	
18	污泥螺杆泵	G25-1，流量 2 m^3/h，压力 0.6 MPa，功率 1.5 kW	台	2	1 用 1 备
19	活性氧离子除臭设备	TH-LZ 1000，功率 2 kW	套	1	成套设备
20	PAC 投加装置	N=1.1 kW	套	1	成套设备
21	PAM 投加装置	N=1.5 kW	套	1	成套设备
22	次氯酸钠投加装置	N=1.1 kW	套	1	成套设备

续表

序号	设备名称	规格型号	单位	数量	备注
23	超声波液位计	0～6 m	台	14	
24	泥位计	0～6 m	台	1	
25	电磁流量计	DN 80，Q_{max}=30 m³/h	台	1	
26	在线 DO 测定仪	0～5 mg/L	台	10	
27	电气系统		项	1	
28	自控系统		项	1	
29	阀门及管道安装系统		项	1	

7.3.3.3　处理效果预测

基于如 6.5 节所述的研究成果，以及如 7.3.4.1 节所述的工艺设计参数，对本干清粪废水处理工艺流程（图 7-4）主要单元的处理效果进行了估算和预测，结果如表 7-20 所示。

表 7-20　干清粪废水处理工艺各单元的污染物去除率预测

处理单元		COD	BOD$_5$	NH$_4^+$-N	TN	TP	SS
	集水池出水	1600	800	550	600	30	2400
固液分离	去除率（%）	5	—	—	—	—	80
	出水（mg/L）	1520	800	550	600	30	480
好氧 SBR	去除率（%）	70	75	10	8	60	50
	出水（mg/L）	456	200	495	550	12	240
微氧 SBR	去除率（%）	60	60	90	80	10	50
	出水（mg/L）	182	80	50	110	11	120
混凝沉淀	去除率（%）	5	—	—	—	75	60
	出水（mg/L）	173	80	50	110	4	48
消毒池	去除率（%）	—	—	—	—	—	—
	出水（mg/L）	173	80	50	110	4	48

7.3.4　电气及自控设计

7.3.4.1　电气设计

本养猪场废水处理工程的生产、生活用电设备供电电源电压均为 AC

380/220 V/50 Hz，变压器采用中性点直接接地系统，其工作接地电阻不大于 4 Ω。10 kV 电源进线，装设定时限过电流和无时限速断保护。变压器出线柜设无时限速断保护、定时限过电流保护及温度保护。低压 AC 380/220 V 用电设备配电箱，采用三段式电流保护。根据生产装置对供电设备及供电系统可靠性的要求，生产负荷为二级负荷。

电负荷计算结果表明，本工程总装机容量约为 52.47 kW，污水处理实际运行的工作容量为 32.46 kW。

7.3.4.2　自控设计

为提高废水处理工程的运行管理水平，保障安全有序生产，利用 PLC 及相关监测仪表构建自控管理系统，对整个工艺流程实现实时操作、显示、设置、控制、报警等，最大限度地减少值守人员及劳动强度。自控系统可实时采集设备运行状态以及各工艺单元的工艺参数，如液位、流量、DO 和 pH 等。自控系统对非正常的工艺参数和设备运行状态实施声光报警，出现危险状况时对设备进行联锁保护。自控系统可实现手动与自动的切换，以便在必要时对设备和阀门进行手动操作。

7.3.5　工程投资概算及处理成本估算

7.3.5.1　工程直接费用

本干清粪废水处理工程建设的直接费用包括土建工程费用、设备工程费用和安装工程费用。依据如 7.3.4 节所述的工艺设计和主要构筑物，以及如 7.3.5 节所述的电器及自控设计，对本工程的直接费用进行估算。结果表明，本工程的直接费用共计 181.93 万元，包括土建工程费用 74.53 万元、设备工程费用 99.45 万元和安装工程费用 7.96 万元。其中，安装工程费用以设备工程的 8%计算。

7.3.5.2　工程间接费用及总投资

本工程的间接费用包括设计费、调试费和综合税金等，合计 26.35 万元。包括直接费用和间接费用在内的工程总投资为 208.28 万元，计费方法与计算结果如表 7-21 所示。

表 7-21　干清粪废水处理工程的间接费及总投资

项目编号	项目	计费方法	费用（万元）
①	土建工程		74.53
②	设备工程		99.45
③	安装工程	②×8%	7.96

项目编号	项目	计费方法	费用（万元）
④	直接费用	①+②+③	181.93
⑤	设计费	内插法（复杂系数1）	9.10
⑥	调试费	④×3%	5.46
⑦	综合税金	（④+⑤+⑥）×6%	11.79
⑧	工程总投资	④+⑤+⑥+⑦	208.28

7.3.5.3　处理成本估算

废水处理成本由废水处理直接费和设施折旧费两部分构成，其中，废水直接处理费包括动力费用、药剂消耗、人工成本和检修费用。

1）动力费用

经核算，该养猪场干清粪废水处理设施的用电功率为 32.46 kW，用电系数按 0.8 计，每天消耗电量约为 623.23 kW·h，养猪场用电为农业用电，按 0.65 元/（kW·h）计，则每日电费为 405.10 元/d，折合吨水费用约为 1.50 元/m³。

2）药剂消耗

运行过程中主要消耗的药剂为 PAM、PAC 和次氯酸钠。混凝沉淀处理单元，PAC 投加量为 50 g/m³ 废水，每天消耗量为 13.5 kg/d；PAM 投加量为 5 g/m³ 废水，每天消耗量为 1.35 kg/d。PAC 和 PAM 分别以市场价格 2400 元/t 和 10000 元/t 计，则混凝沉淀处理单元每天药剂消耗费用为 106 元/d。消毒池的次氯酸钠投加量为 20 g/m³，每天消耗量为 5.4 kg/d，次氯酸钠价格按 2500 元/t 计，则消毒剂投加费用为 17.15 元/d。综合上述各项，每日药剂投加总成本为 63.05 元/d，折合吨水成本为 0.23 元/m³。

3）人工成本

废水处理设施的运行维护须配备专职管理人员 2 名，其他人员由猪场员工兼任。专职人员的工资待遇及福利等按 3500 元/（人·月）计，折合吨水成本 0.86 元/m³。

4）检修维护费用

每年的检修维护费按工程直接费的 1% 计算，则年检修维护费为 18193 元，折合吨水成本 0.18 元/m³。

5）折旧费

废水处理建筑设施折旧年限平均以 50 年计，设备按 20 年计，折合吨水成本 0.66 元/m³。

6）废水处理综合成本

综上所述，该养猪场干清粪废水处理工程的水处理直接费用为 2.59 元/m³，含折旧、大修在内的综合处理成本为 3.43 元/m³，年处理费用为 33.80 万元。

7.3.6 效益分析

7.3.6.1 环境效益

本工程实施并正常运行后，每年处理养猪场干清粪废水 98550 t，每年可减排 COD 140.63 t、BOD₅ 70.96 t、NH_4^+-N 49.27 t、TP 2.56 t 和 SS 231.79 t，环境效益显著。

7.3.6.2 经济效益

《中华人民共和国环境保护税法》（2018 修正）规定，直接向环境排放应税污染物的企业事业单位和其他生产经营者为环境保护税的纳税人，应当依法依规缴纳环境保护税。本工程实施后，应税水污染物 COD、BOD₅、NH_4^+-N、TP 和 SS 的年削减当量数分别约为 140600、35478、39420、640 和 927160，税额按最低的 1.4 元/当量计时，每年可减少 160.06 万元的环境保护税，而处理养猪废水的综合成本仅为 33.800 万元/年。可见，该工程项目的实施可为企业带来显著的经济效益。

参 考 文 献

[1] 李建政, 赵博玮, 赵宗亭, 等. 高效复合填料生物滤池. 中国: ZL 201320234736. 6, 2013. 09. 18.

[2] Zhao B W, Li J Z, Shao-Yuan Leu S Y. An Innovative wood-chip-framework soil infiltrator for treating anaerobic digested swine wastewater and analysis of the microbial community. Bioresource Technology, 2014, 173: 384-391.

[3] 邓凯文, 李建政, 赵博玮. WFSI 处理低 C/N 比养猪废水的效果及脱氮机制. 中国环境科学, 2016, 36(1): 87-91.

[4] Zhao B W, Li J Z, Buelna G, et al. A combined upflow anaerobic sludge bed and trickling biofilter process for the treatment of swine wastewater. Environmental Technology, 2016, 37(10): 1265-1275.

[5] Meng J, Li J Z, Zhao B, et al. Influence of aeration rate on shortcut nitrification in an SBR treating anaerobic-digested piggery wastewater. Desalination and Water Treatment, 2016, 57: 17255-17261.

[6] 张永, 孙振举, 刘冬梅, 等. 存储时间和固体含量对水泡粪甲烷发酵性能的影响. 中国沼气, 2018, 36(3): 33-38.

[7] Mumme J, Linke B, Tölle R. Novel upflow anaerobic solid-state（UASS）reactor. Bioresource Technology, 2010, 101(2): 592-599.

[8] 汪聪. 北方某养猪场废水处理关键技术研究与升级改造工程设计. 哈尔滨: 哈尔滨工业大学硕士学位论文, 2019.

[9] Bernet N, Delgenes N, Akunna J C, et al. Combined anaerobic-aerobic SBR for the treatment of piggery wastewater. Water Research, 2000, 34(2): 611-619.

[10] 严新杰, 陶海波, 李新宇, 等. 异养硝化-好氧反硝化菌 *Delftia* sp. Y1 对微污染水的脱氮性能. 广州化工, 2019, 47(12): 98-100,19.

[11] Cervantes F, Monroy O, Gómez J. Influence of ammonium on the performance of a denitrifying culture under heterotrophic conditions. Applied Biochemistry Biotechnology, 1999, 81(1): 13-21.

[12] 刘艳娟. 高浓度养猪废水处理工程实践与应用. 水处理技术, 2017, (3): 136-137, 140.

[13] 缪攀. 反硝化生物滤池+高效沉淀池用于污水厂改造. 中国给水排水, 2022, 38(6): 113-116.

[14] 许馨月. 北京郊区小规模养猪场废水污染调查及处理研究. 北京: 北京林业大学硕士学位论文, 2016.

[15] 刘丽, 常亮, 肖杰, 等. 畜禽养殖废水处理工程设计. 工业用水与废水, 2017, 48(6): 74-77.

[16] 杨峰, 刘君君, 赵选英, 等. 低碳氮比规模化养猪场废水处理改造工程实例. 水处理技术, 2018, 44(12): 134-136, 140.

[17] 戴艺, 王辉, 李荧, 等. 缺氧/好氧/一体式 MBR 工艺处理养猪污水并回用. 中国给水排水, 2012, 28(22): 92-94.

[18] 余晓玲, 邓觅, 吴永明, 等. UASB-两级 A/O-生态塘组合工艺处理养猪废水. 给水排水, 2018, 44(3): 59-63.

[19] 陈威, 袁书保. EGSB/生物接触氧化/MBR 组合工艺处理养猪废水. 中国给水排水, 2014, (20): 110-113.

[20] 金海峰, 佟晨博, 朱永健, 等. UASB+A/O+Fenton 组合工艺处理生猪养殖废水工程实例. 资源节约与环保, 2015, (12): 54-55.

[21] Lackner S, Gilbert E M, Vlaeminck S E, et al. Full-scale partial nitritation/anammox experiences: An application survey. Water Research, 2014, 55: 292-303.

[22] Li J, Li J W, Peng Y Z, et al. Insight into the impacts of organics on anammox and their potential linking to system performance of sewage partial nitrification-anammox (PN/A): A critical review. Bioresource Technology, 2020, 300: 122655.

[23] Deng K, Tang L, Li J, et al. Practicing anammox in a novel hybrid anaerobic-aerobic baffled reactor for treating high-strength ammonium piggery wastewater with low COD/TN ratio. Bioresource Technology, 2019, 294: 122193.

[24] Meng J, Li J L, Li J Z, et al. The role of COD/N ratio on the start-up performance and microbial mechanism of an upflow microaerobic reactor treating piggery wastewater. Journal of Environmental Management, 2018, 217: 825-831.

[25] Meng J, Liu T, Zhao J, et al. Assessing the stability of one-stage PN/A process through experimental and modelling investigations. Science of the Total Environment, 2021, 801: 149740.

[26] Li J L, Li J Z, Meng J, et al. Understanding of signaling molecule controlled anammox through regulating C/N ratio. Bioresource Technology, 2020, 315: 123863.

[27] 刘振中. 沉淀池优化设计研究. 西安: 西安理工大学硕士学位论文, 2004.

[28] 徐鼎. 竖流式沉淀池流体力学模拟. 太原: 太原科技大学硕士学位论文, 2015.

[29] 张布云. 好氧-微氧两级 SBR 处理养猪废水技术研究. 哈尔滨: 哈尔滨工业大学硕士学位论文, 2020.

附 录

缩略语（英汉对照）

Anammox	anaerobic ammonium oxidation，厌氧氨氧化
A/O	anaerobic/aerobic，厌氧-好氧
AOB	ammonia-oxidizing bacteria，氨氧化细菌
AnAOB	anaerobic ammonium oxidation bacteria，厌氧氨氧化细菌
ARB	antibiotic resistant bacteria，抗生素抗性菌
ARG	antibiotic resistance gene，抗生素抗性基因
BOD_5	biochemical oxygen demand within 5 days，五日生化需氧量
CANON	completely autotrophic nitrogen removal over nitrite，一种自养生物脱氮工艺
CASS	cyclic activated sludge system，周期循环活性污泥工艺
CIP	ciprofloxacin，环丙沙星
C/N	carbon-nitrogen ratio，碳氮比
COD	chemical oxygen demand，化学需氧量
CTC	chlorotetracycline，金霉素
DGGE	denaturing gradient gel electrophoresis，变性梯度凝胶电泳
DO	dissolved oxygen，溶解氧
DPB	denitrifying phosphorus removal bacteria，反硝化除磷菌
DXC	doxycycline，强力霉素
EGSB	expanded granular sludge blanket，膨胀颗粒污泥床
ENR	enrofloxacin，恩诺沙星
EPS	extracellular polymeric substance，胞外聚合物
FA	free ammonia，游离氨
FQs	fluoroquinolone antibiotics，氟喹诺酮类抗生素
GBF	gravel-packed biofilter，砾石填料滤池
HAOBR	hybrid A/O baffled reactor，填料床 A/O 折流板反应器
HD	hydrazine dehydrogenase，肼脱氢酶

HDB	heterotrophic denitrifying bacteria，异养反硝化细菌
HH	hydrazine hydrolase，肼水解酶
HRT	hydraulic retention time，水力停留时间
IAMR	internal aeration microaerobic reactor，内曝气升流式微氧反应器
MBR	membrane bioreactor，膜生物反应器
MLSS	mixed liquor suspended solid，混合液悬浮固体
MLVSS	mixed liquor volatile suspended solid，混合液挥发性悬浮固体
NAR	nitrate reductase，硝酸盐还原酶
NH_4^+-N	ammonium nitrogen，氨氮
NIR	nitrite reductase，亚硝酸盐还原酶
NLR	total nitrogen loading rate，TN 负荷率
NOB	nitrite-oxidizing bacteria，亚硝酸盐氧化菌
NO_2^--N	nitrite nitrogen，亚硝态氮
NO_3^--N	nitrate nitrogen，硝态氮
NO_x^--N	NO_3^--N，NO_2^--N，NO_3^--N 和 NO_2^--N 的总称
NOR	norfloxacin，诺氟沙星
OLAND	oxygen limited autotrophic nitrification-denitrification，一种限氧的自养硝化反硝化生物脱氮工艺
OLR	organic loading rate，有机负荷率
OFC	ofloxacin，氧氟沙星
OTC	oxytetracycline，土霉素
OTUs	operational taxonomic units，操作分类单元
PAC	polyaluminium chloride，聚合氯化铝
PAM	polyscrylamide，聚丙烯酰胺
PAO	polyphosphate accumulating organism，聚磷微生物
PCA	principal component analysis，主成分分析
PCR	polymerase chain reaction，聚合酶链反应
PHB	poly-β-hydroxybutyrate，聚 β-羟丁酸
PLC	programmable logic controller，可编程逻辑控制器
PN/A	partial nitrification-Anammox，部分氨氧化-Anammox
PVC	poly vinyl chloride，聚氯乙烯树脂
RNLR	removed total nitrogen loading rate，TN 去除负荷率
ROS	reactive oxygen species，活性氧
SAs	sulfonamide antibiotics，磺胺类抗生素
SBR	sequencing batch reactor，序批式反应器

SD	sulfadiazine，磺胺嘧啶
SEM	scanning electron microscope，扫描电子显微镜
SHARON	single reactor for high activity ammonia removal over nitrite，一种废水生物脱氮反应器
SHL	surface hydraulic load，表面水力负荷
SMD	sulfadimidine，磺胺二甲嘧啶
SMT	sulfamerazine，磺胺甲基嘧啶
SMX	sulfamethoxazole，磺胺甲噁唑
SRT	sludge retention time，污泥停留时间
SS	suspended solid，悬浮固体
SWBF	soil-wood chip biofilter，土壤-木片生物滤池
TC	tetracycline，四环素
TCs	tetracycline antibiotics，四环素类抗生素
TKN	total Kjeldahl nitrogen，总凯氏氮
TN	total nitrogen，总氮
TP	total phosphorus，总磷
TS	total solid，总固体
UASB	upflow anaerobic sludge bed，升流式厌氧污泥床
UASR	upflow anaerobic solid-state reactor，升流式厌氧固体反应器
UMBR	upflow microaerobic biofilm reactor，升流式微氧生物膜反应器
WBF	wood chip biofilter，木片填料滤池